华中科技大学“双一流”建设材料科学与工程学科学术著作

超材料结构设计与增材制造

宋　波　张　磊　赵爱国
王鹏飞　王晓波　史玉升　◎著

CHAOCAILIAO JIEGOU SHEJI
YU ZENGCAI ZHIZAO

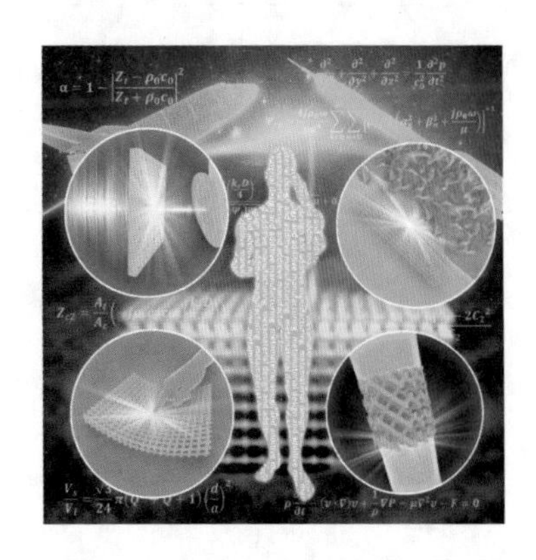

華中科技大學出版社
http://press.hust.edu.cn
中国·武汉

内 容 简 介

本书内容包括超材料结构优化设计、增材制造工艺、微观结构形貌、力学响应、声学性能、质量传输性能，以及通过激光选区熔化增材制造技术制造的特殊工程结构超材料的应用示例。本书定义了超材料，然后全面描述了增材制造的超材料研究现状以及激光增材制造工艺，随后分别介绍了增材制造声学超材料、热学超材料、生物超材料、晶格超材料以及板格超材料等在声学工程、航空航天和生物医疗领域的研究与应用。最后，本书分析了增材制造超材料的研究现状、问题和前沿应用。

本书可供数学、物理学、生物学、工程和材料科学等各个研究领域的读者参考使用。

图书在版编目(CIP)数据

超材料结构设计与增材制造/宋波等著. —武汉：华中科技大学出版社，2024.1
(3D打印前沿技术丛书)
ISBN 978-7-5772-0373-7

Ⅰ.①超…　Ⅱ.①宋…　Ⅲ.①复合材料-结构设计-快速成型技术　Ⅳ.①TB33

中国国家版本馆CIP数据核字(2024)第016209号

超材料结构设计与增材制造
Chaocailiao Jiegou Sheji yu Zengcai Zhizao

宋　波　张　磊　赵爱国
王鹏飞　王晓波　史玉升　著

策划编辑：张少奇
责任编辑：程　青
封面设计：原色设计
责任监印：周治超
出版发行：华中科技大学出版社(中国·武汉)　　电话：(027)81321913
　　　　　武汉市东湖新技术开发区华工科技园　　邮编：430223
录　　排：武汉市洪山区佳年华文印部
印　　刷：湖北新华印务有限公司
开　　本：710mm×1000mm　1/16
印　　张：16
字　　数：318千字
版　　次：2024年1月第1版第1次印刷
定　　价：98.00元

3D打印前沿技术丛书

About Authors

作者简介

宋波 华中科技大学教授。围绕增材制造先进材料和结构设计与成形开展研究。教育部联合基金创新团队项目负责人，国家重点研发计划项目负责人，2023 年中国有色金属学会“中国有色金属创新争先计划创新团队”负责人，主持 2019 年国家自然科学基金优秀青年基金项目，入选 2022 年中国机械工业科技创新领军人才，美国斯坦福大学 2021、2022 年度全球前 2%顶尖科学家。担任 14 个期刊的编委或客座主编；出版中英文专著 4 部，累计在 *Materials Today*、*Nature Communications*、*Advanced Functional Materials* 等期刊发表论文 130 余篇，SCI 他引 4000 余次，ESI 高被引 5 篇，主办“第一届全国 4D 打印论坛”系列会议（2017 至今已经举办 6 届）。以第一获奖人分别获 2022 湖北省技术发明奖二等奖，2022 机械工业技术发明奖二等奖，2021、2023 中国有色金属十大科技进展。

张磊 华中科技大学博士后，入选 2022 年全国博士后管理委员会“香江学者计划”，长期围绕超材料设计与增材制造成形工艺开展研究。在 *Acta Materialia* 等高水平国际期刊发表 SCI 论文 30 余篇，其中，第一作者 11 篇，SCI 他引 700 多次。担任 *Biomimetics*、*Frontiers in Mechanical Engineering* 等期刊的客座主编。参与制定 1 项增材制造相关团体标准，授权发明专利 10 余项，撰写专著 2 部。主持国家自然科学基金青年基金项目等国家级项目。相关成果获全国“源创杯”颠覆性技术创新创意大赛南部赛区二等奖、2021 年度生产力促进（创新发展）奖二等奖。

About Authors

作者简介

赵爱国 南京工业大学教授。主要从事声学/力学超材料、材料的疲劳与断裂方面的研究。以第一作者/通讯作者发表论文13篇，他引300多次；主持或参与科研项目20余项，其中主持国家级项目4项、省部级项目4项，主持项目总经费约1400万元；获国防科学技术进步奖二等奖1项、中国船舶重工集团科学技术进步奖一等奖1项。

王鹏飞 中国航天科技创新研究院研究员，国家级青年人才。中国航天科技创新研究院先进材料与能源中心负责人，西安交通大学-中国空间技术研究院空间智能制造研究中心副主任，航天超材料/超结构技术创新联盟理事长等。主要研究方向包括超材料/超结构、智能结构、3D/4D打印等。以第一作者/通讯作者发表SCI论文40余篇，授权/受理发明专利30余项，多次受邀做大会报告，担任《宇航学报》《材料工程》等期刊青年编委；主持10余项国家级项目。获得中国发明协会发明创业奖创新奖一等奖、航天科技集团有限公司青年科技创新成果奖一等奖、青年拔尖人才、“攻关建功”五院人等荣誉。

About Authors

作者简介

王晓波　华中科技大学博士后，中国机械工程学会高级会员，中国力学学会高级会员。主要从事超结构设计与增材制造研究工作。主持国家自然科学基金项目等多项国家级项目，作为项目骨干参研国家级、省部级科研项目10余项，发表SCI论文10余篇，授权国家发明专利1项，参与制定团体标准1项，参编英文专著1部。

史玉升　华中科技大学“华中学者”领军岗特聘教授，现任数字化材料加工技术与装备国家地方联合工程实验室(湖北)主任，教育部创新团队负责人，第三届全国创新争先奖状获得者，担任 *Smart Manufacturing* 等多个期刊编委。在国内外发表论文200余篇，主编出版专著/教材8部，主持国家科技支撑计划、国家重点研发计划、国家科技重大专项02和04专项、863计划、国家自然科学基金等科研项目20余项。在增材制造领域，获中国十大科技进展1项、中国智能制造十大科技进展1项、国家技术发明奖二等奖1项、国家科学技术进步奖二等奖2项、省部级一等奖8项、国际发明专利奖4项、湖北省专利奖优秀奖1项、湖北省专利奖金奖1项、国家和湖北高校十大科技成果转化项目各1项，获发明专利300多项并实现了产业化。

总序一

“中国制造 2025”提出通过三个十年的“三步走”战略，使中国制造综合实力进入世界强国前列。近三十年来，3D 打印（增材制造）技术是欧美日等高端工业产品开发、试制、定型的重要支撑技术，也是中国制造业创新、重点行业转型升级的重大共性需求技术。新的增材原理、新材料的研发、设备创新、标准建设、工程应用，必然引起各国“产学研投”界的高度关注。

3D 打印是一项集机械、计算机、数控、材料等多学科于一体的，新的数字化先进制造技术，应用该技术可以成形任意复杂结构。其制造材料涵盖了金属、非金属、陶瓷、复合材料和超材料等，并正在从 3D 打印向 4D、5D 打印方向发展，尺度上已实现 8 m 构件制造并向微纳制造发展，制造地点也由地表制造向星际、太空制造发展。这些进展促进了现代设计理念的变革，而智能技术的融入又会促成新的发展。3D 打印应用领域非常广泛，在航空航天、航海、潜海、交通装备、生物医疗、康复产业、文化创意、创新教育等领域都有非常诱人的前景。中国高度重视 3D 打印技术及其产业的发展，通过国家基金项目、科技攻关项目、研发计划项目支持 3D 打印技术的研发推广，经过二十多年培养了一批老中青结合、具有国际化视野的科研人才，国际合作广泛深入，国际交流硕果累累。作为“中国制造 2025”的发展重点，3D 打印在近几年取得了蓬勃发展，围绕重大需求形成了不同行业的示范应用。通过政策引导，在社会各界共同努力下，3D 打印关键技术不断突破，装备性能显著提升，应用领域日益拓展，技术生态和产业体系初步形成；涌现出一批具有一定竞争力的骨干企业，形成了若干产业集聚区，整个产业呈现快速发展局面。

华中科技大学出版社紧跟时代潮流，瞄准 3D 打印科学技术前沿，组织策划了本套“3D 打印前沿技术丛书”，并且，其中多部将与爱思唯尔（Elsevier）出版社一起，向全球联合出版发行英文版。本套丛书内容聚焦前沿、关注应用、涉猎广泛，不同领域专家、学者从不同视野展示学术观点，实现了多学科交叉融合。本套丛书采用开放选题模式，聚焦 3D 打印技术前沿及其应用的多个领域，如航空航天、工艺装备、生物医疗、创新设计等领域。本套丛书不仅可以成为我国有关领域专家、学者学术交流与合作的平台，也是我国科技人员展示研究成果的国际平台。

近年来，中国高校设立了3D打印专业，高校师生、设备制造与应用的相关工程技术人员、科研工作者对3D打印的热情与日俱增。由于3D打印技术仅有三十多年的发展历程，该技术还有待于进一步提高。希望这套丛书能成为有关领域专家、学者、高校师生与工程技术人员之间的纽带，增强作者、编者与读者之间的联系，促进作者、读者在应用中凝练关键技术问题和科学问题，在解决问题的过程中，共同推动3D打印技术的发展。

我乐于为本套丛书作序，感谢为本套丛书做出贡献的作者和读者，感谢他们对本套丛书长期的支持与关注。

西安交通大学教授
中国工程院院士　卢秉恒

2018年11月

总序二

3D 打印是一种采用数字驱动方式将材料逐层堆积成形的先进制造技术。它将传统的多维制造降为二维制造，突破了传统制造方法的约束和限制，能将不同材料自由制造成空心结构、多孔结构、网格结构及梯度功能结构等，从根本上改变了设计思路，即将面向工艺制造的传统设计变为面向性能最优的设计。3D 打印突破了传统制造技术对零部件材料、形状、尺度、功能等的制约，几乎可制造任意复杂的结构，可覆盖全彩色、异质、梯度功能材料，可跨越宏观、介观、微观、原子等多尺度，可整体成形甚至取消装配。

3D 打印正在各行业中发挥作用，极大地拓展了产品的创意与创新空间，优化了产品的性能，大幅降低了产品的研发成本，缩短了研发周期，极大地增强了工艺实现能力。因此，3D 打印未来将对各行业产生深远的影响。为此，“中国制造2025”、德国“工业 4.0”、美国“增材制造路线图”，以及“欧洲增材制造战略”等都视 3D 打印为未来制造业发展战略的核心。

基于上述背景，华中科技大学出版社希望由我组织全国相关单位撰写“3D 打印前沿技术丛书”。由于 3D 打印是一种集机械、计算机、数控和材料等于一体的新型先进制造技术，涉及学科众多，因此，为了确保丛书的质量和前沿性，特聘请卢秉恒、王华明、聂祚仁等院士作为顾问，聘请 3D 打印领域的著名专家作为编审委员会委员。

各单位相关专家经过近三年的辛勤努力，即将完成 20 余部 3D 打印相关学术著作的撰写工作，其中已有 2 部获得国家科学技术学术著作出版基金资助，多部将与爱思唯尔(Elsevier)联合出版英文版。

本丛书内容覆盖了 3D 打印的设计、软件、材料、工艺、装备及应用等全流程，集中反映了 3D 打印领域的最新研究和应用成果，可作为学校、科研院所、企业等单位有关人员的参考书，也可作为研究生、本科生、高职高专生等的参考教材。

由于本丛书的撰写单位多、涉及学科广，是一个新尝试，因此疏漏和缺陷在所难免，殷切期望同行专家和读者批评与指正！

华中科技大学教授　史玉升

2018 年 11 月

前　言

超材料的概念起源于具有负折射率的左手材料，随后衍生到具有天然材料所不具备的各种奇异特性，如零/负泊松比、电磁/声学/热隐身效应等的人工材料。超材料有不同的分类方法，根据其应用领域，超材料大致可分为力学超材料、声学超材料、热学超材料、电磁超材料四大类。通过对具有不同物理参数的材料进行结构设计和分布安排，可以在理论上实现超材料的功能。但在复杂构型的超材料构件成形过程中，传统的制造工艺面临以下问题：①材料制备与零件成形分离，流程长且灵活性低；②材料-结构-功能一体化成形性能调控难。

增材制造(additive manufacturing，AM)技术在制造复杂结构方面具有极大的优势，使超材料的制备和实验验证更加方便、高效。通过将一个物体的三维模型离散成多个薄层，并逐层积累，AM 技术能够在理论上制造任何复杂的结构。AM 技术是实现多材料、跨尺度、高性能零件成形的有效手段，使设计由以工艺为导向转向以性能为导向，极大地扩展了设计空间。AM 可为各种形状复杂的超材料部件提供制造技术，而其中激光选区熔化技术具有成形高精度金属零件的能力。因此，超材料零件的 AM 技术是未来先进制造的发展方向之一。本书作者致力于超材料设计与增材制造工艺研究，力求将超材料与增材制造柔性结合，促进超材料在各行各业的广泛应用。本书阐明了超材料的定义，然后全面描述了增材制造的超材料研究现状以及激光增材制造工艺，随后分别介绍了增材制造声学超材料、热学超材料、生物超材料、晶格超材料以及板格超材料等在声学工程、航空航天和生物医疗领域的研究与应用。

全书分为八章。第 1 章讨论了超材料和 AM 技术的最新进展，给出了本书的核心背景。第 2 章涵盖拓扑优化和受竹子启发的力学超材料与增材制造成形工艺的研究。第 3 章研究了各种声学超材料的设计和增材制造成形工艺。第 4 章介绍了一种仿柚子皮的热学超材料设计与增材制造。第 5 章介绍了基于超材料的生物骨支架的设计和增材制造研究。第 6 章对微晶格超材料的设计和增材制造工艺进行了研究。第 7 章介绍了板格超材料的研究，提出并利用激光选区熔化技术制备了具有半开孔拓扑结构的板格超材料。第 8 章给出了增材制造超材料的应用和展望。

本书主要由华中科技大学宋波、张磊、王晓波和史玉升，南京工业大学赵爱国以及中国航天科技创新研究院王鹏飞撰写，具体分工如下：第 1 章由宋波、张磊负责，华中科技大学范军翔、张志、胡凯、方儒轩、张莘茹、吴祖胜参与了撰写工作；第 2 章由宋波、张磊、王鹏飞负责，华中科技大学范军翔、张志参与了撰写工作；第 3 章由宋波、赵爱国、张磊负责，华中科技大学范军翔参与了撰写工作；第 4 章由宋波、张磊负责，华中科技大学张志参与了撰写工作；第 5 章由宋波、张磊负责，华中科技大学张莘茹、吴祖胜参与了撰写工作；第 6 章由宋波、张磊负责，华中科技大学张莘茹、吴祖胜参与了撰写工作；第 7 章由宋波、张磊、王晓波负责；第 8 章由宋波、张磊、史玉升负责，华中科技大学方儒轩参与了撰写工作。史玉升担任本书主审；章媛洁、张金良、魏帅帅等参与了校对工作。

由于作者水平有限，书中难免有疏漏之处，恳请广大读者批评、指正。

史玉升

2017 年 7 月于华中科技大学

目　录

第1章　绪　　论

1.1　超材料的起源和分类

超材料是指具有天然材料所不具备的非凡物理性能（如电磁/声学斗篷、零/负泊松比、负折射率等）的人工结构或复合材料。为了实现这些性能，人们提出了一些用单一材料或多材料精心设计的结构，其由相同或逐渐变化的单胞阵列组成。与天然材料中的原子或分子类似，这些单胞是决定超材料性质的基本单位，因此被称为“人工原子”。根据功能的不同，目前研制的超材料大致可分为力学超材料（MMM）、声学超材料（AMM）、热学超材料（TMM）、电磁超材料（EMM）四大类，如图1-1所示。

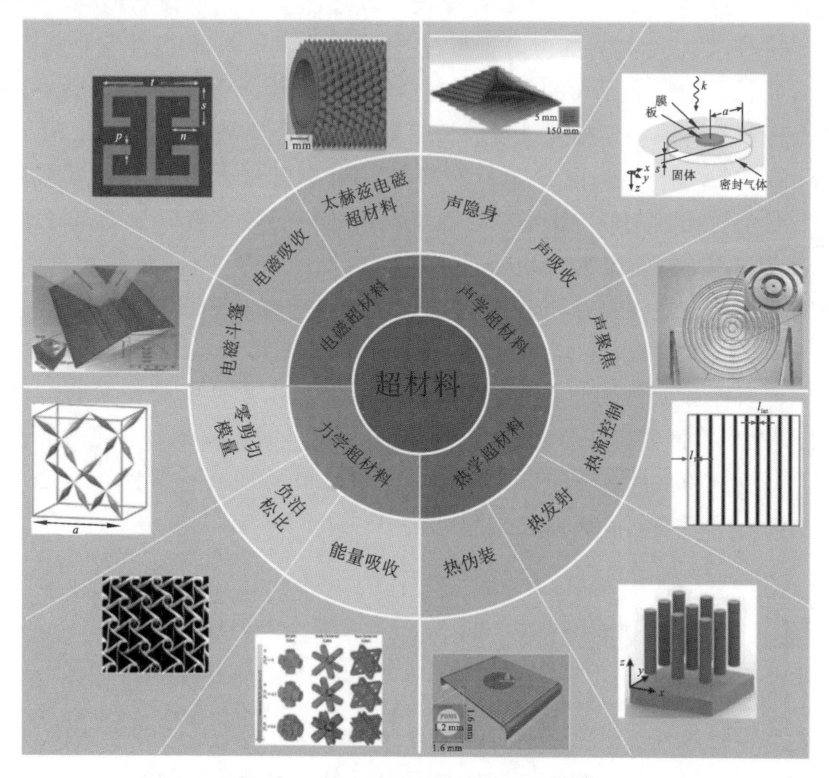

图1-1　基于功能对超材料进行分类

超材料的研究源于苏联物理学家 Veselago 在 1968 年提出的左手材料，这种材料会导致许多非常有趣的物理现象，如负折射、电磁隐身或吸收等。电磁超材料的另一项代表性研究成果是光子晶体的提出。在光子晶体中，由于其带结构中存在光子带隙，就像半导体中的电子带隙一样，因此特定频率范围内的电磁波不能传播。这使得它在激光和高质量微波天线领域很有前途。然而，在具有负介电常数和负磁导率的电磁超材料的结构设计和制造之前，该领域的研究还只是一个理论假设。随后，"超材料"一词被用来指那些达到了超越天然材料极限的奇异性能的人工材料，并被广泛接受。这些令人振奋的成绩吸引了越来越多的研究人员投身于电磁超材料领域，他们提出了各种具有奇异性能的电磁超材料，如电磁斗篷、电磁波吸收材料、太赫兹电磁超材料等。

受光子晶体的启发，Liu 等人提出了局部共振声子晶体，揭开了声学超材料研究的序幕。随着研究的深入，通过将软橡胶分散在水中，可实现具有负等效模量和负等效密度这两个最重要声学性能的声学超材料。双负声学超材料可以实现负折射率。人们普遍认为声学超材料都是依靠局部共振单元来实现其非凡性能的，直到 Norris 提出具有有效密度和体积模量的五模超材料的性能可以在大范围内调节而不发生共振现象。上述五模超材料具有流体性质，有效体积模量和密度可以解耦，这意味着这两个最重要的参数可以分别设计而不相互影响。随后，人们提出了多种声学超材料，如声隐身超材料、声吸收超材料、声聚焦超材料。

随着超材料研究的深入，力学超材料、热学超材料、生物超材料和微点阵超材料等方面的研究都取得了很大进展。拉胀材料是指具有负泊松比(negative Poisson's ratio，NPR)的材料，由 Evans 于 1991 年首次提出，在力学超材料中起着重要作用。负泊松比现象的产生主要是由于材料独特的微观组织和复合材料设计，可以提高力学性能，如增大剪切模量、抗压痕、提高断裂韧性、吸收冲击能量等。热学超材料的研究主要是通过精心安排不同材料的分布和设计微观结构来控制热流。此外，热学超材料还可以与其他类型的超材料结合，实现多种功能。生物超材料是一种能够实现力学性能、质量传输性能和生物性能独特组合的结构材料，并能满足生物性能特殊要求，如骨植入、植牙等。微点阵超材料是一种以原子晶格构型排列的具有多种物理性能的复合结构，可实现具有多种性能要求的构件，如吸声与承载结构、生物支架结构等。

1.2 增材制造超材料

超材料的神奇性能主要是通过结构设计和各种材料的组合来实现的，传统的加工方法如铸造、焊接、注塑等在制造过程中耗费了大量的时间和人力，一些复杂的晶格结构甚至无法制造出来。增材制造技术(AM)的出现,使超材料的制备和实验验证更加方便、高效。通过将一个物体的三维模型离散成多个薄层,并逐层积累,AM 技术能够在理论上制造任何复杂的结构。自 1979 年获得专利以来,经过 40 多年的发展,AM 技术得到了极大的丰富,已有 20 多项 AM 技术得到了认可。同时,新技术仍在不断涌现。例如,Daniel Oran 等人提出了一种通过体积沉积和控制收缩的纳米级 AM 技术,该技术可以同时使用多种功能材料。此外,不同性质的材料,包括金属、半导体和生物分子都可以被利用。

从总体上看,根据成形材料的状态,AM 技术可分为线材、液体、粉末和液体-粉末混合不同类型,适用材料包括金属、聚合物和陶瓷,成形尺寸从纳米级到米级,可极大地满足大多数超材料的超高要求,而且 AM 技术可以利用自动控制软件和设备,大大节省了人力。AM 技术在超材料中的应用实例如表 1-1 所示。但需要注意的是,不同的 AM 工艺具有不同的特点,如成形材料、尺寸、分辨率、表面质量等均有显著差异。在超材料制造方面,需要根据所需材料的结构和特性选择合适的工艺。图 1-2 展示了一些典型 AM 技术的制造特性(主要指成形尺寸和分辨率)和应用材料,揭示了 AM 技术在制造不同尺寸超材料方面的局限性。虽然图中参考的是声波和电磁波,但在平衡超材料的制造分辨率和尺寸方面具有普遍适用性。需要明确的是,虽然 AM 技术发展迅速,但在某些类型超材料的制造方面仍存在一定的局限性,如超细纳米级复杂结构、多材料体系、超大结构等。这些问题将在下文中详细讨论。

表 1-1 AM 技术在超材料中的应用实例

类型	功能/性能	材料	成形尺寸/(mm×mm×mm)	AM 技术
EMM	电磁斗篷	光刻胶	0.09×0.09×0.01	DLW
		光固化树脂	246×100×6	SLA
	毫米波波导	Cu-15Sn	3.10×3.10×1.5	SLM
	电磁吸收	导电 ABS	300×300×6.5	FDM
AMM	吸声	ABS	49×25×80	FDM
		聚合物	2.3×2.3×10.6	
	声学斗篷	塑料	—	SLA
TMM	超低热导率	环氧树脂	—	SLA
	超高热导率	六方氮化硼/聚氨酯	80×80×1	FDM
	热伪装	AlSi10Mg	6.4×16.8	SLM

续表

类型	功能/性能	材料	成形尺寸/(mm×mm×mm)	AM 技术
MMM	弹塑性力学感知屏蔽斗篷	聚合物	1×1×2	DLW
	负泊松比	ABS	50×50×5	多材料3D打印
	零剪切模量	Ti-6Al-4V	34.64×60×10	SLM

注：DLW(direct laser writing)指激光直写技术；SLA(stereolithography apparatus)指光固化技术；SLM(selective laser melting)指激光选区熔化技术；FDM(fused deposition modeling)指熔融沉积成形技术。

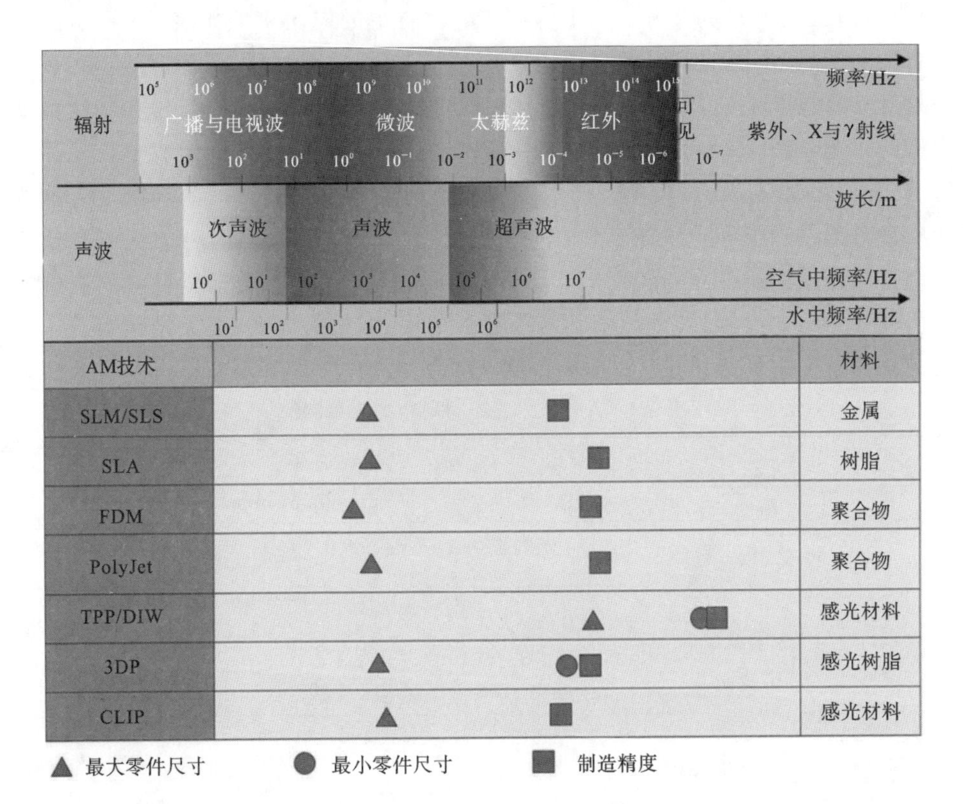

图 1-2　几种典型 AM 技术的制造特点和应用材料

注：三角形、圆形和正方形分别代表最大零件尺寸、最小零件尺寸和制造精度。符号的位置对应波长的维度。两个符号之间的距离表示每种 AM 技术可实现的单胞数量。其中，PolyJet (polymer jetting)指聚合物喷射成形技术；TPP (two-photon polymerization)指双光子聚合打印技术；DIW (direct ink writing)指直接墨水书写成形技术；CLIP(continuous liquid interface production)指连续液面生成打印技术。

1.3 激光选区熔化

AM技术的发展，特别是金属AM技术的不断进步，为高性能复杂部件的设计和制造提供了新的创新思路和研究途径。粉末床熔化(powder-bed fusion, PBF)是AM技术的重要类型之一。PBF-AM是一种典型的表面精度要求高的小零件制造技术，具有良好的制造仿真性。高能光束以设定的速度和轨迹扫描粉末床，并直接与粉末相互作用产生微小熔池，通过逐层连续熔化、凝固，实现复杂构件的成形。成形构件具有良好的成形精度和表面质量。电子束和激光束是PBF-AM工艺中主要应用的两种能量束，分别用于电子束熔化(electron beam melting, EBM)和激光选区熔化(selective laser melting, SLM)/激光选区烧结(selective laser sintering, SLS)。SLM和SLS的区别在于SLM粉末会经历固-液-固过程，而SLS粉末几乎不会经历液态转变。在金属AM技术中，SLM是成形金属复杂构件的最佳手段，该技术通过连续铺粉与激光选区熔化粉末，逐层实现高性能构件的空间复杂形状成形，具有较高的成形精度。其对于拓扑可控的单胞形状、尺寸和体积分数的金属晶格结构的成形有很大的潜力，可以满足承重或能量吸收等特定功能要求。SLM技术为高性能粉末材料的设计、制造和应用提供了一条有效途径。如图1-3所示，加工过程中激光扫描一层原料粉末后，成形平台在垂直方向向下移动一个层厚位移，送粉缸的运动部件竖直向上移动同一周期位移，送粉系统将粉末材料推至工作缸内的打印基板上，完成粉末铺展，再经激光扫描熔化成形。

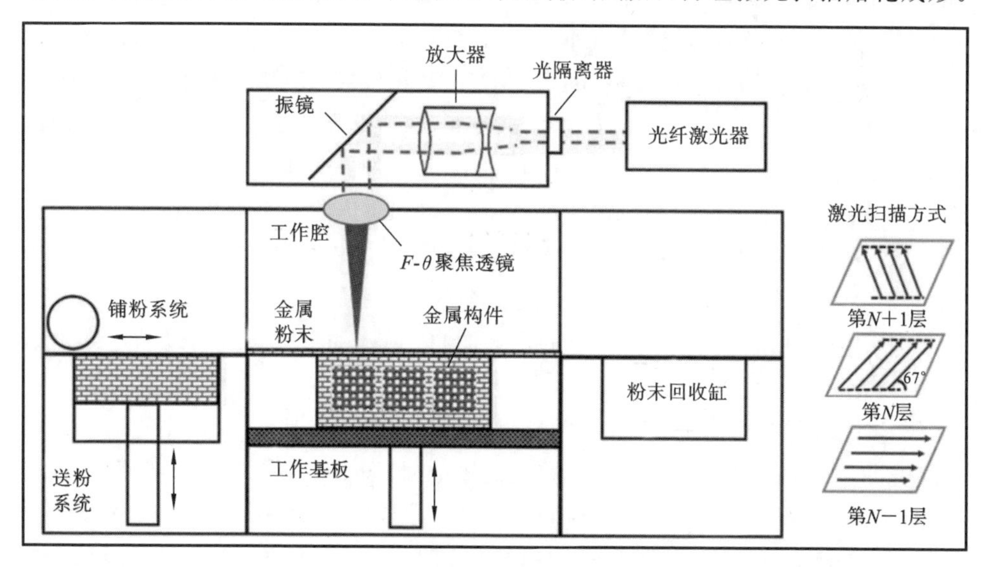

图1-3 激光选区熔化增材制造成形原理示意图

这一过程会逐层重复，直到打印部件完全成形。打印过程在保护气氛中进行，通常工作腔内充满惰性气体（如氩气（Ar））或氮气（N_2），以防止材料在制造过程中氧化。

SLM 成形金属零件具有晶粒细小、力学性能优异、密度高、成形精度高等特点。目前，国外 SLM 技术的研究单位主要集中在美国、英国、比利时、德国、澳大利亚、韩国、中国等；著名的 SLM 技术公司包括德国的 SLM Solutions 和 EOS、英国的 Renishaw 和美国的 GE。这些公司已经推出了一些 SLM 设备和特殊粉末材料。哈佛大学和得克萨斯大学奥斯汀分校是开展相关研究较多的大学。国内也有多家企业和单位从事相关研究，如西安铂力特增材技术股份有限公司、武汉华科三维科技有限公司，以及西北工业大学、西安交通大学、华中科技大学、华南理工大学、北京航空航天大学、南京航空航天大学等高校。

SLM 成形金属材料包括钛合金、铝合金、不锈钢、镍合金、铜合金等材料，这些常用材料都有成熟的工艺和后处理方案；此外，SLM 工艺的新材料也在探索中，包括铁基复合材料、钛基复合材料等新材料。

大多数 SLM 工作台面尺寸为 250 mm×250 mm 及以下，这表明 SLM 工艺主要针对小型、精细的金属部件。随着技术的发展和产品要求的提高，金属 AM 工艺逐渐向大台面和多激光方向发展，同时 SLM 成形金属粉末原料从传统的单一金属材料向多材料方向发展。2017 年，EOS 推出 EOS M400-4 SLM 设备，其成形台面尺寸为 400 mm×400 mm。四个独立的激光器可以同时成形四个零件，大大提高了生产效率。同年，Concept Laser 推出 Xline 2000R 双激光 SLM 系统。该设备理论上最大成形零件尺寸达到 800 mm×400 mm×500 mm，可打印体积较上一代 1000R 增加 27%，是当时国外最大的金属 3D 打印机。国内企业苏州西帝摩三维打印科技有限公司自主研发的 XDM750 设备采用移动激光振镜系统，其最大成形零件尺寸为 750 mm×750 mm×500 mm，在成形尺寸和设备自身尺寸上均达到世界第一。由于 SLM 独特的技术优势，该技术在航空、航天、医疗设备、汽车制造等领域得到了部分应用和快速发展。SLM 表现出以下三个趋势：

(1) 从成形均质力学结构件拓展到多尺度复杂关键构件；

(2) 从单一均匀结构向多材料梯度混合结构发展；

(3) 生产理念正在从自下而上的设计向自上而下的设计转变，以满足结构集成、功能化和模块化需求。

SLM 成形构件的表面质量与性能调控是目前的研究难点。SLM 的工艺原理是激光与粉末的交互作用，冶金过程在极短的时间内发生，材料经受反复快速加热和快速冷却过程，从粉末状态到固体状态，是典型的非平衡热力学、动力学过程，因此，非均匀组织、非均匀热塑性和相变塑性是不可避免的，这也造成 SLM 成形过程中易产生球化、微裂纹、气孔等缺陷。从宏观上讲，SLM 成形构件往往存在较大的残余应力，易发生变形和开裂，这是SLM制件表面质量控制难题。除此之外，SLM成形构件表面往往存在较多的未熔化或半熔化的颗粒黏附、表面不平整或表面粗糙度较大的现象。SLM成形大尺寸复杂度低的构件时，不平整表面可以通过后处理工艺如化学腐蚀、喷丸/喷砂、慢走丝线切割等改善；对于小而精细的内部复杂的构件，传统的表面处理工艺难以调控结构内部的表面质量，如化学腐蚀难以进行内外结构同步均匀腐蚀，喷丸/喷砂工艺中磨料颗粒难以进入结构内部，线切割刀具无法进入结构内部，等等，因此，表面质量控制仍是一个重要的研究难题。

AM技术是实现多材料、跨尺度、高性能零件成形的有效手段，使设计由以工艺为导向转向以性能为导向，极大地扩展了设计空间。AM可为各种形状复杂的超材料部件提供制造技术，而其中SLM技术具有成形高精度金属零件的能力。因此，超材料零件的AM技术是未来先进制造的发展方向之一。

1.4 本书大纲

第1章讨论了超材料和AM技术的最新进展，并给出了本书的核心背景；讨论了金属AM技术(SLM)的机遇和局限性，特别是其在复杂超材料制造中的应用；此外，对工程应用中的超材料设计和AM进行了综述。

第2章涵盖拓扑优化和受竹子启发的力学超材料和AM的研究。力学超材料是一种具有奇特力学性能的结构材料，能够实现负泊松比、高比强、低剪切模量和负刚度等特殊力学性能。首先，采用基于水平集的拓扑优化方法设计新型力学超材料；通过准静态压缩实验，研究拓扑优化后的力学超材料的力学性能和能量吸收性能。在此基础上，提出用于4D打印设计的多材料拓扑优化公式，算例结果表明了该方法的有效性。最后，以原子填充和竹子的形态为灵感，提出一种组合仿生策略，以实现具有轻质、高强和各向同性性能的力学超材料。最后，进一步探讨竹子空心结构的引入对力学性能和应力分布的影响机理。

第3章研究了各种声学超材料的设计和AM。声学超材料是一种具有常规材料所不具备的异常声学反射和折射率的结构材料。本章主要介绍了两类声学超材料：一种是宽带吸声超材料，另一种是水声隐身超材料。

第4章介绍了一种仿柚子皮的热学超材料。通过模拟柚子皮的微观结构，设计具有吸能和隔热功能的多功能热学超材料。通过仿真和实验，阐明所设计的超材料功能的实现机理。

第5章介绍了基于超材料的骨支架的设计和AM研究。本章提出了一种双锥杆超材料设计策略，在保持相同孔隙率的情况下，降低金刚石多孔金属生物材料的应力屏蔽，有利于骨支架的力学性能与宿主骨骼相匹配，避免应力屏蔽。利用五模超材料构建骨支架，以平衡孔隙率、力学和质量传输性能。与传统生物材料相比，五模超材料类型的骨支架具有孔隙分布分级、强度适宜的特点，能显著提高细胞播种效率、通透性和抗冲击性，促进体内成骨，在细胞增殖和骨再生方面具有广阔的应用前景。

第 6 章对微晶格超材料的设计和 AM 进行了研究，提出了一种模拟晶体结构的各向异性超材料的设计策略。通过构造具有不同晶面和晶向的微晶格超材料，实现了弹性响应和传质性能的独立控制。结果表明，微晶格超材料的力学性能与质量传输性能之间的耦合关系减弱，且依赖于材料的晶面和取向方向。受晶体材料中 Hall-Petch 关系的启发，本章构建了具有解耦力学-质量传输性能的微晶格超材料，以满足人工骨支架的需要。微晶格类结构的创新设计方法为工程上广泛应用的多物理场耦合超材料的发展提供了无限可能。

第 7 章介绍了板格超材料的研究，利用激光选区熔化技术制备了具有半开孔拓扑结构的板格超材料，为研究其力学性能和变形行为，分别对有限元模型和成形试样进行了数值模拟和实验。半开孔板格超材料所具备的多孔结构、轻质结构、优越且易调的力学性能为其在承重、能量吸收和生物医学工程等领域提供了应用潜力。在骨支架中，力学性能代表承载能力，而以渗透性为表现的质量传输性能主导着营养/氧气运输效率，对此本章提出了力学性能和质量传输性能接近人体骨骼的体心立方和面心立方板格支架。

第 8 章讨论了 AM 超材料的应用和展望。

第2章　力学超材料

2.1　拓扑优化力学超材料与增材制造

2.1.1　引言

点阵结构材料具有优异的物理、力学、热学、光学和声学性能，远远超过普通固体材料，其优异的性能主要体现为明显的超轻重量特征、优越的能量吸收特性、高的比强度和比刚度，以及出色的功能，如散热，电磁屏蔽、隔声或隐身等。因此，点阵结构在汽车工程、光电子、生物科学和航空航天工业等领域受到了广泛的关注。

之前的工作研究中，大部分晶格结构是受自然启发的，如立方体、蜂窝、菱形、三周期极小曲面(triply periodic minimal surface，TPMS)结构。例如，在最近的研究中，Liu 等提出了一种新的理论方法来考虑阵列结构的影响，以基于立方晶体的体心立方(body-centered cubic，BCC)结构预测多层结构的强度。Ibrahim 等研究了双蜂窝点阵结构的声学特性，证明了将正六边形蜂窝点阵重新排列成三维构型进行设计是合理的。Jin 等设计了面心立方和密排六方金刚石点阵结构，这两种结构分别与金刚石和六方石具有相同的构型。据我们所知，大多数研究都是基于现有结构或复合结构来定制其性能的。获得新型点阵几何形状和特定性质的主要方法依赖于简单单元的组合、结构参数的变化或材料的固有性质。为了弄清结构与性能之间的关系，以往的研究已经实现了描述材料-性能关系图。尽管如此，这些方法不仅在结构设计上需要花费大量的时间，而且由于现有结构类型的限制，点阵结构的设计自由度仍然有限。

与被称为被动设计的经验主义导向的结构设计相比，功能导向的结构设计更经济、省时，具有更大的发展潜力。这些新颖的功能导向结构可以通过为给定的单胞构建拓扑优化(topology optimization，TO)问题来成功实现。晶格结构的性质强烈依赖于固体部分分布在单胞中的模式。用 TO 方法设计点阵结构是通过重新分配细胞内密度来实现点阵结构的功能的。例如，Du 等提出了一种新的计算设计方法，以找出具有最大剪切刚度的点阵结构的最佳拓扑布局。Asadpoure 等研究了由 TO 算法识别的在轴向和剪切刚度约束下最小重量的最优平面微点阵。Wang 等同时生成了优化的材料分布方式和优化的结构配置，以提高综合力学性能。为了满足在具有梯度多物理场性能的体系结构中的应用需求，Zhang 等提出了一种新的层状梯度材料和点阵结构的 TO 方法。然而，上述 TO 案例忽略了制造方面的限制，使得设计的结构在实践中难以制造。

传统的金属点阵结构制备方法主要有模板凝固法、气体发泡法、粉末冶金法等。它们在形成具有明显密度约束、曲面特征或定制力学性能的非常复杂和高度不均匀的空间结构方面受到限制。最典型的点阵结构是骨骼几何形状因人而异的骨植入物。目前，激光增材制造技术已经成为一种基于逐层和离散累积原理的非常流行的制造技术。激光增材制造的优势在于为工程师和设计师提供了更多的自由度，以开发具有所需几何形状和定制特性的新型金属结构。该技术在很大程度上克服了结构设计的限制，可以在极短的时间内以较低的成本制造出复杂精巧的点阵结构。其中，SLM 技术作为一种先进的金属增材制造技术，在制备点阵结构时具有良好的成形精度和极高的致密度。另外，在 SLM 过程中，粉末材料与输入激光能量之间存在强烈的相互作用，伴随着强烈的物理和化学反应。因此，因热梯度而产生的残余应力容易导致变形缺陷，反复快速熔融凝固易造成气孔缺陷，这两种缺陷在 SLM 制件中都很常见。Ning 等建立了基于物理的解析模型，可方便而廉价地预测 SLM 过程中的温度分布，并研究了考虑传热边界条件以及成形边缘和零件几何形状影响的温度变化趋势。Ahmadi 等研究了激光加工参数对金刚石点阵结构的力学性能、拓扑结构和微观结构的影响。他们发现力学性能随着激光功率或曝光时间的增加而增加，而制造最低曝光和最低激光功率的结构是不可能的，因为这些结构的缺陷，下层不能支撑其上层。因此，在制备拓扑优化的点阵结构之前，应优化 SLM 工艺参数，尽量减少冶金缺陷对力学性能实验结果的影响。将 TO 和 SLM 结合起来制造高性能优化工程结构是很简单的。

点阵结构广泛应用于建筑材料领域，以减轻重量和吸收能量。然而，这些点阵结构也需要一定的刚度来抵抗变形或防止结构失效。因此，如何同时具有优异的刚度和轻质性一直是点阵结构研究需要突破的关键科学和技术问题，这与材料研究一样，开发具有高强度和塑性的先进材料一直是一个具有挑战性的研究课题。拓扑优化的点阵结构可以直接提高任意表观密度下的结构刚度。在此之后，SLM 技术可以使 TO 设计的结构成为现实。

本节提出了基于水平集的拓扑优化方法，以获得具有较高承载和能量吸收能力的点阵结构。我们采用 SLM 法制备了体积分数为 30%的 Ti-6Al-4V 拓扑优化点阵结构。通过显微 CT 和微观观察对制造精度进行了评价，表明 SLM 构建的点阵结构与 CAD 设计模型吻合良好。采用准静态压缩实验获得了点阵结构的力学性能，并采用有限元(finite element，FE)方法预测了结构的失效位置，进一步研究了拓扑优化点阵结构的承载和能量吸收性能，验证了其优越性。

2.1.2　拓扑优化方法

本节用定义在 $N\times N\times N$ 有限元上的隐式水平集函数来描述单位单元，采用数值均匀化方法计算有效弹性张量，采用基于参数水平集的 TO 方法结合数值均匀化方法在三个方向上同时设计高刚度单元格。本研究采用的优化配方如下：

$$\max J(\Phi)=\sum_{i,j,k,l}^{d}\eta_{ijkl}E_{ijkl}^{H}(\Phi)$$
$$\text{s.t.}\begin{cases}a(\boldsymbol{u},\boldsymbol{v},\Phi)=l(\boldsymbol{v},\Phi) \quad \boldsymbol{v}\in\boldsymbol{U}\\ V(\Phi)=\int_{D}H(\Phi)\mathrm{d}\Omega-fV_{\max}\leqslant 0\end{cases} \tag{2-1}$$

其中：Φ 是水平集函数；目标函数 J 由均匀化有效弹性张量 E_{ijkl}^{H} 和权重因子 η_{ijkl} 组合定义；V 为微结构的体积；f 为设计区域的体积分数；$\boldsymbol{u}$ 为位移场；$\boldsymbol{v}$ 为虚位移场；$\boldsymbol{U}$ 为运动容许位移空间；$V_{\max}$是单位单元格的体积；$H(\cdot)$是用于将水平集函数映射为元素密度的近似 Heaviside 函数。

$$H(\Phi)=\begin{cases}\xi & \Phi<-\Delta\\ \dfrac{3(1-\xi)}{4}\left(\dfrac{\Phi}{\Delta}-\dfrac{\Phi^{3}}{3\Delta^{3}}\right)+\dfrac{1+\xi}{2} & -\Delta\leqslant\Phi\leqslant\Delta\\ 1 & \Phi>\Delta\end{cases} \tag{2-2}$$

其中：$\xi=0.001$，为小正数，以避免数值过程的奇异性；Δ 是数值近似带宽的一半。

状态方程用弱形式表示，其中双线性能量项 $a(\boldsymbol{u},\boldsymbol{v},\Phi)$ 和线性载荷形式 $l(\boldsymbol{v},\Phi)$分别表示为

$$a(\boldsymbol{u},\boldsymbol{v},\Phi)=\int_{D}\varepsilon_{ij}^{\mathrm{T}}(\boldsymbol{u})E_{ijkl}\varepsilon_{kl}(\boldsymbol{v})H(\Phi)\mathrm{d}\Omega \tag{2-3}$$

$$l(\boldsymbol{v},\Phi)=\int_{D}\varepsilon_{ij}^{\mathrm{T}}(\boldsymbol{u}^{0})E_{ijkl}\varepsilon_{kl}(\boldsymbol{v})H(\Phi)\mathrm{d}\Omega \tag{2-4}$$

其中：$\boldsymbol{u}$ 为位移场；$\boldsymbol{v}$ 为虚位移场。

在高刚度三维单元格设计中，权重因子矩阵 $\boldsymbol{\eta}$ 为

$$\boldsymbol{\eta}=\begin{bmatrix}1&1&1&0&0&0\\1&1&1&0&0&0\\1&1&1&0&0&0\\0&0&0&0&0&0\\0&0&0&0&0&0\\0&0&0&0&0&0\end{bmatrix} \tag{2-5}$$

计算环境是一台采用 Intel i7-6900K CPU 和 64GB 内存的个人台式计算机，安装 MATLAB 2017a，获得一个 3D 示例的拓扑的平均计算时间约为 1 h。

2.1.3 制备与设计

图 2-1 展示了所用粉末及其粒径分布，图 2-2 展示了拓扑优化点阵结构成形的工艺流程，包括 TO 方法、模型重定位和制造工艺。TO 方法说明了单胞在 x、y 和 z 方向上受到三个独立的单位应变(图 2-2(a))时，从简单立方构型中提取的晶格结构的演化过程。在 MATLAB (图 2-2(b))中用 8 节点立方体单元将基本立方体单元离散为 8000 个有限元单元，然后用 27 个孔洞(图 2-2(c))进行水平集初始化。对于给定的相对密度 0.3 和符合高刚度的目标，通过给定的方法得到具有突出刚度的单胞(图 2-2(d))。由于悬垂圆撑杆垂直于竖直圆撑杆，图 2-2(e)所示的进口模型相对水平方向(图 2-2(f))倾斜 45°移位，以避免形成不可移动的支撑，即内支撑。随后，利用 SLM 技术制作 2×2×2、3×3×3 与 4×4×4 拓扑引导构型的单元格结构，这是一个逐层打印的过程，以便捕捉宏观和微观尺度的特征(图 2-2(g))。单元格的长度为 5 mm。SLM 成形点阵结构的整体尺寸约为 10 mm×10 mm×10 mm、15 mm×15 mm×15 mm 与 20 mm×20 mm×20 mm，分别有 8 个、27 个和 64 个单胞。经过超声清洗和抛丸后处理，SLM 成形试样如图 2-2(h)所示。单胞的主要几何尺寸为宏观孔隙尺寸 a_1、微观孔隙尺寸 a_2 和最大直径 d，如嵌入图所示。根据表面侧向插入 2 个悬垂支柱的单元特征，将单元体划分为 3 个子层次，即 01 子层、02 子层和 03 子层。

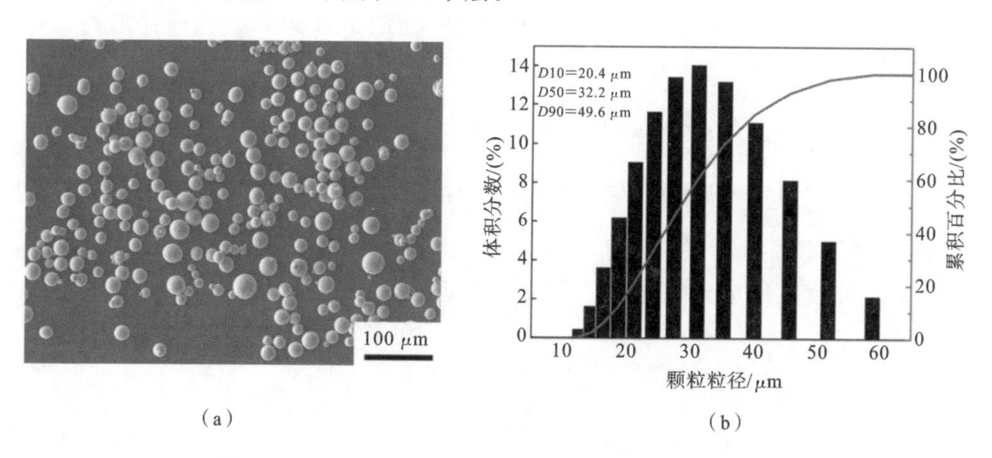

图 2-1 Ti-6Al-4V 粉末的(a)颗粒形貌和(b)粒径分布。

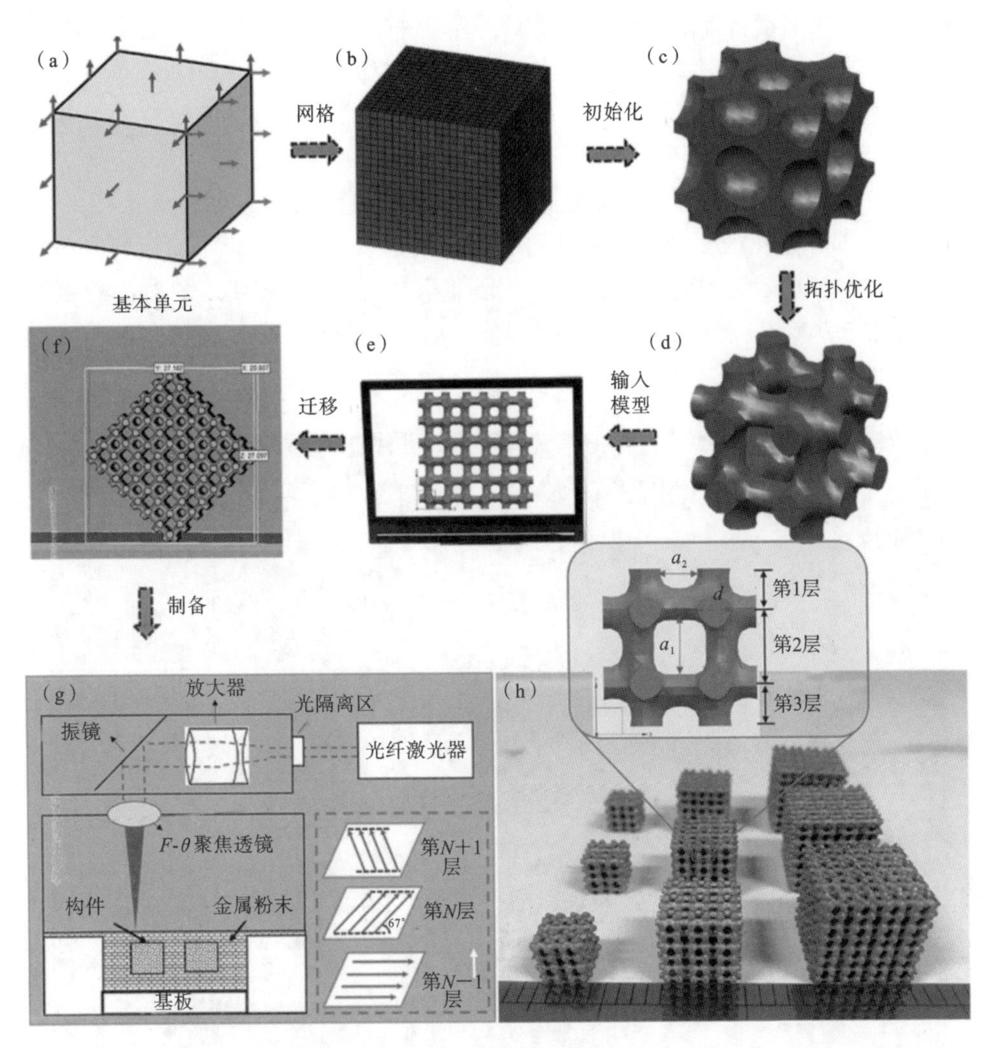

图 2-2　(a)单胞在 x、y、z 三个方向上的独立单元应变；(b)20×20×20 的 8 节点立方体单元的离散化模型；(c)27 个孔洞的水平集初始化；(d)拓扑优化的单胞；(e)SLM 制造的多层点阵结构模型；(f)预打印模型的重新定位；(g)SLM 制造流程；(h)SLM 成形样品。

2.1.4　SLM 制造精度

图 2-3 给出了 SLM 构建的拓扑优化点阵结构的显微 CT 重建模型与设计的 CAD 模型在视觉和定量方面的比较，观察子层、节点连接处和圆支柱不同位置的

显微 CT 结果的横截面形态特征。将 CT 重建的三维模型叠加到各自的 CAD 模型上，得到尺寸偏差(图 2-3(a)和(b))。与 CAD 模型相比，如图 2-3(a)(b)所示，由于抛丸后工序的影响，出现了很多负偏差。此外，重建的三维模型的代表性截面表明，晶格结构(图 2-3(c)(e))内部没有明显的缺陷或畸形单元，这表明 SLM 加工参数和重定位位置都适合于制造这种晶格结构。还可观察到，由于建筑方向对部分熔化的颗粒在点阵结构表面聚集的影响，支柱面对基板的表面有正偏差，而对相反的表面有负偏差。设计结构和 SLM 制造结构的对比轮廓大致分布在＋0.055/－0.049 mm 的平均范围内，这表明 SLM 制造的点阵结构具有较高的精度。

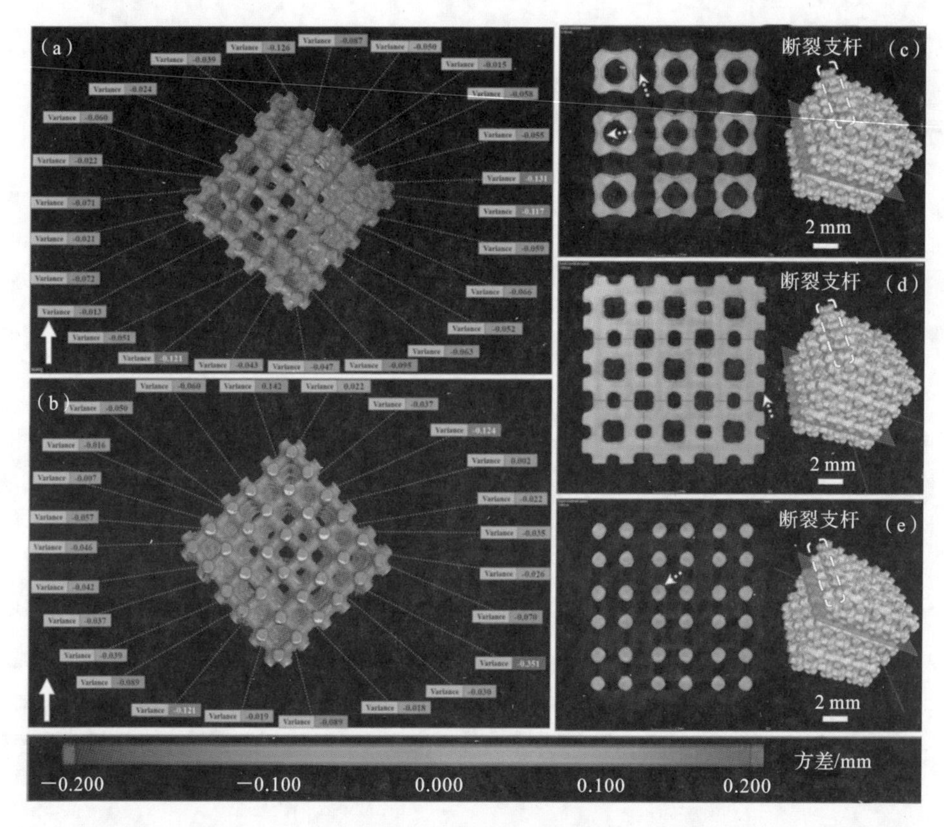

图 2-3　显微 CT 结果：(a)(b)重构模型与 3×3×3 点阵结构 CAD 模型对比；(c)～(e)点阵结构在不同位置的子层、节点和圆支杆的截面图，虚线矩形框内为支架的断裂支杆，虚线箭头指向 SLM 过程中黏附的粉末，实箭头表示打印方向。

设计的宏观孔隙尺寸 a_1、微观孔隙尺寸 a_2 和最大直径 d 分别为 1.000 mm、1.740 mm 和 1.200 mm，测量值及标准差如表 2-1 所示。不同单胞数的点阵结构均表现出相似的测量值和变化，其中孔隙尺寸呈现负偏差，而支柱尺寸呈现正偏差。结果还表明,单胞数与加工误差之间没有明确的关系。图 2-4 所示为 3×3×3 拓扑优化点阵结构样品与设计模型的 SEM 图像,图中没有发现悬挑结构中常见的表面裂缝或结构畸变等宏观缺陷。除了部分未熔化的粉末外,样品的几何特征与 CAD 模型吻合得较好。

表 2-1　SLM 构建的拓扑优化样本的几何参数

类型	支柱最大直径 d/mm		宏观孔隙尺寸 a_1/mm		微观孔隙尺寸 a_2/mm		相对密度	
	测量 $d\pm$SD	偏差	测量 $d\pm$SD	偏差	测量 $d\pm$SD	偏差	测量 $\pm$SD	偏差
2×2×2	1.039±0.036	+3.90%	1.629±0.015	−6.38%	1.173±0.007	−2.25%	0.293±0.002	−2.43%
3×3×3	1.054±0.015	+5.40%	1.645±0.007	−5.46%	1.118±0.012	−6.83%	0.293±0.000	−2.47%
4×4×4	1.062±0.005	+6.20%	1.620±0.020	−6.90%	1.176±0.017	−2.00%	0.296±0.002	−1.50%

注:SD 表示标准差。

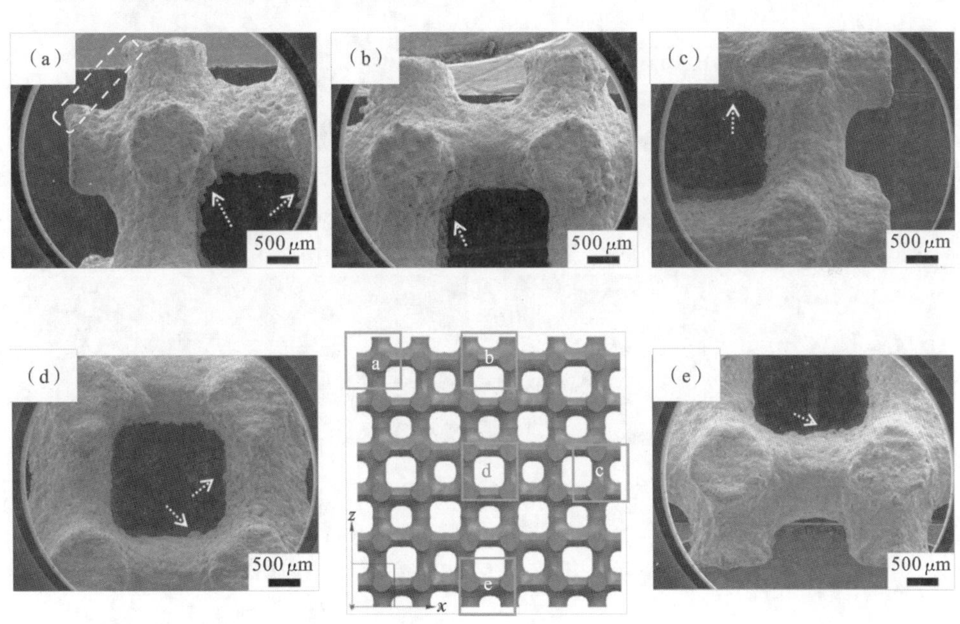

图 2-4　SLM 成形 3×3×3 点阵结构的 SEM 图像:(a)~(e)对应于 CAD 模型局部特征区域,虚线矩形框内为支架的断裂支杆,虚线箭头指向 SLM 过程中黏附的粉末。

2.1.5 应力-应变曲线和变形行为

图 2-5 展示了 SLM 构建的 2×2×2 点阵结构的代表性应力-应变曲线及其在压缩实验下的变形过程。考虑到 SLM 构件的各向异性,将试样放置在相同的方向上,支架支板破碎的表面垂直于压缩方向。如图 2-5(a)所示,我们很好地捕捉到了弹性阶段和平台阶段的两种状态。在弹性阶段,应力与应变呈线性正比关系,直到屈服极限。在 10%应变的第一个峰值点之后,由于最后一层和中间子层相继断裂,应力急剧下降(图 2-5(a)(Ⅱ,Ⅲ))。在随后的平台阶段,应力值保持在一定的间隔内,直到致密化开始。应力-应变曲线符合图 2-5(a)(Ⅲ—Ⅴ)中诱发屈曲甚至断裂的弹脆变形行为。

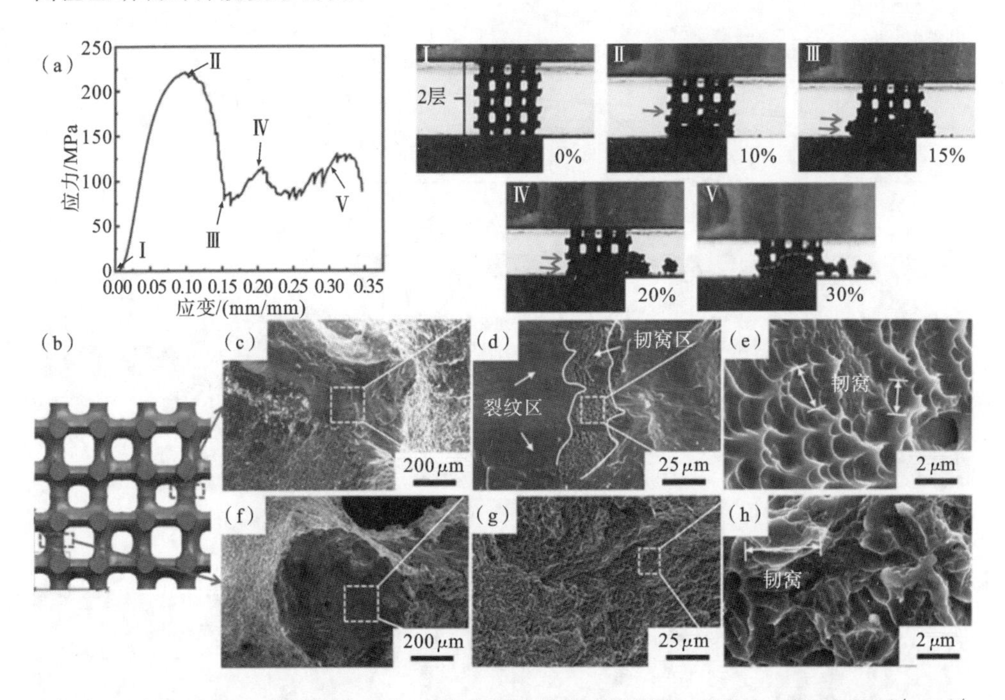

图 2-5 (a)2×2×2 点阵结构的应力-应变曲线和压缩变形过程,其中Ⅰ~Ⅴ对应 0%、10%(第一个峰点)、15%(第一个谷点附近)、20%(第二个峰点)和 30%的应变;(b)中间子层和最后一层断裂位置示意图;(c)~(e)中间层和(f)~(h)最后一层的 SEM 图像。

值得注意的是,竖向圆支板变形以拉伸为主,水平圆支板变形以弯曲为主。实验结果证实,主要裂缝位于垂直圆形支柱处。中间子层的垂直圆形支板与上下两层的垂直圆形支板错位,与上下两层的垂直圆形支板形成一个微凹的形状,在连接处产生偏转。因此,图 2-5(b)中虚线所示的中间子层和最后一层的两个断裂位置的断裂机理是有本质区别的。从断裂支撑的形态特征(图 2-5(c)～(h))可以看出,断裂机制包括韧性断裂和脆性断裂。中亚层裂缝起始于垂直支板垂直于压缩方向的交面上。在图 2-5(c)～(e)中可以观察到尺寸在 2 μm 以下的大规模条纹面和部分韧窝。最后一层断裂表现出典型的韧性特征,其韧窝非常细小,最大尺寸约为 2 μm。

3×3×3 和 4×4×4 点阵结构的应力-应变曲线和变形过程分别见图 2-6 和图 2-7。相似的是,在大约 10%应变的第一个最大应力点之后,观察到应力剧烈下降。从平台期开始,随着压缩方向上单胞数的增加,波动的波峰和波谷增多,说明波动的数量与加载方向上的单胞数高度相关。此外,结构破坏模式也随着单胞数的增加而改变。2×2×2 点阵结构具有由下而上的逐层断裂倾向。相比之下,3×3×3 点阵结构则表现出一种由上而下的逐层断裂。4×4×4 点阵结构中包含了上部逐层断裂和 45°左右倾斜剪切断裂。这可以用 SLM 构建的结构具有由打印缺陷引起的非均匀性这一事实来解释。总而言之,明显的逐层断裂特征(图 2-5(a)、图 2-6 和图 2-7)表明,SLM 构建的拓扑优化点阵结构可能具有良好的能量吸收能力。在之前的研究中也可发现类似的结果。Song 等发现乌贼状点阵具有明

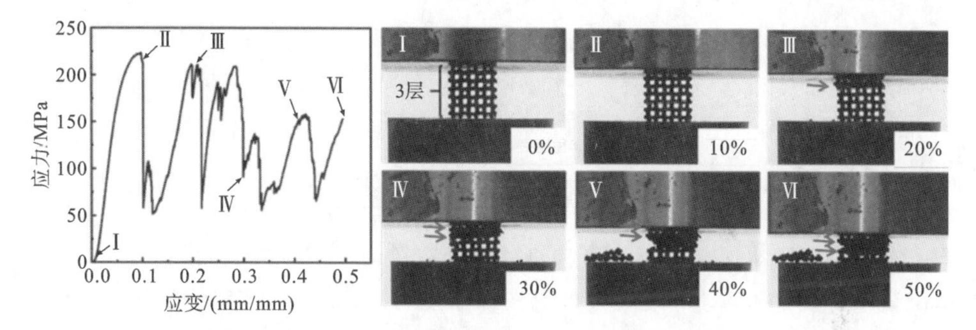

图 2-6　3×3×3 点阵结构的应力-应变曲线和压缩变形过程,其中快照Ⅰ～Ⅵ对应 0%、10%(第一个峰值点左右)、20%、30%、40%和 50%的应变。

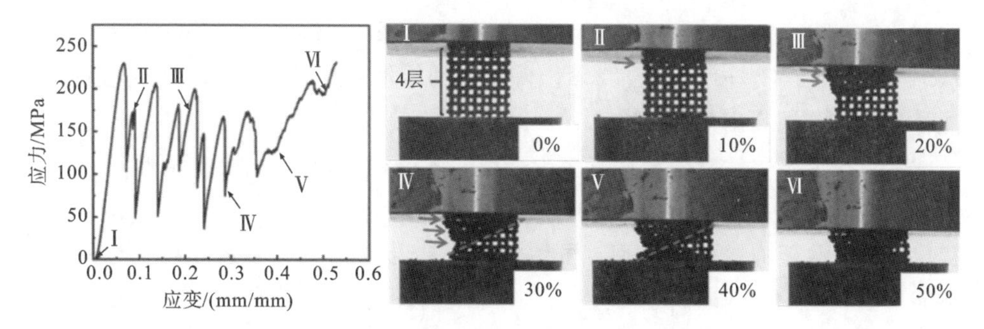

图 2-7　4×4×4 点阵结构的应力-应变曲线和压缩变形过程,其中快照Ⅰ～Ⅵ对应 0%、10%、20%、30%、40%和 50%(致密化起始应变)的应变。

显的逐层损伤特征，具有良好的能量吸收能力。

对于 2×2×2、3×3×3 与 4×4×4 拓扑优化的点阵结构，注意到它们有相似的应力-应变曲线，第一最大强度、弹性模量和屈服强度几乎相同，如表 2-2 所示。而 3×3×3 与 4×4×4 点阵结构在峰值应力点后表现出较高的平均平台应力值。这归因于更多的单胞，这些单胞使结构更像一个完整的物体。图 2-8 给出了不同数目组合的拓扑优化点阵结构中有约束和无约束单元的示意图。当点阵结构组成在 2×2×2 到 4×4×4 分布时，无约束单元的数量从 0 到 8 呈指数型增长。2×2×2 点阵结构的有限单元格的弹性模量和强度受固定边界、载荷边界和自由边界等约束边界的影响。随着单位单元的增加，周围单元(即约束单元)的承载能力受到约束边界的限制；相反，内部点阵(即无约束单元)逐渐成为抵抗外力的主要成分。由此推断，当受约束单元数远低于无约束单元数时，结构如块体，在自由横向膨胀条件下可呈现桶状，从而近似为一个完整的物体。

表 2-2 SLM 构建的拓扑优化点阵结构在压缩实验下的力学性能和能量吸收值

属性	2×2×2 (±SD)	3×3×3 (±SD)	4×4×4 (±SD)
第一最大强度 σ_m/MPa	223.36±2.30	225.89±1.95	230.42±1.01
弹性模量 E/GPa	4.47±0.19	4.49±0.13	4.42±0.15
屈服强度 σ_y/MPa	164.83±7.92	163.00±3.93	162.00±1.73
平台应力 σ_{pl}/MPa	77.46±14.86	150.07±16.53	142.87±8.12
能量吸收值 W_i/(MJ/m^3)	35.78±0.79	40.52±1.85	41.68±1.72

本小节分别从 x、y、z 三个方向进行细胞数量的增加。可以明显看出，力随着单胞数量的增加而增加，但其应力值在峰值应力之前几乎没有变化，因此它们的弹性模量大致相等，在 4.5 GPa 左右。它们的第一最大强度相差不大，接近 225 MPa，屈服强度接近 160 MPa。3×3×3 与 4×4×4 点阵结构的应力波动较大，其平台阶段的应力分布在 50～200 MPa 之间，平均平台应力约为 150.07 MPa，而 2×2×2 点阵结构的平台阶段应力分布在 75～125 MPa 之间，平均平台应力为 77.46 MPa。3×3×3 与 4×4×4 点阵结构的能量吸收值比 2×2×2 点阵结构的能量吸收值分别高出 13.25%和 16.49%。

本节研究不关注点阵结构有多少个单元才能达到稳定的性能，而是关注拓扑格的不同单元数对力学响应的影响。实验现象仅大致说明 3×3×3 单元是获得稳定能量吸收能力的关键构型。虽然 3×3×3 与 4×4×4 点阵结构在这种情况下能量吸收值的增加略高于 2×2×2 点阵结构，但当单胞数较大时能量吸收值的增加要大得多。无论如何，不同单元数的点阵结构在能量吸收和变形行为上确实存在差异，对比将在 2.3.5 和 2.3.6 节做进一步讨论。

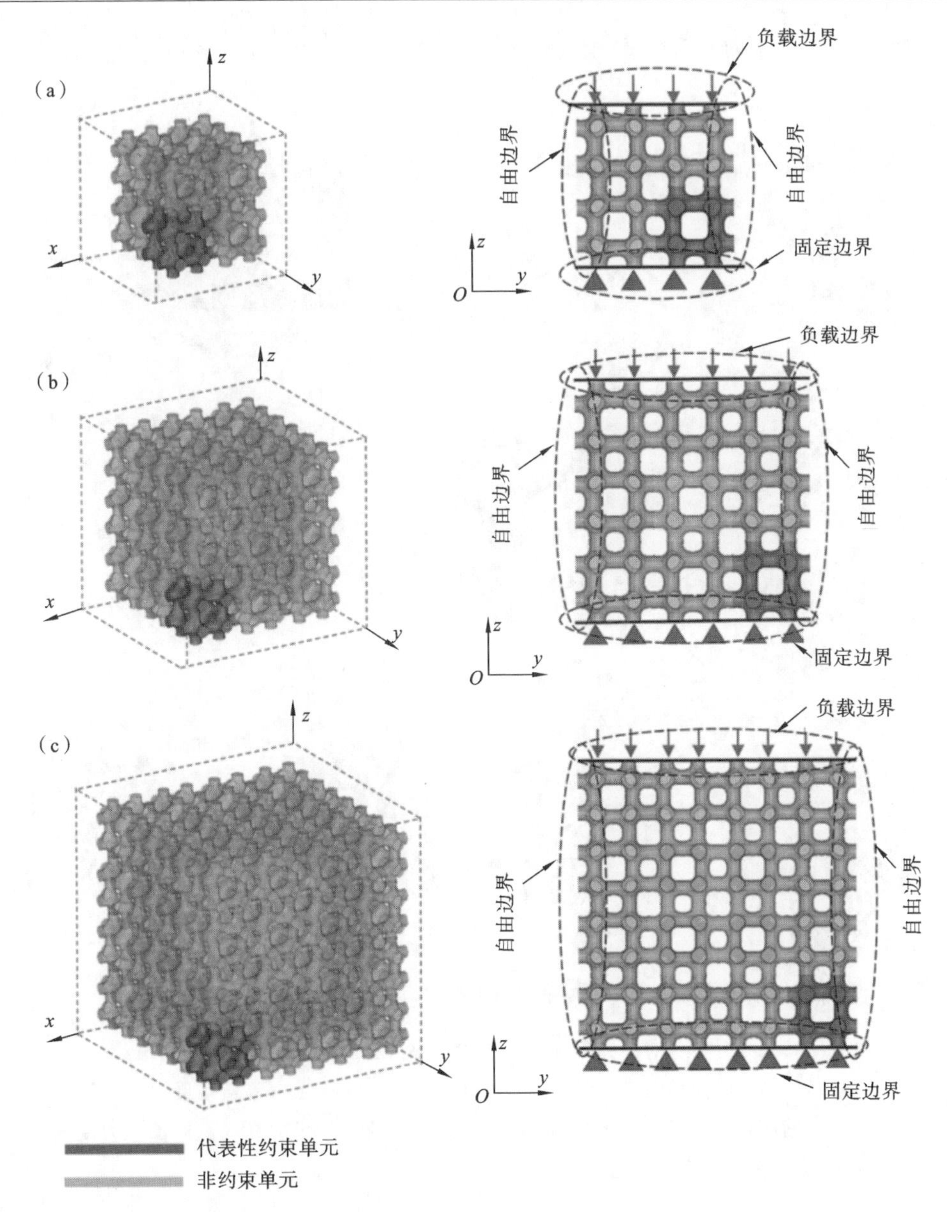

图 2-8　具有不同数量组合的拓扑优化点阵结构中有约束和无约束单元的示意图：(a)2×2×2 点阵结构；(b)3×3×3 点阵结构和(c)4×4×4 点阵结构。

2.1.6　应力分布预测

为了进一步了解这种新型点阵结构的变形行为，采用有限元方法计算设计单胞在 10 MPa 压缩载荷下的等效应力(Von Mises 应力)分布,结果如图 2-9 所示。

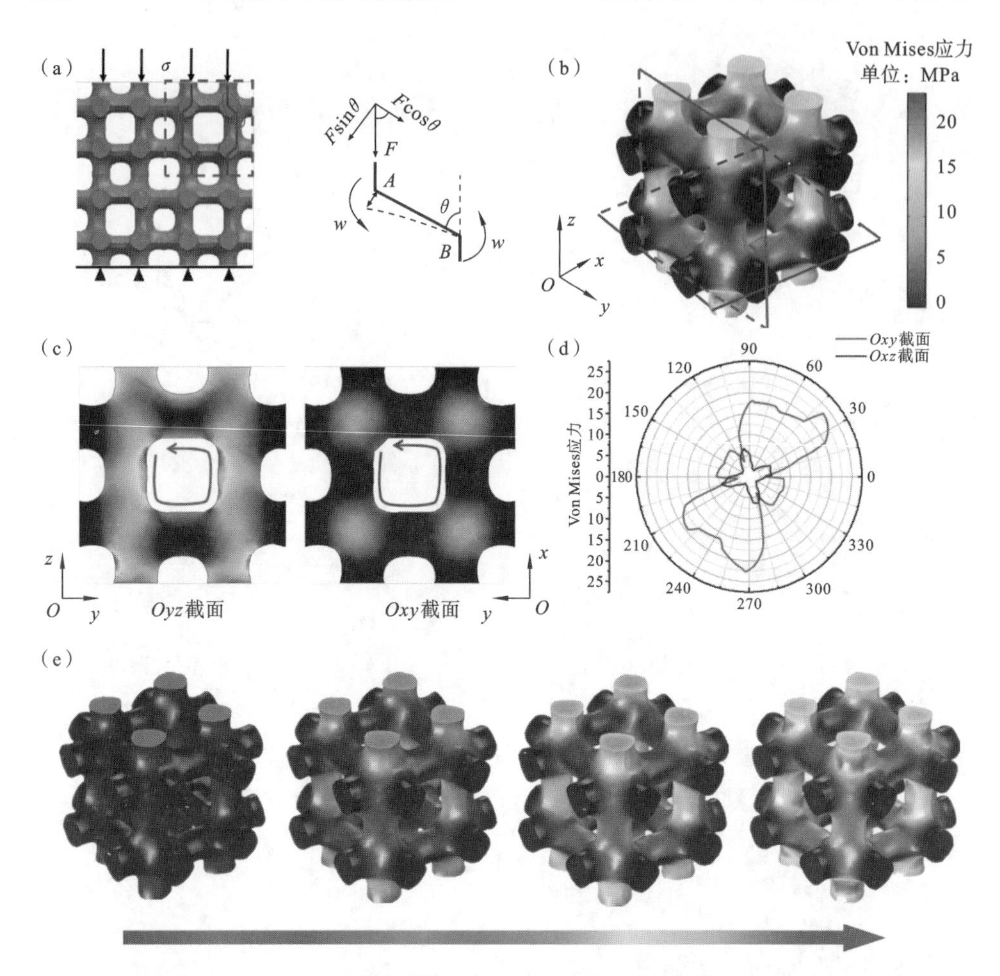

图 2-9　单元格有限元分析:(a)边界条件原理图和交界处受力分析的放大视图,虚线处代表一个完整的单胞;(b)单胞在 10 MPa 压缩载荷下 Von Mises 应力等值线图;(c)为(b)对应的 Oxy 截面和 Oyz 截面内的单胞视图;(d)为(c)中箭头所示的孔内侧周围应力变化趋势;(e)压缩过程中的应力变化。

在揭示单元的等效应力分布之前,首先给出节点处的受力分析和边界条件(图 2-9(a))。竖向支板沿加载方向的不匹配导致节点发生偏转,导致单元内应力分布不均匀(图 2-9(b))。可以发现,子层 01 和子层 03 的应力集中在外轮廓表面,而子层 02 的应力集中发生在内轮廓表面。子层之间的应力差导致剪力作用于结合处。因此,单元表面应力分布的不均匀性会导致竖向支柱发生屈曲,进而发生剪切断裂。实际上,实验中 2×2×2 点阵结构的两个断裂位置分别位于竖直支板第一层 03 子层和第二层 02 子层(图 2-5(b))。对于 2×2×2 点阵结构,所有的单元格都没有外力来抵抗垂直变形，因此底部子层03成为主要破坏区。应力集中主要发生在垂直支撑的内壁，包括层和子层(图2-9(c)(d))，表明层间存在破裂倾向。沿孔隙内壁的应力表现出中心对称的现象。在点阵结构的压缩过程中，竖向支板逐次断裂后发生应力集中断裂，而水平支板则完好无损。yz段的最高应力约为xy段的3倍，说明应力在加载方向上更加集中。加载过程中的应力分布如图2-9(e)所示。结果表明，应力主要沿加载方向传播。竖向支板的凹形使承重构件发生变形，导致支板发生脆性断裂。值得注意的是，应力集中的预测位置与实验中压缩破裂位置吻合得较好(图2-5(b))。

2.1.7　力学性能

弹性模量是评价拓扑优化点阵结构刚度或承载能力的重要力学性能之一。这些点阵结构的弹性模量预计将超过之前报道的具有相同相对密度的金属点阵结构。相对模量定义为点阵结构的模量值与基体材料的模量值之比，即

$$\frac{E_1}{E_s}=C\left(\frac{\rho_1}{\rho_s}\right)^n \tag{2-6}$$

式中：ρ_s与ρ_1分别对应点阵结构的密度和母体固体材料的密度；E_s与E_1分别为点阵结构的弹性模量和母体固体材料的弹性模量；C与n是依赖于结构形态特征的常数，n值通常为1～4。图2-10给出了该点阵结构与不同文献中其他点阵结构相对模量的比较情况。例如，Xiao等人在不同加载条件下生成了三种拓扑优化结构，以提高零件刚度。但在体积分数为30%的条件下，其相对弹性模量约为0.010，远低于我们的研究结果，接近实验值0.037的四分之一。这些传统点阵结构的相对密度-相对弹性模量曲线具有特定的关系，即遵循经典的Gibson-Ashby模型，本研究的拓扑优化的点阵结构也可利用该理论来预测不同相对密度下结构的力学性能。

图2-10将正/修正菱形十二面体(RD)、TPMS和立方结构的相对弹性模量与拓扑优化的点阵结构的进行了比较。在体积分数相同的情况下，与拓扑优化点阵结构形态相似的立方结构的弹性模量低于拓扑优化结构的弹性模量。一方面，拓扑优化后的点阵结构具有0.037的优良相对弹性模量，具有较大的刚度可以抵抗变形；另一方面，节点的挠度使结构呈现出一定的延性，说明拓扑优化后的点阵结构还具有较大的能量吸收能力。由以上实验可知，随着单胞数的增加，整体结构的韧性会逐渐退化，最终导致剪切断裂。这就是拓扑优化结构与简单的堆叠立方结构之间的区别。

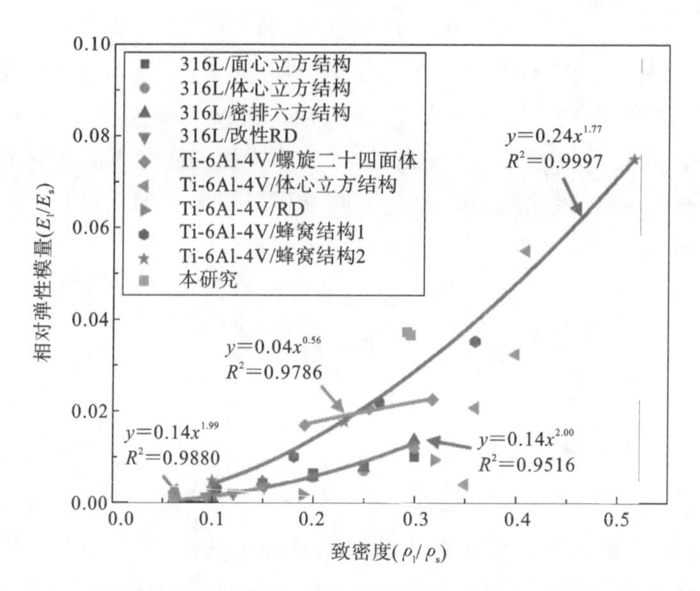

图 2-10 拓扑优化结构的相对弹性模量与文献中其他不同点阵结构的相对弹性模量比较

2.1.8 能量吸收能力

点阵结构的能量吸收能力使其在应力消除应用领域具有重要意义。由于孔隙体积的存在，点阵结构往往具有一定的能量吸收能力。与固体材料相比，点阵结构的能量吸收能力与力学变形行为有关。拓扑优化结构的能量吸收能力是评价其力学性能的重要指标之一。为了平衡能量吸收能力和点阵体积，根据应力-应变曲线与30%的工程应变积分计算能量吸收值。在压缩过程中，点阵结构的能量吸收值(W_i)可以用下式描述：

$$W_i = \int_0^{\varepsilon_i} \sigma_i \mathrm{d}\varepsilon \tag{2-7}$$

其中：σ_i 为应力-应变曲线中 ε_i 应变处的应力值。

理想能量吸收效率是在拓扑优化结构压缩过程中 W_i 与某一时刻的最大应力 σ_m 和应变 ε_i 的乘积之间的比值，即

$$\Phi = \frac{W_i}{\sigma_m \varepsilon_i} \tag{2-8}$$

值得一提的是，用最大应力代替当前应力计算理想能量吸收能力更为合理。可用峰值应力与对应应变的乘积来评估点阵结构的能量吸收能力。典型弹塑性应力-应变曲线的应力随着应变的增大逐渐增大，因此用当前应力与应变的乘积

来获得理想的能量吸收能力是合适的，相反，对弹脆点阵结构的能量吸收能力进行评价是不可行的。

能量吸收值-应变和能量吸收效率-应变曲线如图 2-11 所示。对于每个结构，这里只显示一个代表性的样本。变形行为对能量吸收能力和能量吸收效率有很强的依赖性，在应力-应变曲线上与平台阶段相对应。不同单元数的拓扑优化点阵结构，其能量吸收值和效率的变化趋势有明显的差异。2×2×2 拓扑优化点阵结构的曲线在线性阶段与其他结构的曲线平行。在应变区间接近 0.100～0.215 时，2×2×2 拓扑优化点阵结构由于子层屈曲，具有更好的能量吸收能力(图 2-11(a))，在应变为 0.15 时能量吸收效率更高，达到 67.9%。在重叠区之后，3×3×3 拓扑优化点阵结构比 4×4×4 拓扑优化点阵结构吸收的能量更多，而在应变为 0.30 时，前者的最大能量吸收效率为0.64，比后者的 0.57 高 10.95%(图 2-11(b))。

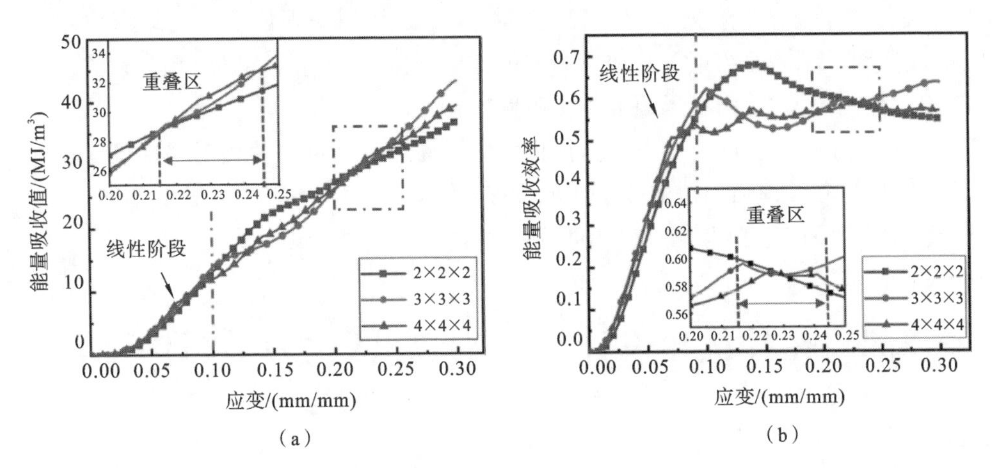

图 2-11　不同单胞数的拓扑优化点阵结构：(a)能量吸收值-应变曲线；(b)能量吸收效率-应变曲线。

同一类型不同单胞数量结构所表现出来的能量吸收值-应变曲线的差异性是由该结构在压缩变形阶段变形机制的多样性导致的。其压缩过程表现为逐层断裂及逐层断裂与剪切断裂的复合断裂。如上所述，随着单元格的增加，拓扑优化的点阵结构逐渐成为一个完整的对象。由于 Ti-6Al-4V 的脆性特性，点阵结构的变形特性逐渐趋向于脆性断裂。此外，网格结构的变形行为也受到尺寸效应的影响。对于 2×2×2 的点阵结构，每个单元都与约束边界接触，支柱是抗变形的主要元素。随着单位细胞的增加，远离约束边界的单胞增多，内部的单胞可视为抵抗单元。因此，拓扑优化结构的能量吸收能力会因 x、y、z 方向上的堆叠单元数不同而不同。

2.1.9 结论

将拓扑优化方法和激光选区熔化 3D 打印技术相结合,可以获得轻量化和高性能的晶格结构。本节基于 TO 方法设计了具有高刚度和 30%固体材料体积的拓扑优化点阵结构,并通过 SLM 制造;研究了 SLM 制造的拓扑优化点阵结构的可增材制造性能和力学性能。由本节可以得出以下结论。

本节采用基于参数水平集的 TO 方法结合数值均匀化方法设计拓扑优化的点阵结构,设计和 SLM 制造的结构尺寸大致分布在−0.049～+0.055 mm 的平均范围内,但显示出可接受的制造精度。

在压缩实验中,不同单胞数目的拓扑优化结构均表现出明显的逐层坍塌特性,这归因于不同的约束单胞和非约束单胞比例以及竖杆的特定凹形。无约束单元格的比例越大,结构变形的整体协调性越高。

与大多数传统点阵结构相比,拓扑优化结构表现出更好的相对弹性模量。能量吸收能力和效率强烈地依赖于变形过程,在这个过程中,因单元数的不同,它们的值随应变的变化曲线表现出不同的变化特征。

2.2 拓扑优化设计与 4D 打印活性力学超材料

2.2.1 引言

活性复合材料(PAC)由活性材料和非活性基体组成。非活性基体通常是柔顺的,具有环境响应性的活性材料主要分为形状记忆聚合物、介电弹性体和液晶弹性体。可以用各种刺激,如温度、酸碱度、湿度的变化及磁场和电场来驱动活性物质。PAC 可以随着时间的推移以预定的方式进化,这被称为四维(4D)打印。PAC 最终形状是主动和被动阶段与环境刺激相互作用的结果,因此,形状的演化依赖于主动和被动相位的空间排列。这给了 PAC 一个巨大的优势,因为通过设计结构中的主动和被动阶段的排布,PAC 可以在外部刺激下变形成目标形状。

对于给定的目标形状,很难找到组成材料的最佳空间分布,因为设计过程是一个具有挑战性的反问题,是具有特定的几何形状和边值问题。以往的活性复合材料设计方法可分为分析方法和优化算法。分析方法通过一系列目标形状方程推导出每个设计元素的相应材料特性，活性复合材料的一般结构设计多采用优化算法。根据是否使用梯度信息，算法大致可分为进化算法和拓扑优化方法。进化算法的主要优点是不需要对目标函数进行梯度计算，并且允许并行化。例如，为了防止整个机翼同时失速，Sossou 等使用一个轻微扭曲的机翼作为目标形状，并使用遗传算法计算一种硬质硅胶和两种磁致伸缩复合材料在初始形状下的空间分布。类似地，机器学习算法被用于可实现目标-形状变化响应的活性复合材料结构的设计。然而，进化算法受到几个因素的阻碍。一是当考虑复杂的目标形状或高精度的形状匹配时，需要更精细的体素化。更精细的体素化需要在进化算法中实现大规模种群，这需要极高的计算成本，造成收敛困难。二是上述情况没有考虑材料分布的过滤，进一步造成了棋盘格模式和孤岛现象。这些导致了材料分布的波动，影响了形状匹配和结构性能。例如，机翼表面波动很可能降低飞机的适航性。

拓扑优化是一种强大的概念设计方法，在学术研究和工业应用中被广泛采用。它用于在设计领域中找到最佳的材料分布，使结构的特定性能最优。许多拓扑优化方法已经被开发出来，包括固体各向同性材料惩罚法(solid isotropic material with penalization，SIMP)、水平集法、渐进结构优化方法、移动变形元件方法及其他方法。拓扑优化也被用于 4D 打印的 PAC 布局设计。例如，水平集法已被用于确定形状记忆聚合物在被动基体中的分布。这样，活性复合材料在热驱动下可从初始形状变形为目标形状。将 SIMP 方法应用于 4D 打印的结构设计，可以得到高性能多孔软体驱动器。此外，SIMP 已被用于计算软体夹持器中柔软和较硬材料的空间排列，以获得最大弯曲挠度。上述大多数目标形状匹配案例都集中在被动材料和单一主动材料的空间排列上。然而，在外界刺激下，活性材料的变形能力受其杨氏模量以及与刺激响应行为相关的材料属性，如热膨胀系数、压电系数等的影响。因此，当考虑更复杂的目标形状时，单一的活性材料不足以对目标形状进行高精度匹配。

针对上述问题，本节提出面向 PAC 设计的多材料拓扑优化方法，以解决给定目标形状下多个主动材料和一个被动材料的空间布置问题。更具体地说，用于活性材料的多材料插值方程被用于以连续变量的形式对材料分布进行建模。所获得形状的体素顶点相对于目标形状的位移场误差，即对应于设计变量被定义为目标函数。采用 Zhang-Paulino-Ramos(ZPR)设计变量更新方案求解考虑各活性材料体积约束的拓扑优化问题。

本节安排如下：材料建模和变形计算在 2.2.2 节中介绍；2.2.3 节给出了 4D 打印设计的多材料拓扑优化公式；2.2.4 节给出了几个算例的结果，以证明所提方法的有效性；最后，对研究结果进行了讨论，并提出了一些结论。

2.2.2 材料建模

为了准确模拟 PAC 的响应，需要考虑几何非线性和复杂的热力学本构行为，这导致了非线性、非保守的多物理模型。在拓扑优化过程中，必须反复调用目标函数来计算结构位移。在概念设计阶段考虑这些模型会显著增加算法复杂度和计算成本。为了模拟主动材料的行为，且保证计算速度快、实现方便、保真度合适，采用连续介质力学模型在体素基础上模拟活性和被动材料的行为。所模拟的主动材料仅限于非可编程的变形主动材料，如压电材料，电、磁或光致伸缩材料和水凝胶，有关文献详细讨论了这些主动材料的建模方案。

二维(2D)设计域如图 2-12 所示，其中材料行为建模的方法分为四个步骤：①将设计域离散成大小相同的体素化对象；②利用梁连接体素的中心，提取设计域的控制结构；③计算控制结构的变形量；④计算体素化对象的变形量。步骤③和步骤④将在后面的叙述中详细描述。

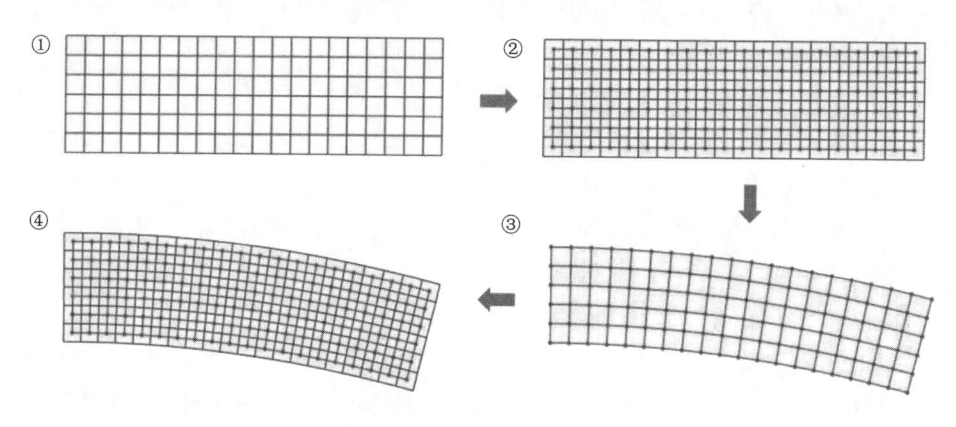

图 2-12 连续介质力学模型

假设每个体素都是均匀的，由单一的线性和各向同性材料构成。每个体素可以代表不同的主动材料和被动材料。在二维设计域中，主动材料的变形能力受杨氏模量 E 和变形系数 g 的影响。变形系数 g 由与刺激-响应行为和环境刺激相关的材料参数决定，用来表征材料在给定刺激下的变形能力。梁材料的属性继承自它们连接的体素对，如式(2-9)所示：

$$\hat{E}_e=\frac{2E_{e_1}E_{e_2}}{E_{e_1}+E_{e_2}},\quad \hat{g}_e=\frac{2g_{e_1}}{g_{e_1}+g_{e_2}} \tag{2-9}$$

其中：e_1 与 e_2 为对应第 e 个光束单元的体素对的数量索引。

2.2.3　形变计算

采用直接刚度法计算控制结构的变形。每个节点在二维上有三个自由度(degree of freedom,DOF)。局部坐标系中梁的刚度矩阵为

$$\bar{\boldsymbol{k}}_e=\begin{bmatrix} \frac{EA}{L} & 0 & 0 & -\frac{EA}{L} & 0 & 0 \\ 0 & \frac{12EI}{L^3} & \frac{6EI}{L^2} & 0 & -\frac{12EI}{L^3} & \frac{6EI}{L^2} \\ 0 & \frac{6EI}{L^2} & \frac{4EI}{L} & 0 & -\frac{6EI}{L^2} & \frac{2EI}{L} \\ -\frac{EA}{L} & 0 & 0 & \frac{EA}{L} & 0 & 0 \\ 0 & -\frac{12EI}{L^3} & -\frac{6EI}{L^2} & 0 & \frac{12EI}{L^3} & -\frac{6EI}{L^2} \\ 0 & \frac{6EI}{L^2} & \frac{2EI}{L} & 0 & -\frac{6EI}{L^2} & \frac{4EI}{L} \end{bmatrix} \tag{2-10}$$

其中:L 为体素大小;$A=L^2$,为梁截面积;$I=\frac{L^4}{12}$,为梁的转动惯量。

用式(2-11)中的初始力向量 $f_e(\boldsymbol{S})$来模拟主动材料的主动响应行为。单元内力矢量的大小受单元的杨氏模量 E_e 和变形系数 g_e 的影响。式(2-11)和式(2-12)都是用局部坐标系表示的,为了计算节点的位移,需要将它们转换到全局坐标系:

$$\bar{\boldsymbol{k}}_e\bar{\boldsymbol{u}}_e=\bar{\boldsymbol{f}}_e^M+\bar{\boldsymbol{f}}_e(\boldsymbol{S}) \tag{2-11}$$

$$\bar{\boldsymbol{f}}_e(\boldsymbol{S})=E_eAg_e(\boldsymbol{\alpha},\boldsymbol{S})[-1\quad 0\quad 0\quad 1\quad 0\quad 0]^{\mathrm{T}} \tag{2-12}$$

其中:$\bar{\boldsymbol{f}}_e^M$ 是外力向量;$\bar{\boldsymbol{u}}_e$ 表示单元位移;A 表示梁截面积;$\boldsymbol{S}$ 表示刺激;$\boldsymbol{\alpha}$ 表示含有与刺激反应行为相关的所有活性物质性质的矢量。

根据与每个光束相关的变形图,每个光束都有一个影响区,该影响区由光束连接的两个体素所占据。每个体素有四个顶点(它的角),属于该区域的顶点受梁变形的影响。利用加权平均变形图计算受多个影响区影响的顶点。假设顶点受 N 个梁的影响,则权值为 $w_i=\frac{1}{N}$。因此,控制结构的变形可以得到所有体素顶点的变形。

连续介质力学建模的优点是可以快速获得给定材料分布的主动响应行为,且精度损失很小。与有限元方法(finite element method,FEM)相比,概念设计连续介质力学建模精度不够。但是,两种方法的误差会随着体素大小的减小而逐渐减小。这里用一个案例来说明这一现象。

如图 2-13 所示，定义一个悬臂梁(L=30 mm，H=10 mm)，左端设置固定边界条件。悬臂梁的上下部分由两种材料组成。表 2-3 总结了两种材料的性能。悬臂梁向下弯曲，温度变化 ΔT=200 ℃，最大位移为 3.39 mm。

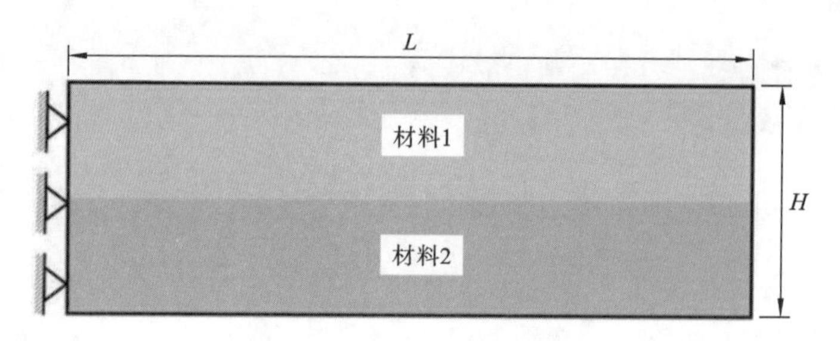

图 2-13　双材料悬臂梁的边界条件和材料分布

表 2-3　双材料悬臂梁的材料特性

特　　性	材料 1	材料 2
杨氏模量/MPa	10	5
热膨胀系数/(10^{-6}/℃)	260	10

为了检验体素大小对精度的影响，我们生成了 4 个不同单元数的网格，如图 2-14 所示。该网格既是有限元网格，也是体素网格。所以，有限元的节点就是体素的顶点。

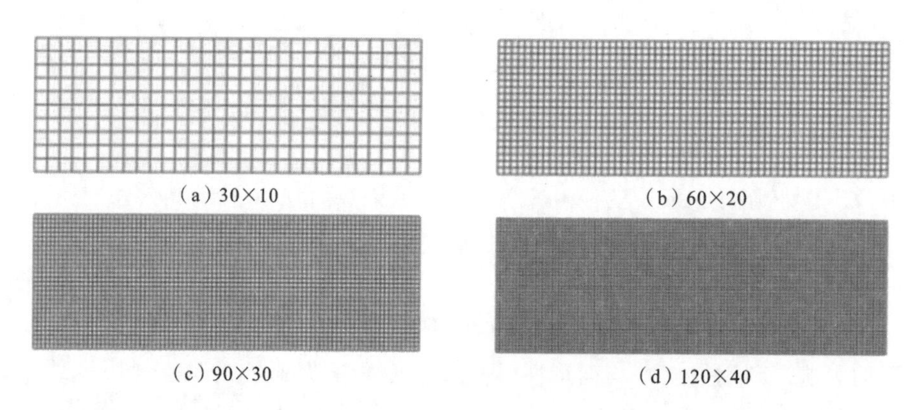

(a) 30×10　　(b) 60×20　　(c) 90×30　　(d) 120×40

图 2-14　不同像素的 4 个网格：(a)30×10；(b)60×20；(c)90×30 ；(d)120×400。

有限元分析在 ANSYS 中进行。宽度 H([10,20,30,40])上的体素数量对应体素大小([1,0.5,0.33,0.25]mm)。以宽度上的体素数为横轴，以节点位移误差最大值的绝对值为纵轴。随着网格密度的增大和体素尺寸的减小，连续介质力学建模方案与有限元结果的最大节点位移误差也在减小，如图 2-15 所示。

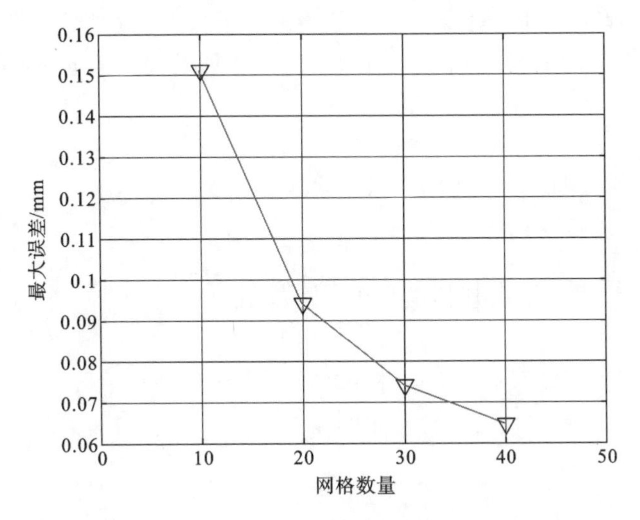

图 2-15　不同像素下的最大节点位移误差结果

2.2.4　4D 打印多材料拓扑优化设计

1. 问题定义

在 4D 打印 PAC 的设计问题中,PAC 的最终形状是由初始形状、环境刺激和材料分布决定的。这意味着可以通过指定材料在初始形状中的分布来控制形状的变化。随着目标形状复杂性的增加,单一主动材料难以满足目标形状的高精度匹配需求。将多种主动材料作为候选材料具有重要意义。因此,4D 打印多材料拓扑优化设计的目的是寻找在体积约束下的最佳材料分布,使最终形状与目标形状之间的误差最小。

如 2.2.3 节所讨论的,体素化对象的变形是由控制结构的变形驱动的。为了降低灵敏度分析的复杂性,采用梁节点位移 $\boldsymbol{U}$ 来描述所得到的形状。同样,用目标梁的节点位移 $\boldsymbol{U}^*$ 来描述目标形状。4D 打印中 PAC 设计的离散问题容纳了许多候选材料和许多体积约束,表示为

$$
\begin{aligned}
&\min J = \frac{(\boldsymbol{U}-\boldsymbol{U}^*)^{\mathrm{T}}(\boldsymbol{U}-\boldsymbol{U}^*)}{N} \\
&\text{s.t. } \boldsymbol{K}(\boldsymbol{z})\boldsymbol{U}(\boldsymbol{z}) = \boldsymbol{F}(\boldsymbol{z}) \\
&\varphi_j = \frac{\sum_{i=1}^{N_c} \hat{z}_{ij}}{N_e} - \bar{v}_j \leqslant 0, \quad j = 1,2,\cdots,m \\
&0 \leqslant z_{ij} \leqslant 1, \quad i = 1,2,\cdots,N_c
\end{aligned}
\tag{2-13}
$$

其中：N 为所有梁节点的自由度数；$\bar{v}_j$ 是第 j 种材料的体积分数；$\boldsymbol{z}$ 为设计变量矩阵，表示 m 种候选材料的 m 个密度场；$\hat{z}_{ij}$ 为过滤后的设计变量矩阵元素，矩阵定义为

$$\hat{\boldsymbol{z}}=\boldsymbol{P}_z \tag{2-14}$$

其中：$\boldsymbol{P}$ 是滤波器矩阵。

2. 材料插值

在本节中，采用 SIMP 模型来判罚中间密度：

$$w_{ij}=\hat{z}_{ij}^{p} \tag{2-15}$$

其中：$p>1$，是 SIMP 参数，它将设计变量推向 0 和 1。

主动材料的多材料插值函数表示为

$$\begin{cases} E_i=\bar{E}+\sum\limits_{j=1}^{m}w_{ij}\sum\limits_{\substack{t=1\\t\neq j}}^{m}(1-\gamma w_{it})(E_j^0-\bar{E}) \\ g_i=\varepsilon+(1-\varepsilon)\sum\limits_{j=1}^{m}w_{ij}\sum\limits_{\substack{t=1\\t\neq j}}^{m}(1-\gamma w_{it})g_j^0 \end{cases} \tag{2-16}$$

其中：E_j^0 是杨氏模量；g_j^0 是候选主动材料的变形系数；$0\leqslant\gamma\leqslant1$，是混合判罚参数；$\bar{E}$ 为非主动材料的杨氏模量；ε 是一个小数，用于定义被动材料的变形系数。

3. 敏感度分析

我们使用基于梯度的优化方法来求解方程(2-13)中的优化问题，需要目标函数和体积约束函数的灵敏度信息。

目标函数的灵敏度可由链式法则表示

$$\frac{\partial J}{\partial z_{ij}}=\frac{\partial J}{\partial \boldsymbol{U}}\frac{\partial \boldsymbol{U}}{\partial z_{ij}} \tag{2-17}$$

$\frac{\partial J}{\partial \boldsymbol{U}}$由下式推导：

$$\frac{\partial J}{\partial \boldsymbol{U}}=\frac{2(\boldsymbol{U}-\boldsymbol{U}^*)^{\mathrm{T}}}{N} \tag{2-18}$$

通过微分，可导出：

$$\frac{\partial \boldsymbol{U}}{\partial z_{ij}}=\boldsymbol{K}^{-1}\left(\frac{\partial \boldsymbol{F}}{\partial z_{ij}}-\frac{\partial \boldsymbol{K}}{\partial z_{ij}}\boldsymbol{U}\right) \tag{2-19}$$

将式(2-18)和式(2-19)代入方程(2-17)，得到

$$\frac{\partial J}{\partial z_{ij}}=\frac{2(\boldsymbol{U}-\boldsymbol{U}^*)^{\mathrm{T}}}{N}\boldsymbol{K}^{-1}\left(\frac{\partial \boldsymbol{F}}{\partial z_{ij}}-\frac{\partial \boldsymbol{K}}{\partial z_{ij}}\boldsymbol{U}\right) \tag{2-20}$$

本节采用伴随法进行灵敏度分析，将伴随向量定义为

$$\boldsymbol{\xi}^{\mathrm{T}}=\frac{2(\boldsymbol{U}-\boldsymbol{U}^*)^{\mathrm{T}}}{N}\boldsymbol{K}^{-1} \tag{2-21}$$

可以由以下伴随方程计算伴随向量 $\boldsymbol{\xi}$：

$$\boldsymbol{K\xi}=\frac{2(\boldsymbol{U}-\boldsymbol{U}^{*})}{N} \tag{2-22}$$

插入伴随向量 $\boldsymbol{\xi}$，方程(2-20)表示为

$$\frac{\partial J}{\partial z_{ej}}=\boldsymbol{\xi}_{e}^{\mathrm{T}}\left(\frac{\partial \boldsymbol{f}_{e}}{\partial w_{ij}}-\frac{\partial \boldsymbol{k}_{e}}{\partial w_{ij}}\boldsymbol{u}_{e}\right)\frac{\partial w_{ij}}{\partial \hat{z}_{ij}}\frac{\partial \hat{z}_{ij}}{\partial z_{ij}} \tag{2-23}$$

其中：

$$\frac{\partial \boldsymbol{f}_{e}}{\partial w_{ij}}=\frac{\partial \boldsymbol{f}_{e}}{\partial \hat{E}_{e}}\frac{\partial \hat{E}_{e}}{\partial E_{i}}\frac{\partial E_{i}}{\partial w_{ij}}+\frac{\partial \boldsymbol{f}_{e}}{\partial \hat{g}_{e}}\frac{\partial \hat{g}_{e}}{\partial g_{i}}\frac{\partial g_{i}}{\partial w_{ij}} \tag{2-24}$$

下面给出$\frac{\partial \boldsymbol{f}_{e}}{\partial \hat{E}_{e}}$、$\frac{\partial \boldsymbol{f}_{e}}{\partial \hat{g}_{e}}$：

$$\begin{cases}\dfrac{\partial \boldsymbol{f}_{e}}{\partial \hat{E}_{e}}=A\hat{g}_{e}\boldsymbol{f}^{0}, \quad \dfrac{\partial \boldsymbol{f}_{e}}{\partial \hat{g}_{e}}=A\hat{E}_{e}\boldsymbol{f}^{0}\\ \boldsymbol{f}^{0}=\boldsymbol{T}_{e}^{\mathrm{T}}[-1 \quad 0 \quad 0 \quad 1 \quad 0 \quad 0]^{\mathrm{T}}\end{cases} \tag{2-25}$$

式中：$\boldsymbol{T}_{e}^{\mathrm{T}}$ 是定义的转换矩阵，用于将全局坐标系转换为局部坐标系。

$\frac{\partial \hat{E}_{e}}{\partial E_{i}}$ 与 $\frac{\partial \hat{g}_{e}}{\partial g_{i}}$ 可分别根据方程(2-9)计算：

$$\frac{\partial \hat{E}_{e}}{\partial E_{i}}=\begin{cases}\dfrac{2E_{e_2}^{2}}{(E_{e_1}+E_{e_2})^{2}}, & i=e_1\\ \dfrac{2E_{e_1}^{2}}{(E_{e_1}+E_{e_2})^{2}}, & i=e_2\\ 0, & \text{其他}\end{cases} \tag{2-26}$$

$$\frac{\partial \hat{g}_{e}}{\partial g_{i}}=\begin{cases}\dfrac{2g_{e_2}^{2}}{(g_{e_1}+g_{e_2})^{2}}, & i=e_1\\ \dfrac{2g_{e_1}^{2}}{(g_{e_1}+g_{e_2})^{2}}, & i=e_2\\ 0, & \text{其他}\end{cases} \tag{2-27}$$

根据式(2-16)，可通过以下公式计算出 $\frac{\partial E_{i}}{\partial w_{ij}}$ 与 $\frac{\partial g_{i}}{\partial w_{ij}}$ ：

$$\begin{cases}\dfrac{\partial E_{i}}{\partial w_{ij}}=\prod\limits_{\substack{\gamma=1\\ \gamma\neq j}}^{m}(1-\gamma w_{ij})(E_{j}^{0}-\bar{E})-\sum\limits_{\substack{k-1\\ k\neq j}}^{m}\gamma w_{ik}\prod\limits_{\substack{t=1\\ t\neq j\\ t\neq k}}(1-w_{it})(E_{k}^{0}-\bar{E})\\ \dfrac{\partial g_{i}}{\partial w_{ij}}=\prod\limits_{\substack{\gamma=1\\ \gamma\neq j}}^{m}(1-\gamma w_{ij})g_{j}^{0}(1-\varepsilon)-\sum\limits_{\substack{k-1\\ k\neq j}}^{m}\gamma w_{ik}\prod\limits_{\substack{t=1\\ t\neq j\\ t\neq k}}(1-w_{it})g_{j}^{0}(1-\varepsilon)\end{cases} \tag{2-28}$$

方程(2-23)中，$\frac{\partial \boldsymbol{k}_e}{\partial w_{ij}}$ 可以写成

$$\frac{\partial \boldsymbol{k}_e}{\partial w_{ij}}=\frac{\partial \boldsymbol{k}_e}{\partial \hat{E}_e}\frac{\partial \hat{E}_e}{\partial E_i}\frac{\partial E_i}{\partial w_{ij}} \tag{2-29}$$

有：

$$\frac{\partial \boldsymbol{k}_e}{\partial \hat{E}_e}=\boldsymbol{T}_e^{\mathrm{T}}\bar{\boldsymbol{k}}_e^0\boldsymbol{T}_e \tag{2-30}$$

式中：$\bar{\boldsymbol{k}}_e^0$ 为式(2-10)中 E 等于 1 时 $\bar{\boldsymbol{k}}_e$ 的特例。

根据方程(2-15)，方程(2-23)中的项$\frac{\partial w_{ij}}{\partial \hat{z}_{ij}}$为

$$\frac{\partial w_{ij}}{\partial \hat{z}_{ij}}=p\hat{z}_{ij}^{p-1} \tag{2-31}$$

由方程(2-14)可以得到方程(2-23)中的项 $\frac{\partial \hat{z}_{ij}}{\partial z_{ij}}$：

$$\frac{\partial \hat{z}_j}{\partial z_j}=\boldsymbol{P}^{\mathrm{T}} \tag{2-32}$$

其中：$\hat{z}_j$ 与 z_j 为第 j 种材料对应的 $\hat{\boldsymbol{z}}$ 与 $\boldsymbol{z}$ 的列。

体积约束的导数为

$$\frac{\partial \varphi_j}{\partial z_{ij}}=\frac{\partial \varphi_j}{\partial \hat{z}_{ij}}\frac{\partial \hat{z}_{ij}}{\partial z_{ij}}, \quad \frac{\partial \varphi_j}{\partial \hat{z}_{ij}}=\frac{1}{N_e} \tag{2-33}$$

4. 过滤和 ZPR 设计变量更新

ZPR 滤波器用于抑制棋盘格模式和孤岛现象。就 4D 打印而言，棋盘格现象意味着存在不同材质在体素中交替分布的区域(类似棋盘格补丁)。孤岛现象意味着某种材料体素与其他材料之间存在隔离区域。这种现象造成的材料分布不利于印刷，进而影响形状匹配和结构性能。

滤波器矩阵元素如下 ：

$$P_{ik} = \frac{w_{ik}}{\sum_{j=1}^{N_e} w_{ij}} \tag{2-34}$$

式中：

$$w_{ik}=\max\left(0,1-\frac{\| x_i-x_k \|_2}{R}\right)^q \tag{2-35}$$

式中：R 是过滤器半径；x_i 与 x_k 分别是体素 i 与 k 的中心；q 是过滤器指数，$q=2$。

ZPR 是一种顺序线性规划技术，在每个优化步骤中，使用拉格朗日算法对方程(2-13)进行线性化近似。ZPR 方法对于多体积约束问题是非常有效的。

ZPR 设计变量更新定义为

$$z_{ij}^{\text{new}}=\begin{cases}\underline{z}_{ij}, & B_{ij}^{\eta}\left(\sum_{k}P_{ik}z_{kj}^{\text{old}}\right)\leqslant \underline{z}_{ij}\\ \bar{z}_{ij}, & B_{ij}^{\eta}\left(\sum_{k}P_{ik}z_{kj}^{\text{old}}\right)\geqslant \underline{z}_{ij}\\ B_{ij}^{\eta}\left(\sum_{k}P_{ik}z_{ij}^{\text{old}}\right), & \text{其他}\end{cases}\tag{2-36}$$

其中：z_{ij}^{new}是下一次迭代的设计变量；z_{ij}^{old}是上一次迭代的设计变量；η是阻尼参数；$\underline{z}_{ij}$与$\bar{z}_{ij}$是移动限制δ给出的边界，有

$$\begin{cases}\underline{z}_{ij}=\max(0,z_{ij}^{\text{old}}-\delta)\\ \bar{z}_{ij}=\min(1,z_{ij}^{\text{old}}+\delta)\end{cases}\tag{2-37}$$

方程(2-36)中的项B_{ij}为

$$B_{ij}=-\frac{\left.\dfrac{\partial J}{\partial z_{ij}}\right|_{z=z^{\text{old}}}}{\lambda_j\left.\dfrac{\partial \varphi_j}{\partial z_{ij}}\right|_{z=z^{\text{old}}}}\tag{2-38}$$

其中：λ_j是与约束j关联的拉格朗日乘数。

2.2.5　数值示例

为了验证所提方法的有效性，给出考虑两个目标形状的 PAC 设计问题的数值例子。提出的方法用于悬臂梁(L=70 mm，H=10 mm) 的设计问题，其设计域和边界条件如图 2-16 所示。设计域的左侧是固定的。两个数值示例的初始形状如图 2-16(b)所示。

设计域被离散为 140×20 个体素，每个体素都填充了被动材料或不同的主动材料，以实现悬臂梁，使其从初始形状变形为目标形状。体积约束被认为是限制

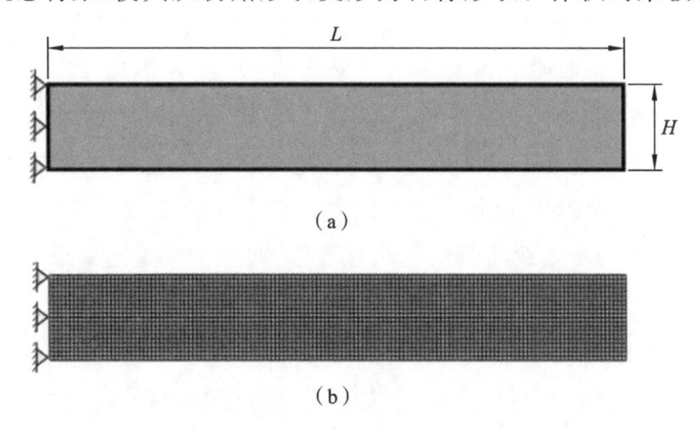

图 2-16　悬臂梁设计示意图：(a)参考设计域；(b)像素网格 140×20。

所有活动材质填充量不超过整个域体积的 40%，每种活性物质的体积分数相等。

有研究人员提出了 4D 打印墨水，其由交联密度可调的弹性基体和各向异性填料组成，可精确控制其弹性模量 E 和热膨胀系数 α。墨水可以实现的 E 和 α 的调控范围分别为 $1.5\times10^{-3}\sim1.245$ MPa、$32\times10^{-6}\sim229\times10^{-6}$/℃。以温度变化 $\Delta T=250$ ℃为刺激，变形系数 g 为 0.008～0.0572。

以 4D 打印油墨为基础，采用三种假设的主动材料和一种被动材料(作为非活性基质)作为候选材料。主动材料的杨氏模量和变形系数分别在[0,1]和[0,0.05]区间内有规律地变化，其中 $\boldsymbol{E}=[1,0.66,0.33]$ MPa，$\boldsymbol{g}=[0.05,0.033,0.0165]$。被动材料的杨氏模量为 $\bar{E}=0.1$ MPa，且变形系数为零，对刺激无响应。如图 2-17 所示，每种候选主动材料都被分配了一个用于结果可视化的颜色。

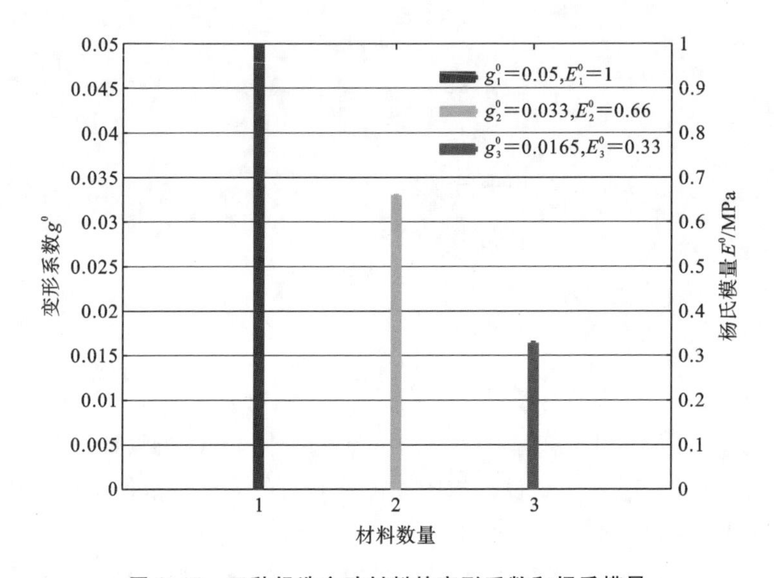

图 2-17　三种候选主动材料的变形系数和杨氏模量

在所有情况下，为了避免局部最优，提高收敛性，在优化过程中 SIMP 惩罚参数 p 从 1 增加到 4，混合惩罚参数 γ 从 0 增加到 1。在五个延续步骤中，详细值为 $\boldsymbol{p}=[1,1.5,2,3,4]$和 $\boldsymbol{\gamma}=[0.2,0.5,1,1,1]$。每个延续步骤期间的最大迭代次数设置为 200。上一个延续步骤的最终设计被用作下一个延续步骤的初始设计。过滤半径 R 为 1.5 mm，ZPR 更新中使用的移动限制 δ 是 0.01，ZPR 更新的阻尼参数取 $\eta=0.5$。在每个延续步骤的优化过程中，收敛准则是达到最大迭代次数，或目标函数在连续两次迭代中的相对变化量小于 10^{-5}。

1. 抛物线目标形状

第一个例子是抛物线目标形状，其体素化对象如图 2-18 所示。抛物线目标形状的最大挠度为 8 mm，控制结构的最大扭转角为 13°。图 2-17 所示的最后两种主

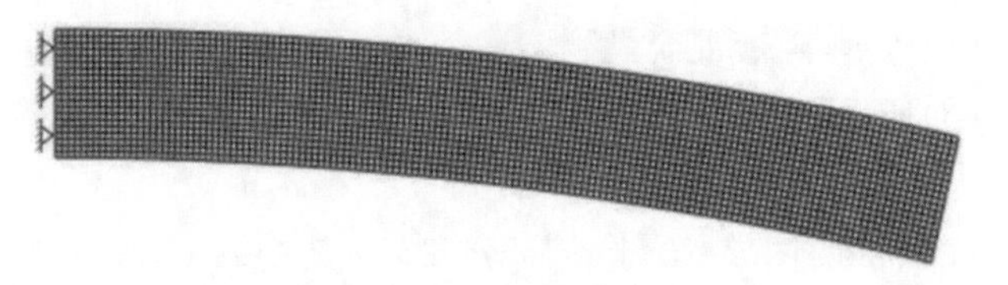

图 2-18　抛物线目标形状

动材料被选为本例的候选材料($\boldsymbol{E}$=[0.66,0.33],$\boldsymbol{g}$=[0.033,0.0165])。

随着优化的进行,材料插值函数中的 SIMP 惩罚参数 p 和混合惩罚参数 γ 逐渐增大,以达到中间密度所需的惩罚。采用四个延续步骤的初始设计,展示优化过程中材料分布的演化历程和相应的形状匹配情况。用所有体素顶点组成的点云描述几何形状,包括制造形状和目标形状。每个体素的颜色是设计变量与候选材料对应颜色的加权平均。设计变量的初始值设为 $z_{ij}=0.4/2$,如图2-19(a)所示,这意味着每种候选材料的出现概率由其体积分数决定。在初始状态,目标函数值最大,即得到的形状与目标形状的不匹配度最大。在图 2-19(b)中,材料分布不仅是第一延续步的最终设计($p=1,\gamma=0.2$),也是第二延续步的初始设计($p=1.5,\gamma=0.5$)。可以发现被动材料和主动材料的分布趋势开始显现,物料混合有

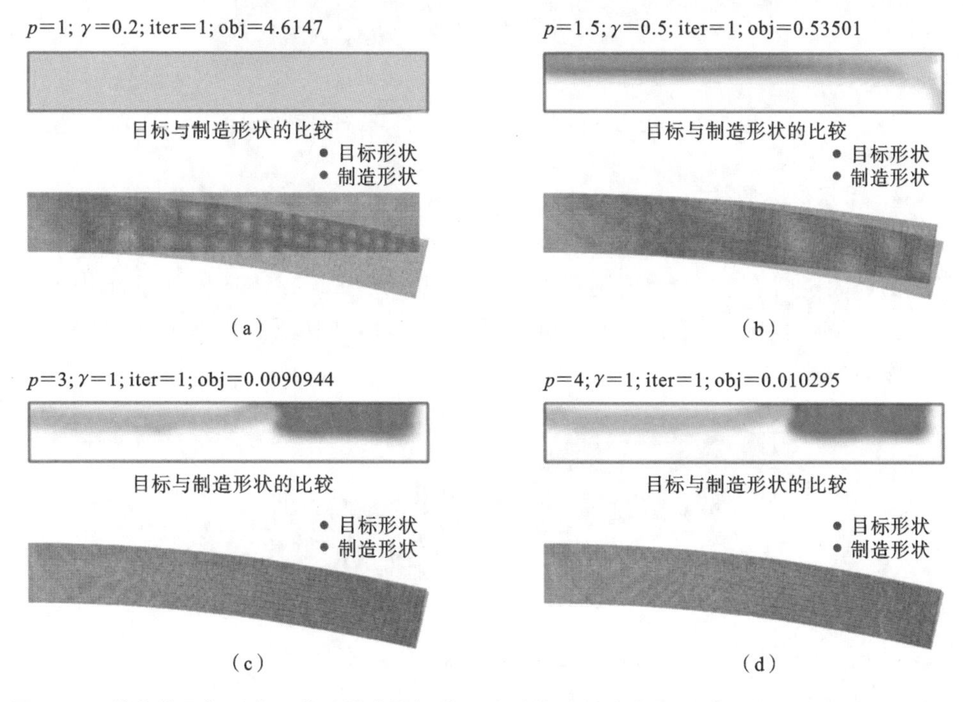

图 2-19　抛物线目标形状四个延续步骤初始设计时的材料分布和制造形状演化历史:(a) $p=1,\gamma=0.2$; (b) $p=1.5,\gamma=0.5$; (c) $p=3,\gamma=1$; (d) $p=4,\gamma=1$。iter 表示迭代次数; obj 表示目标数值。

利。如图 2-19(c)所示,随着混合惩罚参数 γ 趋于 1,材料混合受到的惩罚越来越大。如图 2-19(d)所示,当 SIMP 惩罚参数 p 增加到 4 时,左边区域的混合体素几乎消失。

最终的物质分布如图 2-20 上半部分所示,其中目标函数值为 $J=0.0086$ mm^2,每种活性物质的体积分数为 0.2。结果表明,该方法没有出现棋盘格和孤岛现象。可以发现,由于密度滤波,材料之间的界面处只产生了非常小的混合区域。从图 2-20 下部的点云对比中可以看出,制造形状与目标形状之间最大的不匹配现象出现在悬臂梁的自由端。但总的来说,制造形状非常接近目标形状。

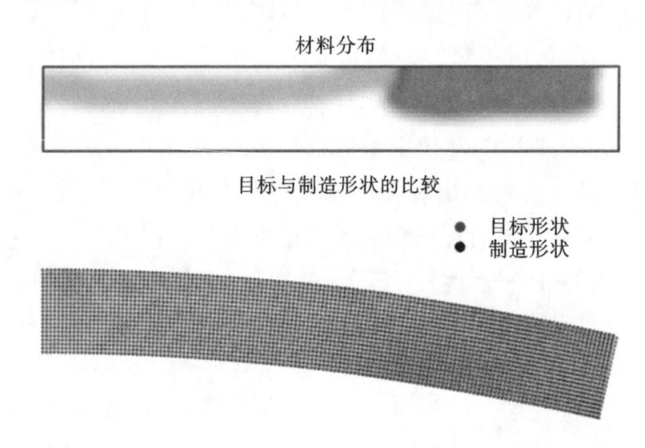

图 2-20 抛物线目标形状的最终材料分布和形状对比

2. 正弦目标形状

第二个例子考虑正弦目标形状,其体素化对象如图 2-21 所示。抛物线目标形状的最大挠度为 12 mm,控制结构的最大扭转角为 13°。与第一个例子中的抛物线目标形状相比,正弦目标形状更为复杂。因此,选择图 2-17 所示的三种主动材料作为候选材料。

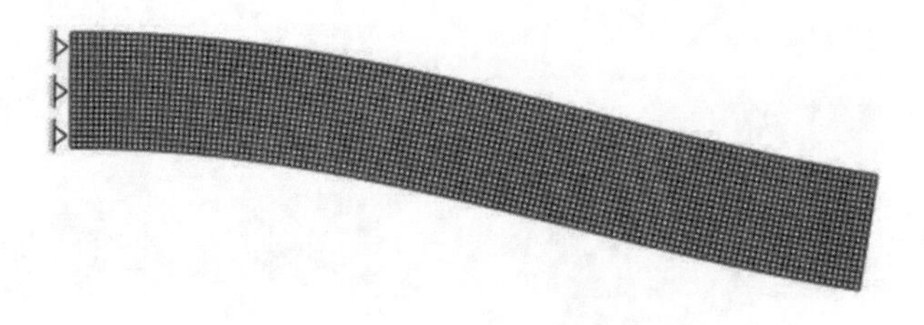

图 2-21 正弦目标形状的体素化对象

如图 2-22(a)所示,本例中有三种候选主动材料,因此设计变量的初始值设为 $z_{ij}=0.4/3$,悬臂梁几乎处于未变形状态,观察四个延续步骤的初始设计和相应的形状匹配情况。第一个延续步骤后,主动材料在部分区域堆积,混合材料占据了设计域中的大部分区域,如图 2-22(b)所示。在初始延续步骤中,制造形状与目标形状之间的不匹配程度迅速减小。当 γ 趋于 1 时,在第三个延续步骤($p=2,\gamma=1$)之后出现了图 2-22(c)所示的相对清晰的物质分布。从图 2-22(c)的下半部分可以看出,制造形状与目标形状非常接近。但在最左边区域附近有一些中间密度物质。如图 2-22(d)所示,在第四个延续步骤($p=3,\gamma=1$)之后,混合物质和中间密度物质都受到了惩罚。

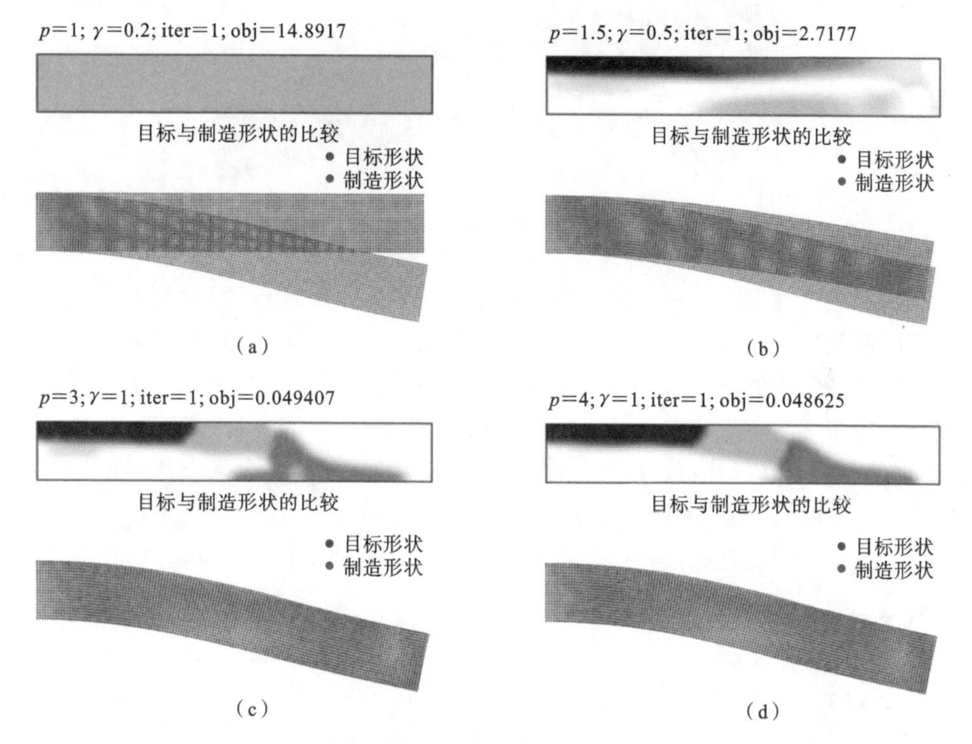

图 2-22　正弦目标形状四个延续步骤初始设计时的材料分布和制造形状演化历史:(a) $p=1,\gamma=0.2$;(b) $p=1.5,\gamma=0.5$;(c) $p=3,\gamma=1$;(d) $p=4,\gamma=1$。

2.2.6　讨论

面向 4D 打印的 PAC 设计的逆向力学问题被转化为多材料的体积约束、形状匹配和误差最小化问题,前面所提出的方法集中于寻找各种活性材料和被动材料的最佳分布,使 PAC 呈现出目标形状。本节示例包括抛物线和正弦目标形状。数值结果清楚地表明了材料分布和与最终设计相对应的目标形状,如图 2-20 和 2-23 所示。

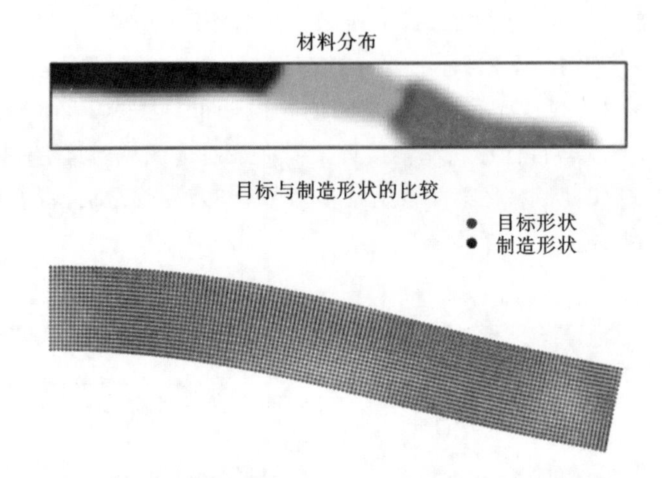

图 2-23 正弦目标形状的最终材料分布和形状对比

为了更清晰地显示优化过程中每个延续步骤的收敛过程,用对数坐标绘制目标函数曲线。正弦目标形状初始目标函数值为 14.8917 mm^2,约是抛物线目标形状初始目标函数值(4.6147 mm^2)的 3 倍,这进一步表明正弦目标比抛物线目标更复杂。如图 2-24 所示,由于惩罚参数逐渐增大,在每一个延续步骤开始时都得到一个突变的目标值,并且突变的幅度逐渐减小。目标函数值在每个延续步长内稳步下降,最终收敛到零附近的最优值。如图 2-24(a)所示,所提方法需要 361 次迭代才能满足抛物线目标形状的收敛准则。在图 2-24(b)中,正弦目标形状的整个优化过程在 524 次迭代中完成。

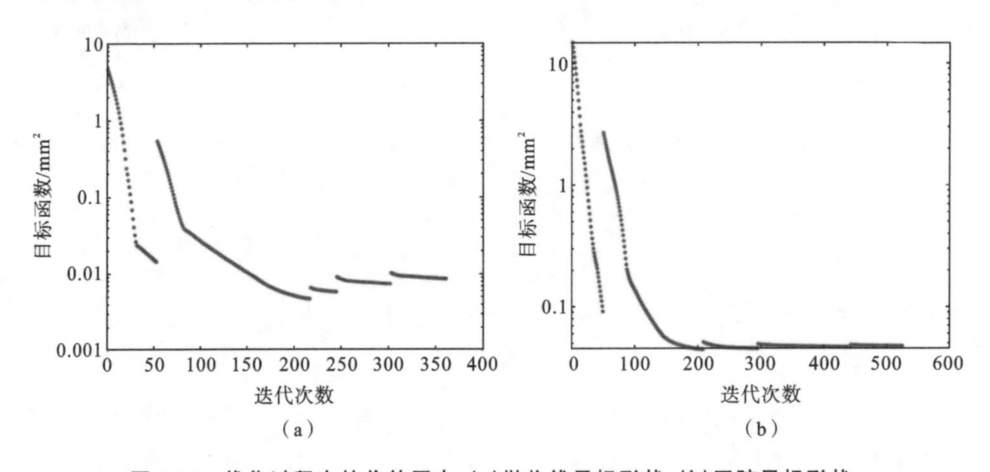

图 2-24 优化过程中的收敛历史:(a)抛物线目标形状;(b)正弦目标形状。

该方法具有几个优点。其一是该滤波器对于消除棋盘格模式和孤岛现象表现非常出色。因此,最终的设计适用于多材料 3D 打印和光滑变形的形状,特别是对于非常小的体素尺寸。第二个优点是针对活性材料的多材料插值方案，可以高精度匹配目标形状。当考虑更复杂的目标形状时，需要更精细的体素化来保证形状的高精度匹配。然而，在使用有限元方法求解给定材料分布的 PAC 变形时，增加体素数量会导致目标函数的计算成本非常大。因此，采用连续介质力学模型来模拟变形的响应行为。在该方案中，使用杆单元连接体素中心的控制结构的变形来计算优化设计的变形。连续介质力学模型使得目标函数的计算成本较低，这是第三个优势。进一步的研究将集中于三维模型病例的扩展。此外，还将进行大变形和复杂的热机械本构模型研究，以准确预测 PAC 的响应。

2.2.7　结论

为实现 4D 打印中的目标形状匹配，本节提出了用于 PAC 设计的多材料拓扑优化，开发了活性材料的多材料插值方程，将材料分布建模为连续变量。材料分布更新基于灵敏度信息，并实现了 ZPR 设计变量更新方案，以最小化目标函数，在合理的误差范围内实现了目标形状和最终形状之间的高精度匹配。通过多个数值算例，考察了不同目标形状和不同活性材料用量，验证了所提方法的可行性和有效性。从数值结果来看，随着目标形状复杂程度的增加，材料分布不太直观。这凸显了优化方法的优势。

2.3　仿竹子力学超材料及其增材制造

2.3.1　引言

尽管轻量化结构的设计和制造最近取得了进展，但同时具有轻量化、高强度和各向同性的结构设计仍然是一个挑战，因为这些特性通常是相互制约的。由周期性或非周期性排列的单元组成的力学超材料具有重量轻、比强度高、能量吸收率高以及力学性能特殊等特点，在航空航天、生物医学、车辆工程等领域得到了广泛的应用。它们具有不同的相对密度大小、单胞几何尺寸和多个微结构的不同分布，可以实现特定的力学性能，特别是受原子与原子连接启发、具有强可设计性和可控力学性能的点阵基力学超材料受到了广泛的研究和关注。但由于传统加工方法的限制，无法成形具有复杂拓扑形状的力学超材料，因此在很长一段时间内研究停留在理论阶段。

近年来，随着增材制造技术的快速发展，力学超材料引起了人们极大的关注 。粉末床熔融可以通过激光与粉末模型的相互作用直接形成计算机辅助设计(computer aided design，CAD)模型。激光选区熔化技术和电子束熔炼(electron beam melting，EBM)是制造高精度、复杂几何特征金属零件的典型 PBF 工艺，是制造复杂结构的力学超材料的理想方法。例如，Ataee 等采用 SLM 方法设计制作了超高强度 Ti-6Al-4V 陀螺点阵超材料，其比强度为 36.65 kN · m/kg，孔隙率为 0.82 。然而，点阵拓扑力学超材料的性能在很大程度上仍然受限于低效率的支撑几何结构，重要的是，仍然远远落后于许多具有独特结构的生物结构材料。

经过数百万年的进化和发展，自然材料形成了优良的宏/微观结构，可实现特定的功能和性能。例如：具有梯度螺旋的万神殿圆顶状建筑超材料可以在低密度的情况下承受高载荷。鲸须由于有序的微观结构，显示出优良的力学强度和优越的韧性。竹子由于其特殊的宏/微观中空结构，具有轻质、高强度的特点，其强度达到 352.57 MPa，远大于其他天然材料。以竹子为灵感的空心结构具有明显的轻量化、高比强度和能量吸收性能。然而，简单的生物建筑材料缺乏可控的复杂性、可设计性和力学性能。此外，受自然影响的结构只在一个方向上具有性能优势，且各向异性明显，这一问题可以很好地通过不同点阵超材料的组合来解决，但在相同的结构拓扑中，不同的特征尺寸会增加结构设计的难度。同时获得轻质、高强和各向同性的性能是一项具有挑战性的工作，这需要合适的材料和精细的结构设计。研究表明，利用结构特征组合的思想可以实现具有可控几何拓扑和物理性能的力学超材料。

受原子填充和竹子的微结构启发，本节提出了一种组合仿生策略，以实现基于点阵的力学超材料，其具有轻质、高强和各向同性的性能；采用模拟引导设计方法获得了性能优良的仿竹子微结构力学超材料(bio-inspired lattice-based mechanical metamaterial，BLMM)，并采用 SLM 法制备了该材料；分别通过显微 CT (micro-CT)、压缩实验和有限元方法研究了优化后的力学超材料的可制造性、力学响应和应力分布，并进一步探讨了仿竹子效应对力学性能和应力分布的影响机理。

2.3.2 压缩力学建模方法

1. 代表性体素模型

针对周期性排布的 BLMM，采用由单位单元组成的理想代表性体元模型，研究仿竹水平和外径尺寸对 BLMM 材料弹性性能的影响。通过在不同的对面上设置相等的应变来实现周期性边界条件，利用 CAD 软件建立具有代表性的体元模型，其孔隙率为单胞所占空间与单胞结构的比值，利用均匀化理论推导弹性矩阵。自由四面体网格单元尺寸设为 0.15 mm，如图 2-25 所示。因此，FCC、八面体和八重桁架竹状点阵模型的总网格数量在 64000 到 86000 之间，而每个单胞约 50000 个网格便足以取得收敛的模拟结果。由于 BLMM 结构设计的立方对称性，弹性张量只包含三个独立的分量（即 C_{11}、C_{12} 和 C_{44}）。立方晶体在[100]方向上的等效杨氏模量和齐纳各向异性指数可用以下公式计算：

$$E^{*}=\frac{C_{11}^{2}+C_{11}C_{12}-2C_{12}^{2}}{C_{11}+C_{12}} \tag{2-39}$$

$$\xi=\frac{2C_{44}}{C_{11}-C_{12}} \tag{2-40}$$

为了比较 BLMM 的归一化杨氏模量与 Hashin-Shtrikman（HS）模型结果的差异，首先对 HS 模型的杨氏模量（E_{HS}）进行归一化处理，并 BLMM 结构的归一化杨氏模量进行差值处理，其归一化 E_{HS}结果和差值分别为

$$\frac{E_{\mathrm{HS}}}{E_{\mathrm{s}}}=\frac{2\bar{\rho}(5\nu-7)}{13\bar{\rho}+12\nu-2\bar{\rho}\nu-15\bar{\rho}\nu^{2}+15\nu^{2}-27} \tag{2-41}$$

$$\Delta E^{*}=E_{\mathrm{HS}}-E^{*} \tag{2-42}$$

其中：$\bar{\rho}$、ν 和 E_{s} 分别为 Ti-6Al-4V 相对密度、泊松比和杨氏模量。

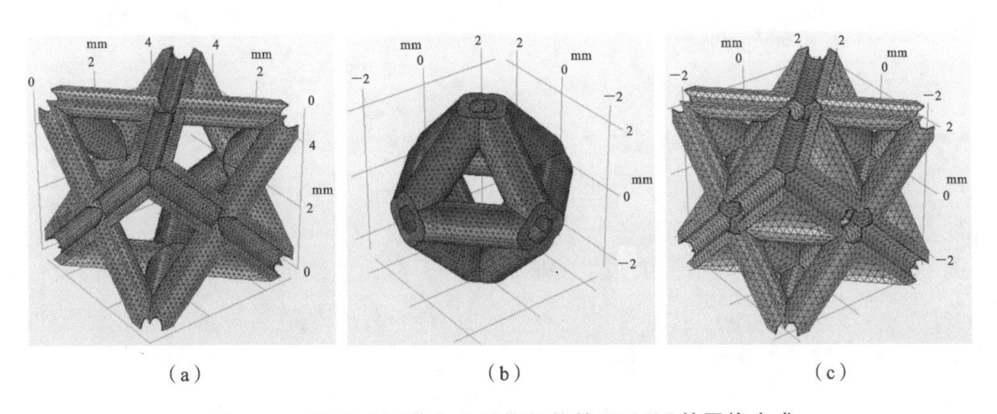

(a)　(b)　(c)

图 2-25　FCC、八面体和八重桁架仿竹 BLMM 的网格生成

2. 准静态压缩模拟

为了捕捉应力分布和可视化变形，利用商用软件 COMSOL Multiphysics 进行非线性有限元准静态压缩模拟，SLM 制备 Ti-6Al-4V 的材料性能如图 2-26 所示。将 BLMM 夹在两块刚性平板之间，模拟实验压缩条件。上面的平板只允许沿着 z 轴移动，下板保持固定，板与试样之间的静摩擦系数设为 0.15。采用自由四面体单元对模型进行网格划分。与设计零件相比，SLM 成形的零件被认为

存在潜在的冶金缺陷和制造偏差。为了简化模拟模型,在该有限元方法中做了一些假设。一是 SLM 成形的 BLMM 结构与设计的 CAD 模型一致,二是 SLM 成形的 BLMM 试样的整体材料性能仍然与通过标准拉伸试样测试的材料相同。

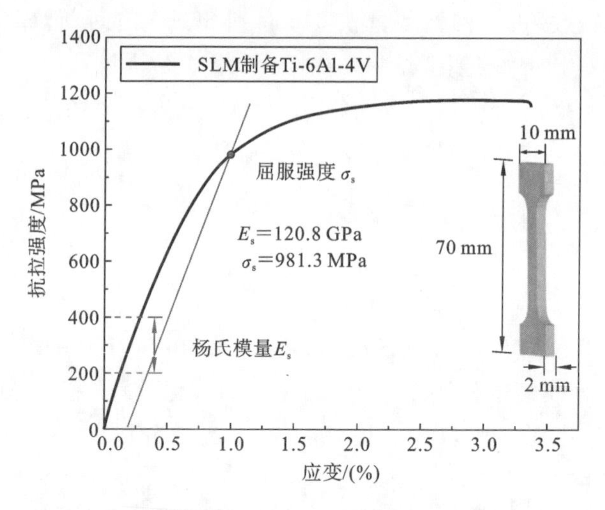

图 2-26 SLM 制备 Ti-6Al-4V 合金的典型单轴拉伸应力-应变响应

2.3.3 设计原理

通常,力学超材料是通过点阵的周期性或非周期性排列获得的,受晶体原子的启发,点阵可以通过支柱、板和壳连接原子产生。与板格基和壳基微点阵相比,杆基微点阵能够进行几何空间变换,以满足不同的设计要求。然而,杆基微点阵的刚度较低,这是其应用范围较窄的原因之一。高比强度的天然竹子引起了人们的广泛关注。通过对竹子宏观和微观结构的观察,可发现竹子多层次的中空结构是其轻质、高强的关键。受到原子堆叠和竹子形态的启发,本节提出了一种组合仿生策略,以实现同时具有轻质、高强和各向同性性能的点阵力学超材料。

图 2-27 显示了受原子空间分布和竹子中空特征启发的各向同性点阵力学超材料的形态演变。图 2-27(a)显示了点阵原子的微观形态。点阵是由原子排列形成的紧密紧凑结构,其空间分布状态可以导致不同的性能。FCC 和八重桁架点阵具有相同的原子空间分布。图 2-27(b)(c)显示了天然竹的宏观和微观形态特征,其中通孔结构使其具有优异的力学强度。此外,宏观和微观层次结构(图 2-28)包含明显的空心孔和微观孔隙特征,因此竹子的结构刚度和能量吸收能力优于其他植物。将点阵原子与竹子空心结构相结合,可以获得外径为 d_o、内径为 d_i 的仿生八重桁架力学超材料,如图 2-27(d)所示。考虑到周期性 BLMM 的形态,基于支

撑的实体部分和孔隙空间构成了一个完整的单元，其中的孔隙空间可视为竹子的表观孔隙。然后，引入空心程度 d_i/d_o，将第二个微观结构嵌入传统的点阵结构中，这与竹子的微观孔隙特征相当。因此，点阵结构设计和竹状支柱共同构成了 BLMM，这会进一步影响 BLMM 的密度、力学性能以及各向同性。

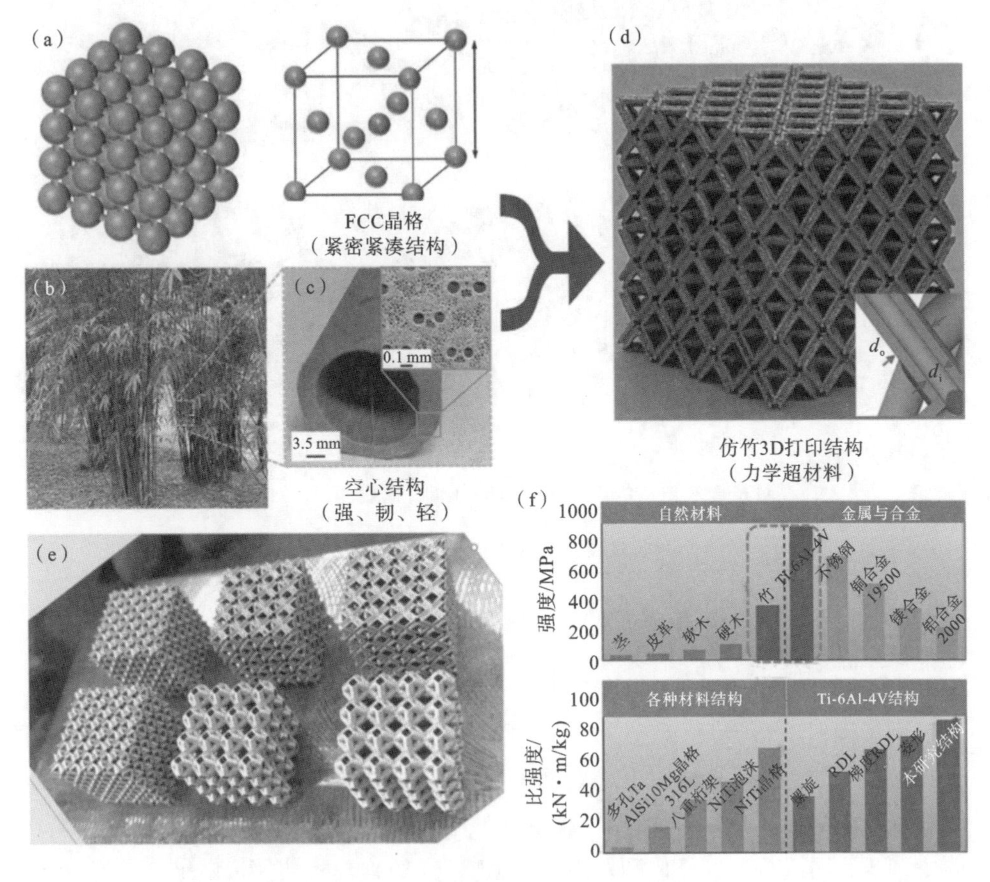

图 2-27　受原子填充和竹子中空特性启发的基于点阵的力学超材料：(a)点阵原子的微观形貌；(b)(c)竹子的宏观和微观形态特征；(d)生物启发的外径为 d_o、内径为 d_i 的八重桁架力学超材料；(e) SLM 打印的 FCC、八面体和八重桁架的三种点阵结构；(f)典型生物材料的强度以及金属和各种拓扑结构的比强度。

在数值模拟的指导下，通过 SLM 技术打印 Ti-6Al-4V 获得外径 $d_o=1.10$ mm 和内径 $d_i=0.59$ mm 的 FCC、八面体和八重桁架 BLMM(图 2-27(e))，密度分别为 0.74 g/cm^3、0.70 g/cm^3 和 1.25 g/cm^3，可见等效密度较低。BLMM 的单元长度为 5 mm，总体尺寸为 20×20×20 mm^3。本节设计的 BLMM 结合了竹子的独特结构优势(强韧性和延展性)和钛合金的高强度(图 2-27(f)上部)，实现了超高比强度，比强度高达 87.19 kN · m/kg，超过了当前文献中的大多数材料和结构

(图 2-27(f))。目前的结构设计和材料构造有助于开发一种仿生策略,实现空心拓扑结构的轻质、高强力学超材料。

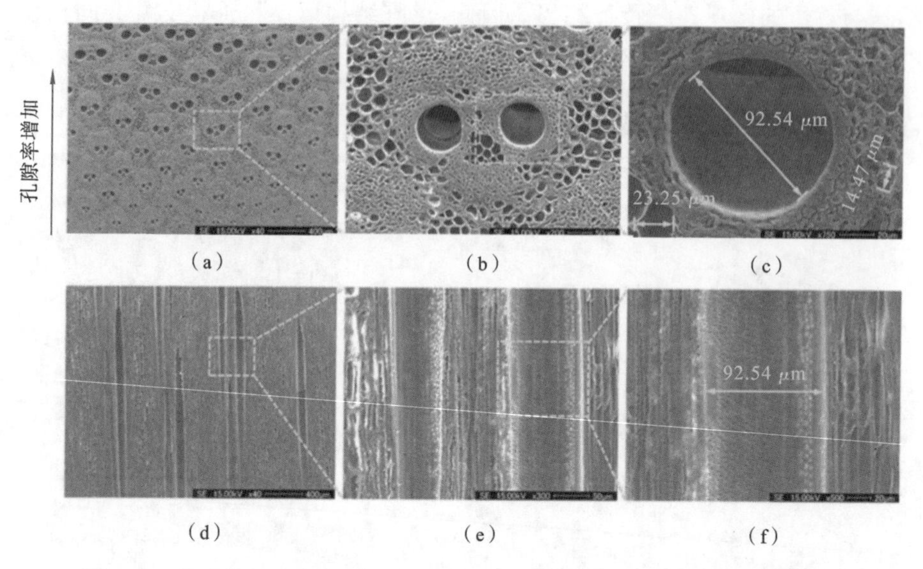

图 2-28 竹子微观结构的显微特征:(a)(b)(c)横截面;(d)(e)(f)纵向截面。

2.3.4 数值优化

为了同时获得轻质、高强和各向同性的力学超材料,使用代表性体元方法进行数值模拟,以指导结构设计。我们探索了不同的原子结构设计(FCC、八面体和八重桁架 BLMM)和仿竹参数(不同的空心程度 d_i/d_o 和外径的 d_o)的影响。图 2-29 显示了 FCC、八面体和八重桁架 BLMM 的物理特性模拟结果。FCC、八面体和八重桁架 BLMM 的相对密度均随外径的增加和仿竹水平的降低而增加(图 2-29(a)(d)(g))。类似地,FCC、八面体和八重桁架 BLMM 的杨氏模量均随外径的增加和空心程度的降低而增加(图 2-29(b)(e)(h))。由于相对密度和杨氏模量之间存在 Gibson-Ashby 关系,因此相对密度和杨氏模量随仿竹水平和外径变化的趋势相似。这三种 BLMM 的齐纳各向异性与仿竹水平和外径有明显关系,这归因于不同的点阵拓扑(图 2-29(c)(f)(i))。FCC 排布的 BLMM 的齐纳各向异性随仿竹水平和外径的变化而单调变化,而八面体和八重桁架 BLMM 的变化则缺乏规律性。结果表明,利用数值分析可以很好地探索不同结构和竹子状层次的仿生结构的性能,从而方便地在不同的结构设计空间中选择合适的性能组合。

在各向同性和相对密度小于 30% 的前提下,BLMM 的强度越高越好。我们

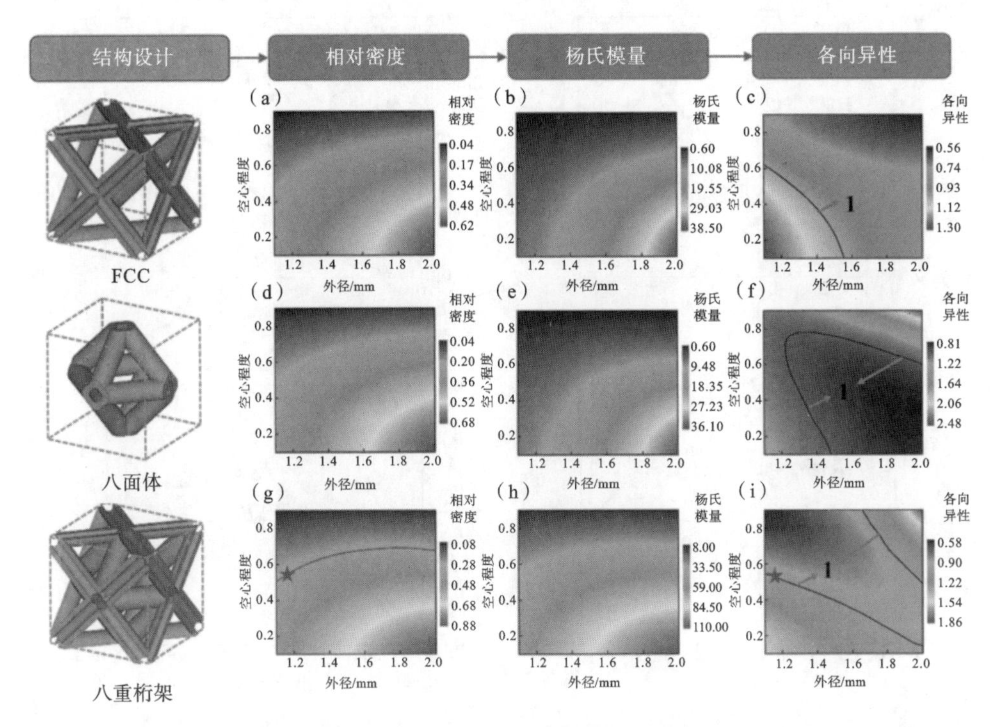

图 2-29　FCC、八面体和八重桁架生物启发的力学超材料的物理性质：(a)(d)(g)相对密度；(b)(e)(h)杨氏模量；(c)(f)(i)各向异性与空心程度和外径的函数。

确定了相对密度为 28.9%、齐纳各向异性水平为 1 的八重桁架结构为最优解，用五角星点表示。优化后的八重桁架 BLMM 也具有高强度，对此将在 2.3.5 节中详细说明。在相同仿竹水平下，不同外径引起的力学响应也不同。

通过比较 HS 模型边界和仿生点阵结构强度，可进一步确定最佳强度结构的相对密度范围。这些不同 BLMM 的归一化杨氏模量定义为在[100]方向上单轴加载下的刚度与原材料模量的比值，根据相对密度 ρ^* 的幂律具有不同的标度，正如由 Gibson-Ashby 关系所预测的那样。对于相同的结构配置，外径越大，拟合结果的指数系数和常数系数越大(图 2-30(a)～(c))，这归因于相对密度的增加。在内径不变的情况下，外径增大，抵抗变形的体积将增大，从而使竹子状点阵的强度增大。对于相同的外径，八面体 BLMM 相对于其他两种结构具有更高的相对密度敏感性(表 2-4)。归一化杨氏模量的差异被定义为这些不同 BLMM 的 HS 模型边界和归一化杨氏模量之间的差异。

归一化杨氏模量的不同分布与相对密度呈抛物线关系，与 60%相对密度线的不完全轴对称性有关(图 2-30(d))。结果表明，相对密度低于 30%的 BLMM 的归一化杨氏模量非常接近 HS 模型边界，这进一步证明了上述各向同性最优解也具有高强度的力学性能。仿竹 BLMM 的相对密度由外径和内径共同控制。

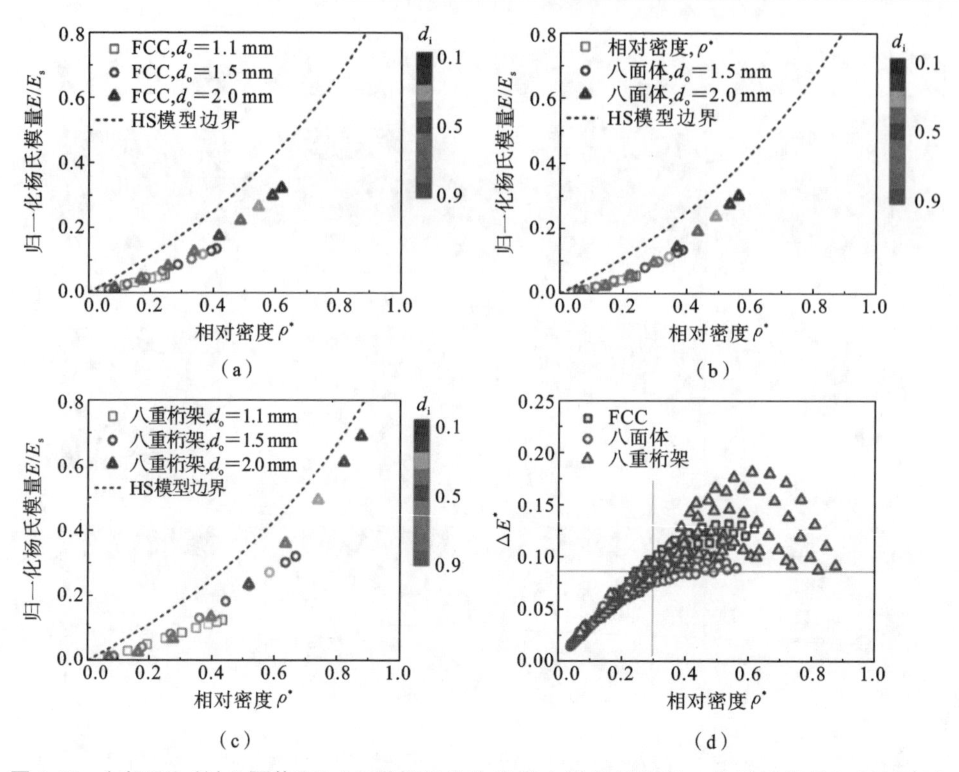

图 2-30 (a)FCC、(b)八面体和(c)八重桁架生物启发力学超材料归一化杨氏模量与相对密度的关系;(d)生物启发力学超材料归一化杨氏模量与 HS 模型边界的对比。

表 2-4 数值归一化杨氏模量与外径固定时内径函数的拟合结果

类　　型	外径/mm	指数 n	常数 C	确定系数 R^2
FCC	1.1	1.23	0.31	0.9989
	1.5	1.36	0.46	0.9994
	2.0	1.57	0.68	0.9999
八面体(Octahedron)	1.1	1.29	0.35	0.9999
	1.5	1.44	0.54	0.9997
	2.0	1.79	0.85	0.9999
八重桁架(Octet-truss)	1.1	1.19	0.34	0.9976
	1.5	1.48	0.59	0.9987
	2.0	2.04	0.91	0.9998

如前所述,外径决定了点阵的宏观孔隙度和相应强度,而内径,即竹子状特征决定了微观孔隙度,便于进一步调节轻量化水平。不同于传统的点阵结构,不同外径/内径的空心仿生点阵结构具有更大的设计空间,可以获得不同的力学性能。

2.3.5　实验验证及机理分析

为了验证本节设计的超材料的力学性能，我们使用 SLM 3D 打印技术来成形 FCC、八面体和八重桁架 BLMM 样品，其单元边长为 5 mm(图 2-31(a)～(l))。对于八重桁架竹状 BLMM，通过叠加 0.59 mm 和 1.10 mm 的 FCC 和八面体直径参数，获得了 28.9％的相对密度。在研究力学性能之前，通过 X 射线 CT 方法定量

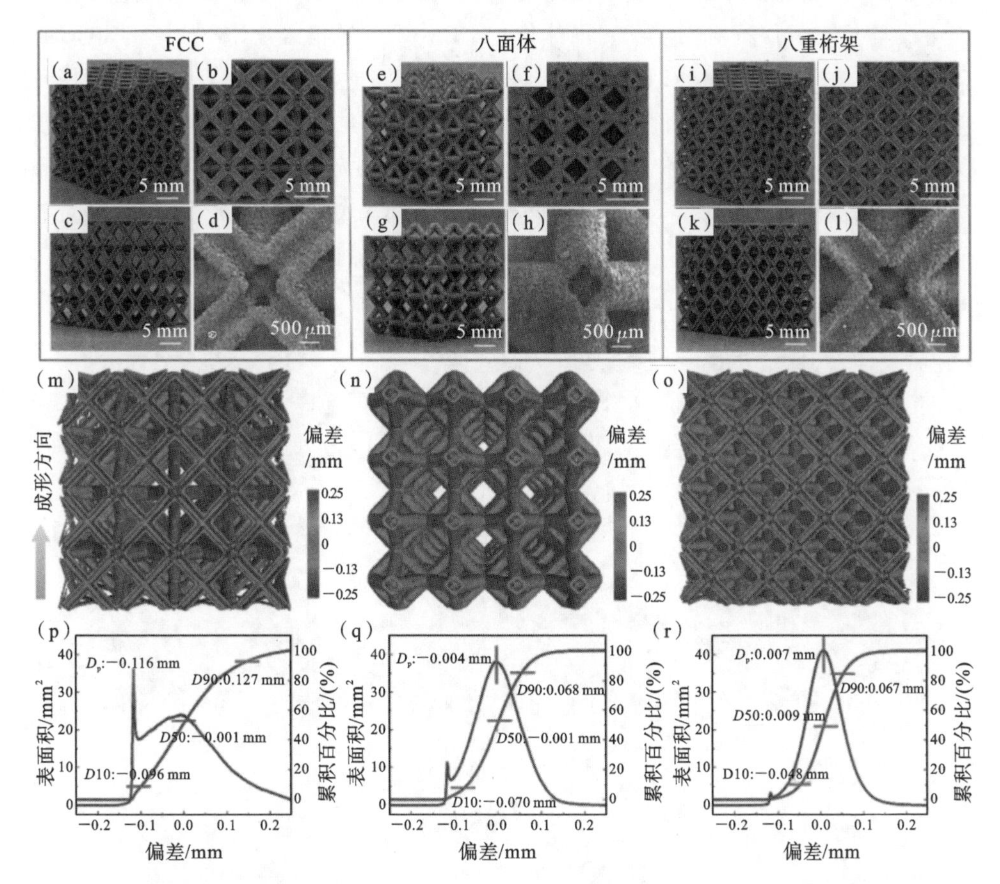

图 2-31　SLM 制备相对密度为 28.9％的 Ti-6Al-4V 金属试样。(a)～(d)FCC 仿竹 BLMM 试样：(a)[111]视图，(b)[010]视图，(c)[110]视图，(d)SEM 横向视图。(e)～(h)八面体仿竹 BLMM 试样：(e)[111]视图，(f)[010]视图，(g)[110]视图，(h)SEM 横向视图。(i)～(l)八重桁架仿竹 BLMM 试样：(i) [111]视图，(j)[010]视图，(k)[110]视图，(l)SEM 侧向视图。(m)～(o)FCC、八面体和八重桁架仿竹 BLMM 试样的 X 射线 CT 数据分析的三维表面偏差；(p)～(r)统计表面偏差分布。(D_p 为峰值表面偏差，$D10$、$D50$ 和 $D90$ 分别表示 10％、50％和 90％累积百分比的截距。)

评估 FCC、八面体和八重桁架 BLMM 试样的成形质量(图 2-31(m)～(k))。整个外形轮廓显示出表面偏差,整体表现出较高的成形精度(大多低于 0.25 mm)。在 3D 表面偏差比较中,可见 FCC 和八重桁架 BLMM 试样的成形质量分别最差和最好(图 2-32、图 2-33)。水平杆下表面的偏差最大,这是由于其缺乏支撑且黏附了较多半熔化状的粉末颗粒。八重桁架 BLMM 试样的 $D10$、$D90$ 和 D_p 值分别为－0.048 mm、0.067 mm 和 0.007 mm,优于 FCC(－0.096 mm、0.127 mm 和－0.116 mm)和八面体(－0.070 mm、0.068 mm 和－0.004 mm)试样。这是由于点阵的相对密度降低会导致熔池变大,粉末颗粒吸附在熔融固体部分的表面上。与具有近似相对密度的八面体仿竹 BLMM 试样相比,SLM 成形的 FCC 点阵由于有较多的悬垂部分而具有较大的成形误差。这些样本中明显存在亚峰负偏差。这是因为复杂的仿竹特征容易产生打印缺陷,悬垂的杆增大了黏附和变形的风险。仿竹 BLMM 的外表面和支柱的上表面与黏附缺陷的位置相反,会导致成形困难,甚至打印层塌陷,从而形成负偏差。总的来说,SLM 成形的 BLMM 具有

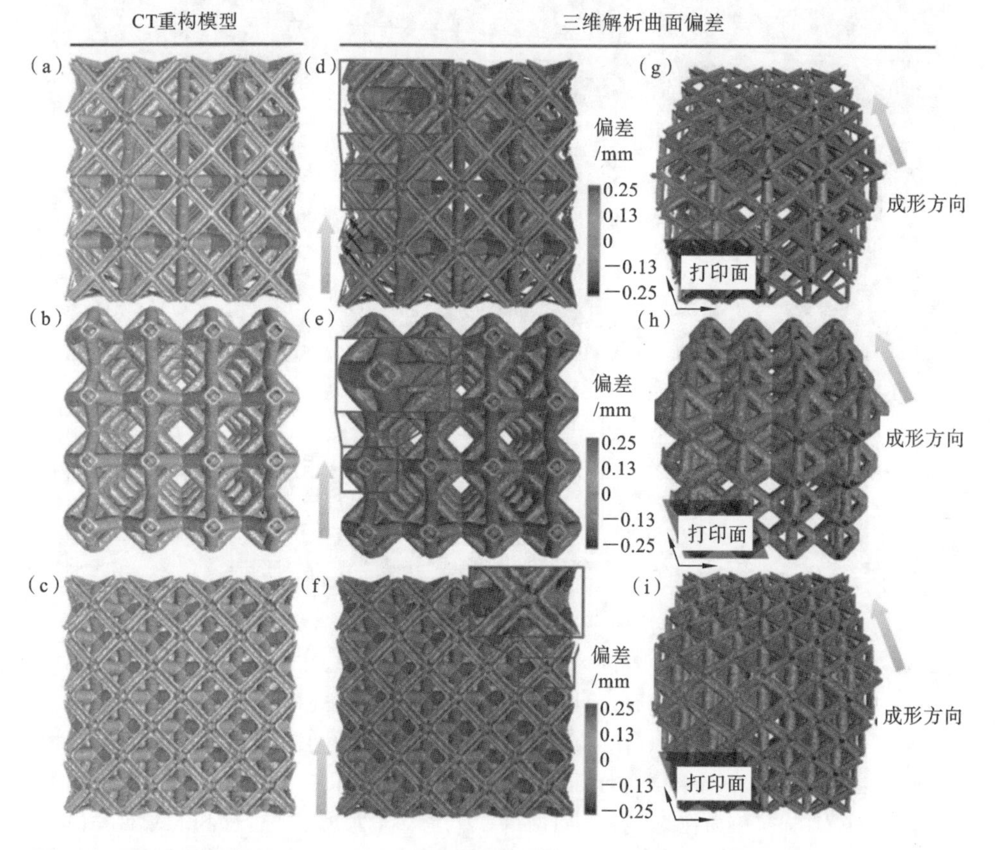

图 2-32 SLM 制造精度:(a)～(c)CT 重建模型的 FCC、八面体和八重桁架仿竹 BLMM 的前视图;(d)～(f)前视图;(g)～(l)三维解析曲面偏差。

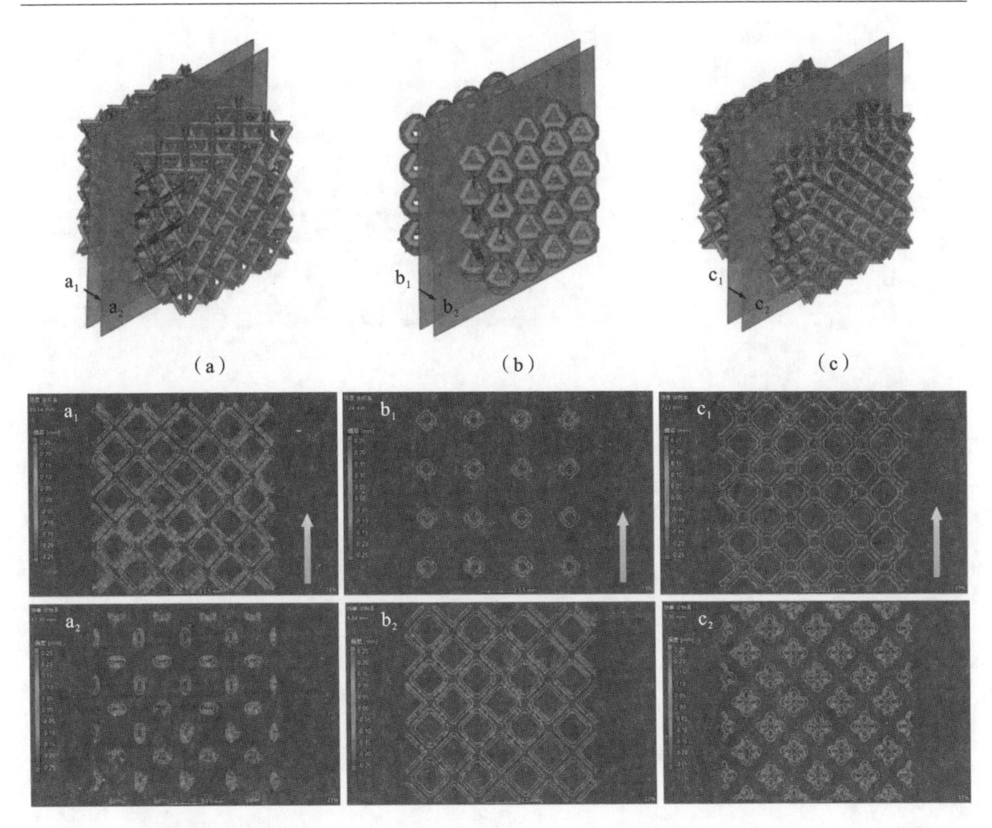

图 2-33 局部表面偏差分布:(a)FCC 仿竹 BLMM;(b)八面体仿竹 BLMM;(c)八重桁架仿竹 BLMM。

与原始设计的 BLMM 良好的结构一致性和良好的制造精度。制造偏差与金属 AM 的制造过程密切相关,并且由于零件的复杂性零件会出现不一致现象。通过利用 SLM 工艺链和各个成形阶段获得的数据集,可以实现制造精度的进一步提高。

图 2-34 显示了 SLM 成形的 FCC、八面体和八重桁架仿竹 BLMM 机械响应、变形过程和模拟应变能密度。所有点阵都经历了三个典型的变形阶段:弹塑性阶段、应力振荡阶段和致密化阶段(图 2-34(a))。相对密度相近的 FCC 和八面体 BLMM 试样显示出相似的应力-应变曲线,但变形特征不同。前者表现为近地层破坏,而后者表现为 45°倾斜断裂,这归因于二者拓扑结构不同(图 2-34(b))。八重桁架 BLMM 试样也表现出倾斜断裂模型,但有高应力波动平台以抵抗外部载荷。

我们还对这三种 BLMM 进行了有限元模拟,以了解它们的力学行为。根据由代表性体元模型(图 2-34(c)～(e))导出的预测空间应变能密度分布,连接节点的位置出现了应变能密度集中现象,这与实验观察到的连续变形一致,即在所有三种结构中,节点处比斜支撑杆更早断裂。在不同的载荷情况下,由于有更多的支柱可以分散应力,八重桁架 BLMM 具有最高的应变能密度。八重桁架 BLMM

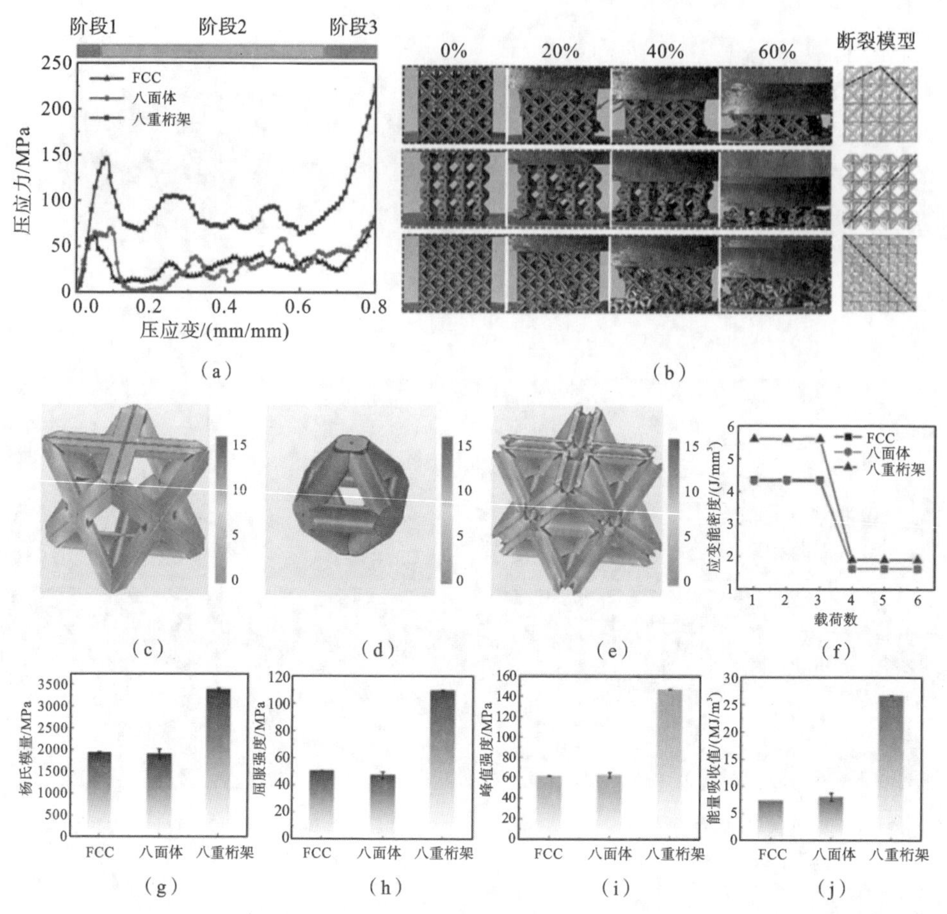

图 2-34 SLM 制备的 FCC、八面体和八重桁架仿竹 BLMM 试样的实验力学响应、变形过程和模拟应变能密度:(a)应力-应变曲线;(b)变形过程和断裂方式;(c)～(e)竖向单轴压缩下 FCC、八面体和八重桁架仿竹 BLMM 内模拟应变能密度分布;(f)应变能密度与载荷的关系;(g)杨氏模量;(h)屈服强度;(i)第一峰值强度;(j)能量吸收值的实验结果。

试样的杨氏模量和屈服强度分别为 3.38 GPa 和 109.52 MPa,略低于或接近 FCC 试样的 1.93 GPa 和 50.20 MPa 以及八面体试样的 1.89 GPa 和 49.55 MPa 的总和(图 2-34(g)～(j))。八重桁架 BLMM 试样的第一峰值强度和能量吸收值分别为 146.52 MPa 和 26.65 MJ/m^3,超过了 FCC 试样的 61.08 MPa 和 7.31 MJ/m^3 以及八面体试样的 59.70 MPa 和 7.98 MJ/m^3 之和。从轻量化、强度和各向同性的角度来看,八重桁架 BLMM 试样具有良好的综合力学性能。

考虑到金属成分材料的弹塑性特性,塑性屈服响应不能由线性弹性模拟模型量化,采用速率无关模型对 BLMM 的屈服强度进行另一系列的压缩力学模拟。图 2-35 为仿竹 BLMM 试样的数值力学响应和应力分布。由于试样顶面平面度的缺失和试样与金属头的实验硬接触,弹塑性区出现非线性阶段,导致线性阶段和塑性阶段滞后(图 2-35(a)(b))。这三种仿竹 BLMM 试样的数值仿真抗压强度分别为 85.57 MPa、84.61 MPa 和 182.18 MPa,接近实验预期强度 61.5 MPa、62.46 MPa 和 146.53 MPa(图 2-35(c))。数值计算强度的合理高估是由于 SLM 制造样品与设计样品在几何和材料微观结构性能上不一致。从 Von Mises 应力曲线可以看出,随着压缩应变的增加,应力集中更为明显,且应力集中主要分布在支板的连接节点上,而水平支板始终处于低应力状态(图 2-35(d)(e)(f))。实质上,点阵结构的高应力分布量越高,支撑杆弯曲或拉伸变形所需的应变能就越高,因此,应力集中的位置与应变能密度集中分布的位置一致。结果表明,在 BLMM 中部观察到的最大 Von Mises 应力均匀分布在节点附近,但沿整个 BLMM 的对角线形成局部的高应力带。随着压应变的增加,斜支柱发生塑性屈曲,导致周围 BLMM

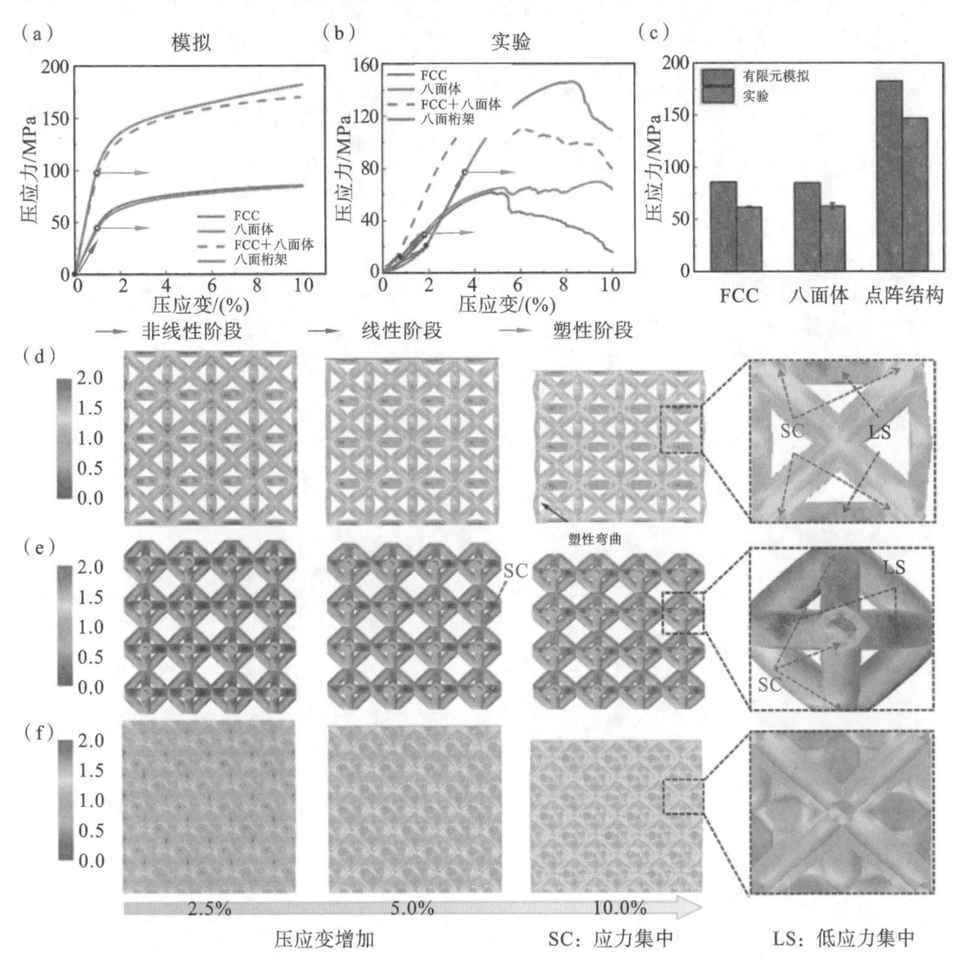

图 2-35　仿竹 BLMM 试样的模拟与实验力学响应对比:(a)(b)应变-应力曲线;(c)模拟与实验抗压强度对比;(d)(e)(f)FCC、八面体和八重桁架仿竹 BLMM 试样在不同应变下的应力分布的有限元预测结果。

细胞连接处早期形成塑性铰。此外，从 BLMM 细胞内的 Von Mise 应力分布图来看，应力集中区和低应力区在点阵细胞内分布不均匀。对于 FCC 点阵，纵向支板的高应力分布量高于水平支板。同样，对于八面体点阵，纵向支板的应力比水平支板的应力更集中。相反，对于八重桁架，应力均匀分布在节点和支柱上，在节点上没有明显的低应力区域，但出现了高应力集中现象。这是由于八重桁架具有较高的杆节比，节点的运动不可避免地受到支板的限制，变形对支板构件弯曲/扭转的依赖性比 FCC 和八面体结构更强。

我们对这些仿竹 BLMM 进行了分析计算，以便理解图 2-36、图 2-37 所示的力

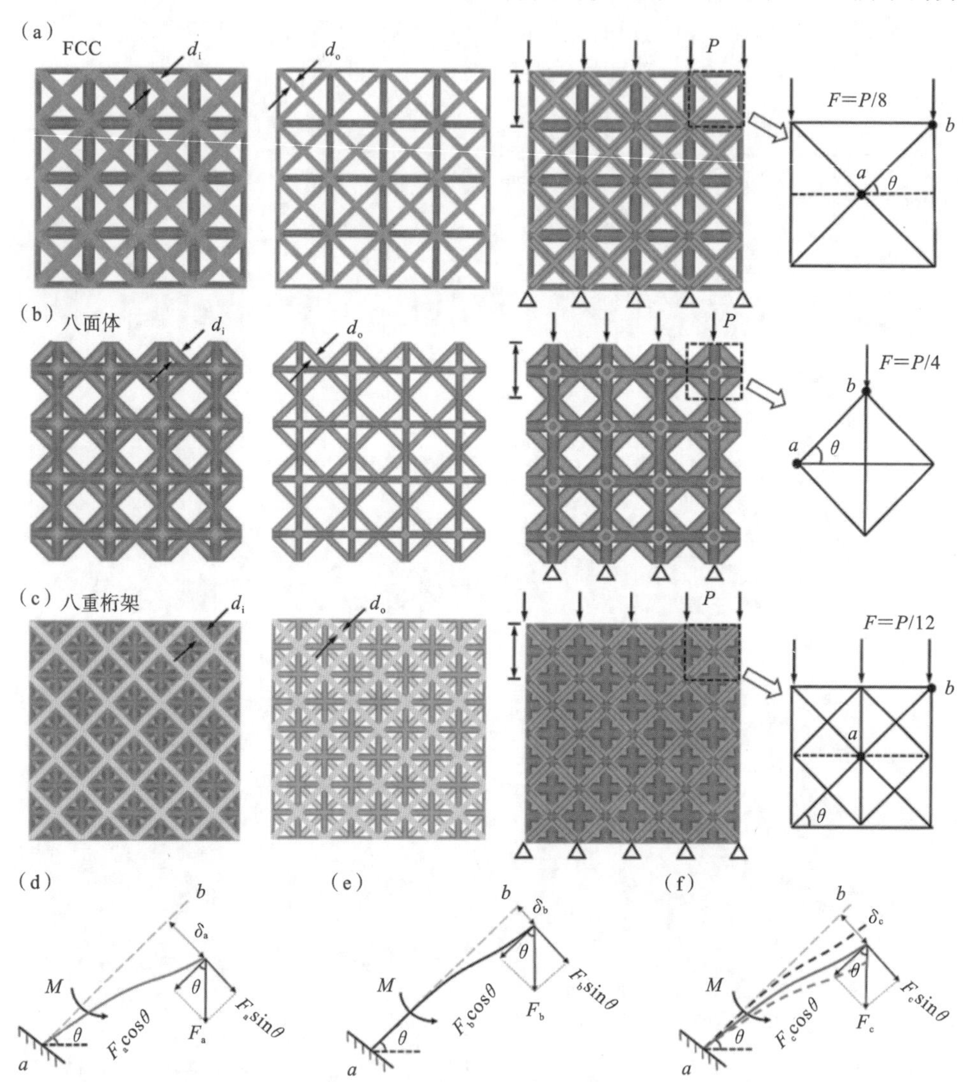

图 2-36　结构模型与受力单元分析：(a)FCC、(b)八面体、(c)八重桁架竹状 BLMM；(d)～(f)外径实心、内径实心和空心支柱的受力分析。

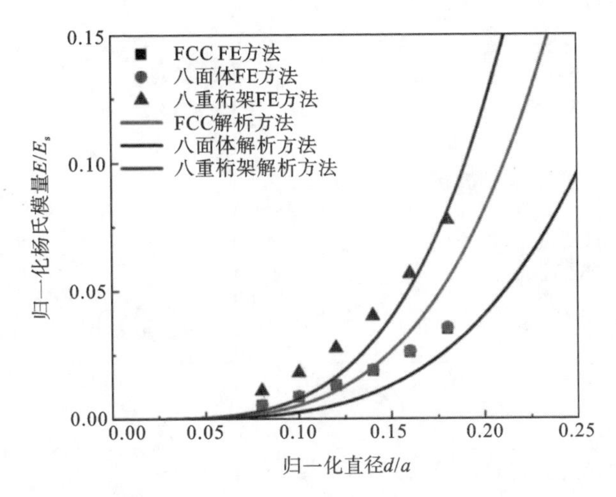

图 2-37　模拟计算结果：FCC、八面体和八重桁架仿竹 BLMM 归一化杨氏模量与归一化直径的关系

学响应机制。8°、4°、12°与 45°倾角的纯接触力作用斜杆分别由 FCC、八面体和八重桁架竹状 BLMM 组成。FCC 和八面体点阵的杆-节点连通性分别为 $Z=2$ 和 $Z=8$，麦克斯韦数分别为 $M=-12$ 和 $M=0$，因此它们分别为弯曲主导和拉伸主导的点阵拓扑。八格结构具有较高的节点连通性 $Z=12$，麦克斯韦数 $M=0$，为高强度的拉伸主导拓扑提供了一种解决方案，并且具有竹状结构的良好能量吸收能力。

图 2-38 显示了与各种现有点阵超材料的杨氏模量和抗压强度的比较图。八格重桁架竹状 BLMM 具有优异的强度和适度的刚度，超过了大多数点阵或多孔金属泡沫结构。SLM 制造的仿竹 BLMM 的刚度和强度均优于 SLM 制造的菱形十二面体、极小曲面壳格结构等；其强度与滑扣结构相当，这是由于滑扣结构材料无缺陷和节点加固，但滑扣结构制造过程漫长，限制了其批量化生成应用。壳状结构与中空结构的刚度和强度与本研究结果相当。本研究中 SLM 制造的八重桁架 BLMM 的强度也明显优于氧化铝等均质固体材料。

2.3.6　结论

受原子和竹子几何形态的启发，我们提出了一种组合仿生策略，以实现具有空心支柱和同时具有轻质、高强度和各向同性特性的仿生点阵基力学超材料。在数值模拟的指导下，我们探索了不同的结构设计以及仿竹水平，并在八重桁架设计中获得了优化性能（$d_i=0.59$ mm，$d_o=1.10$ mm）。SLM 成形的 BLMM 在低

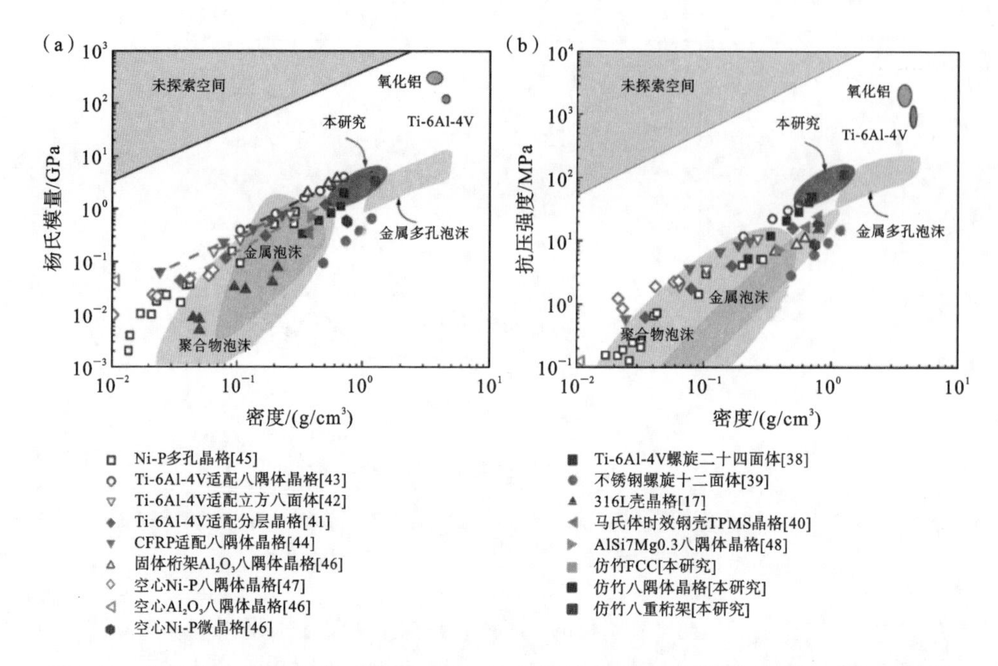

图 2-38 在现有点阵超材料对应密度下，具有优异强度和中等刚度的八重桁架仿竹 BLMM：(a)杨氏模量；(b)抗压强度 Ashby 特性图

密度(1.25 g/cm³)下具有优异的比强度(87.19 kN·m/kg)，这得益于我们的组合仿生策略。刚度和强度的比较证实，所提出的 BLMM 结构比大多数点阵或多孔金属泡沫结构更坚固。这项工作为通过多种仿生策略来构造高性能工程建筑提供了一条思路。

第3章　声学超材料

3.1　3D打印低频声学超材料

3.1.1　引言

噪声控制在声学工程中非常重要。传统的吸声材料在吸收中高频噪声方面表现良好,如多孔材料和微穿孔吸声材料等。但对于低频噪声,材料需要具有一定厚度才能获得良好的吸声效果,这使大多数吸声材料不适合实际应用。

声学超材料为低频噪声吸收开辟了一条新道路。通过周期性和准周期性的结构设计,声学超材料可以实现一系列性质,如负折射、声学隐身和声聚焦等,这些特性使其引发了人们的广泛关注。近年来,科学研究者们开发了各种能够完美吸收亚波长范围内低频声波的吸声超材料(acoustic absorption metameterial,AAM),如盘绕空间谐振器、装饰膜谐振器、损耗谐振器、微穿孔吸收器、嵌入孔径谐振器等。然而,几乎所有已开发的吸声超材料都起源于亥姆霍兹(Helmholtz)谐振器,这导致目前共鸣器声波吸收带宽普遍较窄。研究发现,将几个吸声性能不同的吸声超材料单元进行排列,或者将它们与多孔材料结合,可以有效扩大吸收带宽。再者,大多数吸声超材料结构非常复杂,使用传统方法制造非常耗时且价格昂贵,3D打印技术以逐层制造为特点,在制造复杂结构材料方面具有较大优势,为吸声超材料样品制造提供了更为理想的方式。虽然3D打印吸声超材料已经取得了很大的进展,但仍然存在一个问题,即环境噪声是可变的,而吸声超材料的吸声性能在制造后不能发生相应的变化。

基于盘绕空间谐振器,本节通过结构组合创新设计了具有适应性吸声性能的超薄吸声超材料,并采用3D打印制作,通过调节吸声超材料的深度,可根据需要改变吸收频率和带宽。此外,为了在有限的空间内扩大吸收带宽,本节在单个单元中组合了两个卷曲的通道。同时,为了进一步拓宽吸收带宽,我们将四个不同吸收频率的单元排列在一起。这项工作开辟了一种结构设计途径,为具有适应性吸声性能的智能吸声超材料制造提供了方向,在声学工程中具有广阔的发展前景。

3.1.2 设计策略

本节研究吸声实验如图 3-1 所示，设计的吸声超材料单元主要由微穿孔板、螺旋通道和背板三大部分组成，如图 3-2(a)所示。该单元的入射面积为 $S_0 = a \times a$，深度为 h，其中 a 为单位边长。微穿孔板上有两个直径分别为 d_1 和 d_2 的孔，这两

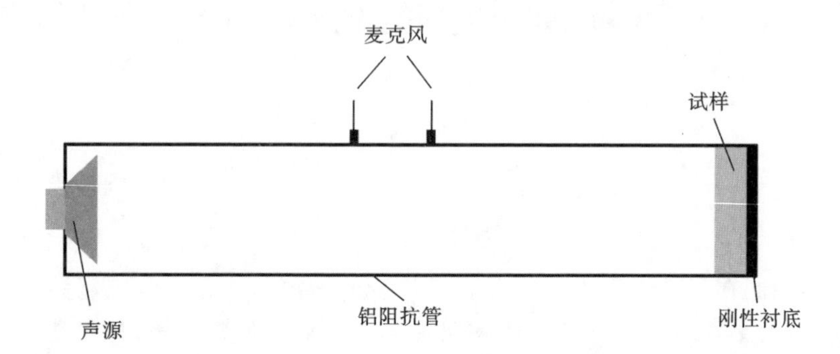

图 3-1 吸声实验示意图

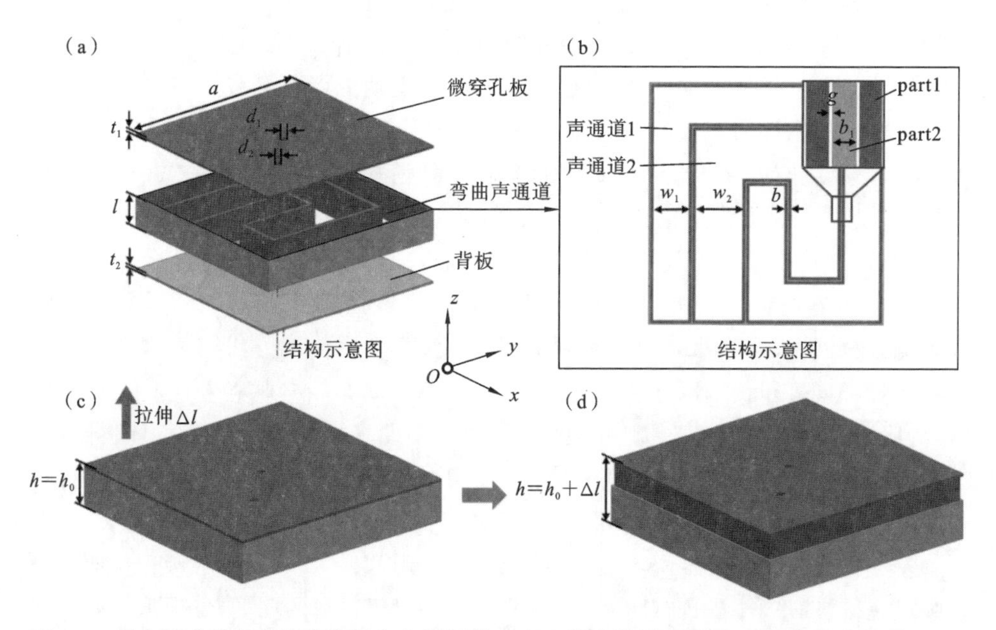

图 3-2 具有适应性吸声性能的耦合盘绕通道 AAM 装置的原理图：(a) 两个耦合通道 AAM 的配置，微穿孔板和背板边长均为 a，厚度分别为 t_1 和 t_2，两个孔的直径分别为 d_1 和 d_2，原始深度为 l；(b) 盘绕通道俯视图，两个通道的宽度分别为 w_1 和 w_2。相邻的两个通道用厚度为 b 的隔板隔开；(c)(d) AAM 的原始图和修改后的图。

个孔与两个耦合的螺旋通道相连，使入射声波可以分别通过这两个孔口传播到通道内。通道深度均为 l，宽度分别为 w_1 和 w_2（图 3-2(b)）。因此，通道 1 和通道 2 的截面积分别为 $S_1=w_1\times l$ 和 $S_2=w_2\times l$。通道由厚度为 b 的迷宫形隔板获得。

然而，这种结构一旦制成就不能改变。为了使超材料的结构实现可控调节，首先将隔板分为两部分，分别标记为 part 1 和 part 2，如图 3-2(b)所示。通过上述方法，将两个通道完全封闭在 Oxy 平面内，从而防止声波泄漏。因此，可以将该装置视为一个亥姆霍兹谐振器，这将简化声吸收理论的推导。其次，分别结合 part 1 和微孔板、part 2 和背板，将材料分为两个可以相对移动的组件。为了使其滑动更平稳，在两个组件之间引入宽度为 g 的间隙，如图 3-2(b)所示。当两组件相互滑动 Δl 的距离时，材料的深度也会根据 Δl 做出调整（图 3-2(c)(d)）。

下面的理论分析将揭示超材料的吸声性能主要依赖于结构的几何参数，这意味着可调深度会导致相应的工作频率发生变化，在其他参数固定的情况下，可以建立深度和工作频率之间的关系。

3.1.3　理论和有限元分析

采用理论分析的方法，对设计的 AAM 吸声性能进行分析。AAM 的吸声系数 α 表示为

$$\alpha=1-|r|^2 \tag{3-1}$$

其中：r 是声波的反射系数，$r=(Z-\rho_0 c_0)/(Z+\rho_0 c_0)$，$Z$ 是 AAM 的声阻抗，ρ_0 是空气密度，c_0 是空气中的声速，$\rho_0 c_0$ 代表空气的特征声阻抗。设 $z=Z/(\rho_0 c_0)$，则 r 可以表示为 $(z-1)/(z+1)$，因此有

$$\alpha=1-\left|\frac{z-1}{z+1}\right|^2 \tag{3-2}$$

显然，当 $r=0$ 时，α 达到 1，获得了理想的吸收效果。也就是说，阻抗匹配是实现完整声吸收的必要条件。AAM 的阻抗包括两部分，即微穿孔板的阻抗 Z_a 和螺旋空间的阻抗 Z_c。

当 $\lambda\gg d$、d_v、d_h 时，分析微穿孔板的阻抗，其中 λ 是声波长，d 是孔的直径，$d_v=\sqrt{2\mu/(\rho_0\omega)}$ 和 $d_h=\sqrt{2\kappa/(\rho_0\omega C_p)}$ 分别是黏性层和热边界层的厚度，μ 和 κ 分别是空气的动态黏度和流体导热系数，ω 是角频率，C_p 是恒压下的比热容。微穿孔板的阻抗主要取决于板厚和孔口与板的面积比。板上的每个孔相当于一个短管，由于短管存在一定直径，黏性层和热边界层厚度不能忽略，因此在分析微穿孔板的阻抗时应考虑黏性和热场。由此引入黏性波数 k_v 和热波数 k_t：

$$k_v^2 = -j\omega \frac{\rho_0}{\mu} \tag{3-3a}$$

$$k_t^2 = -j\omega \frac{\rho_0 C_p}{K} \tag{3-3b}$$

其中：j 是虚数单位，$j^2=-1$。由此可导出黏性场 φ_{va} 和热场 φ_{ta}：

$$\varphi_{va} = 1 - \frac{4}{k_v d} \frac{J_1(k_v d/2)}{J_0(k_v d/2)} \tag{3-4a}$$

$$\varphi_{ta} = 1 + \frac{4(\gamma-1)}{k_t d} \frac{J_1(k_h d/2)}{J_0(k_h d/2)} \tag{3-4b}$$

其中：J_n 为 n 阶第一类贝塞尔函数，γ 为空气的比热容比。则可推导出孔内空气的复密度 ρ_a 和复体积模量 K_a 为

$$\rho_a = \rho_0 / \varphi_{va} \tag{3-5}$$

$$K_a = \gamma P_0 / \varphi_{ta} \tag{3-6}$$

其中：P_0 是大气压。下一步可推出孔内声波的复波数 k_a 和速度 c_a 为

$$k_a^2 = k_0^2 \frac{\varphi_{ta}}{\varphi_{va}} \tag{3-7}$$

$$c_a = \sqrt{K_a/\rho_a} \tag{3-8}$$

其中：$k_0=\omega/c_0$ 是波数。根据定义，孔板阻抗等于压降 Δp 除以粒子平均速度 $\bar{u}$，$\bar{u}$ 表达式为

$$\bar{u} = \frac{4}{\pi d^2} \int_0^{d/2} u 2\pi r \mathrm{d}r = \frac{\varphi_{va}}{j\omega\rho_0} \cdot \frac{\Delta p}{t} \tag{3-9}$$

其中：r 为柱坐标；$u = -\frac{1}{j\omega\rho_0} \frac{\Delta p}{t} \left[1 - \frac{J_0(k_v r)}{J_0(k_v d/2)}\right]$ 是孔内任意一点的粒子速度。因此，长度为 t 的孔板的阻抗为

$$Z_{a0} = \frac{\Delta P}{\bar{u}} = j \frac{\rho_0 \omega t}{\varphi_{va}} \tag{3-10}$$

用 Z_{a0} 除以穿孔率可以得到微穿孔板的阻抗，其中穿孔率定义为 A_a/A，$A=a^2$ 为 AAM 单元的面积，$A_a=\pi d^2/4$ 为孔板面积。此外，还应考虑两个末端修正项。一个是由于空气沿着平板表面流动而产生的阻力，其表达式为 $(1/2)\sqrt{\rho_0 \omega \mu}$；另一个是由波辐射引起的电抗校正，表达式为 $0.85j\rho_0\omega$。则微穿孔板的阻抗表达式为

$$Z_a = \frac{A}{A_a} \left(j \frac{\omega\rho_0 t}{\varphi_{va}} + \frac{1}{2}\sqrt{2\omega\rho_0\mu} + 0.85 j\omega\rho_0 d \right) \tag{3-11}$$

我们将盘绕空间视为狭长通道，因此也需要考虑气流的黏性和热损失。通道中空气的有效复密度 ρ_c 和体积模量 K_c 为

$$\rho_c = \rho_0 \frac{\nu w^2 l^2}{4j\omega} \left\{ \sum_{k=0}^{\infty} \sum_{n=0}^{\infty} \left[\alpha_k^2 \beta_n^2 \left(\alpha_k^2 + \beta_n^2 + \frac{j\omega\rho_0}{\mu} \right) \right]^{-1} \right\}^{-1} \tag{3-12}$$

$$K_c = P_0 \left\{ 1 - \frac{4\mathrm{j}(\gamma - 1)\omega\rho_0 C_p}{\gamma w^2 l^2 \kappa} \sum_{k=0}^{\infty} \sum_{n=0}^{\infty} \left[\alpha_k^2 \beta_n^2 \left(\alpha_k^2 + \beta_n^2 + \frac{\mathrm{j}\omega\rho_0 C_p}{\kappa} \right) \right]^{-1} \right\}^{-1} \tag{3-13}$$

其中：ν 为空气黏度；$\alpha_k = (k+0.5)\pi/w$，$\beta_n = (n+0.5)\pi/l$。复速度和复波数分别是 $c_c = \sqrt{K_c/\rho_c}$，$k_c = \omega/c_c$。该通道相当于亥姆霍兹谐振器的空腔，因此可将该通道视为声电容，则通道阻抗表示为

$$Z_c = \frac{A}{A_c}(-\mathrm{j}\rho_c c_c \times \cot(k_c l_c)) \tag{3-14}$$

其中：$A_c = w \times l$ 为通道截面积；l_c 为有效传播距离。由于声波在孔板和通道中依次传播，所以将阻抗的三个元素，即声电阻 R_a、质量 M_a 和容量 C_c 串联在一起。因此，对于单一盘绕空间的 AAM，总阻抗 Z_t 等于各分量的和，即

$$Z_t = Z_a + Z_c \tag{3-15}$$

那么吸收系数 α 为

$$\alpha = 1 - \left| \frac{Z_t - \rho_0 c_0}{Z_t + \rho_0 c_0} \right|^2 \tag{3-16}$$

式中：阻抗 Z_t 为复数，其中实部为声阻 R_a，虚部为声抗 X_a。为实现声阻抗匹配条件，我们使声阻 $R_a = \rho_0 c_0$，声抗 $X_a = 0$。由上述分析可知，声阻 R_a 主要由微穿孔板的几何参数决定，即孔板与板的面积比 A_a/A、孔板直径 d、板厚 t。由于吸声理论的复杂性，我们很难直观地得到各参数对声阻抗的影响，所以此处我们设 a 单元边长为 99 mm，研究孔板直径和板厚对 181 Hz 和 306 Hz 时微穿孔板声阻的影响。当研究直径的影响时，厚度 t 保持在 1.0 mm，当研究板厚影响时，直径 d 保持在 3.0 mm。图 3-3(a)为直径为 d 的微穿孔板声阻比 r_a 的谱图，可以看出 r_a 与 d 近似呈倒数关系，且与频率的增大正相关。当孔板直径为 3.0 mm 时，在 181 Hz

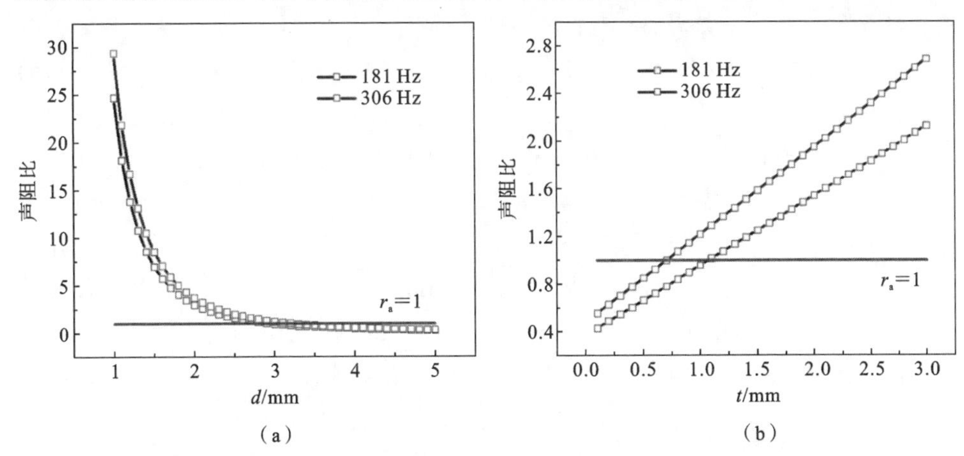

图 3-3　(a)孔直径 d 和(b)板厚度 t 对微穿孔板声阻比的影响

处的 r_a 值为 0.96，而整体结构的 r_a 值为 1.43，说明通道也贡献了部分声阻力。图 3-3(b)为微穿孔板 r_a 随厚度 t 的变化曲线，可以看出 r_a 随厚度 t 的增加线性增大。随着频率的增加，r_a 明显增大，说明厚度越大，低频阻抗匹配越好。因此，我们应在合理的范围内选择参数，以保证声阻力等于空气的特性阻抗。本节中 AAM 边长 a 为 100 mm，t 为 1.0 mm，声阻 R_a 由直径 d 调节，我们分析揭示了声道深度 l 对吸声性能的影响机理。

根据理论分析，深度的变化会改变通道横截面与单元的面积比，这会对通道的声抗产生影响，进而影响材料吸声性能。定性地说，当通道 l 的深度增大时，通道的声抗绝对值减小，阻抗匹配点向低频率方向移动，说明深度越大，峰值吸收频率越低。这一现象证明了通过调整厚度对吸声性能进行调节这一方案的可行性。

以上分析基于单通道的吸声超材料。为了分析耦合盘绕空间的吸声特性，我们引入了等效电路。声波在通道中的路径如图 3-4(a)所示，距离为各段长度之和。根据上述推导过程，可以用同样的方法求出各通道的声阻抗 Z_{t1} 和 Z_{t2}。图 3-4(b)说明了 AAM 的每个部分的作用。声吸收主要归因于孔板壁面造成的黏滞损失，其相当于声阻力。孔内的空气相当于空气弹簧，通道起声容的作用。此外，两个通道的阻抗是平行的，因为它们是由同一个声源激发的。等效电路如图 3-4(c)所示，耦合盘绕空间 AAM 的总阻抗 Z_{total} 等于两个独立通道的并联阻抗之和，即

$$Z_{total} = Z_{t1} Z_{t2} / (Z_{t1} + Z_{t2}) \tag{3-17}$$

为了验证理论分析的准确性，我们采用商用有限元软件 COMSOL 5.3a 计算了吸声性能。实验部分详细介绍了仿真方法。图 3-4(d)所示是耦合了盘绕通道的 AAM 的吸收光谱。结果表明，给定参数的 AAM 在 181 Hz 和 306 Hz 时的吸收系数分别为 0.95 和 0.99，理论分析结果和仿真结果吻合得较好，但实验结果与模拟结果仍存在一定差异，这可能有以下三个原因。

首先，3D 打印 AAM 样品的几何参数与设计值存在轻微差异。AAM 样品的微观结构如图 3-5 所示。在通道尺寸方面，通道 1 和通道 2 的实测宽度分别为 15.10±0.09 mm 和 19.91±0.02 mm，分别比设计值大 0.67%和 0.30%。图 3-5(b)为区域 1 分区的微观结构。隔板的平均宽度和两隔板之间的间隙分别约为 0.88±0.04 mm 和 1.05±0.05 mm，与设计值基本一致。图 3-5(c)和(d)为孔的微观结构。隔板平均直径分别为 2.52±0.02 mm 和 3.03±0.02 mm，与设计参数 3.0 mm 和 3.5 mm 的偏差分别约为 16.0%和 13.4%。如前所述，孔口的直径对吸声性能有显著影响。因此孔板直径不可忽略，有可能使实验结果产生明显的误差。图 3-5(e)说明了孔板制造偏差的产生原因。喷嘴出口直径为 0.4 mm，而制造工艺的第一层为 0.27 mm，在制造过程中会压扁 PLA 线。因此，样品的孔数会略小于设计值。其次，这里使用的阻抗管由两个较小的阻抗管组成，两个阻抗管

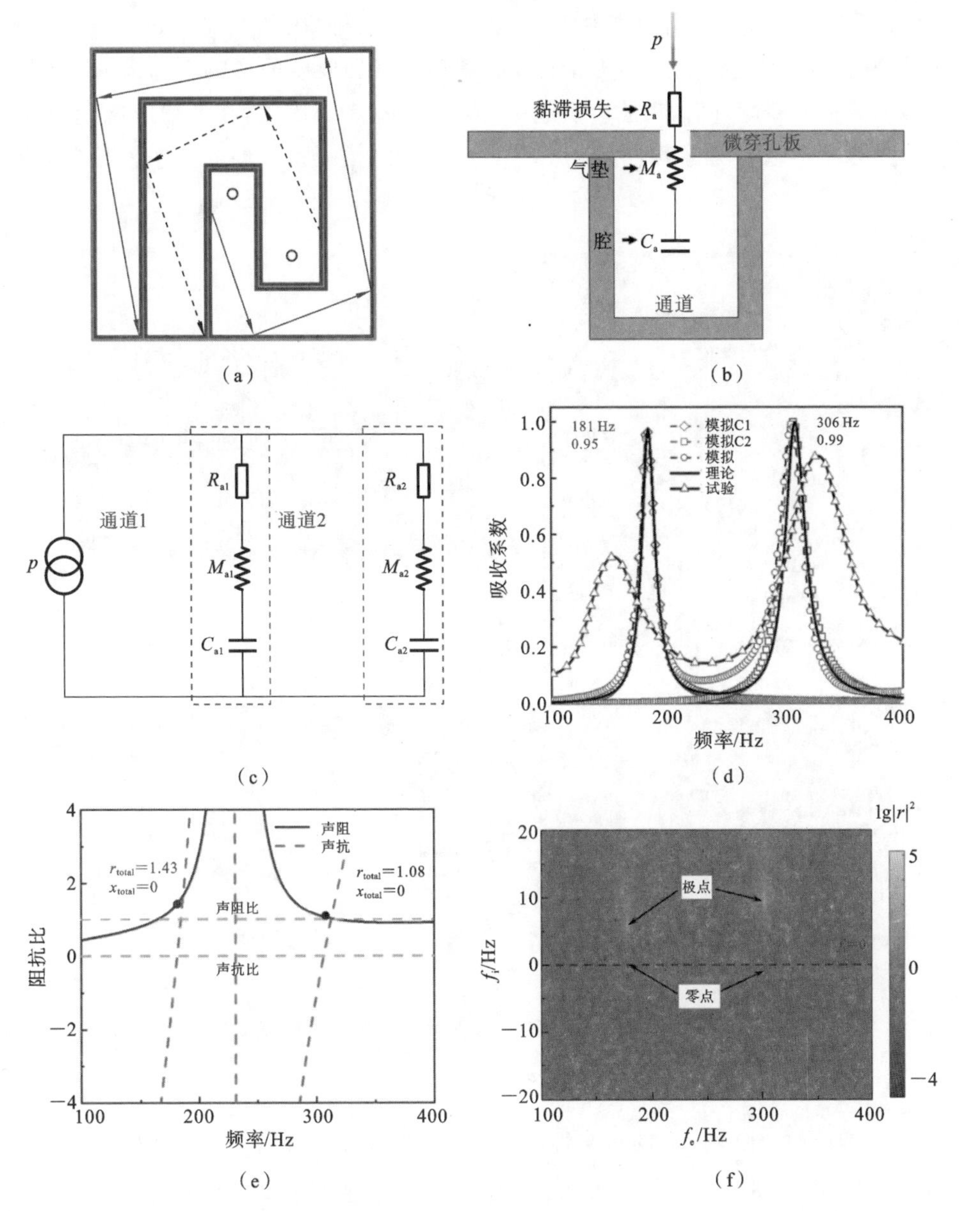

图 3-4　(a) 盘绕通道中的有效声波路径,实线和虚线分别表示声波在通道 1 和通道 2 中的传播路径;(b) 各部分在声阻抗电路图中所起作用的示意图;(c) 声阻抗电路图;(d) 由仿真、理论计算和实验得到的单个通道的吸收光谱和 AAM 的积分,设参数为 a=99.0 mm, $t_1=t_2$=1.0 mm, d_1=3.0 mm, d_2=3.5 mm, l=10.0 mm, w_1=15.0 mm, w_2=19.85 mm, b_1=0.8 mm, g=0.15 mm,总深度 h 为 21 mm;(e) 所提 AAM 对应的声阻抗空气比;(f) AAM 的两个吸收峰的复频率。图中 r_{total} 和 x_{total} 分别表示 AAM 的总声阻比和总声抗比。

之间用隔声胶带连接。由于低频声波的穿透能力较强，因此在连接处可能会发生声漏，从而导致实验偏差。最后，忽略了材料强度和厚度的影响。如果材料的强度不够或板的厚度过薄，声波会引起 AAM 壁的振动。因此，在低频区域，空气与材料的界面不能被视为声学刚性边界。综上可知，模拟条件与实际实验参数并不完全一致。

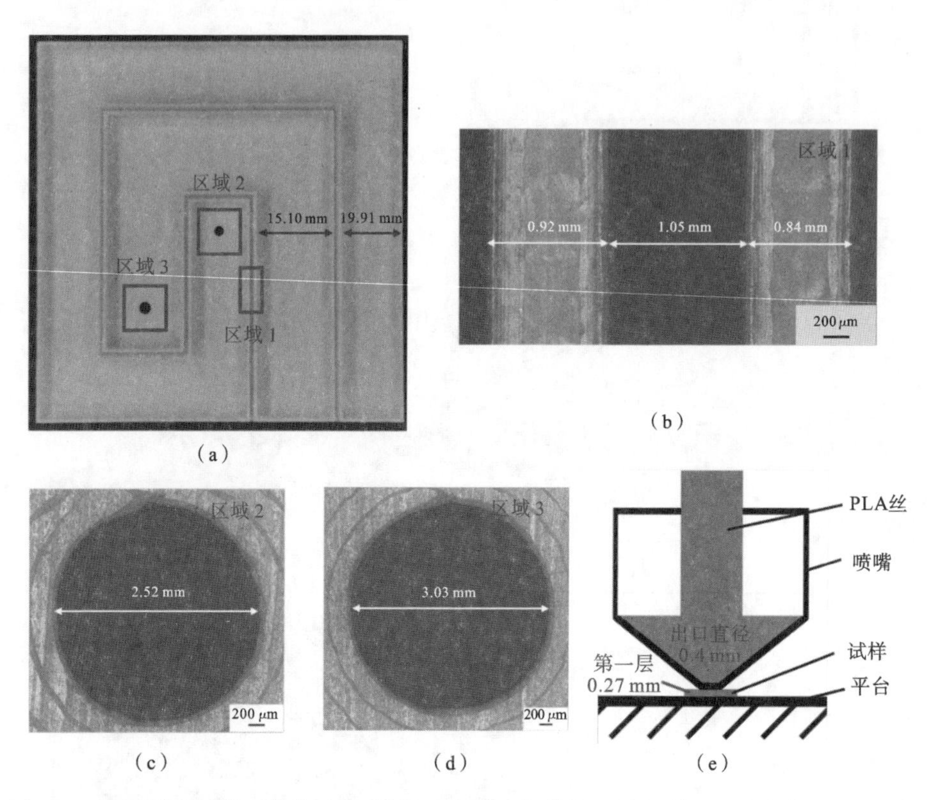

图 3-5　AAM 样品的微观结构：(a) AAM 上部的内部结构；(b) 区域 1、(c)区域 2、(d)区域 3 的微观结构；(e)孔板制造精度偏差示意图。

我们还研究了各通道的吸声性能，其吸收光谱如图 3-4(d)所示。可以明显看出，单个通道与其中一个耦合通道具有相同的吸声性能，这验证了两个通道平行的假设。分析表明，通过组合不同吸声性能的单元，可以实现宽频声吸收。但需要注意的是，当组合单元数量较大时，由于整体的分流声阻抗将明显偏离阻抗匹配条件，总吸收系数可能会折减，因此，为了获得完美的宽频吸声性能，应引入非谐振单元以保证阻抗匹配。

阻抗分析结果如图 3-4(e)所示，当各通道的吸收系数达到峰值时，声抗为 0。第一个吸收峰(181 Hz)对应通道 1，声阻比为 1.43，吸收系数为 0.95。声学波长 λ 在 181 Hz 时约为 1.88 m，AAM 的总厚度约为 $1/90\lambda$，远远小于工作波长。第二个吸收峰(306 Hz)对应通道 2,其声阻比为 1.08,吸收系数为 0.99。该结果验证了阻抗匹配越接近吸声效果越好的理论。从图中可以看出,频率变化对声抗的影响远大于声阻的影响。换句话说,在完美吸声中,电抗缺失比电阻匹配更重要。

此外,为了进一步了解 AAM 的吸声性能,本研究还进行了复频率分析。将频率替换为 $f=f_e+f_i$,反射系数 r 将成为实频率(f_e)和虚频率(f_i)的函数,图 3-4(f)所示为复频率平面下的反射系数对数分布,其中零点表示反射系数为 0,极点表示反射系数极大。系统无损耗情况时,零点与极点在实频率轴两侧对称分布,当系统引入本征损耗(本研究中的热黏性损耗)时,点对将向虚频率轴的正方向偏移。当热黏性损失与辐射损失平衡时,就会发生完全吸收,并且零点恰好位于实频率轴上。对于给定参数的 AAM,在图上出现了两对零极点,其中第一个零点位于 $f_e=181$ Hz,第二个零点位于 $f_e=306$ Hz。此外,随着零点到极点距离的增加,吸收带宽也会相应增加,这与参考值一致。

图 3-6(a)和(b)分别为 $f=181$ Hz 和 306 Hz 两个吸收峰处的背景、孔板和声

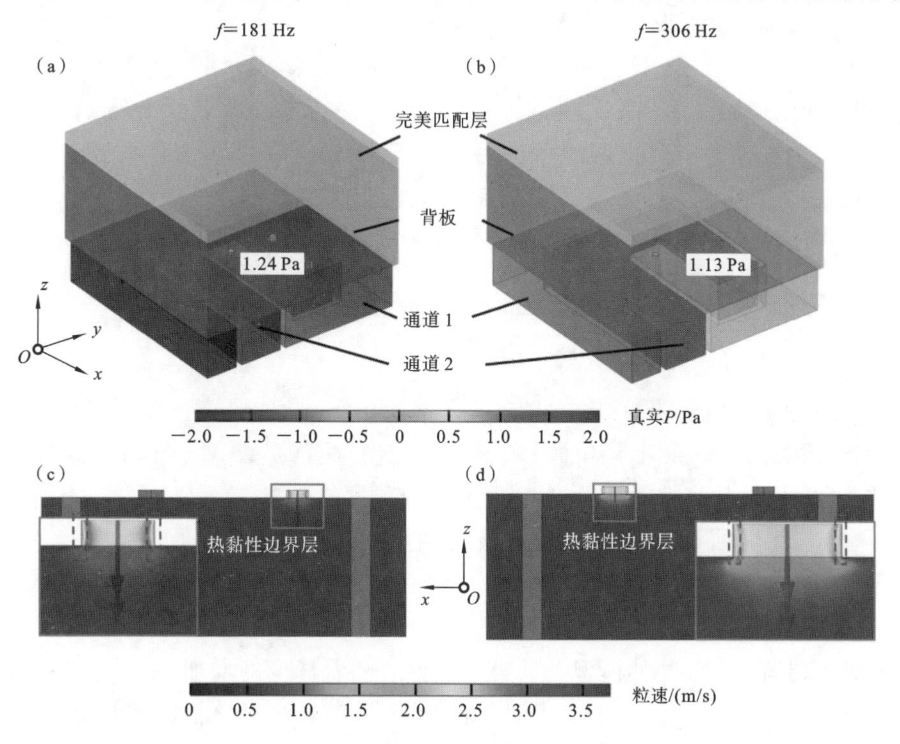

图 3-6　几何参数相同的 AAM 的声压场和粒子速度场:(a)第一个吸收峰 181 Hz 和(b)第二个吸收峰 306 Hz 处的声压场,入射声压设为 1.0 Pa,第一个吸收峰 181 Hz 处入射面平均声压约为 1.24 Pa,第二个吸收峰 306 Hz 处平均声压约为 1.13 Pa,Oxz 平面在(c)第一吸收峰 181 Hz 和(d)第二吸收峰 306 Hz 处的粒子速度场。放大图表示微孔处粒子速度场的细节信息。

道的模拟声压场。$f=181$ Hz 时入射面平均声压约为 1.24 Pa，略大于入射声压(1.0 Pa)，散射声压约为 0.24 Pa，反射系数 r 为 0.24。根据理论，吸收系数 $1-|r|^2=0.94$，与上述分析一致。同样，在第二吸收峰 $f=306$ Hz 处，入射面平均声压约为 1.13 Pa，推导出的吸收系数为 0.98。结果表明，大部分声波都在共振频率内被吸收。为了深入了解吸收机理，我们观察了孔口周围的粒子速度，如图 3-6(c)和(d)所示。在 $f=181$ Hz 处，与通道 1 相连的孔板内粒子速度明显较高，而在其他孔板和通道内粒子速度几乎为 0。在第二吸收峰处，高粒子速度只存在于与通道 2 相连的孔板中。箭头的方向和长度分别代表粒子速度的方向和平均大小，说明孔内的粒子速度远高于其他区域。这种现象可以用阻抗匹配来解释。在阻抗匹配条件下，声波入射到 AAM 表面时几乎没有反射，因为大部分声波会通过孔板进入盘绕通道。当体积速度相同时，孔口处的横截面积突然减小，这使得孔口处的粒子速度突然增大。另外，由于空气的黏性，孔板壁面存在速度梯度(图 3-6(c)和(d)的嵌图)，这会造成较大的能量耗散。所以我们可以知道，大部分声波在通道中传播，而大部分声波能量会在通道中耗散。

图 3-7(a)～(c)为对应峰值吸收频率处的声压级场。当第一个吸收峰出现时，通道 1 的声压级达到最大值，通道 2 的声压级在第二个吸收峰出现时达到最大值。这表明在满足声阻抗匹配条件的情况下，大部分声波都能传播到盘绕通道中。因此，大部分能量会在通道中被耗散，这与前面的分析是一致的。

3.1.4 适应性吸声性能

上述理论分析表明，我们提出的双耦合通道 AAM 的吸声性能主要依赖于几何参数。因此，我们设计了一种几何参数可控制调节的 AAM 材料。下面将测试 AAM 的深度对吸声性能的影响，以及其可控深度的能力。

首先，我们估计了深度变化对吸声性能的影响。AAM 的原始深度为 110 mm，AAM 的深度可以在 10～20 mm 之间调节。因此，我们研究了 AAM 在10～20 mm 深度范围内的吸声性能。图 3-8(a)～(c)为深度为 10 mm、14 mm 和 18 mm 的可调谐 AAM 拉伸模型及其吸收光谱。随着深度的增加，整个吸收谱向低频偏移，说明深度的增加有助于低频声波的吸收，这与我们之前的推测是一致的。图 3-8(d)为峰值吸收频率和吸收系数随深度的变化曲线。可以看出，峰值吸收频率随通道深度的变化几乎呈线性下降。吸收频率随深度变化的经验公式很容易得到。当工作频率较高时，峰值吸收频率随深度的增加下降较快。根据经验，低频声波比高频声波更难被吸收。随着 AAM 深度从 10 mm 增加到 20 mm，两种吸收频率分别从 206 Hz 下降到 179 Hz、379 Hz 下降到 298 Hz，变化分别达到 27

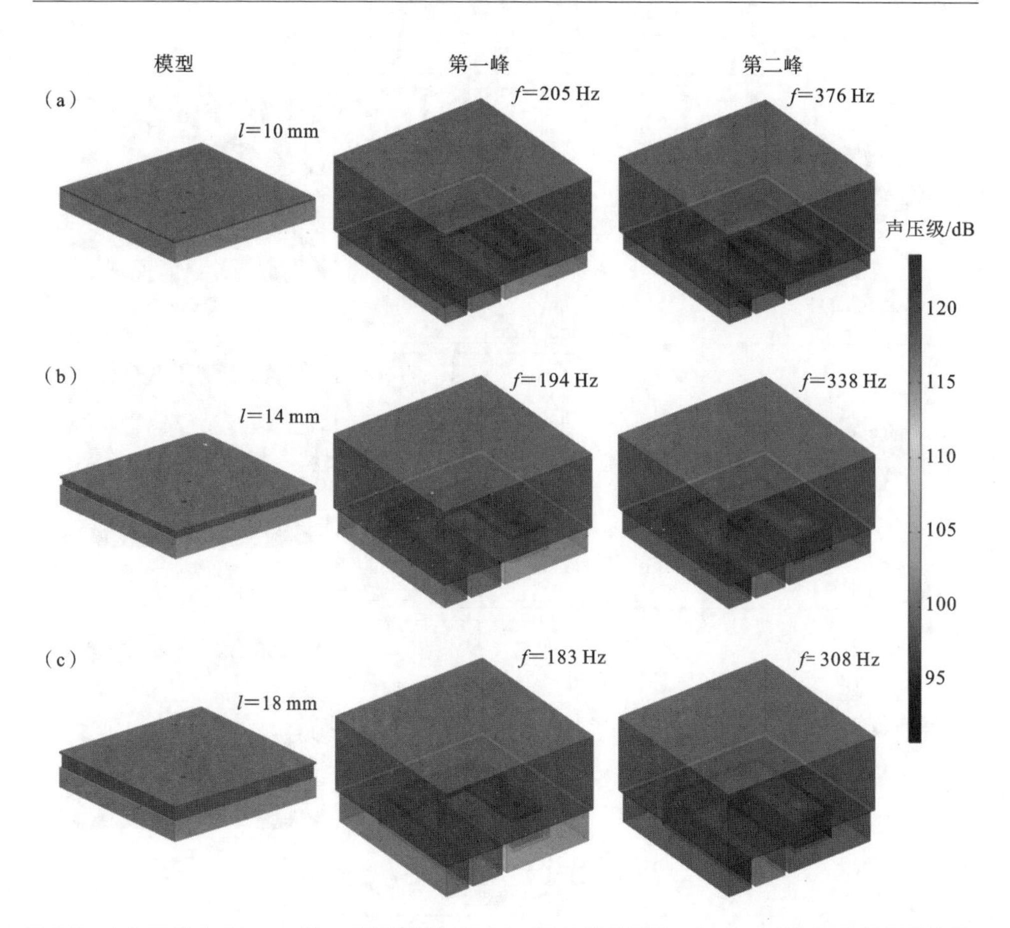

图 3-7 (a) 深度为 10 mm,第一峰值频率 205 Hz、第二峰值频率 376 Hz 对应的声压场示意图;(b) 深度为 14 mm、第一峰值频率 194 Hz、第二峰值频率 338 Hz 对应的声压场示意图;(c) 深度为 18 mm、第一峰值频率 183 Hz、第二峰值频率 306 Hz 对应的声压场示意图。

Hz 和 81 Hz。与原始吸收频率相比,两者分别有 13.1%和 21.4%的变化。而增加深度有利于提高吸收系数,如图 3-8(d)所示。AAM 在两个吸收峰处的声阻随着深度的增加而逐渐减小,更接近阻抗匹配的条件,因此对应的吸收系数会逐渐增大。

本节通过有限元方法用 PLA 制作了可调 AAM 样品。图 3-8(a)~(c)分别给出了试样拉伸 0 mm、4 mm、8 mm 时的状态图,结果表明通过对 AAM 的两个部分施加一个力,使其相对滑动,可以调节试样的深度。此外,该变形过程是可逆的,这意味着在给定参数下,AAM 的吸收频率可根据需要在 179~206 Hz 和 298~379 Hz 之间进行调整。将环境噪声频率作为外界刺激,通过增加相应调节 AAM 厚度的装置,可以智能调节 AAM 的吸收频率。

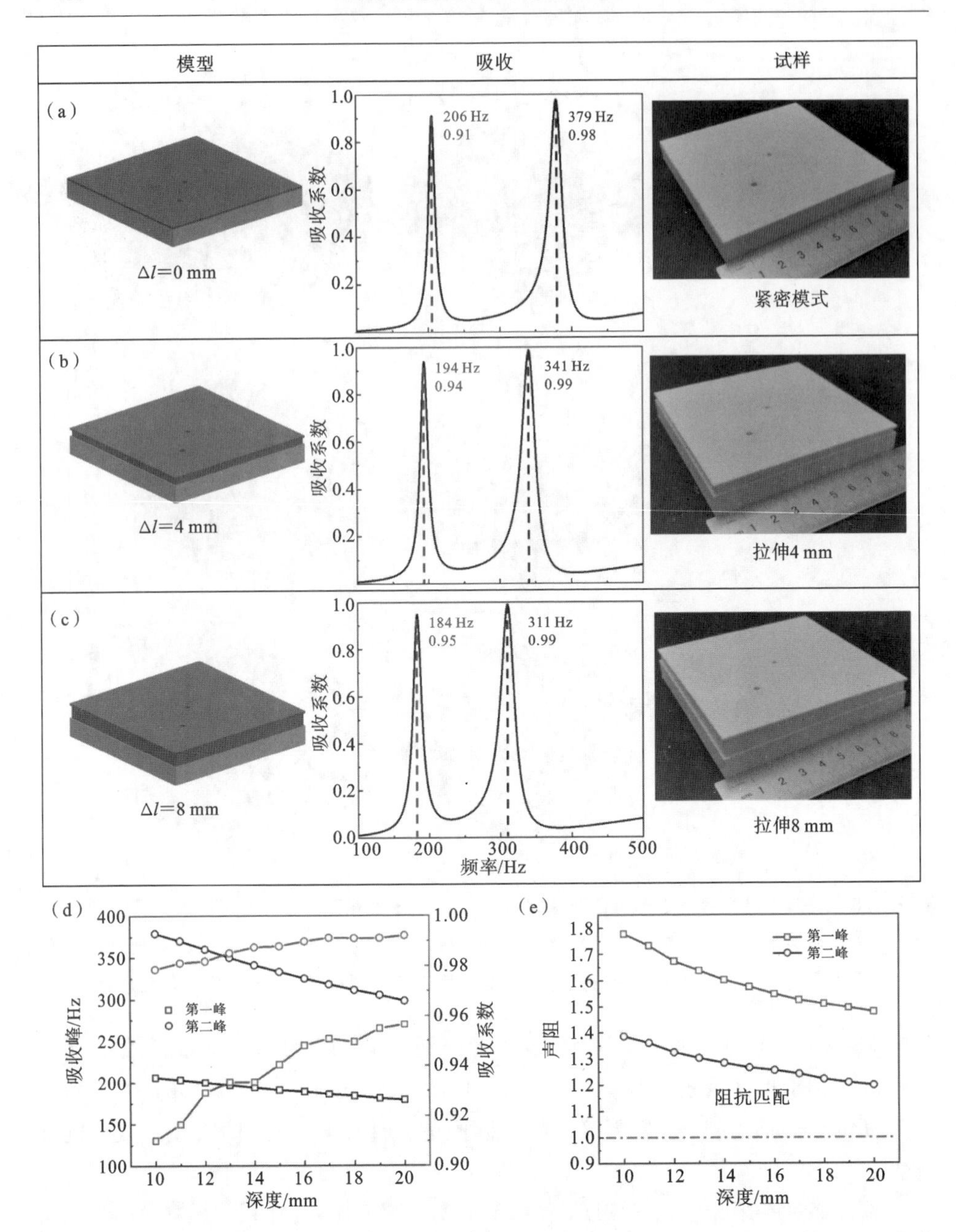

图 3-8　深度变化对吸声性能的影响:(a) 无拉伸 AAM 的模型及对应的吸收光谱图,以及紧凑模式下制备的样品;(b) AAM 模型拉伸 4 mm 及对应的吸收光谱图,样品拉伸 4 mm;(c) AAM 模型拉伸 8 mm 及对应的吸收光谱图,样品拉伸 8 mm(几何参数设为 $a=99$ mm, $t_1=t_2=1$ mm, $d_1=3$ mm, $d_2=3.5$ mm, $l=10$ mm, $w_1=15$ mm, $w_2=19.85$ mm, $b_1=0.8$ mm, $g=0.15$ mm);(d) 相应通道的峰值吸收系数和频率随浓度而变化;(e) 在峰值吸声频率处,AAM 的声阻随深度而变化。

3.1.5　宽频吸声

尽管 AAM 在某些频率下具有近乎完美的吸声性能，但其吸声带宽仍然非常窄。如上所述，两个耦合的通道是并联的，这为我们设计宽频吸声材料提供了一个思路，即可以将不同吸收频率的单元并联连接，实现宽频吸声。如图 3-9(a)所示，我们将四个单元组合起来研究整体与个体吸声性能的关系。图 3-9(b)为单个单元和组合的吸收光谱。可以看出，当 α 在 0.8 以上时，组合的吸收频率范围分别为 386～417 Hz 和 711～768 Hz。两个吸声波段的带宽分别达到了 31 Hz 和 57 Hz，与单个单元相比分别提高了约 288%和 470%，吸声性能得到了显著的改善。声阻抗分析表明，在吸收频率范围内，声阻比在 1 附近，声抗比在 0 附近，接近阻抗匹配条件(图 3-9(c))。同时，该组合的每个小吸收峰与单个单元的吸收峰几乎可以一一对应，这说明该组合的吸声效果完全继承了单个单元的性能。几何参数如

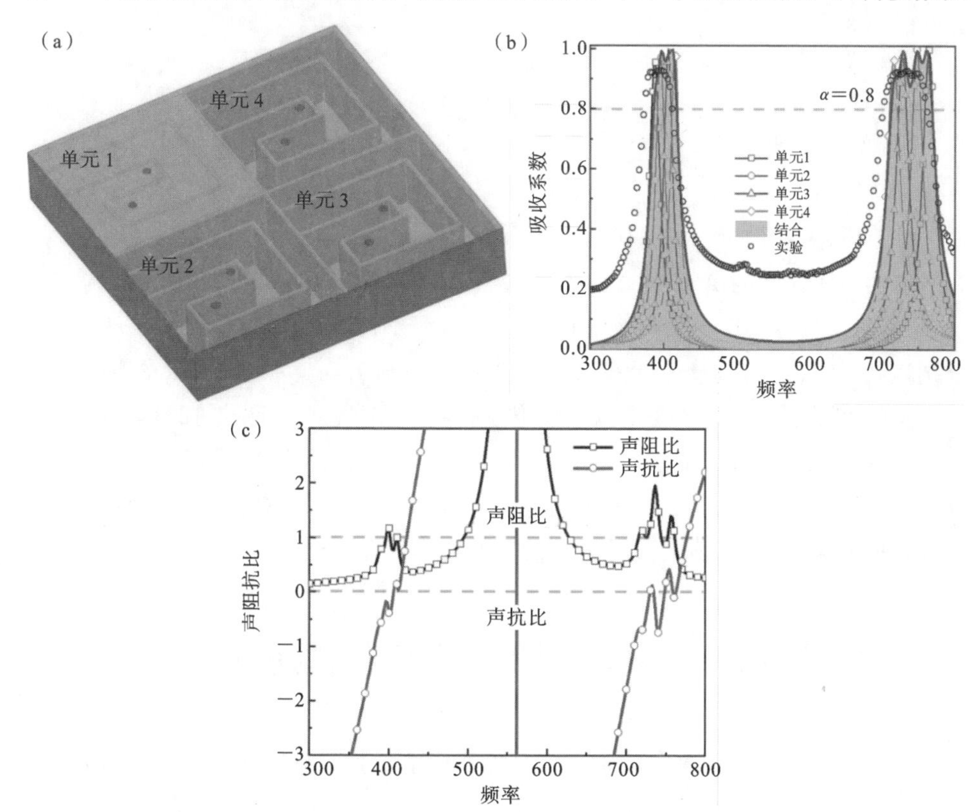

图 3-9　组合体的吸声性能：(a) 4 个单元组合的模型；(b) 4 个单元及其组合的吸收光谱；(c) 组合 AAM 的声阻抗比谱。

表 3-1 所示。为了避免材料和板厚对实验结果的影响,将板厚增加到 3.2 mm,使材料表面可以视为一个良好的刚性边界。实验结果与仿真结果吻合得较好。

表 3-1　宽频 AAM 的详细参数

序号	d_1 /mm	d_2 /mm	w_1 /mm	w_2 /mm	t_1 /mm	t_2 /mm	A /mm	h /mm	b /mm
1	3.5	4.5	7.0	5.9	1.0	1.0	50.0	20.0	3.2
2	3.8	4.2	7.0	5.9	1.0	1.0	50.0	20.0	3.2
3	4.2	3.9	7.0	5.9	1.0	1.0	50.0	20.0	3.2
4	4.5	3.7	7.0	5.9	1.0	1.0	50.0	20.0	3.2

但需要注意的是,与单一单元相比,组合单元的吸收系数略有下降,随着组合单元数量的增加,这可能会造成分流声阻抗偏离阻抗匹配的条件,从而使吸声效果变差。但这也为后续的宽频吸声设计提供了一种可行的方案。通过精心调整各个单元的几何参数,使不同单元的吸声性能相辅相成,从而得到吸声性能更高、更好的 AAM。

3.1.6　结论

综上所述,我们可以通过结构设计和 3D 打印动态调整结构深度,从而获得具有适应性声学性能的 AAM。在给定的参数下,超材料的深度可从 10 mm 调节到 20 mm,两个吸收频率分别从 206 Hz 减小到 179 Hz、379 Hz 减小到 298 Hz,变化分别达到 27 Hz 和 81 Hz。此外,双通道耦合在一个单元,可以在有限的空间实现更广泛的吸收带宽。为了获得宽频吸声性能,将四个吸声性能不同的单元排列在一起,与单个单元相比,带宽分别提高了 288%和 470%。此外,我们提出的 AAM 具有应用于智能装备的潜力,通过与频率探测器结合,可以选择性智能地滤除一定频带内的声波,在声学工程领域具有广阔的应用前景。

3.2　类水五模超材料的设计与实验验证

声学超材料是一种人工构造的复合材料,可用于控制和操纵声波,其微观结构单元尺寸远小于波长。基于坐标变换设计的声学超材料与传统的基于共振的声学超材料最大的区别在于前者可以实现任意频率的声波和弹性波的随意控制,因此在技术上比后者具有更广阔的应用前景。例如,当它用于声学隐身和完善声学透镜时，可以实现对水下物体的声学隐身和声波放大等功能。

五模超材料(pentamode material，PM)是一种特殊的超材料，在声学领域有着重要的应用。如果一种材料的模矩阵的六个特征值中有五个为零，则定义该材料为 PM。PM 的力学性能与流体相似，具有很高的体积模量和极低的剪切模量，因此 PM 又被称为“元流体”或“金属水”。Milton 等人已从数学上证明任何材料都可以通过其他两种材料的特定配置来构建。Méjica 等人提出了 14 种可能的 PM 微结构，其灵感来自布拉维(Bravais)点阵。他们的工作旨在设计具有较大体积模量与剪切模量比(B/G)的微结构，而不是设计具有特定模量矩阵和密度的微结构。Hassani 回顾了拓扑优化理论在微观结构设计中的发展。基于均质化理论，Norris 设计了一种力学性能类似于水的平面 PM 结构。Layman 设计了 PM 的一维结构，并模拟了微结构的声学特性。

然而，目前还没有关于 PM 的直接声学实验报道。德国卡尔斯鲁厄理工学院(KIT)的研究人员利用 3D 打印技术制作了具有大 B/G 的 PM，并对 PM 进行了静态力学实验，结果与理论吻合得较好。然而，对于声学超材料，实验验证 PM 的声学特性比静态力学实验更为重要。

本节设计并制作了一个类水二维 PM 微观结构，并利用 COMSOL Multiphysics 软件对其声学特性进行了研究。我们在无回声池中测试了样品的声目标强度，并与相同大小和背景的固体金属块进行了对比。这些实验验证了我们设计的类水 PM 微观的声学特性在较宽的频率范围内与水相似，研究结果为具有特殊声学性能的声学器件的微结构设计和制造奠定了基础。

本节还利用均匀化理论计算了周期结构的有效模量，提出的 PM 微观结构的单元如图 3-10 所示。

PM 微观结构可用以下参数描述：

$$\boldsymbol{X}=[h \quad l \quad \theta \quad \gamma_{\mathrm{h}} \quad \gamma_{\mathrm{l}} \quad t_{\mathrm{h}} \quad t_{\mathrm{l}} \quad r_{\mathrm{p}}] \tag{3-18}$$

微观组织的目标性能为 $\boldsymbol{E}=[E'_{11},E'_{12},0;E'_{21},E'_{22},0;0,0,E'_{66}]$和 ρ'，其中 $\boldsymbol{E}$ 和 ρ'分别为 PM 微观结构的弹性模量和密度。设计结果为 $\boldsymbol{E}=[E_{11},E_{12},0;E_{21},E_{22},0;0,0,E_{66}]$和 ρ。微观结构的基材选用钛($E=108$ GPa，$\nu=0.34$，$\rho=4500$ kg/m^3)，本节设计目标为 $\boldsymbol{E}'=[2.25,2.25,0;2.25,2.25,0;0,0,0]$和 $\rho'=1000$ kg/m^3，通过优化得到理想的数值。首先，对 APDL(ANSYS 参数化设计语言)文件进行编码，生成图 3-10 所示的单元格，并生成单元格的元素文件和节点文件。然后将 APDL 生成的文件传递到 MATLAB 中，计算 PM 的力学性能。编写 MATLAB 文件，计算具有周期结构介质的等效力学性能，选取最接近目标的结果作为最优值。

优化目标函数设为

$$f_{\min}=\left[\left(\frac{E_{11}}{E'_{11}}-1\right)^2+\left(\frac{E_{12}}{E'_{12}}-1\right)^2+\left(\frac{E_{21}}{E'_{21}}-1\right)^2+\left(\frac{E_{22}}{E'_{22}}-1\right)^2+\left(\frac{E_{66}}{E'_{66}}-1\right)^2+\left(\frac{\rho}{\rho'}-1\right)^2\right] \tag{3-19}$$

这两个步骤由 iSIGHT-FD 5.5 完成，得到的类水组织几何参数为 $h=l=5$ mm，$r_p=1.465$ mm，$t_h=t_l=0.17$ mm，$\theta=30°$，$\gamma_h=\gamma_l=0°$。微观组织的等效密度 $\rho^{\text{eff}}=1005.7$ kg/m^3，其等效模量(GPa)矩阵为

$$\boldsymbol{E}^{\text{eff}}=\begin{pmatrix}2.3154 & 2.2490 & 0\\ 2.2490 & 2.3211 & 0\\ 0 & 0 & 0.0349\end{pmatrix} \tag{3-20}$$

纵波波速 $c_L=1518$ m/s，横波波速 $c_T=186$ m/s。计算结果表明，设计的微观结构的有效密度和模量矩阵与水的等效密度和模量矩阵非常接近。

二维 PM 色散曲线如图 3-11 所示。在长波条件($k\approx0$)下，计算频散曲线 1(横波 TA)和频散曲线 2(纵波 LA)的斜率，得到的 LA 和 TA 的速度分别为 $c_L=1506$ m/s 和 $c_T=175$ m/s，与用微观结构的有效模量和密度计算的波速相比，差异可以忽略不计。虚线表示水的分散曲线。注意，二维 PM 的 LA 色散曲线仅在 $f>60$ kHz 时偏离水的色散曲线。色散曲线的分析也表明，在较宽的频率范围内，二维 PM 的声学特性与水相似。

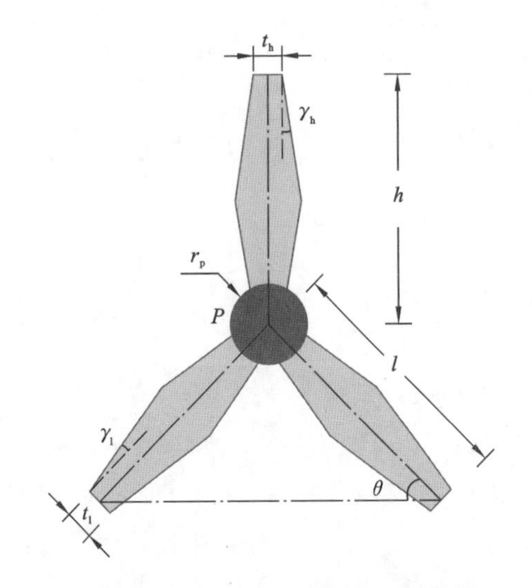

图 3-10　二维 PM 微观结构示意图

注：h 为垂直杆的长度，l 为两个倾斜杆的长度，θ 为角度，r_p 为互连圆的半径，t_h 为垂直杆厚度，t_l 为倾斜杆厚度，γ_h 为垂直杆的倾斜角，γ_l 为倾斜杆的倾斜角。

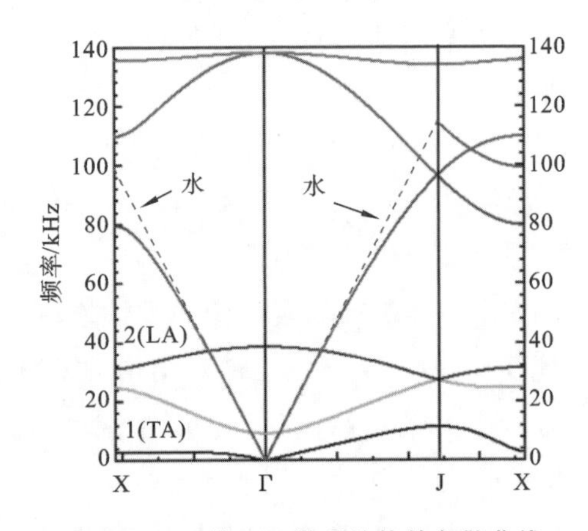

图 3-11　二维 PM 微观结构的色散曲线

我们利用 COMSOL Multiphysics 软件研究了所设计的 PM 微观结构的声学

特性，采用 20×10 单元的模型，如图 3-12(a)所示。同时，对同样大小的固体金属块(铝)也进行了相同的声-固耦合模拟，仿真结果如图 3-12(c)～(f)所示。如图 3-12(c)所示，在 20 kHz 时，类水 PM 模型的声场图中没有观察到明显的散射，设

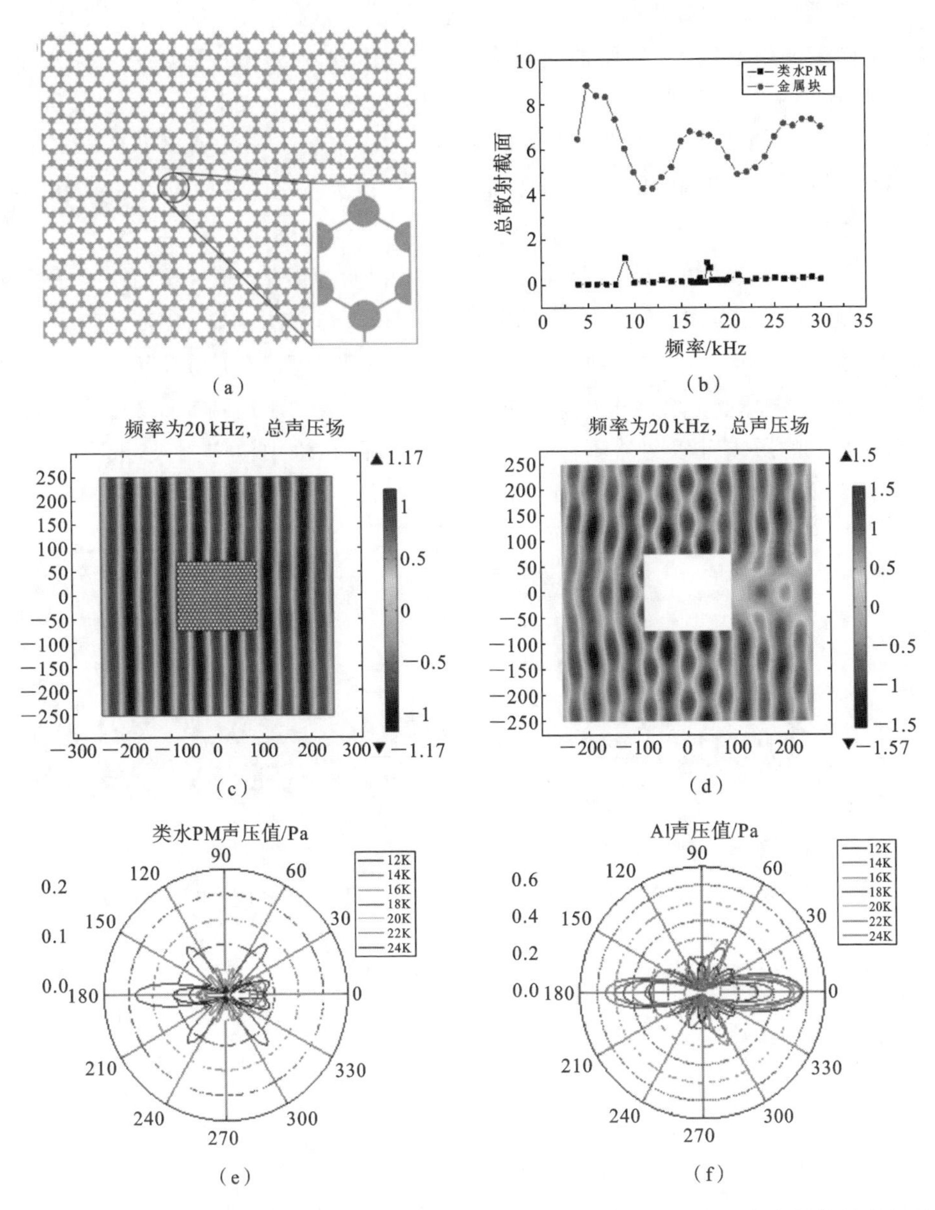

图 3-12　(a) PM 微观结构，右下方为单个单元放大图；(b) 类水 PM 和固体金属块的总散射截面(TSCS)比较；(c) 类水 PM 声场图；(d) 相同尺寸固体金属块声场图；(e) 类水 PM 声压值；(f) 固体金属块的声压值。(c)(d)中横纵坐标分别为 x、y 位置坐标，(e)(f)为角度坐标。

计的类水 PM 模型具有与水相同的声学特性，具有较低的散射声压和小的总散射截面(TSCS)，并且在非常宽的频率范围内有效，远场声压也很低(计算声压时设 $r=1000$ mm)。在图 3-12(f)中，当频率在 12～24 kHz 范围内时，远场声压在所有频率下都低于 0.2 Pa。固体金属块对声场有较强的散射效应，如图 3-12(d)和(f)所示，远场声压随着频率的增加而增大，最小值达到 0.35 Pa，远远大于类水 PM 的最小值。图 3-12(b)是类水 PM 与固体金属块的 TSCS 对比图。除了几个由于共振散射引起的较大值外，类水 PM 的 TSCS 均小于 0.3，平均值仅为 0.22。固体金属块的 TSCS 比类水 PM 高一个数量级，最小值为 4.25，平均值为 6.3，仿真结果如图3-12所示。

为了验证所设计的类水 PM 是否具有与水相同的声学特性，我们制备了样品进行声学实验。图 3-13 所示样品采用 WEDM-LS、Sodick AQ400Ls 制备。样品加工精度为 0.005 mm，基材为钛合金 TC4，尺寸为 305.66 mm×264.71 mm×50.00 mm。样品上下表面采用聚氨酯密封，声波传输性能达到 99%以上，聚氨酯对实验结果的影响可以忽略不计。在实验前，样品在水中浸泡两天，取出后烘干称重。浸泡前后重量无变化，密封性好，不渗水。

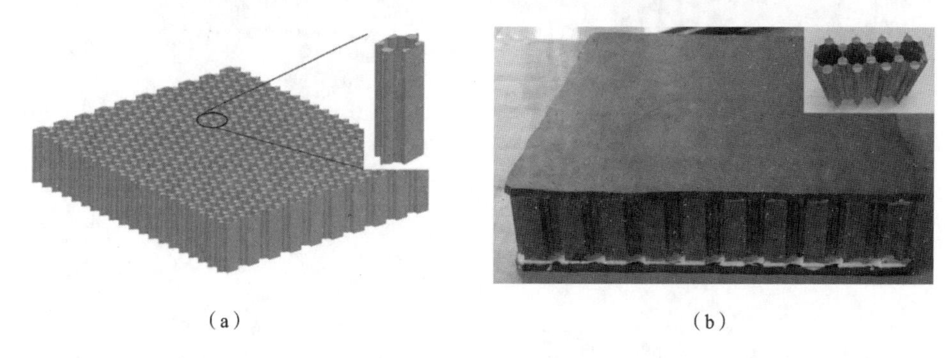

(a)　　(b)

图 3-13　类水 PM 样品(a)设计的 3D 模型；(b)右上方 4 个放大单元的测试样品。

实验在 35 m×15 m×10 m 的消声池中进行，原理如图 3-14 所示。实验中采用 B&K 声学测试系统，在 3～9 kHz 范围内测量了背景场、类水 PM 样品和铝块的声目标强度(TS)。声目标强度(TS)是声呐目标反射系数的度量，通常用负分贝数(dB)来量化。TS 的定义为

$$\mathrm{TS}=20\times\lg\left|\frac{P_{\mathrm{r}}}{P_{\mathrm{i}}}\right|_{r=1}=10\times\lg\left|\frac{I_{\mathrm{r}}}{I_{\mathrm{i}}}\right|_{r=1} \tag{3-21}$$

式中：I_{i} 为入射平面波的强度；I_{r} 为距目标中心 1 m 处反射波的强度；P_{i} 为入射平面波声压；P_{r} 为反射波声压。

图 3-15 所示的实验结果表明，TS 有明显增大的趋势，金属块表现出很强的散射，TS 的均值比背景场高约 14.7 dB。类水 PM 样品的 TS 均值仅比背景场的

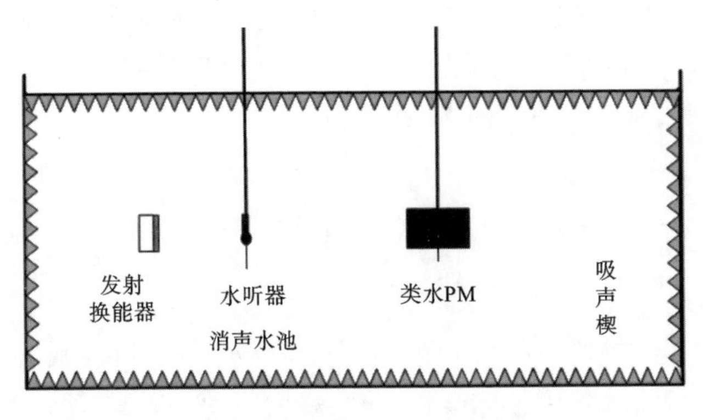

图 3-14 消声池实验示意图

TS 均值高 5.7 dB,远低于金属块的 TS 均值。类水 PM 样品的 TS 均值略高于背景场的 TS 均值,这可能是样品的处理误差引起的。

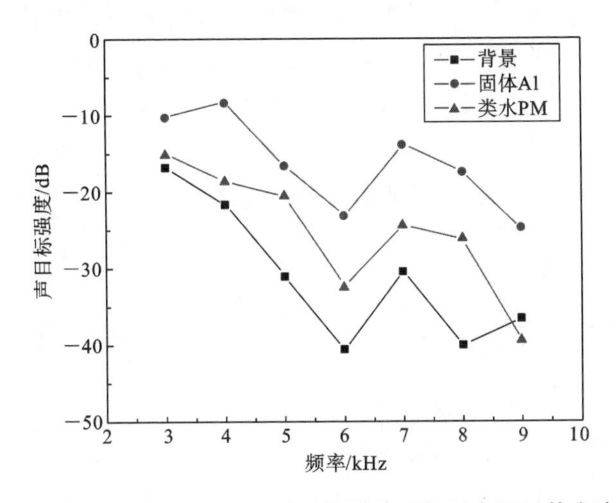

图 3-15 背景场、类水 PM 样品和金属块声目标强度(TS)的实验结果

声学模拟和实验结果表明,所设计的类水 PM 在较宽的频率范围内具有与水相同的声学特性,表明微结构设计方法是有效的。与基于共振设计的微结构不同,类水 PM 的频率范围没有限制。理论上,当入射波的波长足够大(一个波长内至少有 6 个单元)时,具有微观结构的样品可视为均质材料,类水 PM 具有与水相同的声学特性。

本节利用数值均匀化理论对类水 PM 材料的微观结构进行了设计,对所设计的微观结构进行了带结构和声-结构耦合模拟。模拟结果表明,钛基类水 PM 的力学和声学性能与水相似。在模拟频率范围内,类水 PM 的 TSCS 为 0.22,而相同尺寸的金属块的 TSCS 为 6.3,类水 PM 的 TSCS 比金属块小一个数量级。实验结果表明,类水 PM 的平均声目标强度仅比背景场高 5.7 dB,而固体金属块的平均声目标强度比背景场高 14.7 dB。实验结果表明，所设计的类水 PM 样品的声学特性与水相似，验证了设计方法的有效性。本节研究结果为超材料声学器件的设计、仿真和制作提供了有效的支持。

3.3　宽频多相 PM 的设计与仿真

本节提出了双相和三相 PM 结构，利用 COMSOL Multiphysics 软件对其声学特性进行了研究。本节的研究结果将拓宽 PM 的可实现性能范围，为具有特殊声学性能的声学器件的微观结构设计提供新的途径。

PM 微观结构的单元如图 3-16(a)所示。微观结构用以下参数描述：

$$\boldsymbol{X}=[H \quad L \quad \theta \quad R_1 \quad R_2 \quad t_H \quad t_L \quad t_t] \tag{3-22}$$

图 3-16(a)中提出的三相 PM 微观结构是一种基本微结构配置。基体材料一般选用金属合金，为单元结构提供刚度。第二相材料通常选用高分子材料，作为互连相。第三相材料选用高密度低模量材料，为单元结构提供所需的平衡重量。基于这种三相配置，我们可以推导出四种不同的 PM 配置。如果不考虑聚合物材料和平衡材料，则对应单相 PM，基本微观结构为图 3-16(b)所示的 MW1。如果不考虑平衡材料，则对应双相 PM，构型将转化为图 3-16 (b)所示的 MW2 和 MW3。

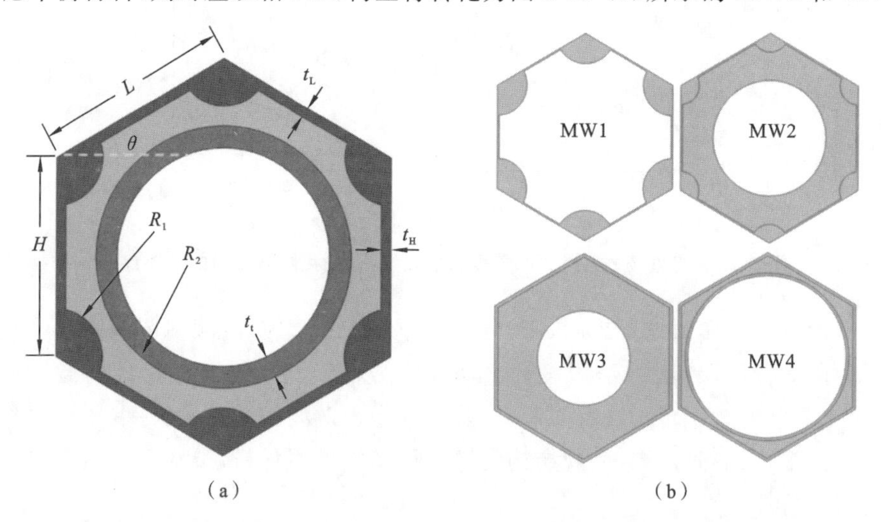

图 3-16　(a) 二维三相 PM 微观结构示意图，单胞由三种材料组成，即基体材料、作为互连相的第二种材料和用于平衡重量的第三种材料，单胞几何特征为竖直支板长度 H、两个倾斜支板长度 L、角 θ、互连圆半径 R_1、竖直支板厚度 t_H、倾斜支板厚度 t_L、第二相内半径 R_2、第三相厚度 t_t；(b) 四种不同的 PM 配置，即单相(MW1)、双相(MW2 和 MW3)和三相(MW4)。

MW2 和 MW3 的不同之处在于，MW3 的基材只有一个支柱，制造更方便。MW4 有金属合金、高分子材料和平衡材料三种材料，其中平衡材料以环的形式出现在单元格的中心。

我们采用均匀化理论计算了周期结构的有效模量。微观结构的基体材料是钛合金（$E=108$ GPa，$\nu=0.34$，$\rho=4500\ \text{kg/m}^3$），互连相材料是尼龙（$E=1$ GPa，$\nu=0.4$，$\rho=1000\ \text{kg/m}^3$），平衡材料是铅（$E=16$ GPa，$\nu=0.42$，$\rho=11300\ \text{kg/m}^3$）。基于数值均匀化理论，可通过优化得到理想的数值，该方法在作者团队之前的一项研究中有描述。

为了便于验证该 PM 超材料的声学性能，我们将优化对象设置为水的性能。在优化中固定的参数为：$H=L=5$ mm，$\theta=30°$，$t_H=t_L$。具体结构参数如表 3-2 所示。各 PM 超材料的等效模量矩阵和等效密度参见式(3-23)和表 3-2。计算表明，该微观结构的有效密度和等效模量矩阵与水的等效密度和等效模量矩阵非常接近。

$$
\begin{aligned}
&\boldsymbol{E}_1^{\text{eff}}=\begin{pmatrix}2.3154 & 2.2490 & 0\\ 2.2490 & 2.3211 & 0\\ 0 & 0 & 0.0349\end{pmatrix}\text{GPa}, \quad \boldsymbol{E}_2^{\text{eff}}=\begin{pmatrix}2.3616 & 2.2513 & 0\\ 2.2513 & 2.3732 & 0\\ 0 & 0 & 0.159\end{pmatrix}\text{GPa},\\
&\rho_1^{\text{eff}}=1005.7\ \text{kg/m}^3 \qquad\qquad \rho_2^{\text{eff}}=996.5\ \text{kg/m}^3\\
&\boldsymbol{E}_3^{\text{eff}}=\begin{pmatrix}2.3444 & 2.2506 & 0\\ 2.2506 & 2.3563 & 0\\ 0 & 0 & 0.0337\end{pmatrix}\text{GPa}, \quad \boldsymbol{E}_4^{\text{eff}}=\begin{pmatrix}2.3027 & 2.2513 & 0\\ 2.2513 & 2.3143 & 0\\ 0 & 0 & 0.0288\end{pmatrix}\text{GPa}\\
&\rho_3^{\text{eff}}=996.4\ \text{kg/m}^3 \qquad\qquad \rho_4^{\text{eff}}=1000.4\ \text{kg/m}^3
\end{aligned}
\tag{3-23}
$$

表 3-2　PM 的结构参数（$H=L=5$ mm，$\theta=30°$，$t_H=t_L$）

类别	t_L /mm	R_1 /mm	R_2 /mm	t_t /mm	C_L /(m/s)	C_T /(m/s)	C_{LD} /(m/s)	C_{TD} /(m/s)
MW1	0.17	1.465	/	/	1518	151	1501	165
MW2	0.17	0.9	2.75	/	1536	400	1501	416
MW3	0.15	/	1.6	/	1527	184	1501	196
MW4	0.265	/	4	0.131	1517	170	1499	177

对于连续介质力学中的各向同性介质，压缩波和横波的相速度分别为

$$
c_B\approx\sqrt{\frac{E_{11}}{\rho^{\text{eff}}}},\quad c_G=\sqrt{\frac{E_{66}}{\rho^{\text{eff}}}} \tag{3-24}
$$

由式(3-24)可推导出设计的 PM 结构纵波速度（C_L）和横波速度（C_T），如表

3-2 所示。四种 PM 的色散曲线如图 3-17 所示。色散曲线揭示了频率(ω)与波矢(k)之间的关系，从斜率可以推导出不同振动模式或波对应的相速度($c=\omega/k$)。在长波条件($k\approx0$)下，我们计算了色散曲线 1(横波 TA)和色散曲线 2(纵波 LA)的斜率，得到各 PM 的 LA 和 TA 的速度 C_{LD} 和 C_{TD}，如表 3-2 所示。与用微观结构的有效模量和密度计算的波速相比，这一差异可以忽略不计。色散曲线的分析也表明，所设计的微波的声学特性在较宽的频率范围内类似于水。

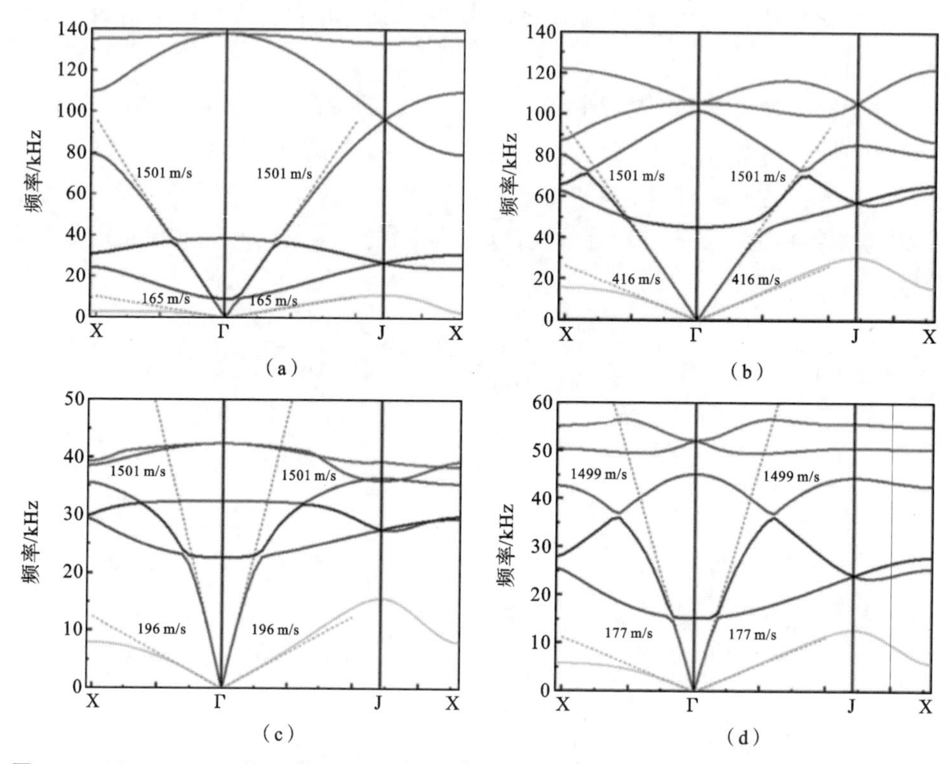

图 3-17 MW1～MW4 的 PM 微观结构色散曲线：(a) MW1；(b) MW2；(c) MW3；(d) MW4。

对于阻抗匹配装置的设计，有 $\kappa\rho=1$(相对于水的 $\rho=1$)的要求，其中 κ 和 ρ 是单胞的等效体积模量和等效密度。可以看出，κ 和 ρ 会限制另一个变量的设计。我们对比了三种常用的单相 PM 组织结构与多相 PM 组织结构，结果如图 3-18(a)所示。受当前加工能力和精度的限制，假定微观结构的最小厚度为 0.15 mm。取微观结构长度 $H=L=5$ mm，基材为钛合金，四种不同 PM 单元微观结构的可设计密度范围如图 3-18(b)所示。当单位单元中只有支板时，单位单元的等效密度最小，此时单位单元的等效体积模量最大。因此，所有 PM 的设计密度的下限为 0.5534(相对于水的密度)。可以看出，前三种单相 PM 微观结构(A1～A3)的设计密度上限分别为 1.067、1.312 和 2.018。而多相 PM 组织(A4)的设计密度上限为 4.387，有效密度范围扩大了 100%以上。

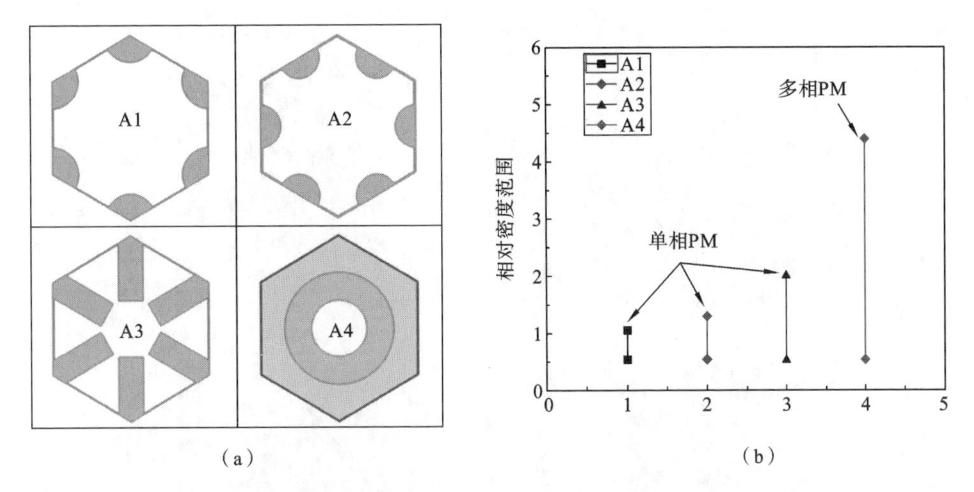

图 3-18　(a)以钛合金为基材的四种不同 PM 微观结构的说明和(b)它们的可设计密度范围。

我们利用 COMSOL Multiphysics 软件对设计的 PM 微观结构的声学特性进行了研究。采用 20× 10 单元的模型进行仿真，仿真结果如图 3-19(a)(b)所示。对于 MW1～MW4，在 20 kHz 以下的声场图中没有观察到明显的散射，在 20 kHz 以上，散射略有增加。设计的 PM 微观结构的 TSCS 如图 3-19(c)所示，在 20 kHz

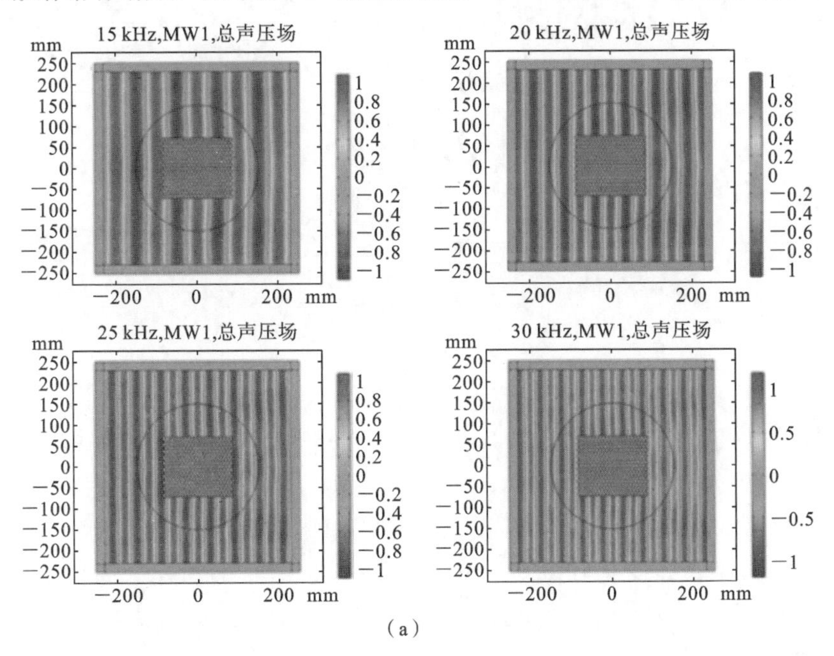

图 3-19　设计的超材料 MW1(a)和 MW4(b)在 15 kHz、20 kHz、25 kHz 和 30 kHz 处的声场图；(c) MW1～MW4 的 TSCS 比较；(d) MW1 和 MW1-0.2 mm 固体金属块 TSCS 比较。

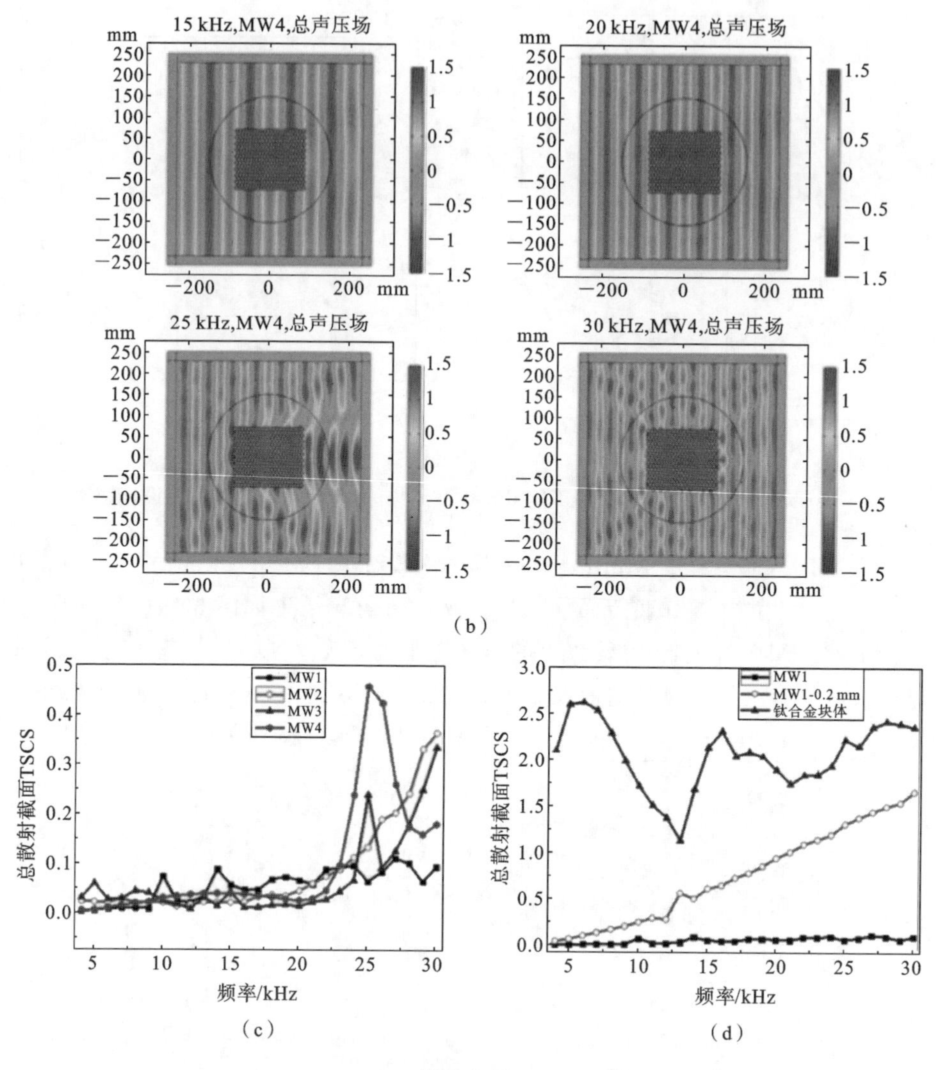

续图 3-19

以下 TSCS 均不大于 0.1，而在 20 kHz 以上 TSCS 逐渐增大。MW1～MW4 的 TSCS 平均值分别为 0.055、0.082、0.067 和 0.093。为了进行对比，我们对相同尺寸的固体金属块（钛合金）进行相同的声-固耦合模拟，MW1 的 TSCS 略有变化（支撑厚度从 0.17 mm 变化到 0.2 mm），结果如图 3-19(d)所示。固体金属块的 TSCS 比 MW1、MW2 高约 2 个数量级，最小值为 1.13，平均值为 2.05。小于 20%的支柱厚度的轻微变化会导致模型声学特性的显著变化，如图 3-19(d)所示。修正模型（MW1-0.2 mm）的 TSCS 在 0～1.7 之间呈线性增加，平均值为 0.76。

本节研究还采用远场声压级对不同频率下的散射效应进行定量分析，如图

3-20 所示。对于 MW1～MW4,远场声压非常小(计算声压时设 $r=10000$ mm)。从图 3-20(a)～(c)可以看出,钛合金块体和 MW1-0.2 mm 模型的远场声压基本相同,特别是在较高的频率下,而 MW1～MW4 模型的远场声压仅为钛合金块体的 1/3 左右。仿真结果表明,设计的 PM 具有与水相同的声学特性,具有较低的散射声压和 TSCS,在较宽的频率范围内有效。

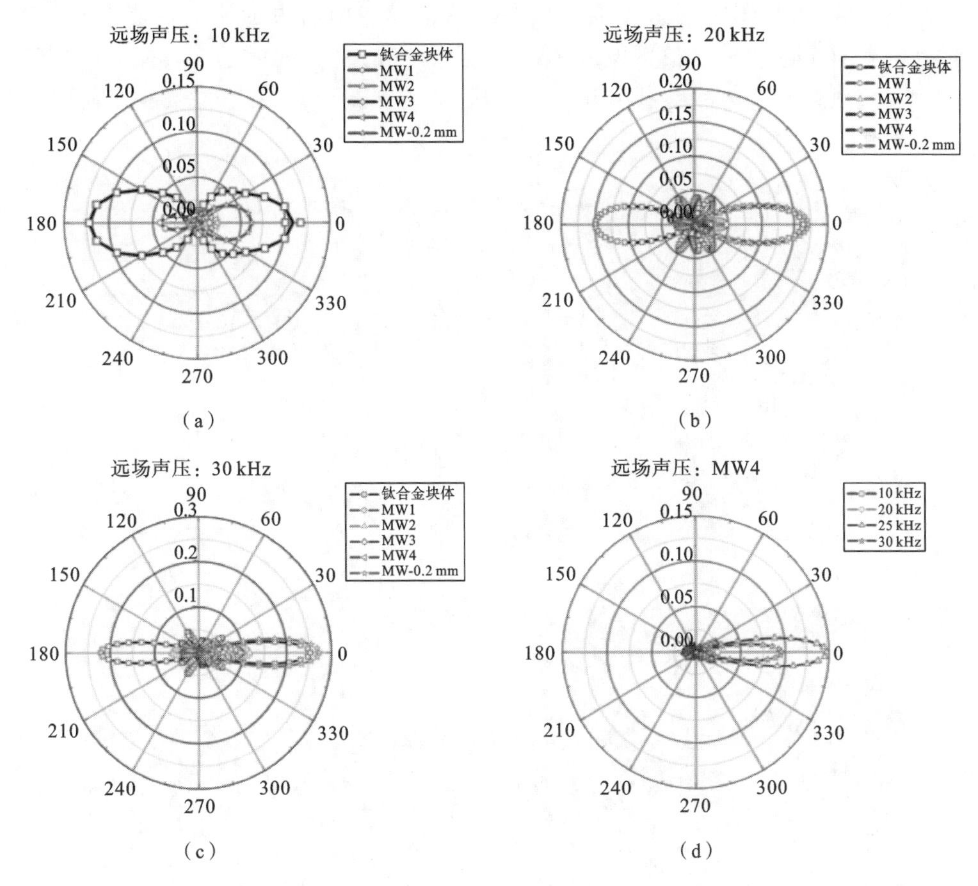

图 3-20 设计的超材料和固体金属块在不同频率(a) 10 kHz、(b) 20 kHz、(c) 30 kHz 下的远场声压;(d) MW4 在不同频率下的远场声压。

本节提出的 PM 微观结构 MW1 是作者在以前的工作中设计和制作的。实验结果表明,所设计的 PM 可在较宽的频率范围内模拟水的声学特性。MW1～MW4 在 4～20 kHz 频率范围内的平均 TSCS 分别为 0.03563、0.02444、0.02583、0.02523。可以看出,MW2、MW4 多相 PM 的 TSCS 比 MW1(单相 PM)更小,这说明 MW2、MW4 在低频范围内的声学性能优于 MW1。

远场声压随频率的增加逐渐增大,但 MW4 在 25 kHz 的频率处出现了一个突变,如图 3-20(d)所示,这也出现在 TSCS 的计算中。这一现象可以用振动模态来解释。在作者团队之前的一项研究中，已经阐述了声波传播的纵波模式、弯曲模式和旋转模式。如果纵波模式占主导地位，PM 将表现出与流体相同的声学特性。作者团队还在全波模拟中计算了 PM 内部的总位移场，如图 3-21 所示。如图 3-21(a)和(b)所示，所有 MW 结构在 20 kHz 以下沿波传播方向呈现出规则的平移运动条纹，因此 TSCS 和远场声压值非常小。如图 3-21(c)和(d)所示，随着频率的增加，弯曲模态和旋转模态在振动模态中所占的比例可能增加，因此散射更加明显，TSCS 值迅速增大。如图 3-19(b)、图 3-19(c)和图 3-20(d)所示，在某些频率下，可能会产生共振，散射效应会非常强烈，导致 TSCS 和远场声压突然升高。

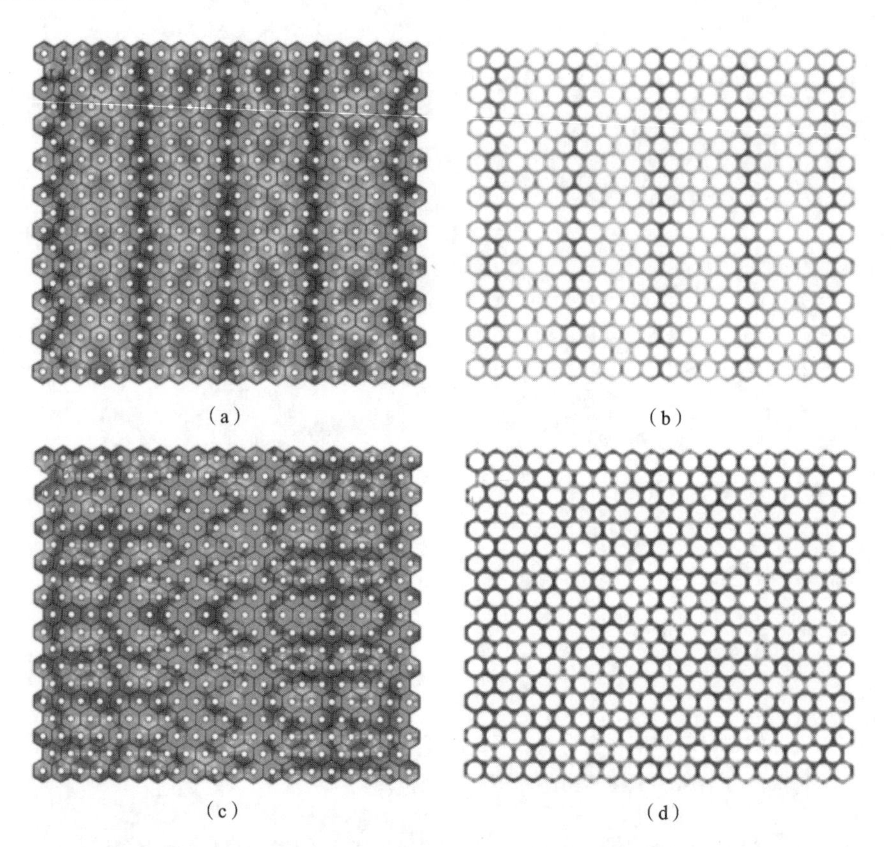

图 3-21　不同频率下 PM 内部的总位移场：(a) 20 kHz(MW3)；(b) 20 kHz(MW4)；(c) 30 kHz(MW3)；(d) 25 kHz(MW4)。

同时，支撑的展弦比(定义为$(L-2R_1)/t_L$)越大，越容易发生弯曲模态。本节提出的 MW2～MW4 的双相和三相 PM 的展弦比分别为 18.88、33.33 和18.87，远远大于先前研究中提出的单相 PM 的展弦比(13.3～14.1)。但双相和三相 PM 的声学性能要好得多。部分单相 PM 在 5 kHz 以下以旋转振动模态和弯曲振动模态为主，5 kHz 低频时 TSCS 值大于 1.00，即使在较低的频率下也表现出较强的散射效应。在此基础上，我们提出在 PM 结构中加入第二或第三相材料，这有利于抑制弯曲和旋转模态，从而拓宽 PM 的有效范围。

综上所述，我们设计了四种具有单相、双相和三相的 PM 微观结构，并研究了它们的力学和声学性能。数值计算表明，所有结构具有相同的纵波速度和水密度，但不同结构的横波速度不同。与三种常用的单相 PM 结构相比，多相 PM 微观结构将有效密度范围扩大到 100%以上。在模拟频率范围内，声结构耦合模拟结果表明，除了某些共振频率外，水中声散射大部分非常微弱。五模微观结构的 TSCS 比钛合金块小约两个数量级，而远场声压仅为钛合金块的 1/3 左右。全波模拟结果表明，结构中的第二相和第三相材料可以有效抑制 PM 的弯曲和旋转模态。由此，本节研究证明了多相 PM 的效能和宽频带特性。

3.4　一种新型宽频多相 PM 实验验证

3.4.1　引言

等效弹性模量 κ_{equ} 和等效密度 ρ_{equ} 是 PM 声学超材料的两个关键参数。单位单元的等效密度 ρ_{equ} 由单位单元的几何形状和材料计算，而等效弹性模量 κ_{equ} 通常由色散曲线或均质化理论推导。近年来，许多研究者开展了基于遗传算法的优化方法的逆设计策略研究。带有附加重量的蜂窝单元是 PM 单位单元采用最多的一种，其中单位单元的支柱提供所需的模量 κ_{equ}，附加重量提供所需密度 ρ_{equ} 的平衡重量。在单相 PM 结构中，附加重量直接连接到支柱上，因此它们之间的耦合效应会严重限制可用的制造技术和可实现的 PM 器件等效物理参数。对于报道的水下 PM 装置，附加重量位于连接支柱的连接处或支柱的中间。因此，基于单一材料的 PM 器件是具有变化的六边形点阵微结构的梯度结构，这使得它们只能通过从一块刚性板（通常是金属）上切割六边形空心微结构来制作，可用的制造技术非常有限，目前仅报道了用于 PM 器件制造的 WEDM-LS 和水射流切割。PM 点阵结构的特点和对高加工精度的要求使其制造过程非常昂贵和耗时。此外，支柱与附加重量之间的耦合效应也增加了单元设计的难度，严重限制了 PM 的可实现性能范围。由于附加重量与支板直接相连，因此附加重量对等效模量也有重要贡献。例如，等效弹性模量 $\kappa_{equ}=10$（相对于水的体积模量，$\kappa_0=2.25$ GPa）和等效密度 $\rho_{equ}=0.1$（相对于水的密度，$\rho_0=1000$ kg/m^3）的单个单元对于任何以钛合金为基体材料的单相 PM 都是不可取的。在进行设计制造时，由于设备的限制，可用的参数设计空间将进一步受到限制。以作者在之前的研究中提出的 PM 超表面为例，基体材料采用铝合金，为保证加工精度，首选支撑宽度最小为 0.3 mm，发现只有等效模量在 $0.62\kappa_0 \sim 1.96\kappa_0$ 范围内的单个单元才是可行的。这也限制了 PM 超表面的最大长度(692.5 mm)。

本节针对前面提出的新的多相 PM 结构，该结构可以使支撑杆与附加重量解耦，用 COMSOL Multiphysics 软件研究了它们的声学特性；根据仿真结果制作了样品，验证了其声学性能，并与传统结构进行了比较；并从设计空间、制造成本和工业应用等方面阐述了新设计的优点。本节的研究结果将拓宽 PM 的可实现性能范围，为具有特殊声学性能的声学器件的设计提供新的途径。

3.4.2　多相 PM 器件的实验结果

单相 PM 器件的有效性已被许多研究证实。为了验证所提方法的准确性，作者制作了一个类水三相 PM，如图 3-22 所示。模拟模型采用 5×35 单元，尺寸为 265.5 mm×43.8 mm×200 mm(高)。单元格参数如表 3-2 中 MW1 和 MW4 所示，其中 $L=H=5$ mm，$t_H=t_L=0.265$ mm，$R=4$ mm，$t_t=0.131$ mm。单相 PM 器件采用 MW1 参数，多相 PM 器件采用 MW4 参数。三相类水 PM 样品由三部分组成：由钛合金(TC4 或 Ti-6Al-4V)制成的金属点阵结构、薄壁铅管(向外半径为 4 mm，厚度为 0.13 mm)，以及连接铅管与金属点阵结构的高分子材料。本研究采用 DgJuli JL-109 聚合物材料作为互连聚合物材料，其力学性能分别为 $E=1.031$ GPa，$\nu=0.42$ 和 $\rho=989.2\ \text{kg/m}^3$。金属点阵结构采用 3D 增材制造技术(SLM，加工精度 0.02 mm)制备，如图 3-22(a)所示。单元格厚度为 0.265 mm，样品加工精度为 0.02 mm。铅管如图 3-22(b)所示，用 173 根铅管制备三相 PM 样品。最终的三相类水 PM 样品如图 3-22(c)所示，其尺寸为 266.4 mm×43.9 mm

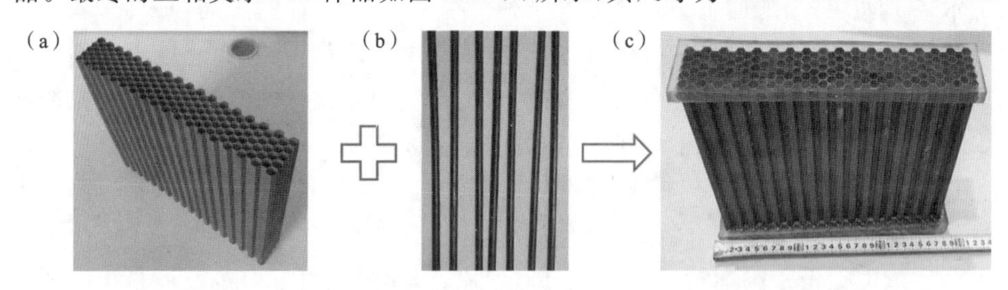

图 3-22　作者制作的三相材料：(a) 加工精度为 0.005 mm 的钛合金板冲压成形金属晶格结构；(b) 向外半径为 4 mm、厚度为 0.13 mm 的薄壁铅管；(c) 最终的三相 PM 样品。

×2002 mm(高)。样品上下表面采用聚氨酯密封,声波传输性能达到 99%以上。因此,聚氨酯对实验结果的影响可以忽略不计。在实验之前,PM 样品在水中浸泡两天,晾干,取出后称重。浸泡前后重量无变化,密封性好,不渗水。

实验在 50 m×15 m×10 m 的消声池中进行,示意图如图 3-23 所示。水听器(Hydrophone 8103,B&K)设置在靠近 PZT 的地方,目标设置在距离水听器 1 m 的地方。实验采用的是 B&K 声学测试系统(3560 型,B&K)。为了测试所研制的永磁材料的宽频效率,球形换能器在中心频率 $f_c = 17$ kHz、$d_f = 3$ kHz 的调制高斯脉冲信号 $\cos(2\pi f_c t) \times \exp[-4\pi(d_f)^2 t^2]$的激励下工作。高斯脉冲有近 5 个周期的半幅持续时间,为 2.2 ms,傅里叶变换的半幅带宽约为 6 kHz。压电换能器由 B&K 声学测试系统产生的高斯脉冲信号激励。然后,利用水听器收集压力信号,并传输到个人计算机。其他仪器包括一个数据采集(DA)卡(声学物理,PCI-2)和一个带功率放大器的定制压电换能器(C-MARK, GA500)。

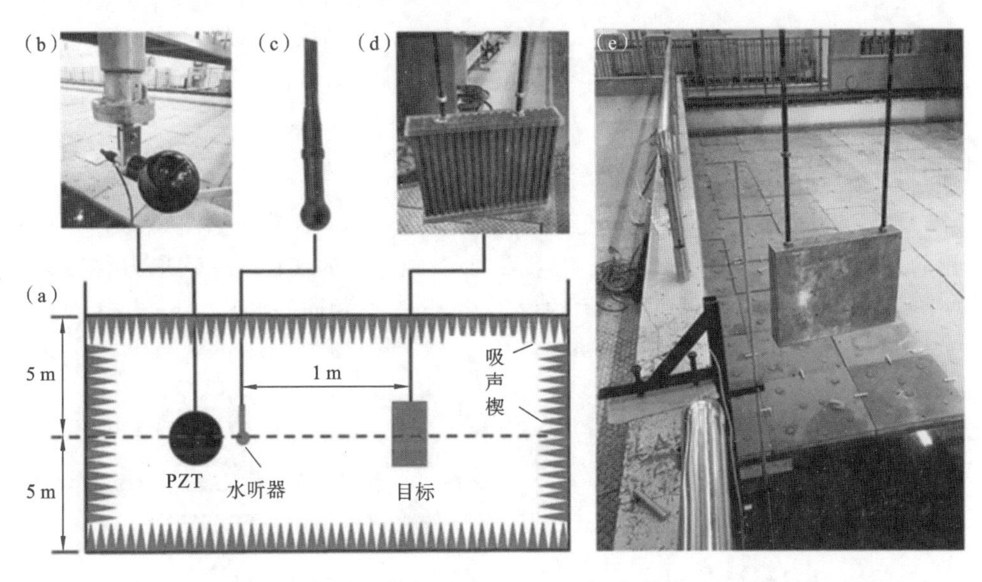

图 3-23　消声池实验原理图:(a) 消声池示意图;(b) 用于发射信号的 PZT;(c) 水听器(Hydrophone 8103,B&K)接收信号;(d) 类水三相 PM;(e) 消声池实验现场。

水听器接收到的典型时域信号如图 3-24(a)所示,其中数据对应三种场景:背景场、三相类水 PM 和铁块。结果表明,入射波相互重合良好,而黑色块体的散射波要比其他两种散射波大得多,类水三相 PM 的散射波与背景场(周围环境)的散射波几乎没有区别。从提取的时域信号可以推导出样品的声目标强度,如图 3-24(b)所示。可观察到铁块具有很强的散射性,其 TS 均值比类水三相 PM 高约 11.97 dB。

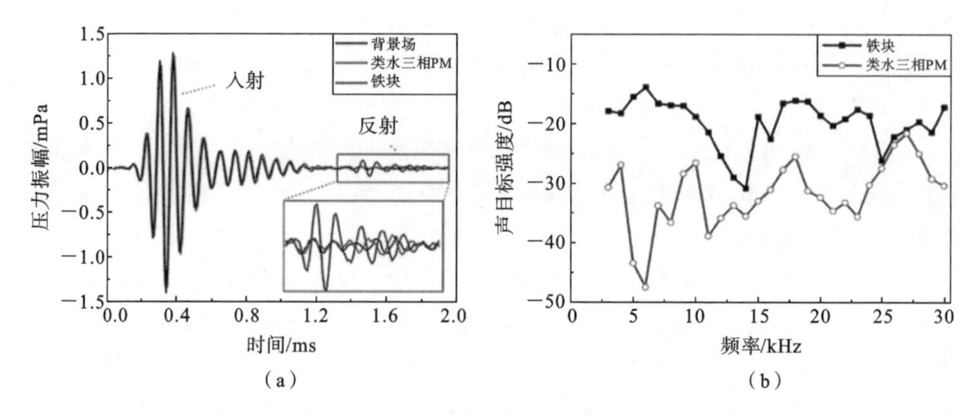

图 3-24 样品的实验结果:(a)在 13 kHz 提取的典型时域信号,其中有三种场景(背景场、三相类水 PM、铁块)的入射波和散射波;(b) 类水三相 PM 样品和铁块的 TS 的实验结果。

3.4.3 多相配置的优势

1. 承受静水压力的优点

在静水压力为 5 MPa 的情况下,两种 PM 器件的应力分布如图 3-25 所示(采用的最大网格尺寸为 0.1 mm)。结果表明,三相 PM 的线性化平均应力约为 117 MPa,单相 PM 的线性化平均应力约为 224 MPa。在相同静水压力下,多相 PM 的

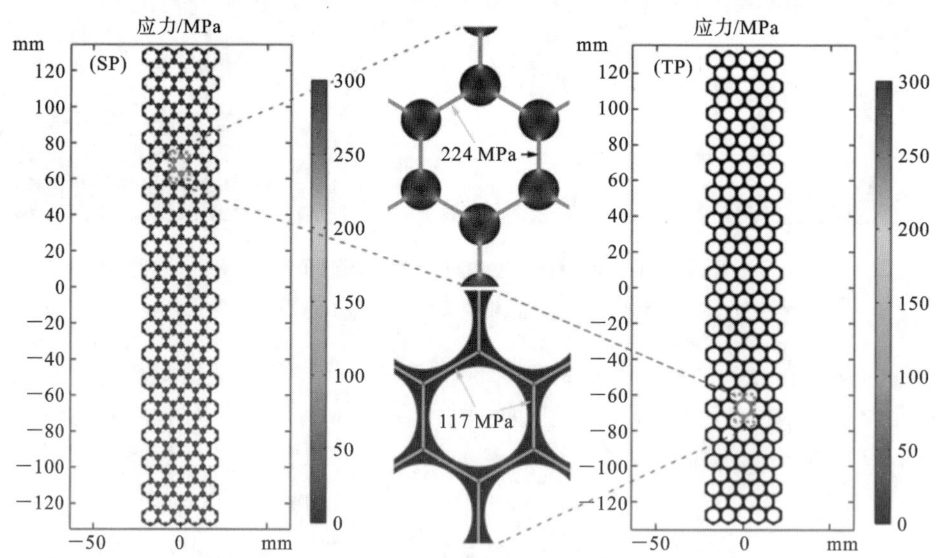

图 3-25 在静水压力为 5 MPa 时类水 PM 的应力分布

注:SP 指单相类水 PM,TP 指三相类水 PM。

应力分布更加均匀,支撑的平均应力更小。这意味着对于具有相同功能的声学PM器件,采用多相PM设计的器件可以承受更高的静水压力。

2. 样品制作的优点

作为比较,本节还介绍了作者在以往工作中制备的单相类水PM。采用电火花加工技术(WEDM-LS, TC4)制备的试样如图3-26(a)所示,采用金属增材制造技术(SLM, TC4)制备的试样如图3-26(b)所示。

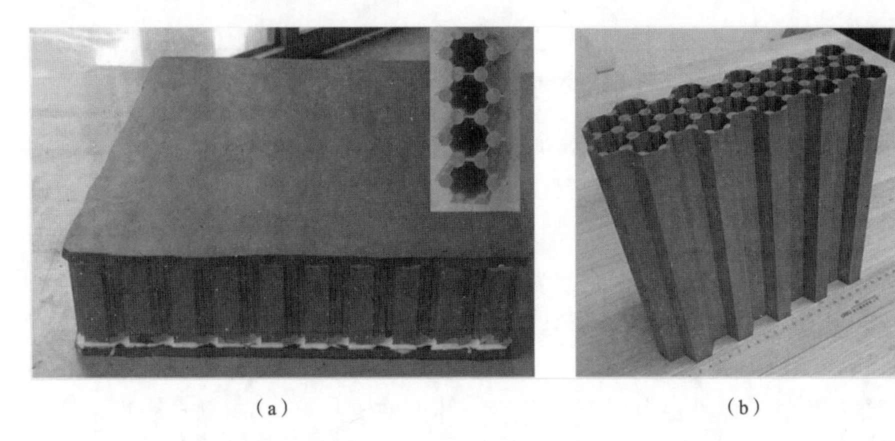

(a) (b)

图3-26 作者制备的单相类水PM:(a) 2015年用电火花加工技术(WEDM-LS)制备的单相类水PM;(b) 2018年用金属增材制造技术(SLM)制备的单相类水PM。

多相PM可以显著降低制造成本和工期,如表3-3所示。金属网格结构的制造将占用PM声学器件制造的大部分成本和施工周期。在早期的研究中,减材制造技术如WEDM-LS或水射流切割被广泛用于PM器件的制造,网格结构由整个大块切割而成。因此,PM器件的尺寸受到设备的严格限制。采用WEDM-LS技术制造的PM器件高度一般小于100mm,而采用水射流切割技术制造的PM器件高度一般不超过5 mm。此外,传统方法的制造成本高、持续时间长。以图3-26(a)所示的类水PM器件为例,该器件是作者于2015年采用WEDM-LS技术制作的,其尺寸、制作成本和工期如表3-3(样品1)所示。目前,在PM器件的制造过程中引入了增材制造技术。图3-26(b)所示的样品是作者在2018年用SLM技术制造的单相类水PM,其高度高达275.10 mm。但由于设备的限制,支架的最小厚度为0.5 mm,加工精度较低(0.05~0.2 mm)。如之前的研究所示,低于20%的支柱厚度的轻微变化就会导致模型声学特性发生显著变化。这种单相PM的相关信息如表3-3(样品2)所示。可以看到,加工时间大大缩短,但是制造成本略有增加。本节研究制备的三相类水PM的信息如表3-3中样品3所示。结果表明,该技术的成本和持续时间均明显降低,成本不到常规技术的20%,持续时间仅为常规技术的1/15。与单相永磁相比,三相类水PM的成本和工期降低主要是由于

SLM 增材制造技术所需的材料减少。

表 3-3 三种不同工艺制备类水 PM 样品的成本和时间比较

样品	尺寸/mm (长×宽×高)	最小厚度 /mm	加工精度 /mm	时间 /天	成本 /元
1(WEDM-LS, 2015)	305.70×264.70×50.00	0.30	0.01	30	50000
2(SLM, SP, 2018)	221.30×76.80×275.10	0.50	0.05～0.2	7	62500
3(SLM, TP, 2021)	265.50×43.80×200.00	0.265	0.02	<2*	9800

* SLM 加工 18 h,退火 5 h,零件组装 3 h。

3. 可扩大等效物性参数调控范围的优点

多相 PM 将扩大等效物理特性(如模量和密度)的可实现范围。PM 常用于需要与水阻抗匹配的水声装置中。假设 κ_{equ} 和 ρ_{equ} 是等效模量和等效密度,即 $\kappa_{equ}\rho_{equ}=1$(都是相对于水的)对于每个单元是强制性的。参数设计空间如图 3-27 所示,其中还显示了单相 PM 和三相 PM 的设计空间。我们在计算中假设了一些条件:采用钛合金(TC4)作为点阵基体,$H=L=5$ mm,假设槽的最小厚度为 0.15 mm(根据现有设施的能力提出)。当单个单元中只有支柱时,将得到最小当量密度和最大当量模量。因此,两种 PM 的可用密度的下限是 0.5534(由 ρ_0 归一化),而可用模量的上限是 1.8569(由 κ_0 归一化,其他几何参数为 $\theta=30°$, $t_H=t_L=0.55$ mm)。对于单相 PM,网格结构的节点中有附加的权值,这必然导致模量的增加。推导出的单相 PM 的模量下限为 0.9468,密度上限为 1.067(其他几何参数为 $\theta=30°$, $R_1=1.52$ mm)。而对于三相 PM,附加重量位于单个单元中心,高分子材料与

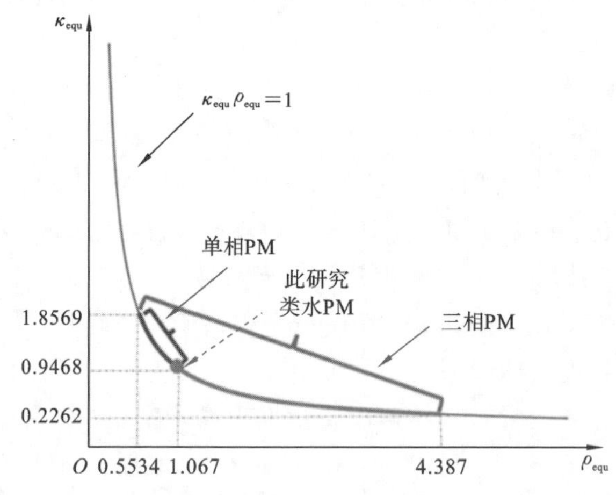

图 3-27 单相 PM 和三相 PM 的物理参数设计空间(按水的物理性能归一化)。单元微观结构的基体材料采用钛合金(TC4),$H=L=5$ mm,假设单元的最小厚度为 0.15 mm。

点阵结构结合,利用软连接材料可以减小相应的模量积分贡献。以聚合物材料(TPU)为连接材料(E=1 MPa, ν=0.48, ρ=1000 kg/m^3),推导出三相 PM 模量的下限为 0.2262,密度的上限为 4.387(其他几何参数为 θ=30°, R=3 mm, t_h=1.5 mm)。从以上计算可以看出,三相 PM 的设计空间明显大于单相 PM 的设计空间。

3.4.4　结论

综上所述,本节研究提出并验证了一种新的多相 PM 结构,其中单个单元由六边形点阵微观结构、附加重量和相互连接的材料组成。在此基础上提出了一种新型的类水三相 PM,并将其声学性能与相同尺寸的单相类水 PM 和亚铁块进行了比较。结果表明,在模拟频率范围内,PM 在水中的声散射非常微弱,PM 超材料的平均总散射截面比黑色块小约两个数量级,而 PM 超材料的远场声压仅为黑色块的 1/5 左右。实验结果还表明,三 PM 声源的平均声目标强度比铁块低 11.97 dB。在相同的静水压力下,三相 PM 的支柱线性化平均应力仅为单相 PM 的 50%左右,即对于功能相同的声学 PM 器件,多相 PM 设计的器件可以承受更高的静水压力。此外,三相 PM 的成本和持续时间均显著降低,其成本低于 20%,持续时间仅为传统技术的 1/15。三相 PM 的设计空间扩展明显大于单相 PM。

第 4 章　热学超材料

4.1　引言

在航空航天领域，为进一步提高能效，燃气轮机入口温度可以提高到 2000 K，这远远超出了目前涡轮叶片所能承受的温度。因此，迫切需要高温或耐热材料，以满足高温应用中兼具优越的力学性能和高效的散热能力的需求。然而，开发新材料既需要资源又需要时间，而且需要大量的实验室工作。相反，新颖的结构设计可以赋予现有材料特殊的性能。例如，超材料具有从天然材料中无法获得的独特性能的工程结构，由周期性排列的单胞（杆和板格结构）组成。它们被认为是多功能材料，应用范围包括轻量化部件、热交换器、能量吸收器、生物医学支架等。另外，力学超材料通常具有优异的力学性能，当与散热设计相结合时，可以实现高温应用。然而，由于庞大的设计空间和相关的复杂制造过程，要实现力学超材料的机械和热性能的结合，并对其进行创新的结构设计和成功制备往往具有挑战性。

增材制造是一种逐层制造复杂零件的新兴技术。金属增材制造工艺分为四大类，分别是黏结剂喷射、薄板层压、粉末床熔融和定向能量沉积。粉末床熔融中使用高能激光束对粉末进行选择性熔化，在粉床中成形粉末层。激光选区熔化是一种典型的粉末床熔融金属打印工艺，数字化生成二维切片，利用高能激光快速熔化金属粉末，逐层地成形切片。与传统的减材制造相比，增材制造可以制造出形状复杂、质量高、尺寸从微米到米的零件，从而解决制造难题。基于 3D 打印技术，可以制造各种功能器件。大量研究人员对点阵结构的传热性能和能量吸收性能进行了广泛的研究，如 Kagome、BCC，以及其他点阵结构。Yun 等人研究了带有垂直杆的 FCC 结构的传热和应力特性。Moon 等人提出了带有椭圆杆的 Kelvin 点阵来制作金属泡沫交换器。然而，以往的研究大多是对传热或力学性能进行单独分析，而将力学和传热性能结合的创新设计很少有报道。

创新的结构设计可以来源于自然，自然结构通常具有多功能和高效率特点。因此，受自然材料启发的仿生结构表现出优越的性能。例如，模仿竹子的仿生管相比一些金属材料（包括钢和铝）具有更高的比刚度；生物马尾能够承受侧向载荷；甲虫前翼结构具有更强的抗冲击能力。此外，白眉企鹅羽毛和多层中空皮毛结构具有良好的隔热性能。因此，基于天然生物体的点阵结构设计具有重要意义。

柚子属于芸香科植物，其皮厚为 3～20 mm，可防止阳光照射到果肉，隔绝外界温度。柚子皮由细长的、相互连接的八臂单元组成，单元间间隔很大，使薄壁组织具有典型的泡沫状外观。相互连接的八臂单元形成整齐排列的空间结构，从而实现传热和抗冲击。Fischer 等人通过整个柚子的自由落体实验证明了这种特殊组织具有良好的抗冲击能力。Zhang 等人设计了受柚子皮启发的分层蜂窝状结构，其比吸能(SEA)和等效平台应力比传统蜂窝结构分别提高了 1.5 倍和 2.5 倍，但结构类似于管状结构，难以承受另外一个方向的力。对仿生柚子皮的传热分析的研究较少。

在此，我们以柚子皮为灵感设计了仿生多面体超材料(BPM)，以达到同时高效散热和吸收能量的目的，研究了不同支撑杆结构设计和取向对 BPM 散热和能量吸收性能的影响。一些工作者研究了 $Re \leqslant 7000$ 的超材料的散热问题，但这类材料不适合制造燃气轮机。本文对 Re 较高的 BPM 的散热进行了分析；此外，还讨论了支撑杆形状对流体流动规律、力学响应的影响，揭示了具有高散热和高能量吸收性能的最佳支撑杆形状，为力学超材料的设计提供了指导。

4.2　传热模拟

本小节利用 ANSYS Fluent 软件对稳态流动的湍流特性、传热进行了分析。流体流道尺寸为 800 mm×76 mm×16 mm，用于形成稳定紊流，BPM 放置在流体流道内，其中长入口尺寸为 500 mm，短出口尺寸为 204 mm，以保证数值稳定，避免回流。本节以空气为工作介质，以湍流强度为 5%的入口速度和出口空气压力为流动边界条件，定义空气入口速度为

$$v=\frac{Re\mu_{\mathrm{f}}}{\rho_{\mathrm{f}}D_{\mathrm{h}}} \tag{4-1}$$

$$D_{\mathrm{h}}=\frac{2LW}{L+W} \tag{4-2}$$

式中：μ_{f} 为流体黏度；ρ_{f} 为流体密度；D_{h} 为水压直径；L 和 W 表示流体进口的长度和宽度；Re 为 7000～30000；进气温度设为 330 K；流道壁面和支撑杆表面恒定温度为 295 K。所有壁面都采用无滑移边界条件。采用剪切应力传输(shear stress transport，SST)k-w 模型对大流量分离进行精确预测。

利用适用于复杂几何形状的四面体单元对由商业软件 ANSYS Fluent 生成的数值域进行网格划分。近壁网格为六面体单元，无量纲壁距(y^{+})小于 1，设置 10 个膨胀层，膨胀层生长比为 1.2。为了精确计算，网格密度设计为 1400 万。

通过数值模拟得到用于判断散热性能的面积平均 Nusselt 数，用于评价压降

的无因次摩擦系数方程为

$$f=\frac{2\Delta PD_{\mathrm{h}}}{\rho l v^{2}} \tag{4-3}$$

式中：ΔP 为晶格进出口压差；ρ 为密度；l 为两压力间距离；v 为速度。

描述 BPM 传热性能的热效率指数(γ)的计算公式为

$$\gamma=\frac{Nu_{\mathrm{H}}-Nu_{0}}{(f/f_{0})^{1/3}} \tag{4-4}$$

式中：f 为摩擦系数；f_0 为初始摩擦系数；Nu_{H} 为传热量；Nu_0 为初始传热量。

在进行流固耦合仿真之前，在一个光滑的空心矩形通道中进行仿真，得到基线面积平均 Nusselt 数和摩擦系数，以验证仿真模型。

4.3 力学模拟

选用 ABAQUS 6.14 软件，采用适合准静态压缩模拟的动态显式过程进行力学响应、性能和能量吸收分析。采用 80 万三节点四面体单元(C3D4)网格，以缩短计算时间。并将上下压缩板定义为刚体，上板采用平滑分析步骤，避免强烈冲击，确保 ΔE_{I} 占 $\Delta E_{\mathrm{total}}$ 的 95%以上。

数值模拟中的塑性变形和断裂破坏分别采用 Johnson-Cook 塑性模型和 Johnson-Cook 损伤模型进行描述，计算公式为

$$\sigma_{\mathrm{s}}=(A+B\varepsilon_{\mathrm{e}}^{n})\left[1+c\ln\left(\frac{\dot{\varepsilon}^{p}}{\dot{\varepsilon}^{0}}\right)\right]\left[1-\left(\frac{T-T_{\mathrm{room}}}{T_{\mathrm{m}}-T_{\mathrm{room}}}\right)^{m}\right] \tag{4-5}$$

$$\varepsilon_{\mathrm{f}}=(D_{1}+D_{2}\exp(D_{3}\sigma^{*})^{n})\left[1+D_{4}\ln\left(\frac{\dot{\varepsilon}^{p}}{\dot{\varepsilon}^{0}}\right)\right]\left[1-D_{5}\left(\frac{T-T_{\mathrm{room}}}{T_{\mathrm{m}}-T_{\mathrm{room}}}\right)^{m}\right] \tag{4-6}$$

式中：A 是参考条件下的屈服应力；B 是应变硬化常数；c 是应变率的强化系数；n 是应变硬化系数；ε_{e} 是等效塑性应变；$\dot{\varepsilon}^{p}$ 为等效塑性应变率；$\dot{\varepsilon}^{0}$ 为参考应变率；m 为热软化系数；T_{room} 为室温；σ^{*} 为平均应力；$D_1 \sim D_5$ 为损伤模型常数，常数 D_1、D_2、D_3 与由压缩、剪切和缺口试样的拉伸实验得到的应力三轴性和破坏应变有关，常数 D_4 受应变率影响，由不同应变率下的拉伸实验获得，常数 D_5 与温度有关，由参考应变率下不同温度下的拉伸实验获得。在这项研究中。Ti-6Al-4V 的恒定参数由前人研究得到，如表 4-1 所示。所有仿真均在 Intel Xeon Gold 5218R 80 核 64G RAM CPU 上进行，ANSYS Fluent 和 ABAQUS/Explicit 仿真求解模型的计算时间分别为 6 h 和 16 h。

表 4-1 力学数值模拟中 Ti-6Al-4V 的参数

参数	A/MPa	B/MPa	n	c	m	D_1	D_2	D_3	D_4	D_5
值	1098	1092	0.93	0.014	1.1	−0.09	0.27	0.48	0.014	3.87

4.4　设计原理

图 4-1 是受柚子皮形状启发的多面体超材料的形态演化。图 4-1(a)是柚子的

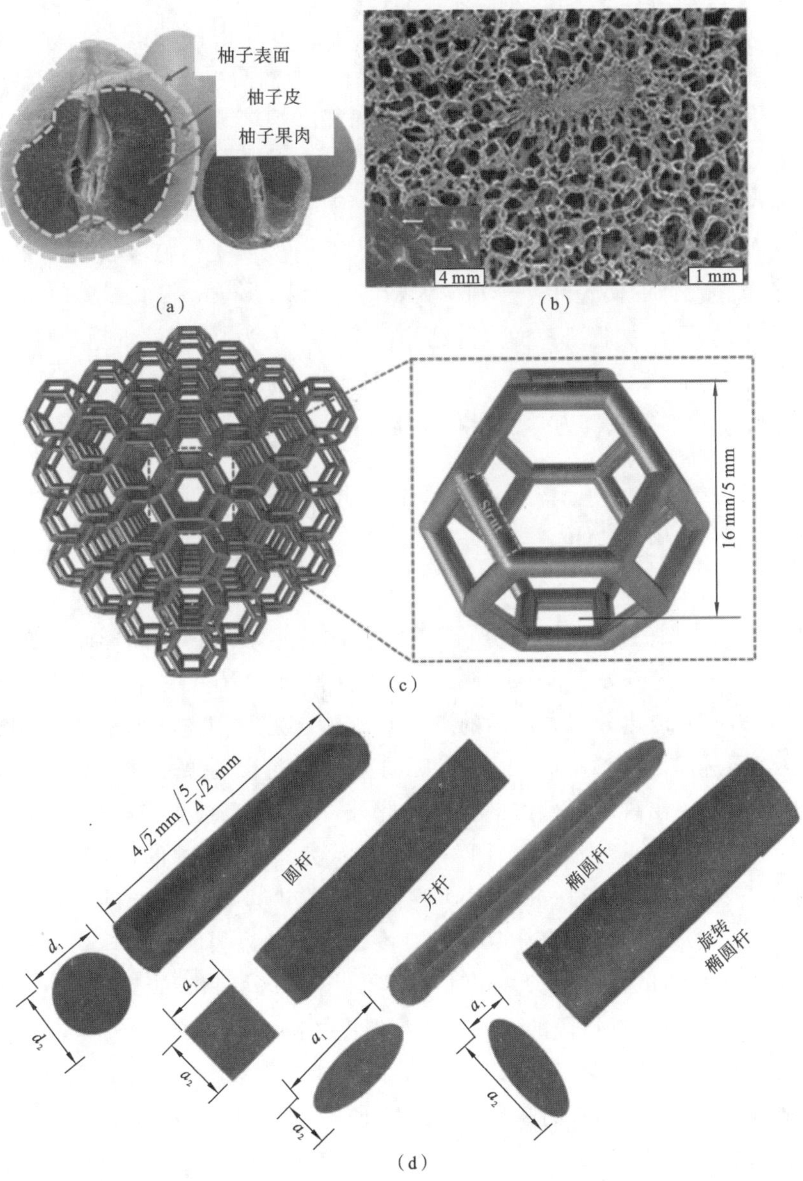

图 4-1　受柚子皮形状启发的多面体点阵结构的形态演变：(a) 自然界中的柚子；(b) 柚子皮柔性泡沫的形态；(c) 受柚子皮形状启发的多面体单胞；(d) 设计的各种截面形状的支撑杆。

自然形态,由黄色的皮质、白色的柔性泡沫和果肉组成。柔性泡沫位于皮质和果肉之间,以隔离果肉与外部环境。图 4-1(b)为柚子皮柔性泡沫形态,由实心部分和空心部分组成,其中实心部分用于散热,降低表面温度,空心部分用于储存水分,保鲜,并减轻重量,降低树枝负担。此外,柔性泡沫结构可吸收外力冲击,吸收能量。图 4-1(c)为由支撑杆组成的仿柚子皮多面体单元格,结构形成 8 个六边形孔隙和 6 个方形孔隙,支撑杆截面面积和形状控制着相对密度。6 个方孔分别位于 6 个立方表面的中心,剩余结构支撑杆位于立方体内部的方形孔隙的相邻顶点。本节提出了圆、方、椭圆三种支撑杆形状,其中椭圆支撑杆绕面心旋转 90°,可形成另一种点阵结构。它们分别被命名为圆杆结构(CSM)、方杆结构(SSM)、椭圆杆结构(ESM1)和旋转椭圆杆结构(ESM2)。在支撑杆长度固定的情况下,圆杆和椭圆杆的水平和垂直直径控制截面积,而方杆的边长控制截面积。

根据研究类型的不同,本节将 BPM 的大小分为两类。有关文献中提出了一种按一般节距设计的涡轮叶片冷却单元,其尺寸为 16 mm×16 mm×16 mm。对于传热性能的研究,文献研究的点阵结构孔隙率一般为 0.9～0.96。因此,单胞尺寸和孔隙率分别设计为 16 mm×16 mm×16 mm 和 0.92。采用 5 mm×5 mm×5 mm 的单胞尺寸来研究其力学性能和吸能性能。

4.5　传热性能

基于传热模型的仿真结果,分析 BPM 支撑杆形状对传热的影响。图 4-2(a)为 $Re=15000$ 时流道表面 Nu_H 分布。由于支撑板位置一致,3 种支撑杆形状的 BPM 具有相似的传热分布。流动的空气对流体通道与固体表面的连接区域进行挤压,空气通过前面支撑杆时,顶部表面的第二列混合效果较强,出现了 Nu_H 峰值,同时高温主流出现了强烈的热交换。此外,由于气流被支撑杆层层阻隔,下游支撑杆后方的热交换逐渐减小。图 4-2(b)所示为 4 种 BPM 的通道面 Nu_H,我们将实测流场划分为 S1、S2、…、S7 共 7 列区域。靠近进口段(S1)的传热性能相对于第二柱区(S2)较低,但远高于靠近出口段(S7)。结果表明,整个 S1 具有基本相同的 Nu_H,S7 处 Nu_H 变化较大,同时存在自由流动区域和高湍流区。近出口段的传热性能较低是由近进口段的干扰和主流温度的降低造成的。

在 4 种 BPM 中,总体 Nu_H 与 Nu_0 的比值如图 4-2(c)所示。同时,CSM 在支撑杆和通道表面具有最高的换热性能,在 $Re=7000$ 时 $Nu_H/Nu_0=4.19$。4 种 BPM 的 Nu_H/Nu_0 基本相同,但 CSM 略高于其他 3 种,这是由于自由流动区域的传热性能较好。为了更便于理解其中的原因,图 4-2(d)给出了上述 BPM 在 $Re=15000$ 时 $z=0.2$ mm 处的表面湍流动能云图。支撑杆附近有较高的动能,当主流

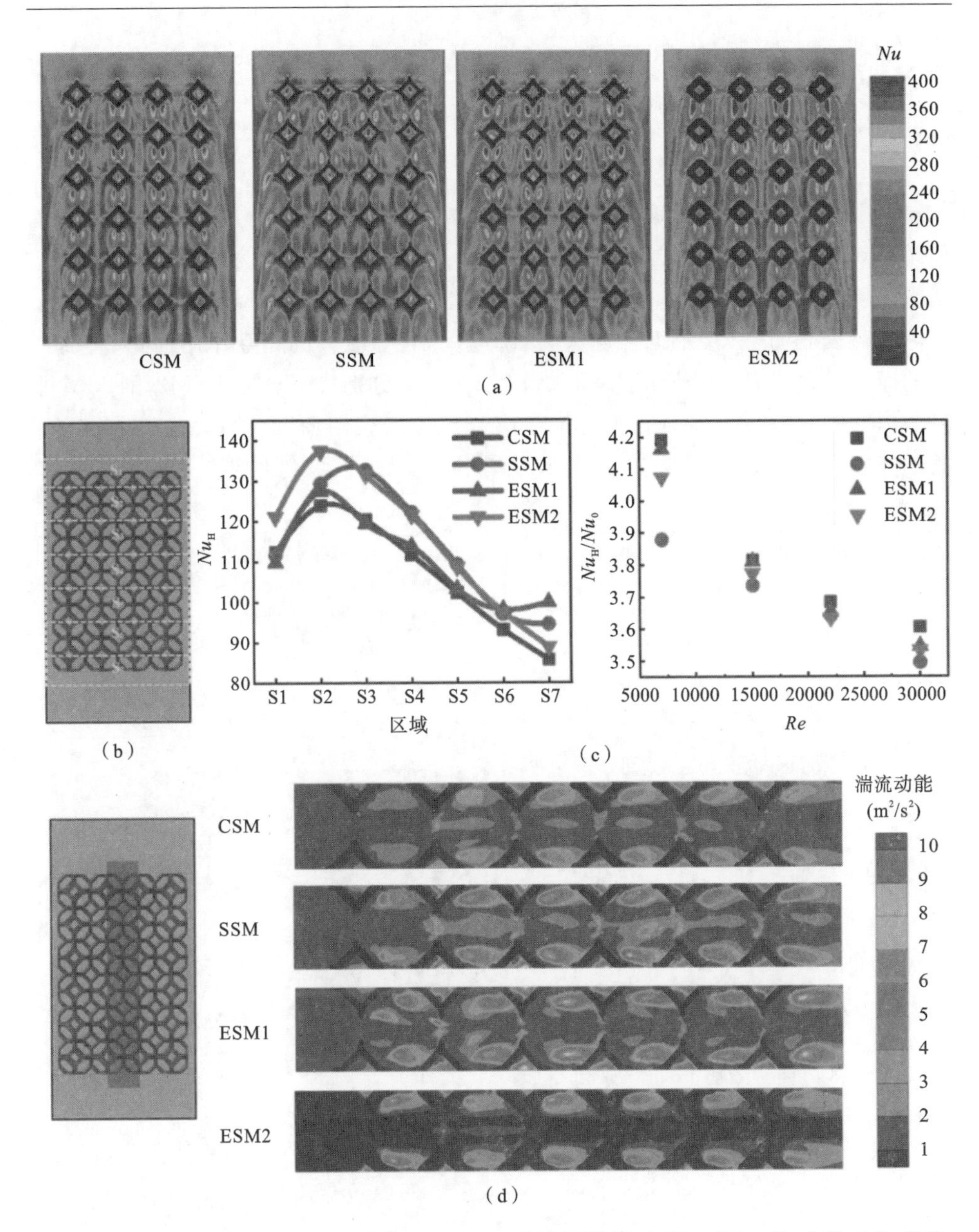

图 4-2　Nu 计算结果:(a) Nu_H 曲线;(b) Nu_H-区域曲线;(c) Nu_H/Nu_0-Re 曲线;(d) 湍流动能曲线。

冲击支撑杆时,顶点周围会形成马蹄形旋涡。更高的湍流动能出现在第二列,这说明出现了最高混合效果而导致热传输达到峰值。当较高的流速冲击支撑杆时,会出现反向气流,导致第二列到第七列的热传输性能逐渐下降。CSM 具有更均匀的湍流动能分布,表明其散热稳定性较其他 3 种结构更强。

4.6 压降和热效率指数

一般来说，强化传热越高，压降往往越大。图 4-3(a)和(b)为 ΔP 和 f/f_0 随 Re 的变化，其中各 BPM 之间差异较大，SSM 压降最高，其次为 ESM1 和 ESM2。结果表明，ESM 具有近似相同的压降，因此取向不影响进出口压力。压降通常与固液接触面积有关，接触面积越大，压降越大，且与流体的相互作用面积越大，产生的摩擦阻力越大。CSM 连接面积为 1.63 cm^2，分别比 ESM1、ESM2 和 SSM 小 7.27%、9.88%和 11.73%。为进一步解释压差产生的原因，绘制 $z=0$ 和 4 mm 处的速度等值线图，如图 4-3(d)所示。其中，在靠近入口的相邻单元格顶点中心

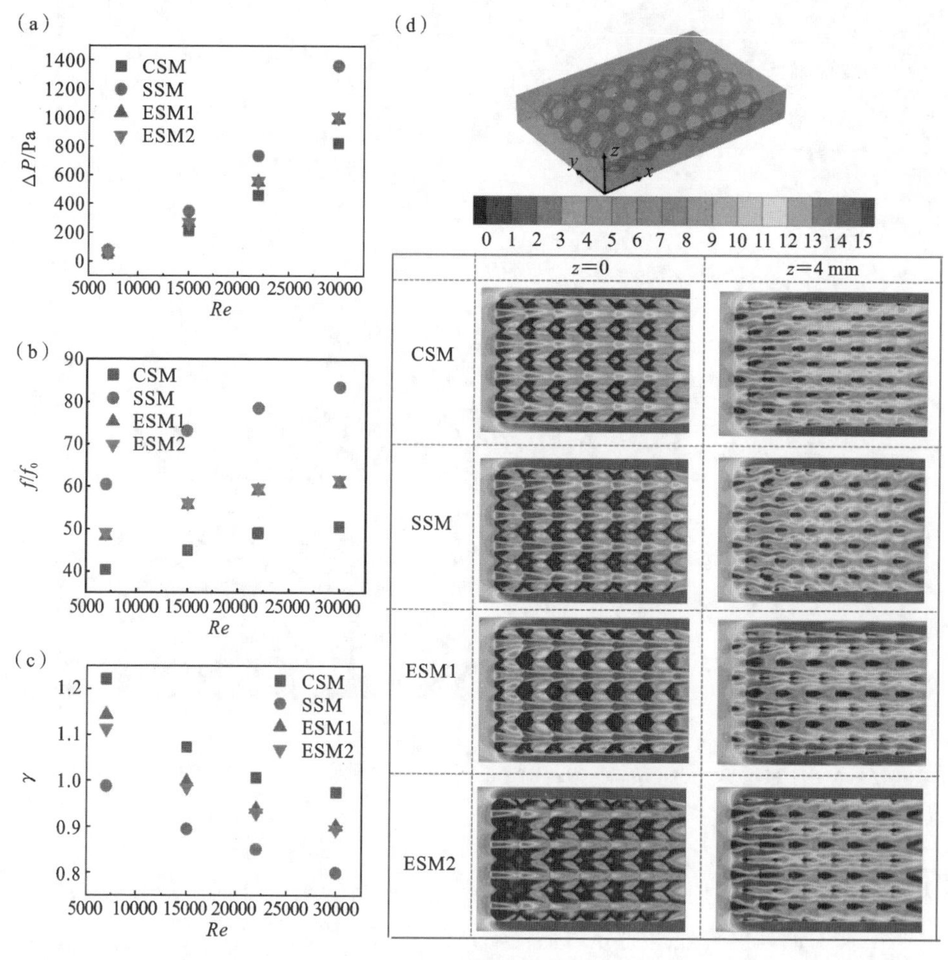

图 4-3 f 和 γ 计算结果：(a) $z=0$ 处 ΔP-Re 的速度云图；(b) f/f_0-Re 图；(c) γ-Re 图；(d) $z=0$ 和 $z=4$ mm 处的速度云图。

处存在较强的流体冲击。从 S1 到 S7，主流冲击逐渐减小，在 $z=0$ 处，CSM、ESM2 的流体冲击明显比其他两个减小得快，而在 $z=4$ mm 处，ESM2 比其他三个具有更大的流体冲击。因此，CSM 具有较低的摩擦阻力，证明了圆形支撑杆性能优异。

$Re=7000\sim30000$ 时 BPM 的热效率指数如图 4-3(c)所示。其中，CSM 在 $Re=7000\sim30000$ 处的热效率指数几乎都超过 1，$Re=7000$ 处的热效率指数达到 1.22，这是由最高的 Nu_H/Nu_0 和最低的 f/f_0 组合引起的。结果表明，热效率指数随 Re 的增加而降低，说明在 Re 较低的情况下，CSM 可能具有较高的热效率指数。因此，CSM 具有较高的换热性能和较低的压降，是一种较好的选择。

4.7 能量吸收

为验证力学性能和能量吸收性能，我们选取 Ti-6Al-4V 粉末并利用 SLM 技术制备了 BPM 样品。SLM 成形 BPM 在[1, 1, 0]和[1, 1, 1]处的视图如图 4-4(a)所示，这确认了所设计的结构。但是 x、y、z 方向的尺寸比设计的尺寸要大，这与以往的研究相同。该模型的质量和尺寸均高于文献中所研究的部分熔融粉末颗粒附着在支撑杆上的设计值。

根据成形偏差的原因，我们针对打印试样重新设计了用于数值模拟的结构尺寸。图 4-4(b)为支撑杆横截面处的宏观结构，检测到内部为完整的实心部分，外部为粗糙部分。内部完整的实心部分具有支撑作用，而外部粗糙部分是由于打印过程中黏结了未完全熔化的粉末，这也导致其无法抵抗冲击。因此，在模拟过程中将具有支撑能力的完整实体部分的尺寸定义为直径或边长。设计的 BPM 与打印成形的 BPM 之间存在 5.86%～14.18%的偏差，在有关文献中也出现相同情况。

BPM 的应力-应变曲线如图 4-4(c)～(f)所示，分为弹塑性阶段、波动阶段和致密化阶段三个阶段。在弹塑性阶段，应力逐渐增加到初始峰值，随后显著下降，导致 BPM 失去近 100%的强度。这种弱化行为是由于在应变约为 0.1 时，锋利断口承载能力较弱。在波动阶段，由于支撑杆的变形模式为屈曲变形，因此破坏模式为逐层断裂。在 0.1～0.8 应变范围内，上述试样均存在波动区域，且有多个峰值，随后在出现 4～8 个峰值后曲线趋于稳定，可以发现破碎部分逐渐成为未破碎部分的支撑。在致密化阶段，应力不断增大，并超过弹塑性阶段出现的峰值应力。图 4-4(g)(h)所示为 SEA-应变曲线，表明 SEA 与应变呈正相关关系。

上述结果表明，BPM 具有基本相同的力学性能，包括杨氏模量、抗压强度和断裂响应，结果如表 4-2 所示，压缩过程如图 4-5(a)所示。BPM 具有相同的断裂模式，最大剪应力出现在与压缩方向成 45°处，导致 45°角处发生剪切断裂，这在金刚石、BCC 和蜂窝点阵结构中也可见到。

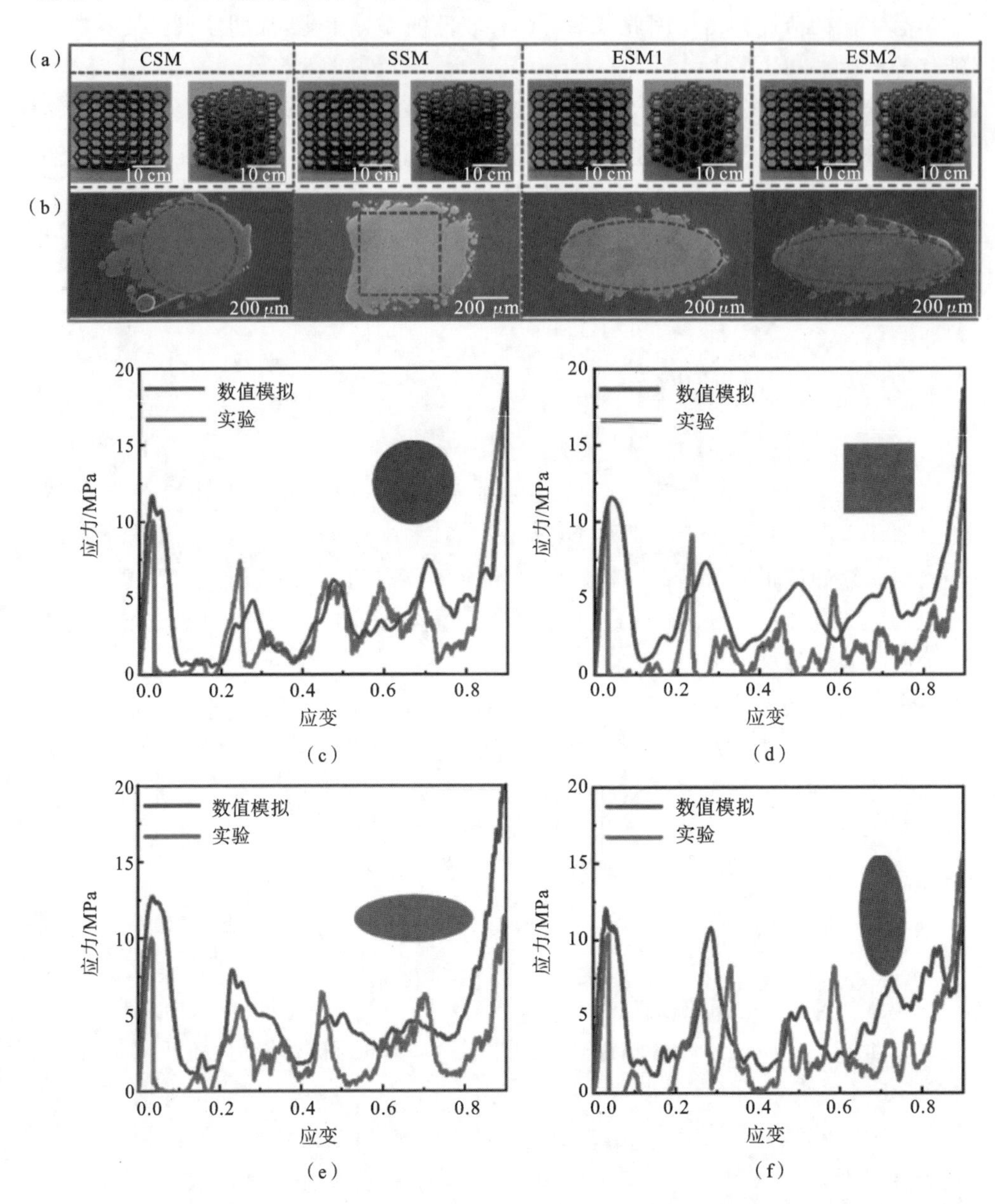

图 4-4　宏观、微观形貌和力学性能：(a) 在[1，1，0]和[1，1，1]处的宏观形貌；(b) 扫描电镜横向图；(c) CSM 的应力-应变曲线；(d) SSM 的应力-应变曲线；(e) ESM1 的应力-应变曲线；(f) ESM2 的应力-应变曲线；(g) 实验结果的 SEA-应变曲线；(h) 数值模拟结果的 SEA-应变曲线。

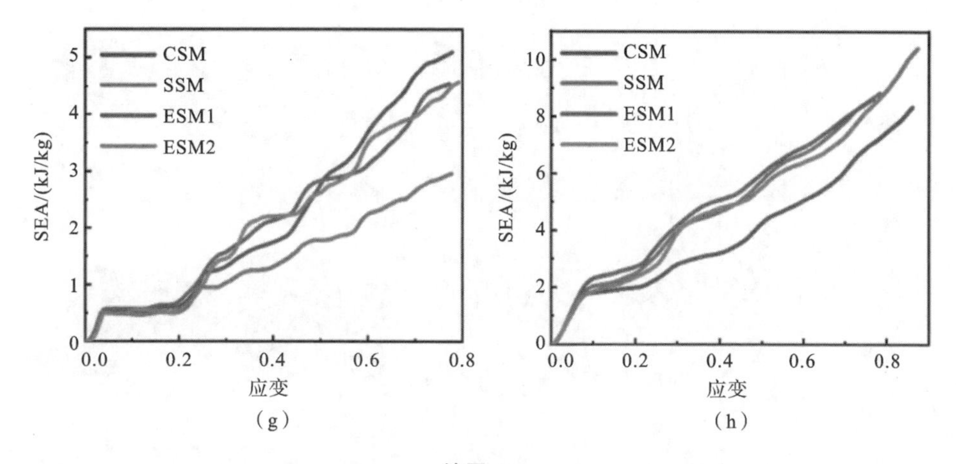

续图 4-4

表 4-2　BPM 力学性能实验与数值模拟结果的比较

BPM	E_L/MPa			σ_L/MPa			σ_c/MPa			SEA/(kJ/kg)		
	实验结果	数值模拟	误差/(%)	实验结果	数值模拟	误差/(%)	实验结果	数值模拟	误差/(%)	实验结果	数值模拟	误差/(%)
CSM	377.80±20.52	463.4	18.47	9.35±1.32	9.65	3.11	10.05±1.11	11.65	13.73	5.10±0.60	8.36	38.91
SSM	433.75±33.31	480.9	9.80	10.05±1.88	9.35	7.49	10.93±1.63	11.60	5.78	2.95±0.32	8.84	66.67
ESM1	387.69±28.62	548.9	29.37	9.36±0.98	10.39	9.91	9.98±1.28	12.72	21.54	4.55±0.56	8.61	47.20
ESM2	401.50±30.15	514.35	21.94	9.43±1.55	9.71	2.88	10.23±2.02	11.92	14.18	4.57±0.62	10.41	56.10

从 0.05 和 0.075 应变下的 Von Mises 应力曲线来看，应力集中和低应力在单胞内分布不均匀。应力集中程度与应变成正比，在支撑杆节点处的应力集中更为明显，但支撑杆仍处于低应力状态。因此，第一个裂纹位于节点处，这导致沿整个 CSM 的对角线形成局部的高应力带。可以看到，当出现开裂的单胞时，未开裂单胞的应力集中程度会降低，同时位于方形区域的支撑杆出现应力集中程度降低的现象，如图 4-5(b)(c)的 $L(2, 1)$和 $L(1, 2)$所示。因此，后续断裂中不会出现 45°剪切断裂。在波动阶段，BPM 出现逐层断裂，导致应变-应力曲线出现多个峰值。

数值模拟所得到的杨氏模量、屈服强度和抗压强度与实验值有所不同，分别存在 9.80%～29.37%、3.11%～9.91%、5.78%～21.54%的偏差。而比吸能值远高于实验值，两者相差 38.91%～66.67%。仿真模型被认为是无缺陷的，但 SLM 制备的点阵结构存在微观结构各向异性、线切割引起的高度不一致等缺陷。此外，与数值模拟相比，冷却熔池在打印方向的层结合和垂直方向的织构导致杨氏模量和抗压强度降低，导致剪切带加速形成，力学性能下降。在数值模拟中，比吸能的偏差较大是造成断裂不完全的主要原因。模拟中 45°剪切断裂处 BPM 的

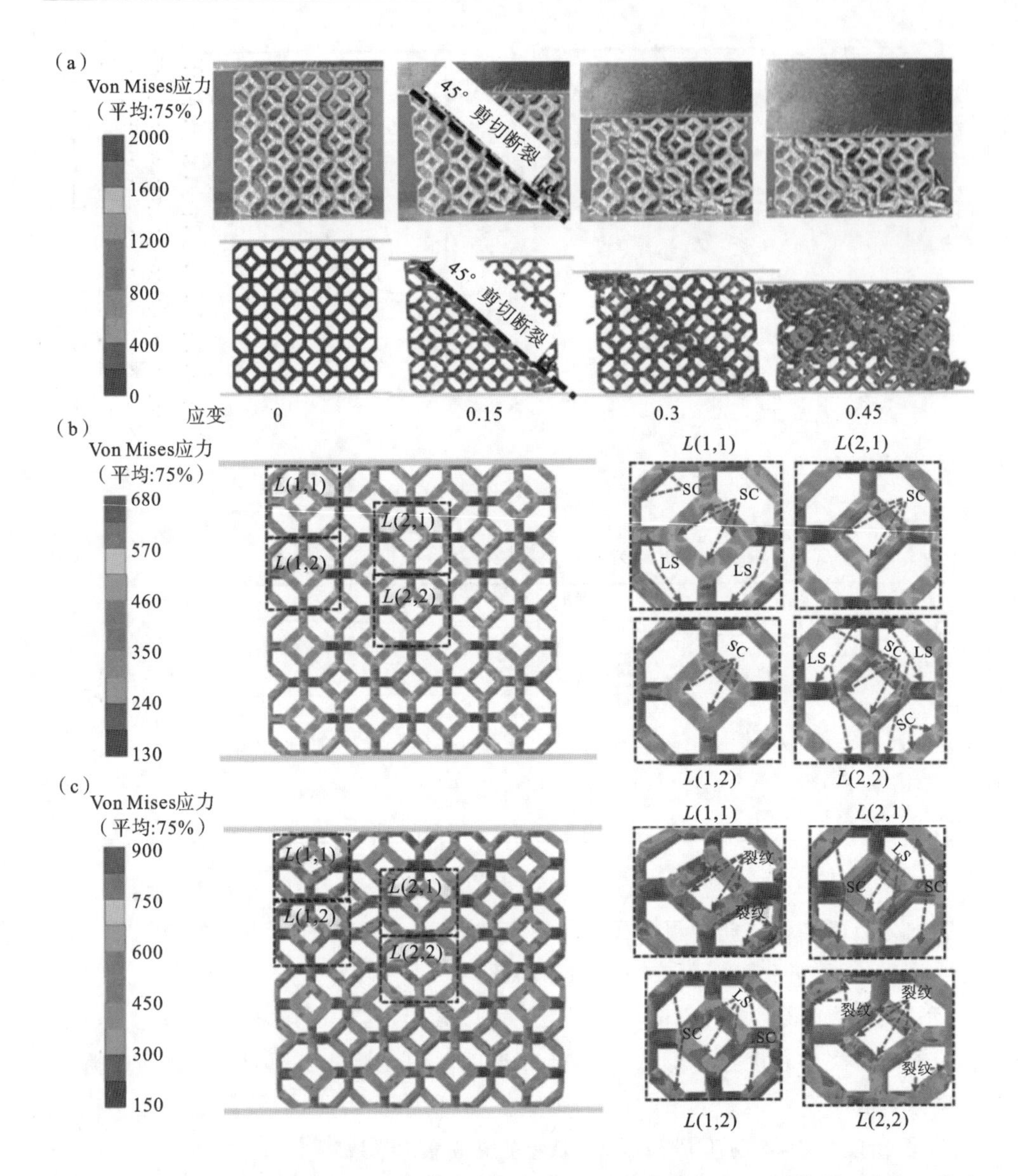

图 4-5　CSM 的压缩过程:(a) 实验和模拟的压缩过程;(b) 应变为 0.05 时的 Von Mises 应力等值线,其中 $L(1,1)$、$L(1,2)$、$L(2,1)$、$L(2,2)$表示单胞位置;(c) 应变为 0.075 时的 Von Mises 应力等值线。

应力损失为(89.53±3.19)%,波动过程中谷、峰处的应力逐渐增大,波动频率也高于实验值,因此数值模拟中 BPM 的比吸能比实验值大幅提高。由于是同类超材料,BPM 具有相同的断裂模式,因此具有近似相同的比吸能。力学响应取决于结构类型,与截面形状无关。

4.8　与其他力学超材料比较

图 4-6(a)显示了与本节研究相比较的几种典型超材料的热效率指数。在以往的研究中，Re 大多低于 15000，即在 $D_h = 0.0264$ m 时，v 低于 8.289 m/s，不适合应用于航空航天。本研究中 $Re = 7000 \sim 30000$，拓展了超材料的应用范围，这意味着 v 在 3.868 m/s～16.577 m/s 之间，可用于航空航天。本研究的 CSM 在 $Re = 7000$ 时 $\gamma = 1.22$，研究结果在相同条件下处于较高水平。在保证湍流的前提下，我们研究了 $Re = 2000$ 时的 γ，CSM 仍然比几种典型的超材料好。

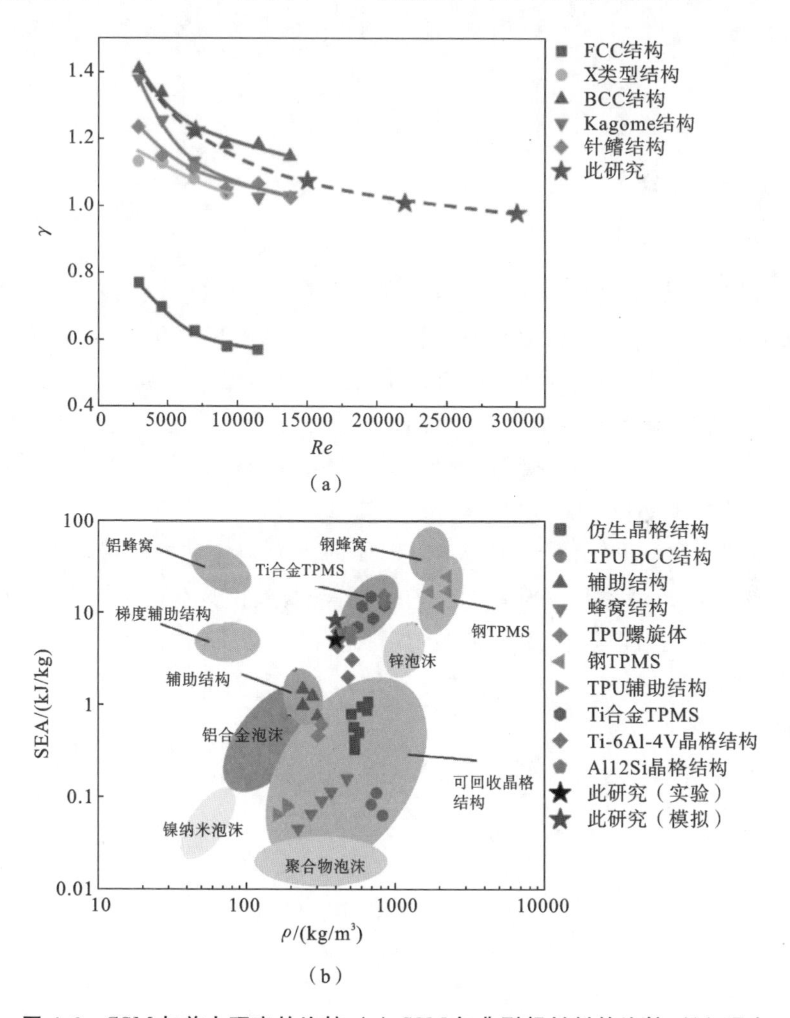

图 4-6　CSM 与前人研究的比较：(a) CSM 与典型超材料的比较；(b) 现有力学超材料与 CSM 的 SEA 比较。

图 4-6(b)显示了仿柚子超材料的比吸能与各种现有点阵超材料相比的 Ashby 性质图。具有中等比吸能的 CSM 优于大多数点阵或多孔金属泡沫超材料。SLM 成形 CSM 的比吸能可与某些 TPMS 相媲美,但低于蜂窝结构。事实上,一旦相对密度增加,CSM 的比吸能可以达到更高,Ma 等人揭示了相对密度为 0.2 的力学超材料的能量吸收能力是相对密度为 0.1 的材料的近 6 倍。换句话说,比吸能增加了两倍。然而,为了权衡有效散热和比吸能,SLM 成形 CSM 的相对密度为 0.089,而用于能量吸收的力学超材料的相对密度通常在 0.2 以上。因此,CSM 在制备能量吸收元件方面具有很高的应用潜力。综合以上研究结果,CSM 在 $Re=7000$ 处的 $Nu_H/Nu_0=4.19$,$f/f_0=4.29$,$\gamma=1.22$,是改善散热和能量吸收能力的较好选择。另外,CSM 的 $E_L=(377.8\pm20.52)$ MPa,$\sigma_L=(9.35\pm1.32)$ MPa,$\sigma_c=(10.05\pm1.11)$ MPa,比吸能为(5.10 ± 0.60) kJ/kg。上述结果表明,CSM 可应用于燃气轮机和一些冷却结构中。

4.9　结论

本章以柚子皮的泡沫结构为灵感,提出了圆、方、椭圆等多种支撑杆形状的 BPM,通过流体模拟、力学模拟和力学实验,研究了孔隙率为 0.92 的 BPM 的支撑杆形状对其传热性能、力学响应和性能的影响,主要结论总结如下:

(1) 3 种支撑杆形状和不同取向的 BPM 具有相同的传热分布模式。CSM 具有最高的 Nusselt 数、最低的压降和摩擦系数,这些结果导致了 CSM 具有最好的散热性能,其中 $Re=7000$ 时热效率指数达到 1.22。

(2) 3 种支撑杆形状的 SLM 成形 BPM 的力学响应和能量吸收能力基本相同。基于不同的相对密度,CSM 在已有的点阵超材料中具有适中的比吸能。

(3) 考虑到高效散热和吸收能量的实际应用,CSM 相对于其他结构是一个更好的选择,它可用于燃气轮机和一些冷却结构。此外,圆形支撑杆是一种较好的连杆形式。

以上研究结果将为同时实现高散热和高能量吸收的超材料的设计提供指导。

第 5 章　生物超材料

5.1　一种降低增材制造多孔金属生物材料应力屏蔽效应的拓扑设计策略

5.1.1　引言

点阵或胞状结构因具有独特的轻量化、高比强度、稳定的能量吸收能力等特性而备受关注。这些特性使点阵结构在声学、航空航天和机械工业等方面具有广阔的应用前景。另外，它们在优化支架尺寸、孔隙形态和宏观密度的几何分布等方面具有很强的可设计性，可以提高骨组织再生能力或在特定区域模拟原生骨的应力刺激。这些可设计的特性在骨科和生物工程方面具有重要的应用价值。Van Bael 等人评估了孔隙大小、孔隙形状、孔隙率和渗透性对支架的力学响应和体外生物性能的影响。Wally 等人提出了基于金刚石单位点阵的新型“蛛网”点阵。他们发现，这些具有巨大相互连接表面积的点阵结构很可能为牙科提供更好的骨种植体修复材料。

由于点阵结构具有规律性的周期性、高孔隙率和良好的相互连通性，因此很难通过传统的制造技术制备。得益于蓬勃发展的增材制造技术，具有复杂拓扑结构的点阵结构的精确制造和可控力学性能可以轻松实现。激光选区熔化是一种先进的金属增材制造技术，可以解决具有复杂几何特征点阵的高精度尺寸控制问题。近年来，对点阵结构的力学性能的研究备受关注，并获得了令人鼓舞的工程应用。

在骨科植入物领域，除了几何形态的仿生（松质骨的孔隙率在 50%～90%之间，皮质骨孔隙率小于 10% ），支架的物理刺激应该与周围骨组织的力学性能相匹配，以消除应力屏蔽。应力屏蔽是一种由于引入了更坚硬的植入物，不充足的载荷被传递到骨骼中的不匹配现象，不利于新骨组织的生长。虽然在梯度拓扑设计中可以通过降低支架-组织界面附近的相对密度来消除应力屏蔽现象，但种植体和骨组织的界面处孔隙率会相应增加。过高的孔隙率会导致可用比表面积较低，进而减少细胞附着和代谢传递的空间，从而影响骨组织再生。因此，如何在不降低孔隙率的情况下消除应力屏蔽现象，对骨支架的点阵结构设计是一个挑战。

近年来，人们通过 CT 重建、泰森多边形(Voronoi)棋盘形布置法、TPMS 以及几何基元布尔运算方法等设计了各种点阵结构来构建骨支架。大多数研究集中于不同点阵结构在孔隙分布和力学上的差异，以及不同梯度策略的比较。传统的均匀点阵支架不能很好地平衡合适的孔隙率和适当的力学性能，阻碍了骨组织再生，进而产生严重的应力屏蔽现象。少数学者致力于研究杆拓扑结构对点阵结构力学响应的影响。他们发现，力学响应可以与相对密度解耦，即可在保持孔隙率和结构构型不变的情况下，通过设计合适的拓扑支架实现更高的力学性能。之前的拓扑支架的设计通过增大末端支架直径或减小中间支架直径来转移应力集中的位置，这种拓扑策略可以大幅提高刚度和强度，但与骨支架适当的机械刺激要求有出入。

与上述结构设计不同的是，本节提出了一种在保持孔隙率不变的情况下，设计双锥支架以降低类金刚石多孔金属生物材料的应力屏蔽的拓扑策略。为了满足支架的力学匹配性，采用传统的均匀金刚石(uniform diamond，UD)结构作为母体点阵，因其具有与骨小梁相当的力学性能而被用来设计骨支架，提出一种改进的双锥金刚石(double-cone diamond，DCD)结构来设计无应力屏蔽的骨支架。

5.1.2 点阵结构的设计

图 5-1 展示了体积分数为 4.85％的金刚石点阵结构和双锥金刚石的几何拓扑。它们的单胞边长 a、杆长度 L 和空间结构设计相同。与直径 D_0 的金刚石点阵相比，直径 D 更大、直径 d 更小的双锥金刚石有较强的可设计性。双锥金刚石呈外凸形状，最大直径在 $x=L/2$ 处，最小直径在 $x=0$ 处。D 和 d 的直径比用 Q 表示，即 $Q=D/d$。对于与水平面成 35.5°倾角的类金刚石点阵结构，每个杆长 L 为$(\sqrt{3}a)/4$。由于在以前的研究中，在给定可用质量的情况下调整点阵结构的弹性特性是很重要的，因此在研究这些类金刚石点阵的力学差异和可制造性之前，它们的总体积分数应该是固定的。

相对密度(这里也称为体积分数)曾被广泛用于预测点阵结构的弹性和屈服性能，其定义为

$$\rho^* = \frac{\rho_1}{\rho_s} = \frac{\dfrac{M_1}{V_1}}{\dfrac{M_s}{V_s}} = \frac{V_s}{V_1} \tag{5-1}$$

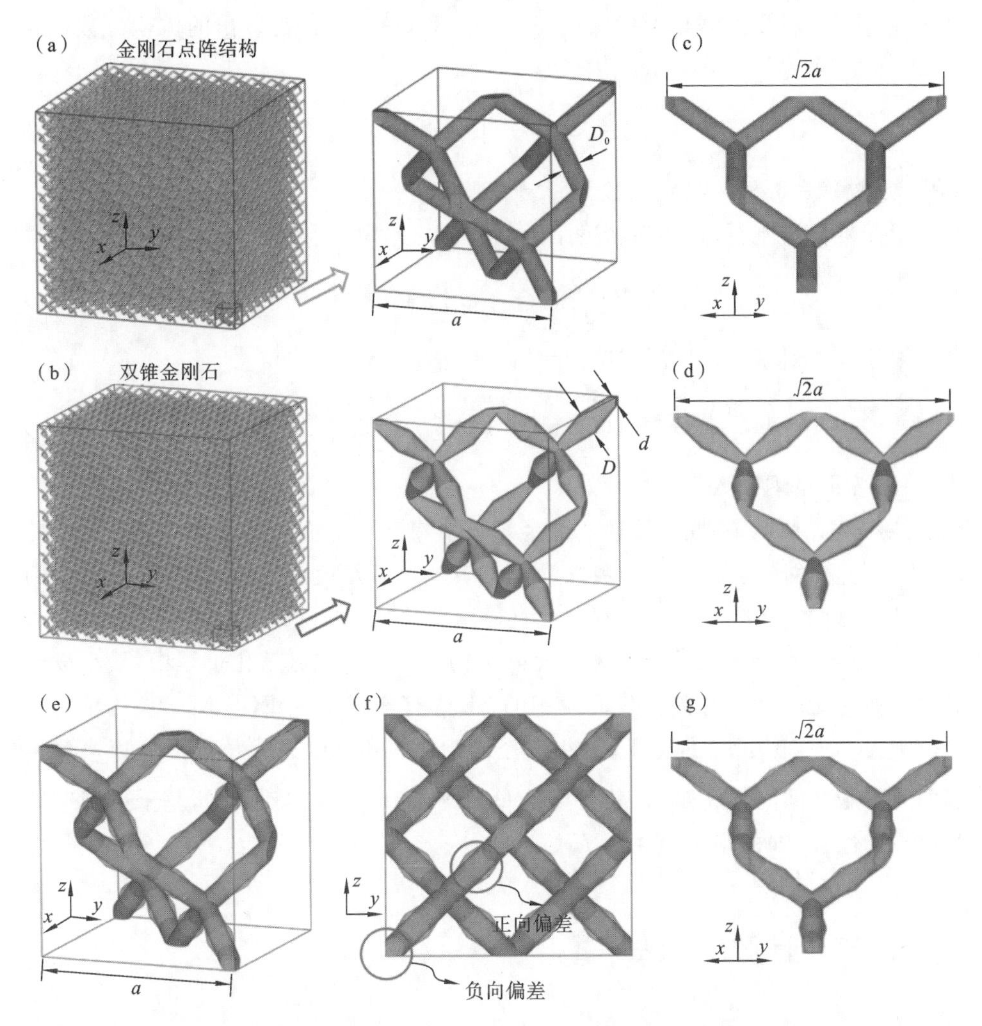

图 5-1　金刚石点阵结构与双锥金刚石 CAD 模型：(a) 具有均匀杆的金刚石点阵结构；(b) 具有双锥杆的双锥金刚石及其单胞；(c) 和 (d) 分别为金刚石点阵单胞和双锥金刚石单胞的对角线视图；(e) 金刚石点阵单胞和双锥金刚石单胞的叠加；(f) 前视图和 (g) 对角线视图。

式中：ρ_l、V_l 和 M_l 分别为点阵结构的密度、体积和质量；ρ_s、V_s 和 M_s 分别为固体基材的密度、体积和质量。

对于金刚石点阵结构，体积分数与几何尺寸的近似解析关系为

$$\frac{V_s}{V_l}=\frac{16\times\pi\times\left(\frac{D_0}{2}\right)^2\times\frac{\sqrt{3}a}{4}}{a^3}=\sqrt{3}\pi\left(\frac{D_0}{a}\right)^2 \tag{5-2}$$

对于相对密度较高的情况，在计算体积分数时需考虑杆连接处复杂几何形状

和重叠体积。将立方修正项代入式(5-2)中,将 CAD 软件计算出的体积分数拟合为 D_0/a 的函数:

$$\frac{V_s}{V_l}=\sqrt{3}\pi\left(\frac{D_0}{a}\right)^2-\delta_d\left(\frac{D_0}{a}\right)^3 \tag{5-3}$$

其中,系数 $\delta_d=5.81$。确定系数 R^2 大于 0.99。

对于双锥金刚石,低相对密度下近似分析的体积分数为

$$\frac{V_s}{V_l}=\frac{\sqrt{3}}{24}\pi(Q^2+Q+1)\left(\frac{d}{a}\right)^2 \tag{5-4}$$

对于高相对密度,可以得到一个精确的解析关系:

$$\frac{V_s}{V_l}=\frac{\sqrt{3}}{24}\pi(Q^2+Q+1)\left(\frac{d}{a}\right)^2-\delta_p\left(\frac{d}{a}\right)^3 \tag{5-5}$$

式中:δ_p 为无量纲系数。

如图 5-2 所示,不同直径比的类金刚石结构会产生不同的曲线拟合方程。此外,归一化直径比越大,体积分数的变化越敏感。随着直径比的增大,点阵结构的几何性能可调空间减小。双锥程度与直径比 Q 有关,直径比在 1～20 之间。当 $Q=1$ 时,双锥金刚石就转变为金刚石点阵结构。在激光选区熔化过程中,最小成形尺寸与激光光斑直径有关。我们使用的 SLM 打印设备为 EOS M280,其光斑直径范围为 70～85 μm。理论上,最小直径 d 为 70 μm。定义最大直径 D 以避免相邻两个单胞之间的相互作用,最大直径 D 设为$\sqrt{6}/8a$。在本研究中,基于可制造性和可设计性,D/d 的最大值为 8.75。

5.1.3 有限元方法

为了研究直径比对类金刚石点阵结构有效弹性响应的影响,采用有限元方法,利用 COMSOL 商业软件模拟类金刚石点阵结构的弹性特性。由于微结构具有周期性特征,采用类金刚石点阵结构的一个点阵单元作为代表性体元(RVE),加入周期边界条件。RVE 模型中位移的周期性条件为

$$u_i=\bar{\varepsilon}_{avg}x_k+u_i^* \tag{5-6}$$

式中:$\bar{\varepsilon}_{avg}$是平均应变;x_k 是节点 k 的 x 坐标;u_i^* 是边界表面位移分量的周期性部分,是未知的且与外部载荷有关。对于类金刚石点阵结构的立方 RVE 模型,由上述一般表达式可推导出一对相对周期边界条件的显式形式:

$$u_n^{i+}=\bar{\varepsilon}_{avg}x_k^{i+}+u_i^* \tag{5-7}$$

$$u_n^{i-}=\bar{\varepsilon}_{avg}x_k^{i-}+u_i^* \tag{5-8}$$

式中:x_k^{i+} 和 x_k^{i-} 分别表示某个面和相对另一个面上的节点沿正方向和负方向的

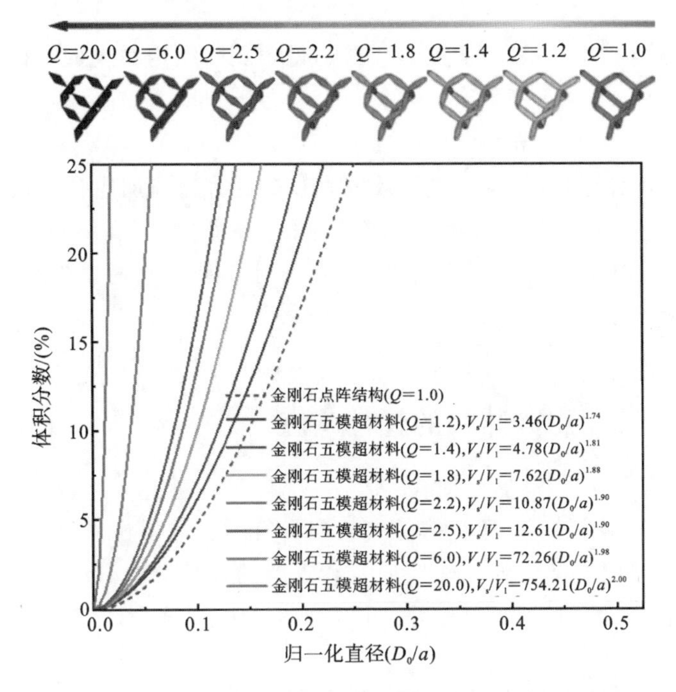

图 5-2　类金刚石点阵结构的体积分数与归一化直径的函数关系

位移。结合上述方程,可得上述位移差:

$$u_n^{i+}-u_n^{i-}=\bar{\varepsilon}_{\text{avg}}(x_k^{i+}-x_k^{i-})=\bar{\varepsilon}_{\text{avg}}\Delta x_k^i \tag{5-9}$$

其中,Δx_k^i 在任何立方 RVE 模型中都保持不变。全局周期边界条件为

$$u_n^{i+}(x,y,z)-u_n^{i-}(x,y,z)=A_n^i \quad (n,i=1,2,3) \tag{5-10}$$

当 $i=n$ 时,A_n^i 常数表示垂直于节点表面的法向牵引作用引起的 RVE 模型平均拉伸或收缩量;而 $i\neq n$ 时,A_n^i 常数表示倾斜于节点表面的剪切牵引分量作用引起的剪切变形,这些常数可分为 $A_1^2=A_2^1$,$A_1^3=A_3^1$ 和 $A_3^2=A_2^3$ 三对。以前的文献报道已经证明了利用周期边界条件研究点阵结构的等效力学响应是一种成本低、精度适中的有效方法。利用单元周期性将周期边界条件应用于单元的六个表面,将 CAD 软件提取的 RVE 模型的孔隙体积分数代入有限元模型中计算弹性张量。

与设计的构件相比,SLM 成形的构件被认为有潜在的冶金缺陷和精度偏差。为了简化材料模型,在有限元方法中做一些假设。本节采用的材料为 Ti-6Al-4V,该材料具有良好的成形性,第一个假设是 SLM 成形的 Ti-6Al-4V 点阵结构与预期的原始 CAD 模型一致。第二个假设是在任何位置,SLM 成形 Ti-6Al-4V 的材料属性都是各向同性的。材料的弹性模量为 120 GPa,泊松比为 0.34。采用四面体网格对点阵结构的三维实体单元进行网格划分。点阵单元的网格数目因点阵拓扑不同而异,但超过 50000 个单元,这足以将有限元离散化的误差降到较低水平。

采用基于材料本构关系的均匀化方法，得到点阵结构在应变载荷作用下的弹性响应公式：

$$\sigma_i = C_{ij}\varepsilon_j \quad (i,j=1,2,3,4,5,6) \tag{5-11}$$

式中：σ_i 和 ε_i 分别是 RVE 模型的等效应力和应变。当施加应变载荷且已知应变值时，应力分量 σ_i 由反作用力除以点阵结构的有效截面积计算得到。在每个计算周期内，设置一个应变，其他五个应变为零，采用 6 种不同的载荷工况计算 36 个弹性张量分量。

5.1.4　设计点阵结构的弹性响应

从生物力学角度来看，理想的骨支架应具有适当的弹性模量，以消除应力屏蔽效应。点阵结构支架的弹性响应通常与支架的体积分数和结构拓扑有关。利用 *RVE* 模型进行数值模拟，可较好地预测支架的弹性响应，对特定区域的支架设计具有指导意义。

本研究假设材料响应具有线弹性且与速率无关。根据 Neumann 原理，具有最小弹性性能的晶体结构为立方对称构型。由于类金刚石点阵结构具有立方对称性，因此，使用 Voigt 表示法，立方弹性可以用三个独立分量表示，其弹性响应具有以下本构方程：

$$\begin{pmatrix}\sigma_{11}\\ \sigma_{22}\\ \sigma_{33}\\ \sigma_{23}\\ \sigma_{12}\\ \sigma_{13}\end{pmatrix}=\begin{pmatrix}C_1 & C_2 & C_2 & 0 & 0 & 0\\ C_2 & C_1 & C_2 & 0 & 0 & 0\\ C_2 & C_2 & C_1 & 0 & 0 & 0\\ 0 & 0 & 0 & C_3 & 0 & 0\\ 0 & 0 & 0 & 0 & C_3 & 0\\ 0 & 0 & 0 & 0 & 0 & C_3\end{pmatrix}\begin{pmatrix}\varepsilon_{11}\\ \varepsilon_{22}\\ \varepsilon_{33}\\ \varepsilon_{12}\\ \varepsilon_{13}\\ \varepsilon_{23}\end{pmatrix} \tag{5-12}$$

式中：C_1、C_2 和 C_3 是三个弹性常数。

齐纳指数 ξ 可用来评价立方晶体的弹性各向异性。当值接近 1 时，表示点阵结构为各向同性，反之，齐纳指数与 1 的绝对差越大，表示点阵结构各向异性越大。

$$\xi = \frac{2C_3}{C_1 - C_2} \tag{5-13}$$

图 5-3 展示了类金刚石点阵结构的弹性常数 C_1、C_2、C_3 和齐纳指数与体积分数的关系。结果表明，所有弹性张量分量均随体积分数的增加而增加，而齐纳指数与体积分数呈反比例线性关系。类金刚石点阵结构的齐纳指数的变化规律与

文献研究的核壳金刚石点阵结构一致，呈线性下降趋势。弹性常数呈指数增长的变化规律，遵循 Gibson-Ashby 模型。这意味着均匀杆点阵结构支架的弹性模量与孔隙率之间存在耦合幂律关系，简单的结构设计无法降低支架的应力屏蔽效应。对不同体积分数和力学性能数据进行分析，拟合类金刚石点阵结构弹性响应与体积分数之间的非线性关系。各个弹性常数拟合结果的指数分别为 2.10(C_1)、1.74(C_2)和 1.92(C_3)，其值与体积分数的平方呈近似线性关系，表明类金刚石点阵结构的变形模式由弯曲变形主导。

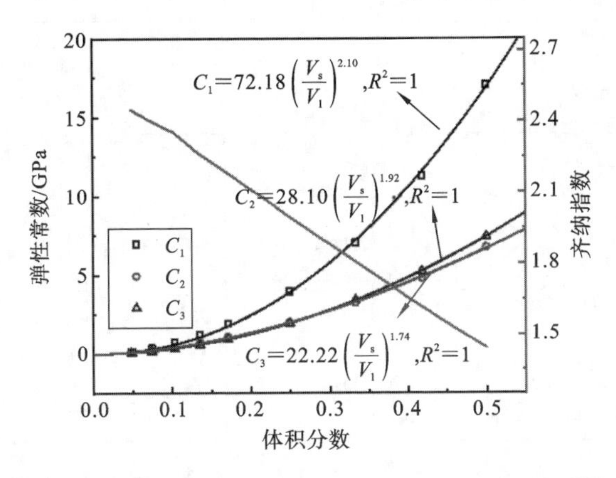

图 5-3　类金刚石点阵结构的弹性常数 C_1、C_2、C_3 和齐纳指数与体积分数的函数

注：插入方程用决定系数表示拟合结果。

均匀杆点阵结构的弹性性能与体积分数之间的关系可用 Gibson-Ashby 模型来描述，而具有不同横截面的拓扑杆设计将打破这种模式，这种模式可实现在不降低结构孔隙率的情况下调节点阵结构的弹性性能。图 5-4 展示了直径比对类金刚石点阵结构的弹性常数和各向异性程度的影响。不同体积分数的类金刚石点阵结构的弹性常数与直径比呈负幂函数关系。齐纳指数随直径比的增大而变化，说明杆的拓扑形态对点阵结构各向异性有显著影响。进一步分析弹性常数随直径比变化的幂律关系，拟合结果如图 5-4 所示。三个弹性常数的常数系数和幂指数随体积分数的增加而单调增大，大直径比的双锥金刚石弹性常数趋于稳定。结果表明，随直径比增大，弹性常数急降到稳态的转变点取决于所确定的常数系数和幂指数。在这个范围内，弹性常数在直径比约为 6.00 时趋于稳定。直径比水平与体积分数具有相似的力学性能调节规律，可调整弹性响应以满足生物工程的要求。重要的是，在保持孔隙率不变的情况下，调控直径比可改变结构材料的力学性能，这表明这种锥形杆拓扑设计可在一定程度上减少应力屏蔽现象。

图 5-5 为不同直径比类金刚石点阵结构的体积模量、剪切模量、弹性模量和泊松比。体积模量 B 表示静水压力下的变形阻力。在相应的平行方向上，施加在某

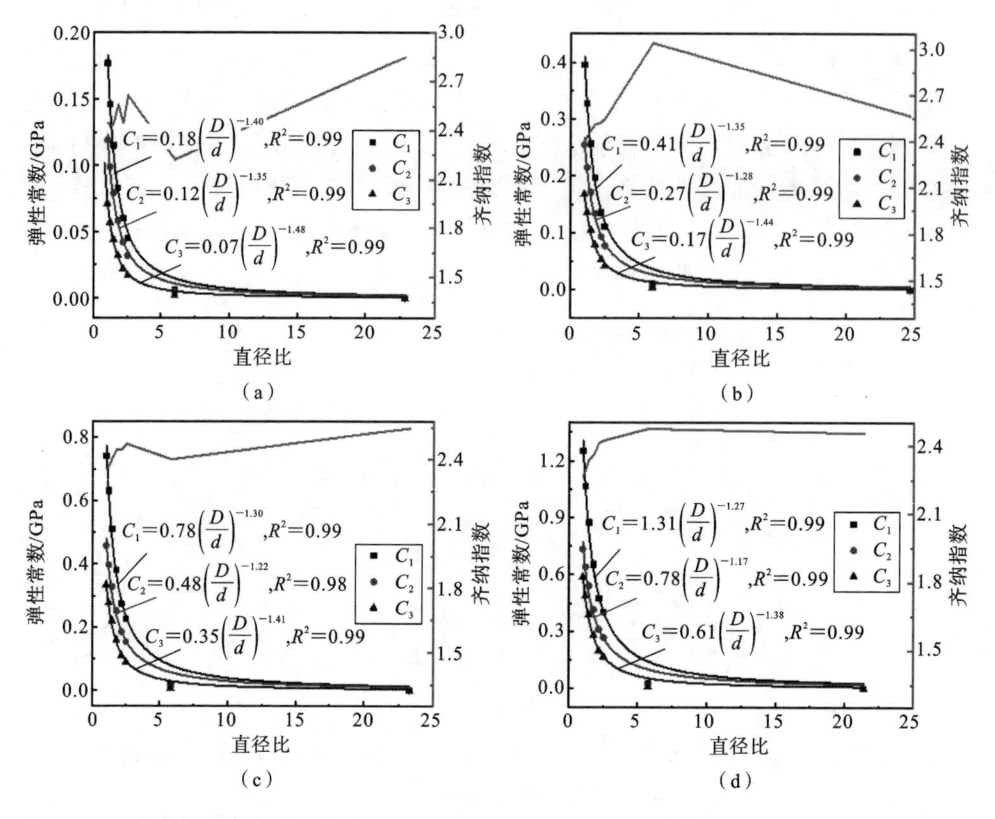

图 5-4　不同直径比类金刚石点阵结构在体积分数为(a) 4.85%、(b) 7.36%、(c) 10.28%和(d)13.55%时，弹性常数 C_1、C_2、C_3 和齐纳指数与不同直径比的关系，插入方程用决定系数表示拟合结果。

一平面上的剪切应力抵抗变形的能力用剪切模量 G 表示。弹性模量 E_1 是 z 方向弹性模量。沿 x 方向的横向应变与沿 z 方向的纵向应变之比称为泊松比 ν。体积模量、剪切模量、弹性模量和泊松比可用以下方程表示：

$$B=\frac{1}{3}(C_1+2C_2) \tag{5-14}$$

$$G=C_3 \tag{5-15}$$

$$E_1=\frac{C_1^2+C_1C_2-2C_2^2}{C_1+C_2} \tag{5-16}$$

$$\nu=\frac{C_2}{C_1+C_2} \tag{5-17}$$

这些模量与直径比均呈负幂律关系，而泊松比随直径比的增大呈指数增加。随着体积分数的增加，体积模量、剪切模量和弹性模量均增加，这是由于常数系数和幂指数系数与体积分数呈正相关性。对于相对密度不变的双锥金刚石，由于杆的中间

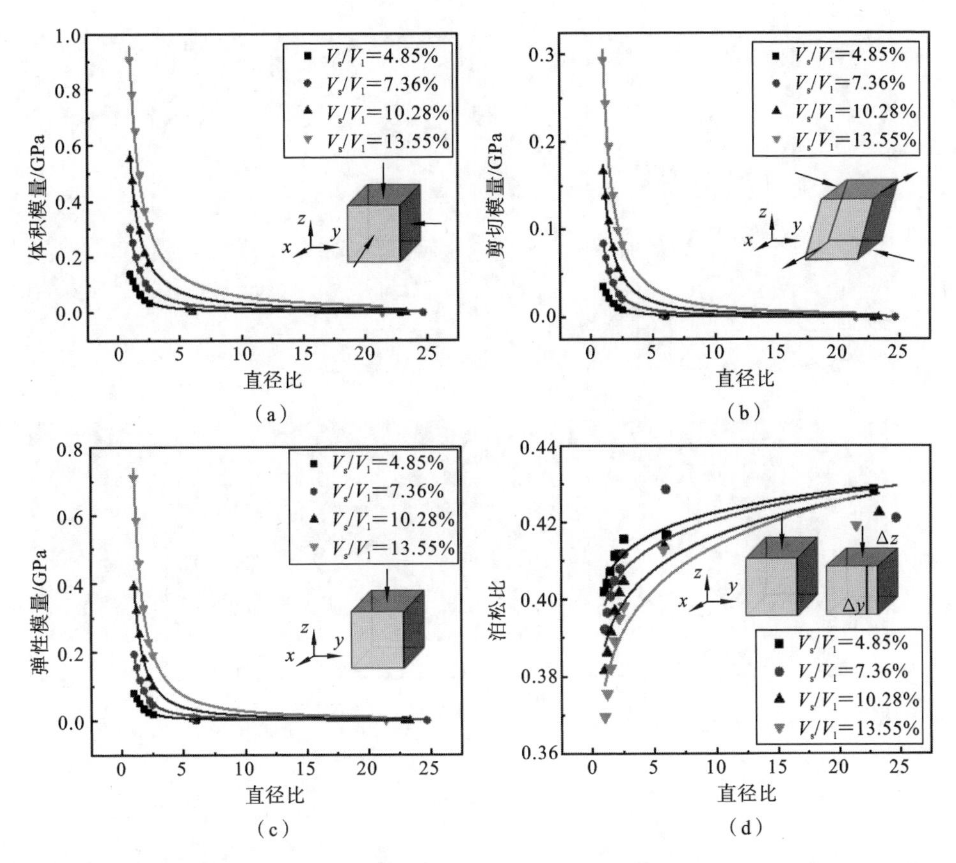

图 5-5　不同直径比类金刚石点阵结构的力学性能：(a) 体积模量、(b) 剪切模量、(c) 弹性模量以及(d)泊松比与直径比的关系。

体积对强度没有显著影响，因此模量随着直径比的增加而减小。泊松比与体积分数的负相关程度随直径比的增大而单调增大。此外，当直径比达到某一值时，泊松比将无限接近 0.5。Milton 等人的研究表明，具有极大直径比的双锥状双锥金刚石与流体/液体具有近似的物理性能。然而，与流体相比，五模超材料可通过结构设计实现各向异性结构、良好的稳定性结构以及空间不均匀孔隙分布结构。

5.1.5　形态分析

图 5-6 为典型均匀金刚石(UD)点阵结构和双锥金刚石(DCD)的制造试样俯视图几何形态。表 5-1 总结了几何与物理特性。SLM 法制备的金刚石点阵结构和双锥金刚石样品与设计样品吻合良好，表现出良好的形态相似性，如图 5-6(a)(b)所示。支架形状的设计对其力学性能至关重要。我们增加了 UD2 和 DCD2

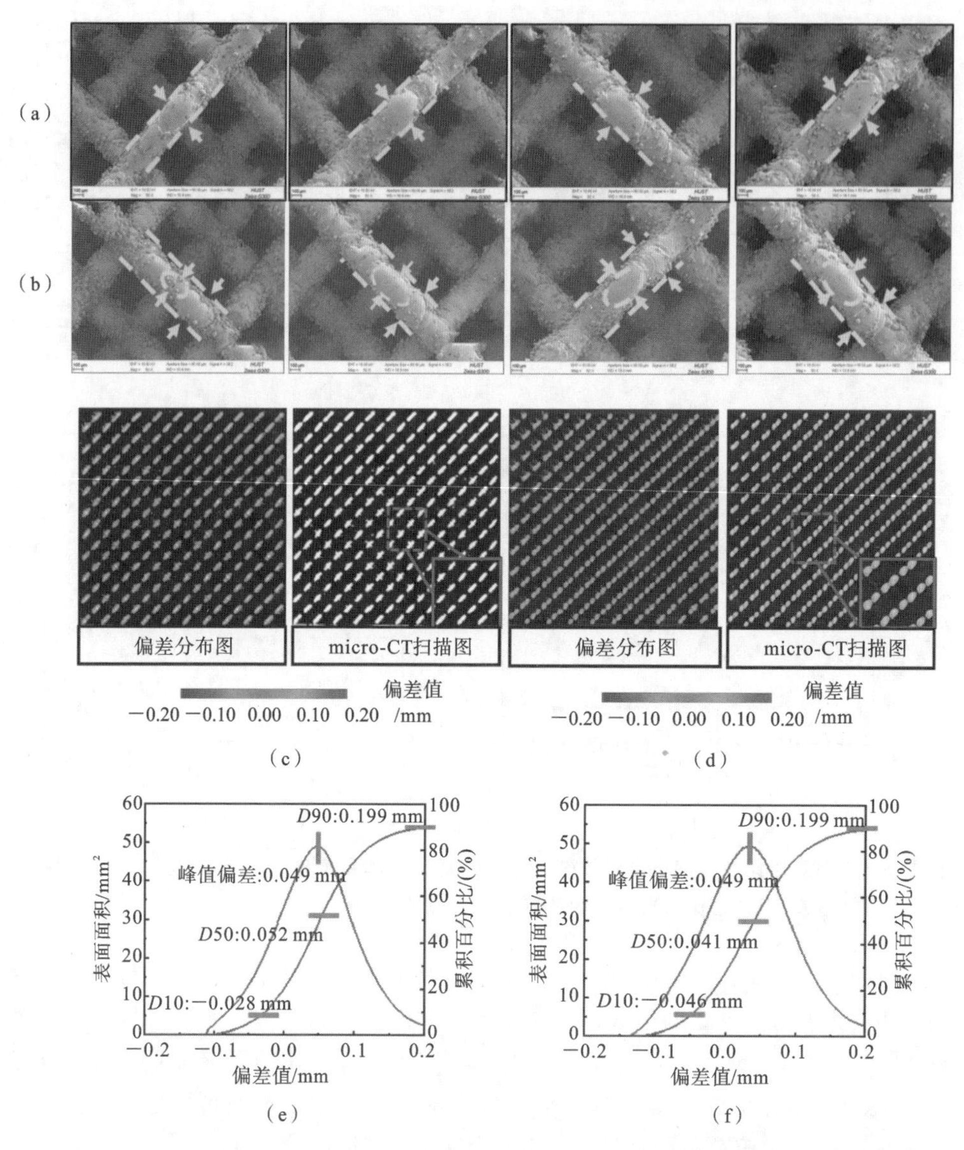

图 5-6 不同体积分数的金刚石点阵结构(a)与双锥金刚石(b)制备试样的中央区域俯视图；SLM 制备的(c)UD2 和(d)DCD2 模型的 micro-CT 重建模型；SLM 制备的(e)UD2 和(f)DCD2 模型对应的表面偏差分布。

的 micro-CT 分析来评估制造偏差并讨论其影响。如图 5-6(c)(d)所示，对 micro-CT 测量数据与原始设计模型之间具有代表性的 UD2 和 DCD2 样本的正态-实态比较的二维截面进行分析。由图可知，DCD2 成品样品具有相似的制造精确度，UD2 样本支板呈均匀状，DCD2 样本支板呈哑铃状。支架的形态并不完全符合设计，这可能是由于黏结的粉末颗粒导致产生了误差。进一步描述 UD2 和 DCD2

样本的统计面偏差,如图 5-6(e)(f)所示。

表 5-1 金刚石点阵结构和双锥金刚石样品的几何信息

样品	体积分数	单胞尺寸 a/mm	D_0/mm	D/mm	Q
UD1	4.85%	2	0.200	—	1.00
DCD1			0.136	0.245	1.80
UD2	7.36%	2	0.250	—	1.00
DCD2			0.170	0.303	1.78
UD3	10.28%	2	0.300	—	1.00
DCD 3			0.201	0.362	1.80
UD4	13.55%	2	0.350	—	1.00
DCD4			0.230	0.420	1.83

D 值($D10$、$D50$ 和 $D90$)表示表面偏差累积百分比的 10%、50%和 90%的截距数值。虽然 UD2 和 DCD2 样品的表面偏差均表现出相同的正态分布和相同的峰值偏差,但累积百分比的 $D50$ 值不相同,且 $D10$ 和 $D90$ 值与 $D50$ 值不是完全呈现轴对称特征。累积百分比的数据表明,大多数表面偏差为正偏差,使实际体积超过其设计值,如表 5-1 所示。UD2 样品的峰值偏差 0.049 mm,累积百分比的 $D10$、$D50$ 和 $D90$ 分别为−0.028 mm、0.052 mm 和 0.199 mm。DCD2 样品的峰值偏差为 0.049 mm,累积百分比的 $D10$、$D50$ 和 $D90$ 分别为−0.046 mm、0.041 mm 和 0.199 mm。从统计的表面偏差数据来看,双锥状双锥金刚石的 D 值分布较宽,$D50$ 值较小,与均匀金刚石点阵结构相比,二者的表面偏差图在一定程度上相似,这是由双锥杆在不同杆单元位置的悬垂率不同造成的,这也与下文中悬垂比的理论计算结果一致。

由于比表面积大,所有被测样品的质量都高于设计模型。体积分数越低,比表面积越大,部分凝固件与粉末床的相互作用界面面积越大。因此,低体积分数的点阵结构的制造精确度低于块状材料和高体积分数的结构。

我们尝试对支架内部的气孔和裂纹进行检测,但通过扫描电镜图像在有限的范围内只发现了轻微的孔隙,没有裂纹。这些微观形貌表明,制造偏差主要是由几何误差和表面缺陷造成的。观察到的孔隙大多为未熔合孔隙,其中缺口孔隙缺陷处会产生应力集中,在一定程度上会削弱支架强度。这些制造误差是造成 CAD 设计和 SLM 制造样品之间存在差异的原因。

为了研究杆单元的拓扑形态对 SLM 制造精确度的影响,图 5-7(a)给出了杆单元在给定倾斜度下悬垂和伴随的黏结粉末现象示意图。在 N 层和 $N+1$ 层之间有一个悬垂杆的微区。由于杆与金属粉末之间的导热率较低,松散颗粒不会完

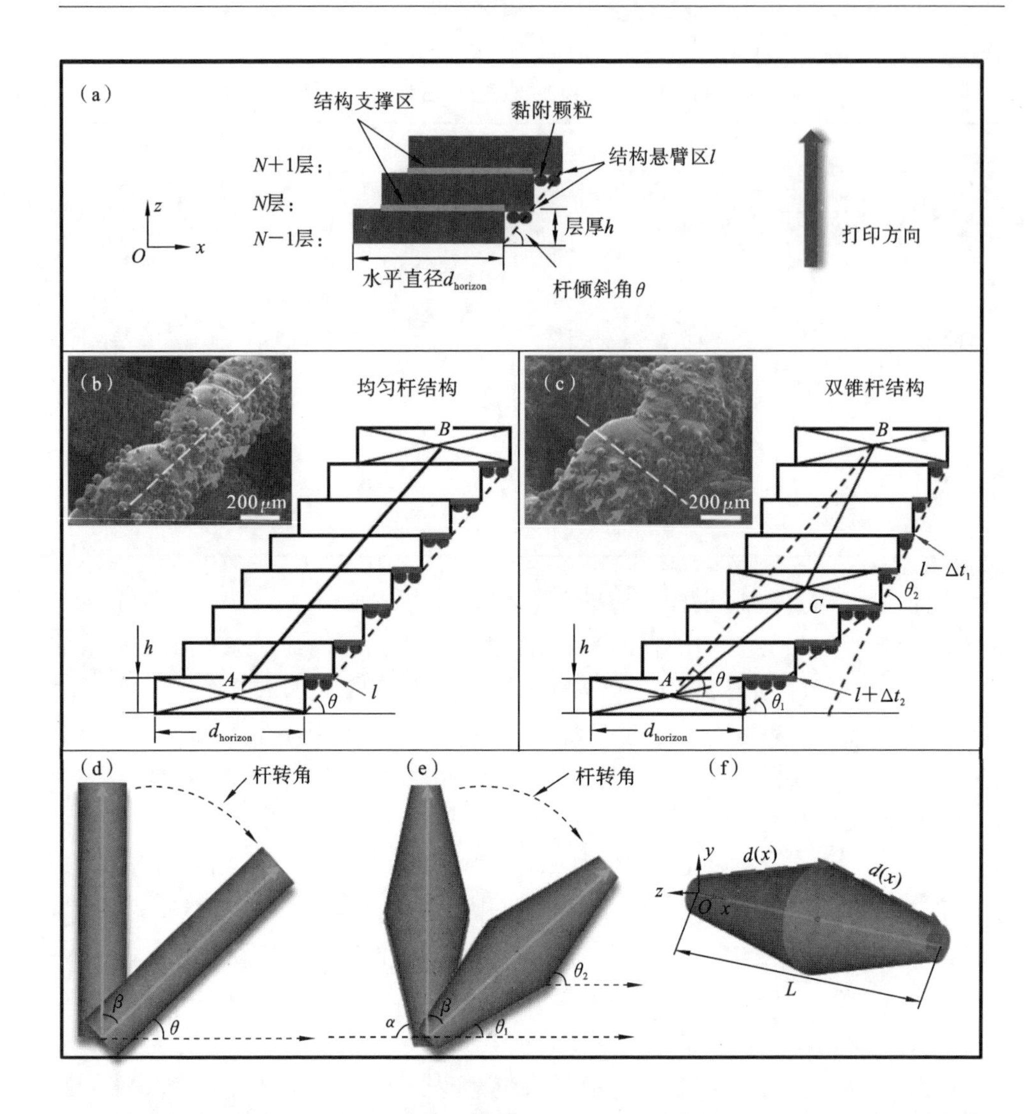

图 5-7　杆单元的拓扑形态对制造精确度的影响示意图:(a) 给定杆的倾斜度下悬垂和伴随的黏结粉末现象;(b) 均质杆和(c)双锥杆在 SLM 制造精确度上的比较;(d)(e) 金刚石点阵结构和双锥金刚石中杆的倾斜角、悬垂角和直径差角;(f) 外轮廓与不同位置之间数学关系的坐标系。

全熔化而是吸附在微区的下表面。从图 5-7(b)(c)中的均匀杆和双锥杆的微观形态来看,SLM 加工过程中悬垂的轮廓通常在向下方向超过 CAD 设计值。与 SLM 成形向上方向相比,向下轮廓表现出粗糙的表面特征,如 Leary 等人之前所述现象类似。与金刚石点阵结构中杆单元的均匀偏差不同,双锥金刚石的下半杆单元比上半杆单元的表面更为粗糙,这是因为杆单元末端的倾角小导致悬垂度较小,图 5-7(b)(c)也说明了这些现象。因此,点阵结构中杆单元的拓扑形态会在一定程度上影响制造精确度，包括由直径比控制的悬垂微观形态和悬垂程度。

悬垂长度 l、层厚 h、倾斜角 θ 的数学关系为

$$h = l \times \tan\theta \tag{5-18}$$

对于金刚石结构的均质杆，如图 5-7(b)所示，斜杆水平截面长度 d_{horizon} 由下式计算得到

$$d_{\text{horizon}} = \frac{D_0}{\sin\theta} \tag{5-19}$$

将悬垂长度除以水平长度，即用悬垂范围来描述均质杆的悬垂率 $\eta_{\text{overhanging-D}}$：

$$\eta_{\text{overhanging-D}} = \frac{l}{d_{\text{horizon}}} = \frac{h\cos\theta}{D_0} \tag{5-20}$$

对于双锥金刚石的双锥杆，建立图 5-7(f)所示的笛卡儿坐标。利用从 d 到 D 位置的线性增量几何关系，计算出沿 x 轴各处的直径，表达式如下：

$$d(x) = \begin{cases} 2\dfrac{D-d}{L}x + d, & x \in \left(0, \dfrac{L}{2}\right) \\ -2\dfrac{D-d}{L}x + (2D-d), & x \in \left(\dfrac{L}{2}, L\right) \end{cases} \tag{5-21}$$

根据水平直径与 x 轴位置的分段函数关系，将双锥杆的悬垂率分为 $0 \sim L/2$ 和 $L/2 \sim L$ 两部分，两部分的悬垂率分别为

$$\eta_{\text{overhanging-1}} = \frac{h\cos\theta_1}{d(x)}, \quad x \in \left(0, \frac{L}{2}\right) \tag{5-22}$$

$$\eta_{\text{overhanging-2}} = \frac{h\cos\theta_2}{d(x)}, \quad x \in \left(\frac{L}{2}, L\right) \tag{5-23}$$

其中，θ_1 和 θ_2 分别为杆端部位置和杆中部位置的倾斜角，如图 5-7(e)所示。金刚石点阵结构与双锥金刚石的倾斜角关系为

$$2\theta = \theta_1 + \theta_2 \tag{5-24}$$

比较均质杆和双锥杆的悬垂率：

$$\Pi(x) = \frac{\eta_{\text{overhanging-D}}}{\eta_{\text{overhanging-P}}} = \begin{cases} \dfrac{\cos\theta}{\cos\theta_1}\dfrac{2\dfrac{D-d}{L}x + d}{D_0}, & x \in \left(0, \dfrac{L}{2}\right) \\ \dfrac{\cos\theta}{\cos\theta_2}\dfrac{-2\dfrac{D-d}{L}x + (2D-d)}{D_0}, & x \in \left(\dfrac{L}{2}, L\right) \end{cases} \tag{5-25}$$

上述方程表明，当 Π 值大于 1 时，具有均质杆的金刚石点阵结构具有更好的表面质量。当层厚确定时，均匀支板的悬垂长度 l 也随之确定。而双锥支柱的悬垂长度 $l-\Delta t_1$ 和 $l+\Delta t_2$ 与直径比和倾斜角成函数关系。由式(5-25)可知，双锥杆位于杆的起点和末端($x=0$ 和 $x=L$)时，其悬垂率最大。双锥杆的最小悬垂率在杆中间处($x=L/2$)。

5.1.6 力学性能

在研究金刚石点阵结构和双锥金刚石点阵结构的力学性能时，用 SLM 制造质量相似的样品来比较力学响应更客观。图 5-8(a)(b)描述了不同体积分数金刚石点阵和双锥金刚石点阵的应力-应变曲线。SLM 制备的 Ti-6Al-4V 点阵结构具有典型的应力-应变曲线特征，包括应力随应变线性增加阶段、较长的平台阶段和应力快速增加的致密化阶段。在相同体积分数下，双锥金刚石的第一峰值应力始终小于金刚石点阵结构。与金刚石点阵结构相比，双锥金刚石的应力-应变曲线起伏较小。减小应力可以避免应力屏蔽现象。因此，通过调节骨支架的直径比，可以很容易地得到与宿主骨位置相当的模量或强度。从图 5-8(c)中可以看出，与金刚石点阵结构的倾斜断裂模式不同，双锥金刚石点阵出现了逐层断裂模式。在梯度结构的研究中，通常可以看到一层一层的平稳坍塌。双锥杆设计是一种不改变层间体积分数而改变单元内杆拓扑结构的逐层断裂模式的新策略。因此，可以推测，在孔隙率不变的情况下，由于杆处强度的变化，杆拓扑的设计显著影响了点阵结构的变形模式。

如图 5-8(d)(e)所示，随着体积分数的增加，金刚石点阵结构和双锥金刚石力学性能有相似的增长趋势。结果表明，当体积分数从 4.85%增加到 13.55%时，双锥金刚石弹性模量和屈服强度分别在 297.33～1257.23 MPa 和 8.60～36.85 MPa 之间，低于金刚石点阵结构的 507.95～1487.585 MPa 和 16.05～45.92 MPa。双锥金刚石的弹性模量比金刚石点阵结构低 15.48%～41.46%，且双锥金刚石的屈服强度比金刚石点阵结构低 17.41%～46.42%。骨缺损的植入支架通常是由具有不同微观结构和生物力学性能的软骨组织包裹而成的，传统点阵结构由于两者之间的 Gibson-Ashby 耦合关系，很难平衡孔隙率和力学性能。然而，与金刚石点阵结构原有的较高模量和强度相比，相同体积分数下双锥金刚石的较小模量和强度可以与小梁骨的力学性能完美匹配(弹性模量 10～4500 MPa，屈服强度 0.56～63.9 MPa)，消除骨组织界面的应力屏蔽现象。

5.1.7 计算验证

综上所述，由于斜撑的比表面积和悬垂较大，设计 CAD 模型与实际成形模型之间存在较大偏差。为了合理地预测五模点阵结构的力学性能，有必要根据 SLM 工艺所造成的尺寸偏差对设计的 CAD 模型进行修正，提高有限元计算结果的可

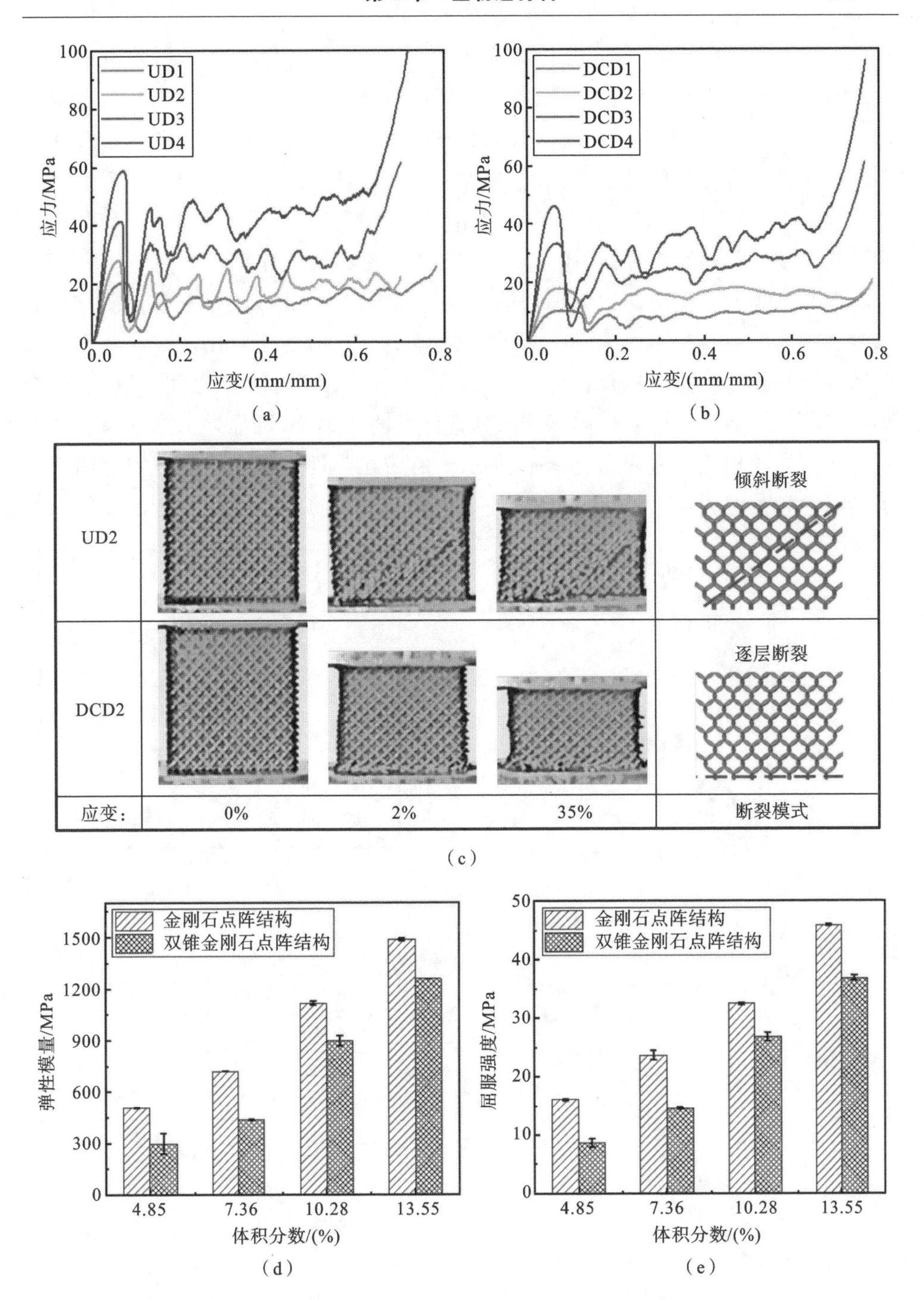

图 5-8　(a)(b) 金刚石点阵结构和双锥金刚石点阵的应力-应变响应对比，(c) UD2 和 DCD2 样品的压缩过程和断裂模式，(d)(e) SLM 制备金刚石点阵结构和双锥金刚石点阵结构样品的弹性模量和屈服强度对比。

靠性。当考虑金刚石点阵结构和双锥金刚石尺寸偏差，用实际体积除以表面积(称为平均模型)得到实际杆的直径。考虑到双锥金刚石尺寸偏差，应当根据最大直径位置的悬垂角与最小直径位置的倾角之比($\Delta d_1/\Delta d_2=\theta_1/\theta_2$)(称为线性模型)，重新计算实际杆的直径。同时，有限元模拟工作中继续应用RVE模型和周期边界条件，因为这种有限元方法的计算成本可接受。在下面的分析中，利用实际结构模型的预测数据，用上述有限元方法进行更精确的计算。

图5-9展示了均质杆和双锥杆的直径正偏差示意图，以及金刚石点阵结构和双锥金刚石的弹性模量实验值与模拟值随体积分数的变化对比。双锥金刚石点阵数据点与指数型曲线拟合良好，决定系数 R^2 在0.97～1.00之间。因此，类金刚石点阵结构的力学性能与体积分数具有良好的相关性，可推导出弹性模量与体积分数的显式相关性方程，如图5-9所示。由于在弹性模量和体积分数之间建立了精确的相关性关系，因此可以精确地预测甚至调整Ti-6Al-4V类金刚石结构在

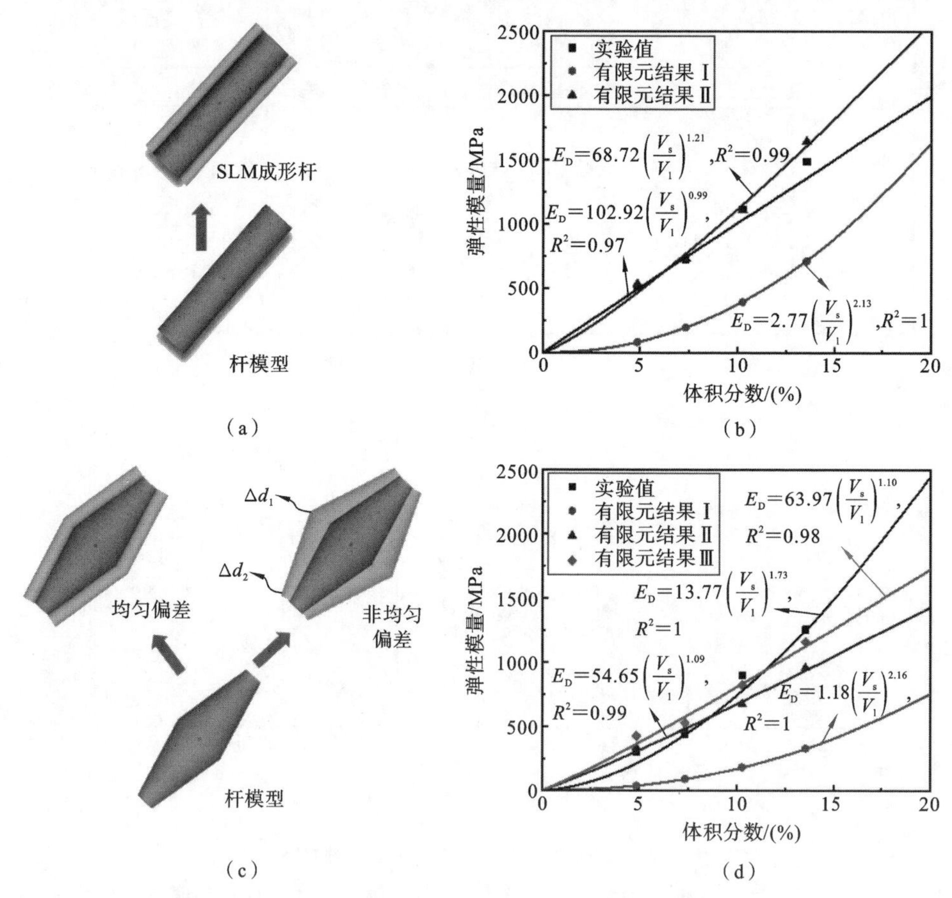

图5-9 弹性模量有限元预测：(a)均质杆和(c)双锥杆直径正偏差示意图；(b)(d)金刚石点阵结构和双锥金刚石弹性模量实验值和模拟值比较。

0%～20%体积分数范围内的力学性能。表 5-2 分别给出了 CAD 模型中平均模型和线性模型的精确补偿体积结果。由于考虑了几何缺陷的影响，平均模型（由有限元结果Ⅱ表示）或线性模型（由有限元结果Ⅲ表示）的结果更接近实验结果。与实验结果相比，由于粉体黏附现象，原设计模型的有限元预测偏差较大，而对于金刚石点阵结构和双锥金刚石，平均模型的偏差分别小于 11%和小于 25%。值得注意的是，体积分数较小和较大的双锥金刚石的平均模型结果分别高于和低于实验值。此外，随着体积分数的增加，绝对偏差有增大的趋势。与其他有限元结果相比，线性模型结果具有更高的预测精度。

表 5-2　金刚石点阵结构和双锥金刚石样品的质量、尺寸和估计直径的设计值与实际测量值

样品	实际 M /g	尺寸 /mm³	ΔM /g	实际 V /mm³	实际 $D_0(d)$ /mm	实际 D /mm	实际 $D_0(d)$ /mm	实际 D /mm
					均匀偏差		非均匀偏差	
UD1	1.75	20.1×20.0×20.4	2.51	0.96	0.325	—	—	—
UD2	2.65	20.1×20.1×20.4	2.27	1.10	0.353	—	—	—
UD3	3.70	20.1×20.1×20.4	2.29	1.34	0.395	—	—	—
UD4	4.88	20.1×20.1×20.4	2.31	1.61	0.44	—	—	—
DCD1	1.74	20.0×20.0×20.4	2.42	0.93	0.253	0.362	0.286	0.344
DCD2	2.65	20.1×20.1×20.4	2.33	1.11	0.270	0.403	0.290	0.376
DCD3	3.70	20.0×20.0×20.4	2.26	1.34	0.291	0.452	0.326	0.430
DCD4	4.87	20.0×20.0×20.4	2.26	1.59	0.313	0.503	0.350	0.480

注：M 为样本质量；ΔM 为实测值与设计值之间的偏差；V 为估计的样本实际体积。

5.1.8　仿人骨功能结构设计

本小节设计了内双锥金刚石和外金刚石点阵结构、内金刚石点阵和外双锥金刚石两种模型，控制其与周围骨组织的机械匹配程度，分别用于模拟节段性骨缺损和部分骨修复的股骨柄。图 5-10 展示了这些功能点阵结构的空间尺寸和几何设计模型。这些复合结构（外径和整体高度分别为 8 mm 和 6 mm）的单元尺寸为 2 mm，其中金刚石点阵部分的直径为 0.35 mm，双锥金刚石直径为 0.09 mm 和 0.50 mm，以保持其相对密度的一致性。内部构件的总直径为 6 mm，是外部直径的 3 倍。由于金刚石点阵和双锥金刚石的同源性，在不进一步修改互连界面连接方式的情况下，采用简单的布尔运算来获得复合结构。总的来说，采用不同的单元来设计支架是一种根据特定的应用和载荷情况来获得量身定制的力学性能的

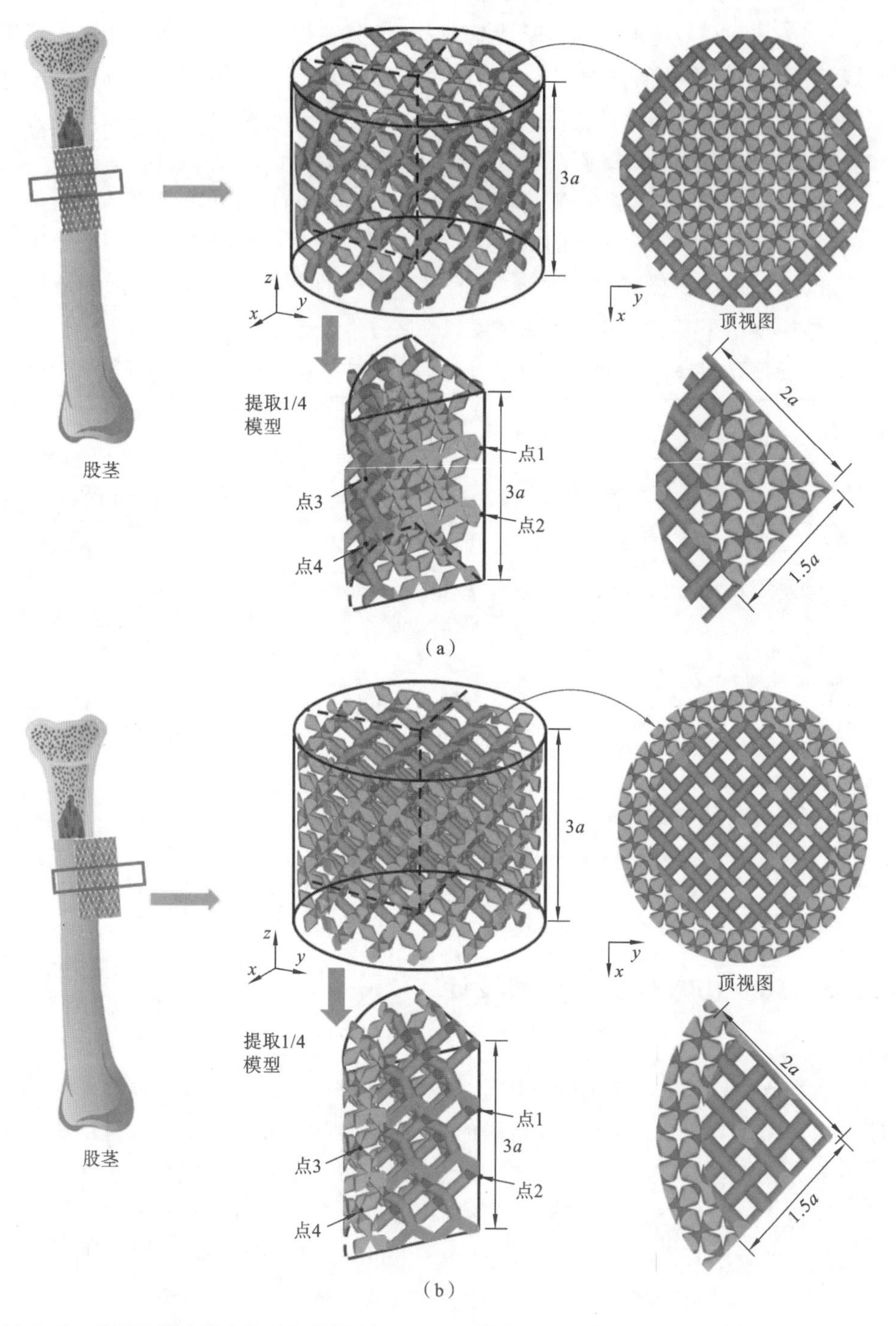

图 5-10　模拟股骨功能点阵结构设计(来自 Xiong 等人):(a) 内双锥金刚石和外金刚石点阵结构模型;(b) 内金刚石点阵和外双锥金刚石模型。

方法。然而,如何解决不同类型单元间的弱界面和支架几何/性能的规律性问题是一个难题。具有同源性的点阵结构具有较好的相容性,因此界面问题较少,力学性能的可控性较好。为了验证引入双锥金刚石后的应力屏蔽效果,从原始模型中提取这两类复合结构的四分之一模型,该模型对正交各向异性类金刚石点阵结构是合理的。然后将提取的四分之一模型用于位移控制力学有限元模型,支架上表面承受向下力,下表面保持固定,进一步分析复合材料结构和节点的应力分布与位移变化。

图 5-11 展示了在压缩载荷作用下,金刚石点阵结构和复合结构在负 z 方向 5%压缩应变处的应力分布,以及不同层中不同点对应的位移-应变曲线。可以发现,金刚石点阵结构的应力分布较均匀,如其他文献所述,应力主要集中在杆与杆

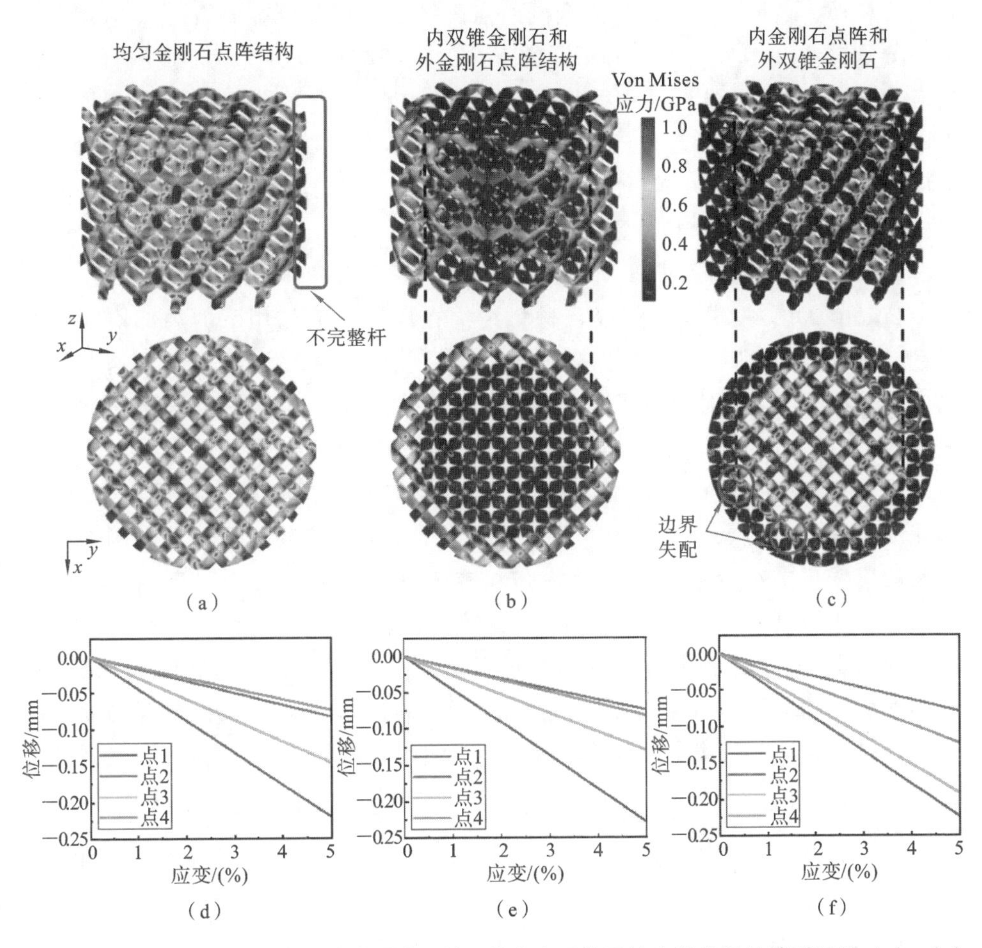

图 5-11　金刚石点阵结构和复合结构在 5%压缩应变下的压缩力学有限元模型预测:(a)～(c) Von Mises 应力分布和(d)～(f)结构各层不同点的位移与整体应变的关系。每个点的位置都在图 5-10(a)(b)中标出。

之间的连接处,因为这些地方是向相邻杆单元传递力的转接位置。点阵结构边缘杆中部的应力水平最低,这是由于边缘单胞具有不完整性。当双锥金刚石被引入金刚石点阵结构的中心区域时,与周围的金刚石点阵结构高应力水平相比,被替换部分表现出较低的应力水平。另外,内金刚石点阵和外双锥金刚石模型的复合结构在压缩状态下,表现出与金刚石点阵结构不同的周边低应力和内部高应力的分布特征。由于微小的边界失配,在金刚石点阵结构和双锥金刚石点阵的界面上出现了过多的高应力点。而在金刚石点阵结构上构建双锥金刚石外壳,可进一步调节宿主骨组织的力学环境,从而有效地降低应力水平。

从金刚石点阵结构和复合结构不同点的位移与整体应变的关系中可以发现,引入双锥金刚石后,点 2 的位移最小。此外,与均匀金刚石点阵结构相比,内双锥金刚石和外金刚石点阵结构与内金刚石点阵结构和外双锥金刚石的点 3、点 4 的位移分别减小和增大。远离力场源的点 2 的位移减小是由于双锥金刚石的屏蔽效应,双锥金刚石可设计为一种基于应力屏蔽作用的力学隐身斗篷,使不同于其周围物体的应力水平看起来与周围物体的应力水平一样。这意味着,除了可以消除应力屏蔽现象外,双锥金刚石用作生物多孔支架时,这种可显著降低应力水平的机械特性还可防止骨组织受到严重损伤。

这些结构是由相同的 SLM 工艺制造的。采用数字图像相关(digital image correlation, DIC)技术对功能复合材料结构在压缩载荷作用下的局部应变进行测量。图 5-12 分别展示了具有金刚石点阵结构和上述复合结构的压缩试样的主应变分布,它们分别经历了初始阶段、弹性阶段和首次载荷下降阶段。结果表明,与加载方向相比,金刚石点阵结构试样的应变集中线是倾斜的。应变集中线是剪切带断裂的萌生位置,通常在均匀点阵结构中出现。然而,复合结构的变形机理与均匀点阵结构不同。在弹性阶段,内双锥金刚石和外金刚石点阵结构的应变集中在金刚石点阵结构和双锥金刚石的界面处。内金刚石点阵和外双锥金刚石结构的主应变集中在金刚石点阵结构中心,与模拟结果一致。在首次载荷下降阶段,金刚石点阵结构模型呈现剪切带断裂趋势,而复合结构由于接触面不均匀而呈现远端断裂或近端断裂的迹象。结果表明,合理的复合结构设计可调整剪切带断裂到端部断裂的变形模式,从而防止内部结构受到外力破坏,特别是复合结构的设计可保持中心和外围独立的变形水平,从而达到消除应力屏蔽现象的作用。

5.1.9　结论

本节提出了一种双锥杆拓扑策略,利用类金刚石结构构建无应力屏蔽的骨支

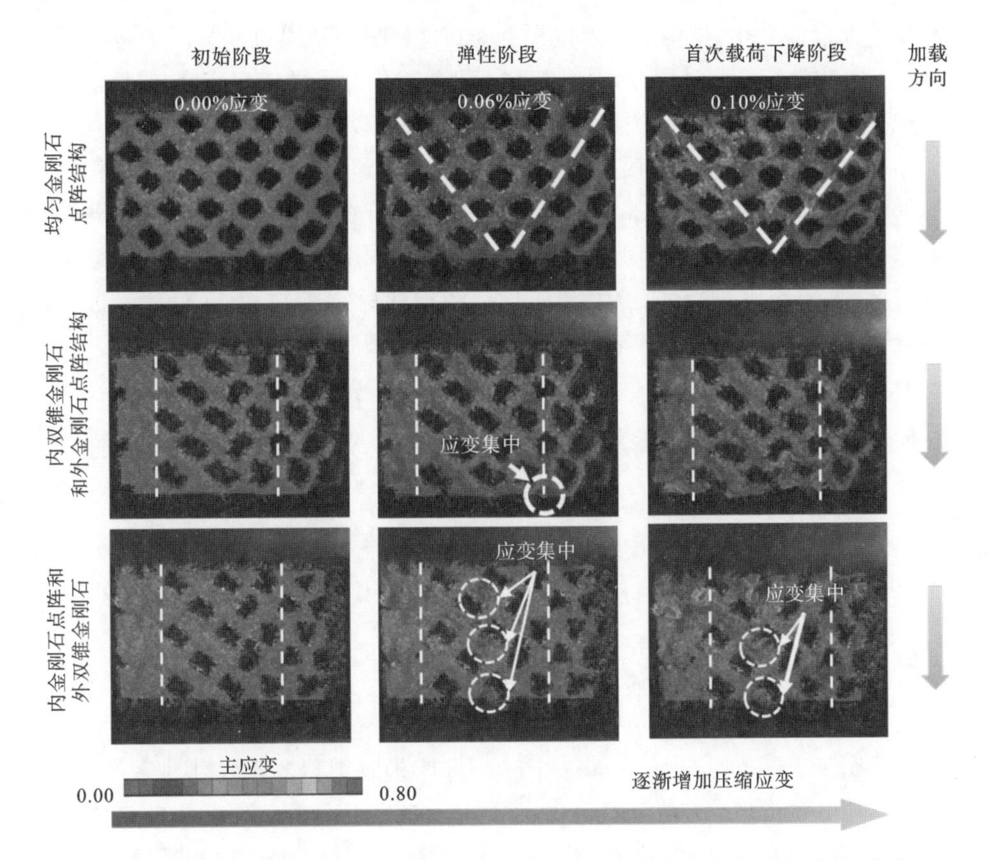

图 5-12　压缩实验中金刚石点阵、内双锥金刚石和外金刚石点阵结构与内金刚石点阵和外双锥金刚石的主应变等值线：初始阶段、弹性阶段和首次载荷下降阶段。应变集中部位用白色虚线圈出，白色虚直线表示复合结构中不同晶格类型的边界。

架，建立了 RVE 模型来预测不同杆拓扑结构的类金刚石结构的弹性性能。通过实验研究了具有代表性的试样在准静态压缩实验下的表面形貌和力学响应。通过金刚石点阵结构和双锥金刚石点阵的结合，实现了模拟人骨的设计。有限元分析和实验结果验证了该材料的应力屏蔽作用。本研究的主要发现如下。

（1）金刚石点阵结构的弹性性能与体积分数和双锥度有关。当直径比大于 6.00 时，弹性常数趋于稳定。弹性性能与直径比呈负幂律相关关系，而与体积分数呈正幂律关系。

（2）SLM 制造的金刚石点阵结构和双锥金刚石样品在形态相似性方面与设计样本具有良好的一致性。当直径比足够大时，金刚石点阵结构具有更好的表面质量，双锥金刚石具有更好的尺寸精度。

（3）当试样体积分数从 4.85%增加到 13.55%时，双锥金刚石的弹性模量和屈服强度分别比金刚石点阵结构低 15.48%～41.46%和 17.41%～46.42%。由于杆结构强度的变化，结构的变形模式也受到这种拓扑结构的影响。

(4) 本节设计了两种复合结构，其与周围骨组织的机械匹配程度，明显优于均匀体积分数的结构，验证了功能点阵的应力屏蔽作用。

结果表明，不同杆结构(改变体积分数和双锥水平)的类金刚石点阵结构具有不同的形态特征和力学性能。双锥金刚石结构具有在降低强度和刚度的同时保持孔隙率的特点，是一种具有吸引力的拓扑结构，适用于医疗骨科、机械斗篷和功能网格设计。未来将进行模拟人骨的复合结构的生物实验验证，包括渗透性测试、体外细胞相容性和利用双锥金刚石点阵的体外细胞活性实验。

5.2 激光选区熔化多孔金属骨支架材料的定制力学响应和质量传输特性

5.2.1 引言

骨组织工程(bone tissue engineering, BTE)通过细胞多孔结构(骨支架)结合自体和异体骨移植来治疗大型骨缺损，该领域已得到广泛研究。常用的自体或异体骨移植方法可修复骨缺损、骨坏死、严重创伤，并具有较高的生物相容性，但自体骨移植通常会产生供区病变、血肿和骨供应不足等副作用，而异体骨移植在解剖变异和诱导能力方面受到限制。

为了避免上述麻烦，可以将骨支架直接植入受伤部位，然后结合人体的自愈机制，在体内诱导骨组织再生。模拟宿主骨的多孔生物材料作为骨支架需求量很大。Jetté 等人设计了具有六边形截面的金刚石基多孔结构作为骨支架，这是由于立方体或八面体基点阵对应物具有准各向同性特性。Shi 等人通过 CT 重建分析了兔股骨皮质骨拓扑特征，提出了基于 TPMS 结构的仿生多孔支架。Yang 等人利用实验和模拟方法综合分析了陀螺形 TPMS 结构的力学性能。

骨支架的力学和质量传输性能非常重要。骨支架的弹性性能和强度应优化到与周围组织相同的水平，以防止一些并发症的发生。适当的机械刺激可促进骨组织再生；高强度刺激会产生应力屏蔽现象，诱发种植体-骨界面的机械松动。此外，强度不足不能满足承重要求，会导致骨吸收。骨细胞的质量传输特性与骨细胞生长所必需的营养物质在骨替代部位的传质能力有关。人体骨骼在不同部位的力学和质量传输特性不同。多孔生物材料的拓扑可设计性是骨植入物在不同位置匹配不同性能要求的重要技术基础。人体骨骼由皮质骨和松质骨两种类型的骨组织组成，它们在拓扑结构和分布上有所不同。松质骨和皮质骨的弹性模量分别在 0.1～4.5 GPa 和 3～20 GPa 之间。对于骨植入物，据文献报道，取自跟骨椎体、股骨和棘松质骨的渗透性数值在 $2.56\times10^{-11}\ m^2$～$74.3\times10^{-9}\ m^2$ 之间。在多孔生物结构设计中存在的问题是，传统的多孔结构在满足力学性能和孔隙率要求的前提下，由于力学性能和孔隙率之间存在 Gibson-Ashby 耦合关系，其渗透率调节范围非常有限。换句话说，为了获得高的整体渗透性，推荐使用高孔隙率的支架。然而，随着孔隙率的增加，支架的强度会降低。因此，骨支架的设计应该考虑一个最佳的孔隙率，使其具有足够高的渗透率，便于质量传输，并与周围组织的弹性特性相匹配。

超材料是经过合理设计而表现出超常物理性能的工程结构。基于超材料的概念，设计生物多孔超材料可以应对多物理性能调控的挑战。基于梁基单元（有时称为支柱）的几何拓扑，如体心立方结构和面心立方结构，常被用于开发超材料，其中超材料的拓扑单元决定了其在大尺度上的性能。五模超材料是一种特殊的极端材料，在某些方向上具有很高的变形抗力（与弹性模量的最大特征值有关），而在其他方向上具有很强的顺应性（与弹性模量接近零的特征值有关）。五模超材料体积模量和剪切模量的关系是解耦的。这是因为五模超材料的体积分数（volume fraction，VF）控制其体积模量，而剪切模量则由最小的结构尺寸控制。利用解耦特性可以独立地调整体积分数和力学特性，这意味着可以为骨组织再生提供适当的机械刺激，并为细胞氧化作用运输足够的物质。

在多孔生物材料的制造技术方面，传统的制造技术加工灵活性、几何精确度和材料利用率低。然而，骨组织工程支架必须具有多孔性，才能促进骨组织生长，降低应力屏蔽效应。随着增材制造技术的出现和成熟，通过粉末床增材制造工艺，如激光选区熔化和电子束熔炼，可以实现对多孔金属结构拓扑特征的高精度和持续控制。由于激光选区熔化可以在几百微米的尺度上生成高度多孔的金属结构，因此被广泛地应用于骨组织工程支架的研究中，并受到广泛关注。Ma 等人受自然的启发，采用激光选区熔化法制备了基于陀螺仪的 TPMS，以构建多孔生物材料的内部孔隙结构。因此，激光选区熔化技术可以用于生产精致和复杂的五模超材料结构。

迄今为止，对多孔生物材料力学性能和质量传输性能的研究大多处于分离状态。一些研究关注多孔支架的力学性能，通过设计适当的结构来消除应力屏蔽效应，以满足植入部位的力学要求。一些人研究了孔隙拓扑结构和体积分数对质量传输特性的影响，这与代谢和营养物质的传输有关。刚度和通透性都被用作定量评价支架植入物的重要指标。关于质量传输特性和力学性能综合优化的研究论文比较少。由于孔隙率、力学和质量传输特性之间的一一对应关系，对于给定的传统点阵类型，一定的孔隙率只对应一个唯一的力学特性（即弹性模量和强度）和一个渗透率值,这限制了其在骨支架中的广泛应用。五模超材料可以解耦这些物理性能,进而提高点阵结构在生物骨支架领域的适用性。

本研究采用激光选区熔化法制备具有双锥杆的五模超材料骨支架。本文的目的是结合增材制造工艺,采用实验和模拟的方法综合研究五模超材料的力学性能和质量传输性能。通过孔隙率、弹性模量、屈服强度和渗透率的耦合,建立孔隙率、弹性模量、屈服强度和渗透率的数学计算模型,揭示拓扑几何结构、力学性能和传质能力之间的关系。

5.2.2 多孔生物材料设计

图 5-13(a)所示的金刚石五模超材料单胞具有各向同性的几何特征,可为生物材料植入物提供在多个方向上相同的承载强度。支柱是对称的双锥元素,它们的细末端彼此接触。双锥支柱有两个直径参数——支柱中间的最大截面直径 D(称为中部直径)和两端的最小截面直径 d(称为端部直径),使体积分数设计更加多样化。SLM 工艺制造方向与各杆轴对称中心线的夹角为 54.5°,这有利于提高 SLM 制造的稳定性并获得较高的尺寸精度。五模超材料单胞的边长 a、双锥形杆的长度 L 和杆单元与水平面的夹角 θ 之间的几何关系可表示为

$$L=\frac{a}{2\sqrt{2}\cos\theta},\quad \cos\theta=\frac{\sqrt{6}}{3} \tag{5-26}$$

由于每个双锥杆单元通过一个共享节点连接到四个相邻的杆单元上,因此存在重叠现象,但端部直径 d 尺寸较小,可忽略重叠区域。忽略重叠区域后,简化的体积分数计算公式如下:

$$V^{*}=\frac{V_{\text{S-PM}}}{V_{\text{U}}}=\frac{\sqrt{3}}{24}\pi\left[\left(\frac{D}{a}\right)^{2}+\frac{D}{a}\cdot\frac{d}{a}+\left(\frac{d}{a}\right)^{2}\right] \tag{5-27}$$

其中:V^{*} 是体积分数;$V_{\text{S-PM}}$是所有杆单元的体积;V_{U} 是结构单胞体积;S-PM 指简化后的 PM 结构。

在不同的视角上,金刚石五模超材料单胞具有不同的内孔大小和形状,这可能会影响力学性能和传质性能。图 5-13(b)分别展示了沿[001]方向、[111]方向和[110]方向的结构特征。这些方向的结构分别具有沿 2π/4、2π/3 和 2π/3 的旋转轴的旋转对称性能。d_1和 d_2分别是孔隙的内圈和外圈直径。十年前人们就开始研究孔隙大小对骨组织再生的影响,为了更好地促进骨组织的生长,有文献称设计的骨支架的体积分数必须在 40%以下,孔径在 300 ~1200 μm 之间。

金刚石五模超材料的弹性张量只有一个非零特征值和五个近零的特征值,它们通过较大体积模量 B 与剪切模量 G 之比,实现微结构中本征频率的压缩波和剪

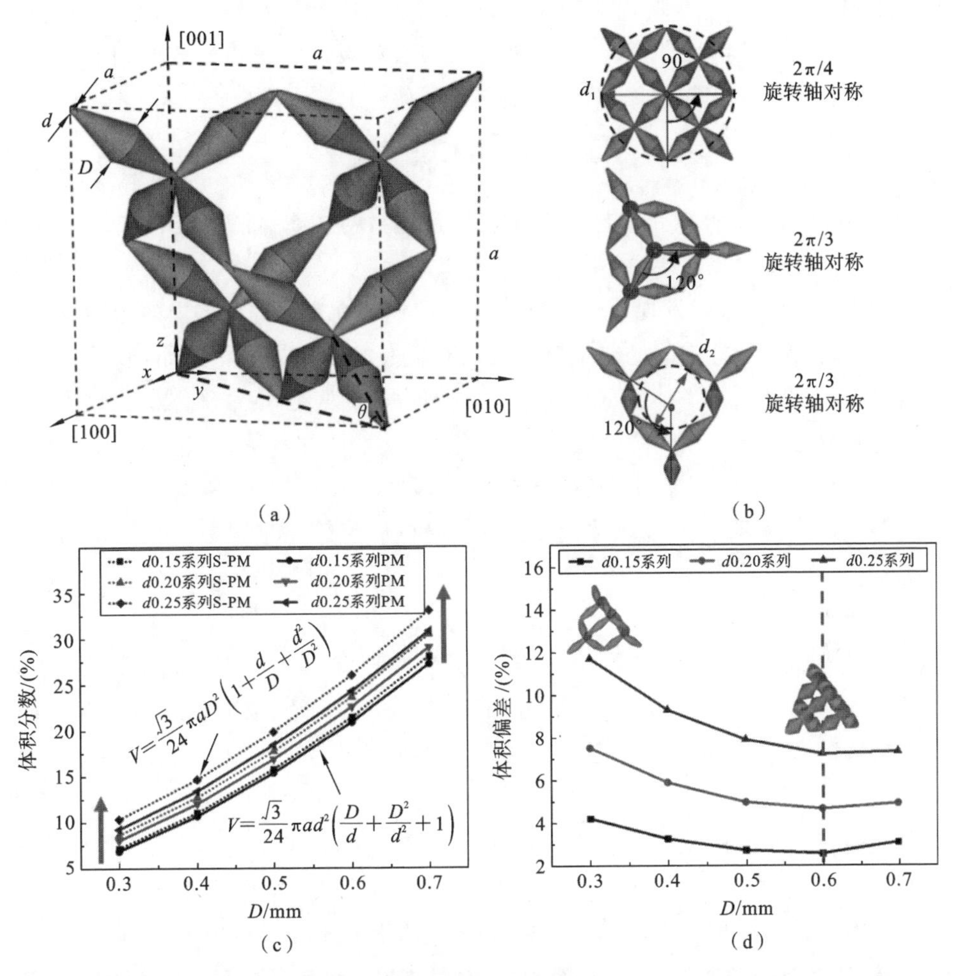

图 5-13　金刚石五模超材料单胞及其几何性能：(a) 单元大小为 a 的原始五模超材料单胞；(b) 沿[001]方向、[111]方向和[110]方向的视角图；(c) $V_{S\text{-}PM}$ 和 V_{PM}，以及五模超材料的体积分数与 D 和 d 值的关系；(d) 五模超材料体积偏差随 D 和 d 值的变化趋势。

切波解耦。金刚石五模超材料的五模特性与直径比 D/d 有关。D/d 越大，B/G 比越高，越接近完美的五模属性。在目前研究中，由于 SLM 加工工艺的局限性，在设计较大 D/d 比($D>d$)的基础上，通过调节两个直径参数 D 和 d，可设计 15 种不同体积分数的金刚石五模超材料。其中，锥端直径 d 的范围为 0.15～0.25 mm，间隔为 0.05 mm；中部直径 D 为 0.30～0.70 mm，间隔为 0.10 mm。与可忽略的细锥端直径 d 相比，中部直径 D 对体积分数的变化起主导作用。这些金刚石五模超材料的最大孔径约为结构单胞边长的一半，约为 1000 μm，最小孔径为 763 μm，均在骨支架的要求范围内。金刚石五模超材料可利用变量 d 和 D 根据方程(5-27)调节体积分数，使体积分数小于 40%。

如图 5-13(c)所示，随着中部直径 D 的增加，体积分数呈二次指数上升趋势。图 5-13(d)表明，简化的体积分数计算结果与实际设计的体积分数值相似。为了量化两个体积结果之间的体积偏差，引入体积偏差 V_d，计算公式如下：

$$V_d=\frac{V_{S\text{-}PM}-V_{PM}}{V_{PM}} \tag{5-28}$$

其中，V_{PM} 为非多次计数重叠区的金刚石五模超材料体积，可直接从 CAD 软件中获得。

由图 5-13(d)可以发现，最大体积偏差为 12%，在本研究范围内的预测量是合理的。这可归因于杆中间的非重叠区域没有较大的体积损失。因此，非重叠区域所占体积的比例决定了体积的变化。Hedayati 等人发现，用精确体积分数代替近似的体积分数将高估结构弹性模量和强度等力学性能的预测值，这是由于具有恒定截面点阵结构的均质杆中有较大比例的重叠区域。相反，金刚石五模超材料具有变截面的对称双锥杆，忽略杆单元端部的重叠，但简化过程中没有明显的体积损失。

本节设计了一系列 d=0.15，0.20，0.25 mm，D=0.3，0.4，0.5，0.6，0.7 mm 的金刚石五模超材料样品，如图 5-14 所示。所有 Ti-6Al-4V 金刚石五模超材料均由 10×10×10 个单胞组成，采用 SLM 成形。对于不同结构参数的金刚石五模超材料试样，每种制备 2 个进行重复实验，共制备了 30 个试样(总体样品设计尺寸为 20×20×20 mm^3)进行准静态压缩实验，如图 5-15 所示。此外，还准备了另外 5 个金刚石五模超材料样品(d0.15D0.3，d0.15D0.3，d0.20D0.3，d0.20D0.5 和d0.20D0.7)，使用 micro-CT 测试观察结构可能存在的制造精度偏差和孔隙裂纹缺陷。优化后的 SLM 工艺参数为：激光功率为 280 W，扫描速度为 1200 mm/s，层厚

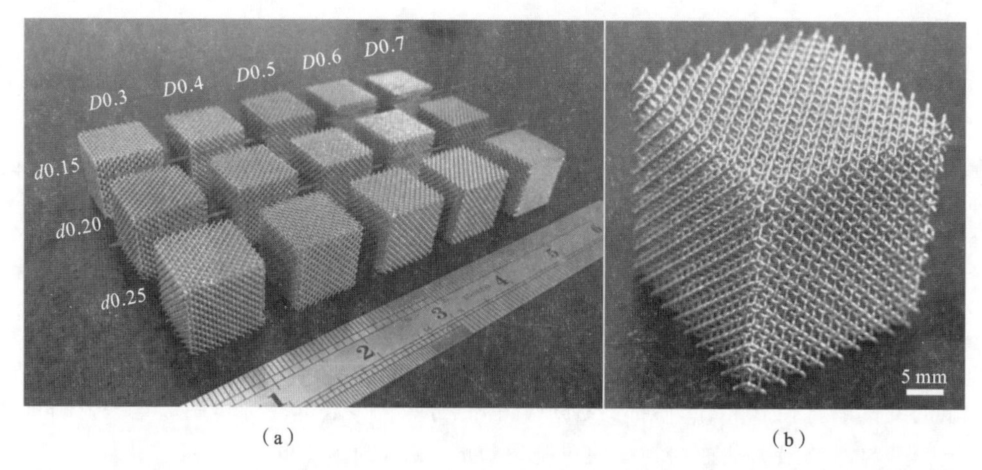

(a) (b)

图 5-14 SLM 成形的 Ti-6Al-4V 金刚石五模超材料样品(标尺单位为厘米)：(a) 不同拓扑结构样品；(b) d0.15D0.3 样品。

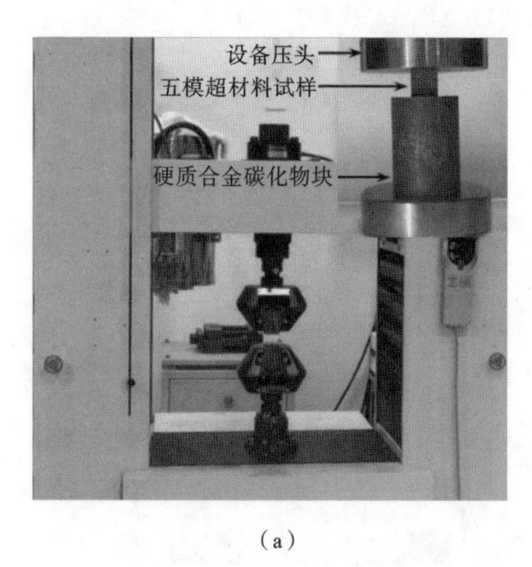

(a)

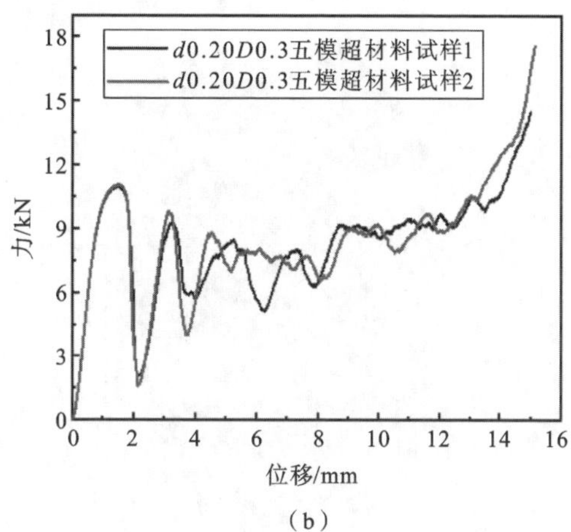

(b)

图 5-15　压缩实验：(a) 压缩实验装置；(b) $d0.20D0.3$ 三维金刚石五模超材料样品的力-位移曲线。

为 30 μm，搭接间距为 140 μm，层与层之间扫描方向交替旋转 67°。

5.2.3　计算方法和渗透率测试

在本小节中，通过 COMSOL Multiphysics v. 5. 3. a 软件构建层流计算流体动力学(computational fluid dynamics，CFD)模型来研究传质特性。在 CFD 分析中，采用纳维-斯托克斯(Navier-Stokes)控制方程来研究密度和黏度恒定的不可压缩流体的质量传输行为：

$$\rho \frac{\partial v}{\partial t} - (v \cdot \nabla) v + \frac{1}{\rho} \nabla P - \mu \nabla^2 v - F = 0, \quad \nabla \cdot v = 0 \tag{5-29}$$

式中：ρ 是背景流体的密度(kg/m³)；v 是背景流体的速度(mm/s)；μ 是背景流体的动态黏度系数(Pa · s)；∇和 P 分别是 del 算符和压力(Pa)；F 表示其他力(重力或离心力，在这种情况下 $F=0$)。

在本小节中，水被用作流动介质。图 5-16(a)展示了基于金刚石五模超材料的 CFD 模型的边界条件。考虑到边界效应的影响，在 CAD 模型中加入上述空隙区域，其中空隙区域高度为金刚石五模超材料高度的一半。进口流速为 0.001 m/s，对流侧出口压力为零。压降由以下公式得出：

$$\Delta P = P_{\text{planeA}} - P_{\text{planeB}} \tag{5-30}$$

除进出口表面外，其余壁面均设为无滑移条件的壁面边界。将密度为 1000 kg/m³、黏度为 1.01×10^{-3} Pa 的水的物理性能分配到液相域。渗透性或壁面剪

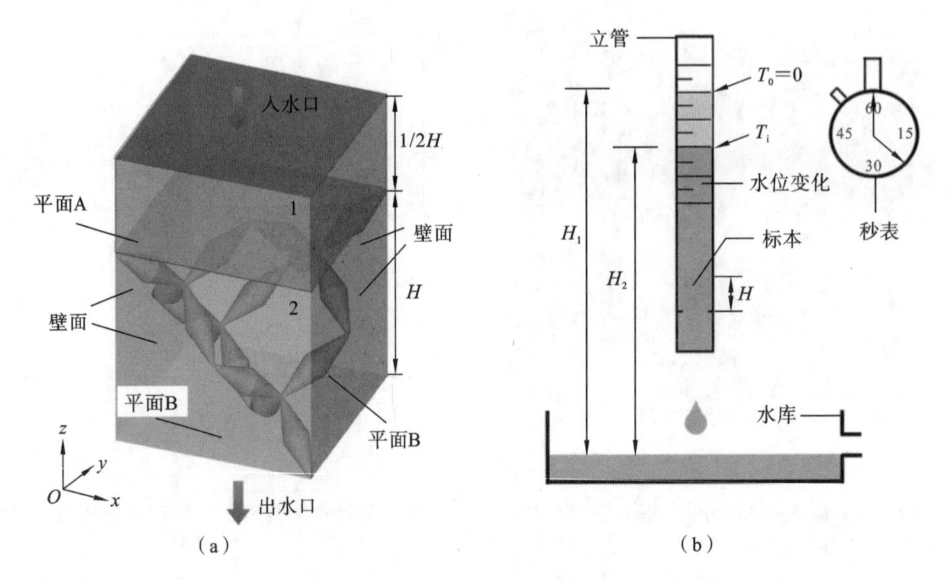

图 5-16 (a) CFD 分析中的边界条件；(b) 用落差法测量渗透率的实验装置示意图。

应力(wall shear stress, WSS)是一个关键指标，因为该物理参数对多孔支架内细胞生物活性有重要影响。这里利用渗透率来评估骨支架的质量传输能力，渗透率采用如下公式计算：

$$k_{\mathrm{sim}}=\frac{v\cdot\mu\cdot H}{\Delta P} \tag{5-31}$$

式中：H 是模型高度；ΔP 为压力差；v 为背景流体的速度；μ 为背景流体的动态黏度系数。

图 5-16(b)描述了用落差法测量渗透率的实验装置示意图，其中立管提供水源，校准尾管记录立管上的水位变化，通过在蓄水池中间高度开孔来保持恒定高度，秒表用于记录相应水位变化过程中的时间间隔。根据达西定律 $v=K\lambda$，可推导出五模超材料样品的实验渗透率，其中 v、K 和 λ 分别为流体速度、渗透率系数和水力梯度。初始高度 H_1 和最终高度 H_2 分别在 T_0 和 T_i 处获取。将 H_1 和 H_2 两个高度值设为常数，初始时间 T_0 保持为零，以简化分析计算。λ 由以下公式计算：

$$\lambda=\frac{H_1-H_2}{H} \tag{5-32}$$

K 可通过对测量时间 T_i-T_0 内的水流量进行计算得到：

$$K=\frac{aH}{A(T_i-T_0)}\ln\left(\frac{H_1}{H_2}\right) \tag{5-33}$$

式中：a 和 A 分别为立管和五模超材料样品的横截面面积；T_i、T_0 为时间。五模超材料样品的实验渗透率可通过以下公式推断得到：

$$k_{\text{exp}}=\frac{K\mu}{\rho g} \tag{5-34}$$

在本小节研究中，我们对每种类型的五模超材料进行了两次重复的压缩实验和五次重复的渗透性实验。对力学实验和渗透性实验得到的数据进行分析，并以平均值±偏差表示。各归一化弹性模量和屈服强度拟合为 $f(x)=ax^b$ 形式的幂律级数模型。归一化渗透率数据用 $f(x)=a(1-x)^b$ 的幂律级数模型拟合。在 95%的置信水平下，得到每个拟合的置信上限和置信下限。此外，我们拟合了一个二阶 Napierian 对数多项式来表征 Kozeny-Carman 常数对五模超材料孔隙率的依赖性。

5.2.4　显微形貌

将采用不同结构参数制造的金刚石五模超材料的 micro-CT 重建模型与原设计模型进行比较，如图 5-17(a)～(e)所示。三维尺寸偏差图表明：首先，利用 SLM 技术可成功制造金刚石五模超材料而无需杆，可较好地保持结构特性，不会出现坍塌现象；其次，大部分表面的偏差值几乎为零，最大偏差小于 0.25 mm；最后，表面偏差最大值位于杆内壁和外悬杆处。随着中部直径 D 增大，外悬杆表面偏差逐渐下降，如图 5-17(a)～(c)所示；而随着端部直径 d 增大，在图 5-17(d)(e)中，外悬杆处的最大偏差没有明显变化。结果表明，增加体积分数会减小比表面积，可有效地避免 SLM 制造点阵结构时常见的颗粒黏附现象。

外悬杆区域下表面出现黏结粉末和变形浮渣会造成较大的尺寸偏差，这是由 SLM 成形时零件和粉末材料之间的导热系数和激光吸收能力存在巨大差异造成的。下面结合独特的双锥杆单元设计，分析随着中部直径 D 值增大，表面偏差减小的原因。与 $d0.20D0.3$ 样品相比，体积分数增大了的 $d0.20D0.7$ 样品具有更小的比表面积，因而单位体积内具有更少的空间供粉末黏附。同时，Hussein 等人指出激光能量集中在较厚的杆上会导致熔池较小，从而降低周围松散粉末熔化的概率。然而，随着独特双锥杆锥度的增加，初始制造的杆倾角减小，这将增大悬垂度，进而使表面质量恶化，这一点 Yang 等人也讨论过。$d0.20D0.7$ 和 $d0.20D0.3$ 样品的表面偏差水平比较结果与 Hussein 等人的研究结果一致，但与 Yang 等人的结果不同。因此，可推测对于边长为 2 mm 的小尺寸金刚石五模超材料单胞，与悬垂度相比，激光能量功率是影响制造精度的主要因素。

图 5-17(f)～(g)展示了具有不同端部直径 d 和中部直径 D 的金刚石五模超材料的表面偏差统计学分布，表面偏差近似呈高斯分布特征，但相对于峰值

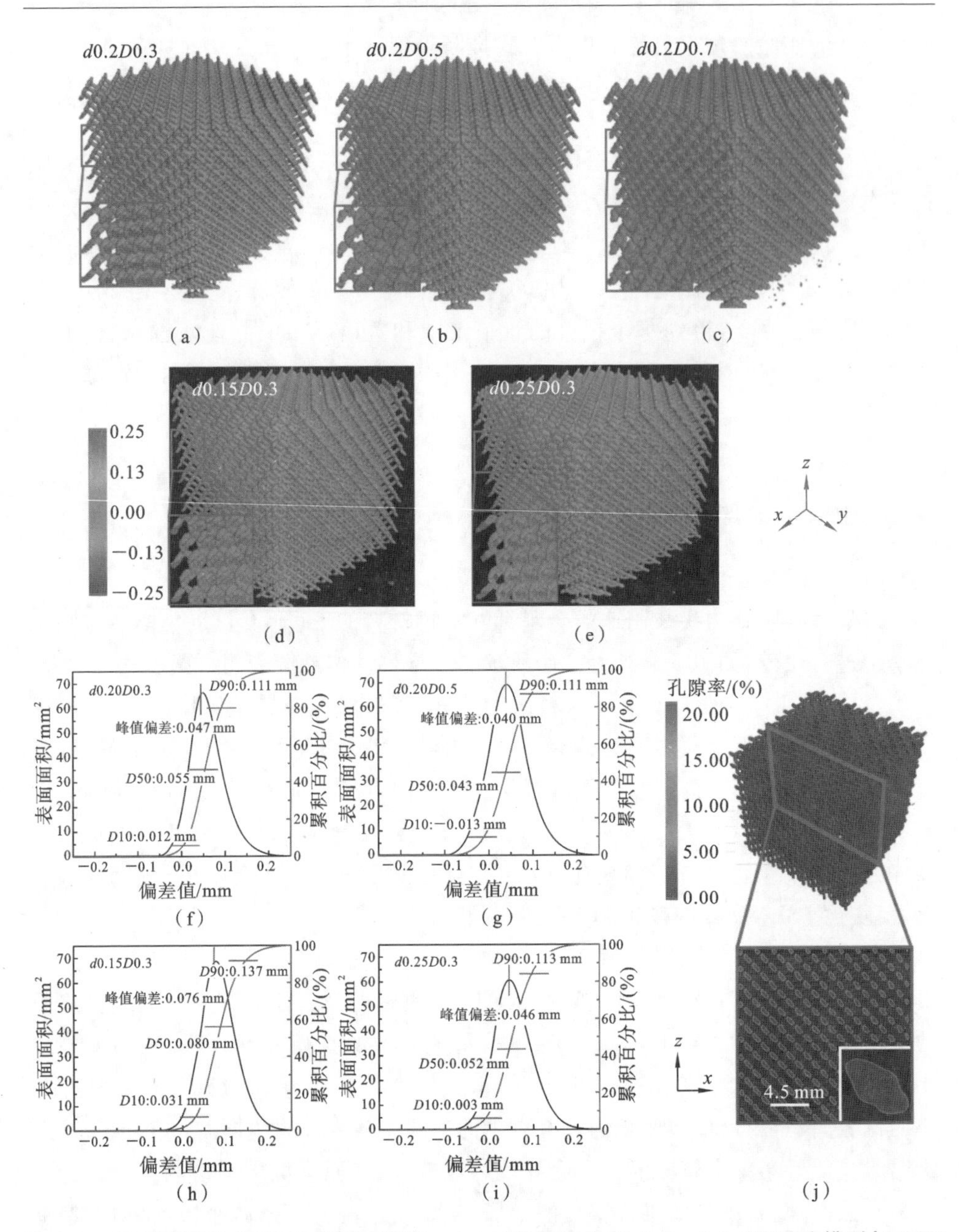

图 5-17　SLM 成形的金刚石五模超材料的 micro-CT 数据分析:(a)～(e) CT 重建模型与 CAD 设计模型的三维数模对比图;(f)～(i)具有不同体积分数的金刚石五模超材料的统计表面偏差分布;(j) $d0.20D0.3$ 样品和典型杆单元在重建模型的某个横截面上的致密化分析。

不是完全对称的,而是偏向于正偏差。各 D 值阶段的累积百分比表明,大多数偏差为正,表明 SLM 成形尺寸大于设计尺寸。$d0.20D0.3$ 样品的峰值偏差为

0.047 mm，D 值分别为 0.012 mm、0.055 mm 和 0.111 mm；d0.20D0.5 样品的峰值偏差为 0.040 mm，D 值分别为 −0.013 mm、0.043 mm 和 0.111 mm。此外，d0.15D0.3样品的峰值偏差为 0.076 mm，高于 d0.25D0.3 样品的 0.046 mm。d0.15D0.3 样品的 D 值分别为 0.031mm、0.080mm 和 0.137 mm，分别大于d0.25D0.3样品的 D 值，即 0.003 mm、0.052 mm 和 0.113 mm。结果表明，随着体积分数的增加，表面偏差有减小的趋势，这与三维表面偏差的变化一致。

图 5-17(j)致密化分析表明，未观察到大于一个体素（各向同性最小尺寸为 35.0 μm）的孔隙缺陷。虽然 micro-CT 致密化分析受到精度的限制，但在本小节研究中，SLM 成形的金刚石五模超材料仍被认为具有良好的致密化效果。

表 5-3 为制造的五模超材料样品干重，由于体积分数不同，实测平均质量分布在 4.46 g（d0.15D0.3）～13.27 g（d0.25D0.7）之间，质量偏差大体上随体积分数的增大而减小。所有测量的质量都比设计质量大。质量偏差 η_m 的大小与比表面积（S_{PM}/V_{PM}，S_{PM}为五模超材料的表面积）、原始粉末直径以及加工层厚随机相关。质量偏差由以下公式计算：$\eta_m = |m_d - m|/m \times 100\%$。对于既定的原始粉末和指定的激光工艺，减小 S_{PM}/V_{PM}可以显著降低正偏差 η_m。这一变化规律也得到了表面偏差分析的验证。有两个问题值得注意：所有五模超材料的 η_m 值都大于 15%，而大多数 3D 表面具有可接受的偏差；差值的绝对值$|m_d - m|$与 S_{PM}近似线性相关。这可以解释为五模超材料单胞边长小且单胞数量多的特点使得大量的自由表面可黏结松散的颗粒，从而导致偏差随 S_{PM}的增加而增大，然而质量或表面偏差除以单胞数量后，其数值是非常小且均匀的，因此整体的三维表面偏差小。

表 5-3　五模超材料设计几何特征及设计和制备的样品的质量比较(SD 为标准差)

样品	S_{PM} /mm^2	S_{PM}/V_{PM} /mm^{-1}	设计 m_d /g	测量平均 m/g (SD)	$\|m_d - m\|$	偏差 η_m /(%)
d0.15D0.3	9088.3	17.24	2.46	4.46 ± 0.04	2.00	44.84
d0.15D0.4	11438	13.97	3.83	5.78 ± 0.04	1.95	33.74
d0.15D0.5	14004	11.85	5.52	7.37 ± 0.03	1.85	25.10
d0.15D0.6	16942	10.35	7.52	10.12 ± 0.16	2.60	25.70
d0.15D0.7	20042	9.36	9.77	12.99 ± 0.08	3.22	24.79
d0.20D0.3	9609.8	15.55	2.88	4.72 ± 0.03	1.84	38.98
d0.20D0.4	11827	12.78	4.31	6.31 ± 0.13	2.00	31.70
d0.20D0.5	14230	10.92	6.06	8.05 ± 0.08	1.99	24.72
d0.20D0.6	16973	9.58	8.11	10.41 ± 0.02	2.30	22.09
d0.20D0.7	19831	8.67	10.42	13.13 ± 0.05	2.71	20.62

续表

样品	S_{PM} /mm²	S_{PM}/V_{PM} /mm⁻¹	设计 m_d /g	测量平均 m/g (SD)	$\lvert m_d - m \rvert$	偏差 η_m /(%)
d0.25D0.3	10062	14.00	3.32	5.18 ± 0.02	1.86	35.91
d0.25D0.4	12139	11.69	4.81	6.58 ± 0.03	1.77	26.90
d0.25D0.5	14373	10.07	6.62	8.68 ± 0.03	2.06	23.73
d0.25D0.6	16893	8.86	8.71	10.92 ± 0.06	2.21	20.24
d0.25D0.7	19514	8.03	11.06	13.27 ± 0.10	2.21	16.65

图 5-18(a)(b)展示了 d0.15D0.3 样品的形貌图，图 5-18(c)(d)分别展示了 d0.15D0.5 和 d0.15D0.7 样品的形貌图。图 5-18(a_1)(a_2)表明倾斜双锥面具有阶梯效应特征。通过比较不同表面的区域形貌可以发现，杆顶面比杆两侧的表面更光滑平坦。倾斜杆的下表面比侧面和上表面略粗糙，这是颗粒在打印方向上分布不均匀和阶梯效应引起的，与 CT 重建模型的分析结果一致。这也导致 SLM 成

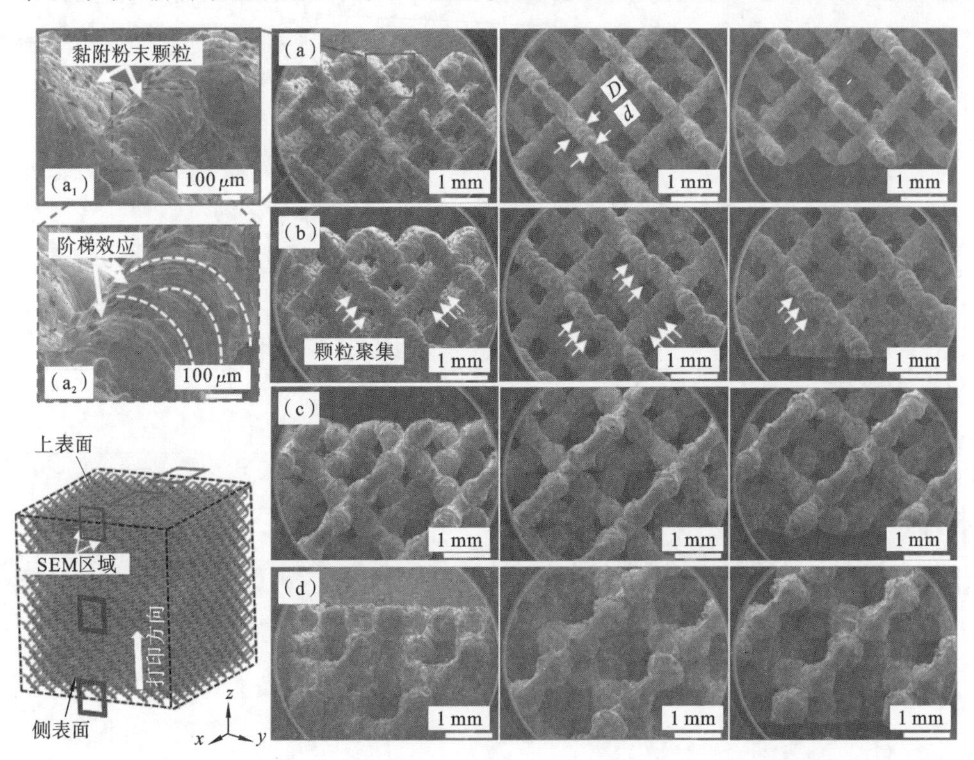

图 5-18 金刚石五模超材料样品的 SEM 形貌：(a) d0.15D0.3 样品的顶面视图；(a_1)(a_2)杆的微观形貌；(b) d0.15D0.3 样品的侧面视图；(c)(d) d0.15D0.5 和 d0.15D0.7 样品的顶面视图。

形的 $d0.15D0.3$ 样品的双锥杆特征表观上不清晰。然而，具有较大 D/d 比值的金刚石五模超材料与设计模型基本吻合，表现出良好的对称双锥杆特征。

5.2.5　力学响应

图 5-19 展示了 $d0.20D0.3$、$d0.20D0.5$ 和 $d0.20D0.7$ 的金刚石五模超材料样品在 5%、10%、20%、30%和 40%几种压缩应变条件下的变形过程。其他具有不同几何参数的五模超材料的变形过程与这些五模超材料没有明显差别，为了提高可读性，没有在图 5-19 中绘制它们的变形过程。

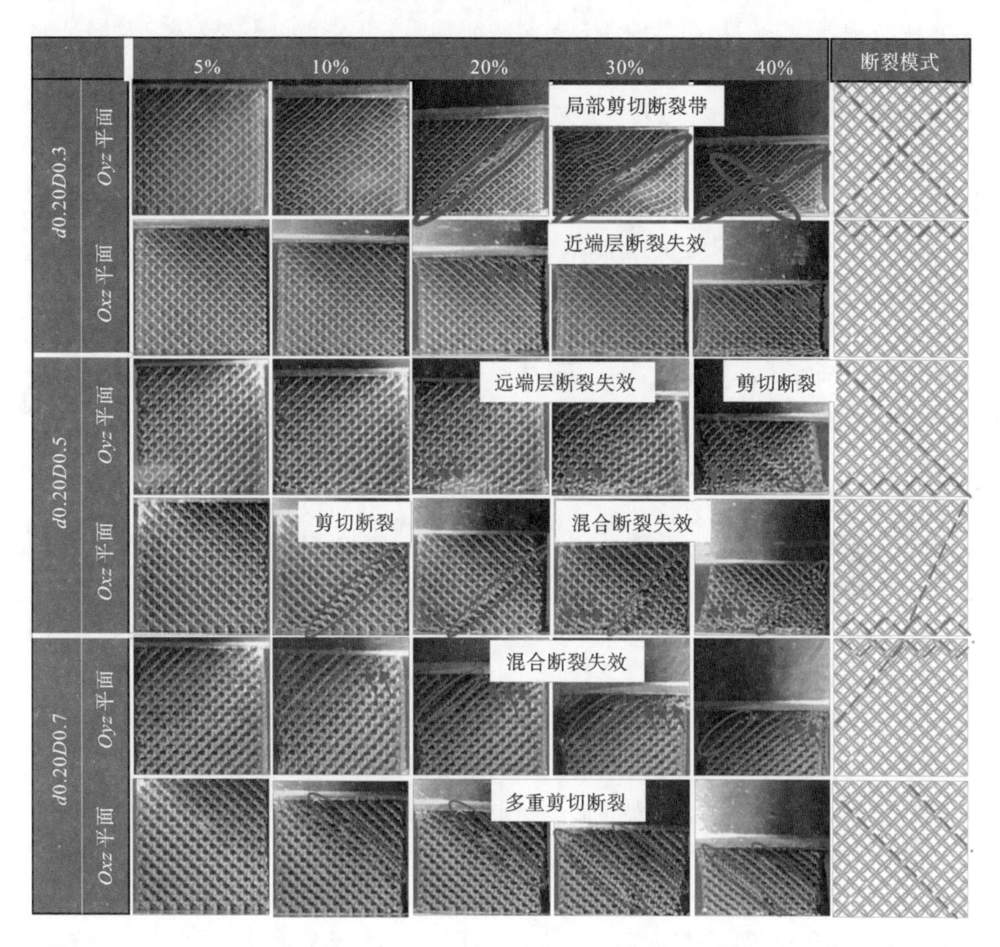

图 5-19　$d0.20D0.3$、$d0.20D0.5$ 和 $d0.20D0.7$ **金刚石五模超材料样品在** 5%、10%、20%、30%**和** 40%**压缩应变下的变形过程**

杆系点阵结构的变形行为可用麦克斯韦数 M 表征（$M=s-3n+6$），M 取决于

杆数量 s 和节点数量 n，而不是杆的形状。金刚石五模超材料单胞由 16 个杆和 8 个无摩擦节点组成，根据麦克斯韦准则计算得到 $M=-2$，被认为是一个以弯曲变形为主的拓扑结构。如图 5-19 所示，$d0.20D0.3$ 样品的变形行为与金刚石点阵结构具有相似的特征。在压缩阶段开始时，由于缺少平行于载荷方向的轴向杆，杆在 Oxz 平面上有弯曲倾向，在 Oyz 平面出现近端层破坏。表明杆数量太少，无法平衡节点处产生的外力和力矩，导致在杆单元处产生弯曲应力，从而产生由弯曲主导的变形行为。弯曲起始区在 20%应变下开始形成剪切断裂带，在 Oxz 平面约 40%应变处逐渐形成“X”形，而整个 Oyz 平面的压缩变形是均匀的。体积分数略有增加(例如 $d0.20D0.5$ 样品)时，剪切带直到在大约 40%应变下才会出现于两个相邻表面。然而，与 $d0.20D0.3$ 样品相比，$d0.20D0.5$ 和 $d0.20D0.7$ 样品的压缩过程图像显示出明显的混合断裂特征且伴有近端/远端层破坏以及同平面的剪切断裂。对于 $d0.20D0.7$ 试样，在 10%左右应变下，两个相邻平面几乎同时发生剪切带变形，在 30%应变下观察到多种剪切破坏模式。总的来说，该五模超材料样品以脆性的方式破坏，沿着大约 45°倾斜带方向逐渐坍塌。这种断裂模式通常在由杆单元组成的弯曲主导结构的研究中观察到。不同的是，以往的研究聚焦于变形模式随体积分数的增加而变化，但尚未阐明相邻两个相互垂直侧面的变形机理。

本研究中观察到的特定断裂模式可归因于杆单元的长细比和边缘效应。当具有最细杆的金刚石五模超材料承受压缩载荷时，压缩载荷的外部能量被耗散的弯曲应力所抵消，因此金刚石五模超材料不会发生整体变形，而是发生局部剪切断裂。随着体积分数的增大，杆单元的长细比减小，难以通过局部变形释放能量，易发生整体剪切断裂。这一推论与 Al-Ketan 等人的结果相同，这表明变形的特征高度依赖于拓扑单元而不是体积分数。然而，不同体积分数的杆系点阵结构的长细比不同，会导致不同的变形特征。Yang 等人在研究 Gyroid 结构的力学响应时，观察到随着杆单元的长细比增大，断裂模式由逐层断裂向倾斜断裂转变。对于相同材料和单元拓扑结构，金刚石五模超材料的变形模式主要由相应杆的长细比决定。随着杆单元长细比的减小，变形模式有由局部剪切向整体剪切断裂转变的趋势。此外，上述近端/远端层破坏现象说明了边缘效应，其由上下表面不平行引起。金刚石五模超材料支架变形过程中断裂破坏的边缘效应对其应力分布、力学性能以及压缩载荷下的断裂破坏有着重要的影响。边缘效应通常是由 SLM 固有的逐层堆积过程特征引起的，相邻两层之间的小阶梯会导致表面质量变差，并且线切割过程中打印试样可能产生不均匀表面。在力学实验中，不平衡的压缩会使部分杆产生应力集中现象，从而导致杆断裂和近端/远端层失效。

图 5-20 展示了不同锥度金刚石五模超材料在压缩实验下的典型应力-应变曲线。根据应力-应变曲线(图 5-20(a)～(c))，所有的金刚石五模超材料首先经历了

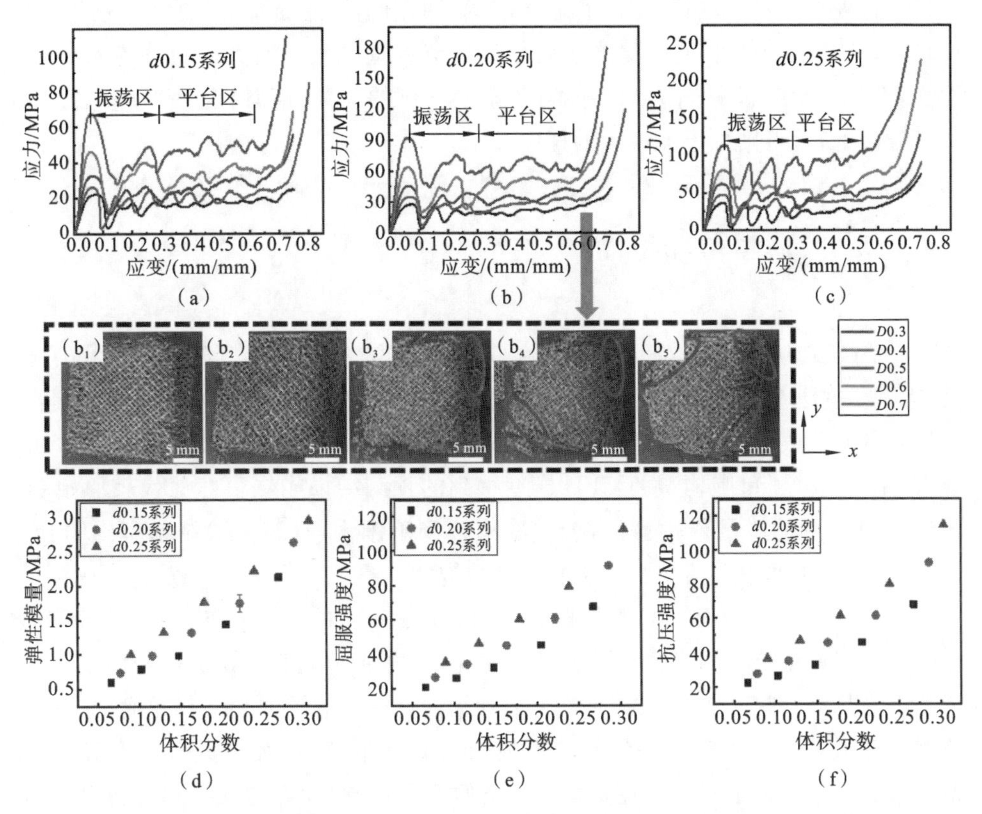

图 5-20 不同结构参数的金刚石五模超材料压缩力学性能:(a)～(c) 应力-应变曲线;(b_1)～(b_5) D0.3 至 D0.7 的 d0.25 系列五模超材料样品经压缩实验后的断裂形貌;(d) 弹性模量、(e) 屈服强度和(f)抗压强度与体积分数的关系。

线弹性变形阶段,直至出现第一个应力峰值,然后突然断裂坍塌,其中大部分强度被耗散。从初始极限应力点到致密化开始,金刚石五模超材料表现出半连续的剧烈应力波动和半平坦的平台应力特征。第一个应力峰值和谷值由剪切带的形成和应力的积累引起。在第一最大应力下降后至30%应变区域,应力表现出持续的剧烈波动,因而被称为振荡区,这也在有关参考文献中提到。在30%～60%应变中可观察到平台期,这可能是由双锥杆中部凸出的体积导致金刚石五模超材料单胞内上下杆较早接触引起的,表明金刚石五模超材料有动态能量吸收的潜力。如图5-20(b_1)～(b_5)所示,致密化阶段通常发生在变形阶段末期,且低体积分数的金刚石五模超材料具有韧性断裂特征(图5-20(b_1)～(b_2)),随着体积分数的增加,韧性断裂将转变为以材料分离为特征的脆性断裂(图5-20(b_3)～(b_5))。

d0.25系列金刚石五模超材料的弹性模量、屈服强度和抗压强度均显著高于相同中部直径D的d0.15和d0.20系列金刚石五模超材料,这是由应力集中在交叉杆连接处导致的。同样,金刚石五模超材料的力学性能随着中部直径 D 的增大而增强,这是由于中部直径 D 的增大导致杆节点重叠面积增大。随着 d 和 D 的增加,金刚石五模超材料力学性能得到不同程度的提高;前者位于应力集中较大的杆连接处,后者则位于无应力的杆中部。

5.2.6 质量传输特性

具有 10×10×10 个单元格的原始 CAD 模型是大型模型,所需的计算内存很大,尤其是在划分网格之后。考虑到经济性和时间成本,巨大的网格不利于提高模拟效率。代表性的 4×4×4 单元格构型偏差最小,且可以降低计算成本。此外,采用 4×4×4 单胞构型的 CFD 模型得到的预测结果能够很好地代表原始 10×10×10 单胞的质量传输性能,误差在可接受范围内,且与实验结果基本吻合。因此,在后续工作中采用 4×4×4 的单元结构。

图 5-21 展示了表面压力等值线、Oxz 和 Oyz 截面上的速度分布以及 d0.15D0.3 样品的剪切速度分布的模拟结果。可以发现,压力从入口表面到出口表面呈线性梯度下降趋势(图 5-21(a)),在水平方向和纵向(图 5-21(b)),由于杆单元的阻碍,速度呈现出不规则的变化趋势。传质能力与孔的形状、孔径及其分布有较大关系。各五模超材料之间的支柱直径有细微的差别,所有设计的五模超材料的压力和速度分布相似。由上到下的梯度压力分布特性导致相邻杆上下表面之间出现压力降。孔隙中心的速度比杆外表面和初始入口表面的速度高。结果表明,流体在被视为流体通道的孔隙中产生了旋转和缠绕现象。即使在低雷诺数(层流,$Re<4000$)下,流体流动路径上双锥杆拓扑设计的曲折结构也会造成旋涡和缠绕。因此,金刚石五模超材料体系结构的设计可加速营养物质的供应、代谢产物的排泄和细胞向整个支架区域的迁移。反之,低速出现在侧面和周围区域。剪切速度聚集在杆外部,尤其是在杆中间位置的表面(图 5-21(c)),这归因于阻碍流体流动的摩擦效应。然而,表面摩擦和随后的高剪切速度可提高接触概率,促进细胞附着和增殖。Davar 等人认为渗透性或壁面剪应力(WSS)评估是一项关键的评价标准,因为这些流动参数直接影响支架内的细胞生物活性。牛顿流体在层流系统中的 WSS 可定义为壁面上的法向速度梯度,即剪切速度为

$$\tau_{\mathrm{w}}=\mu\frac{\mathrm{d}V}{\mathrm{d}n} \tag{5-35}$$

式中:V 是流速;n 表示 x、y 和 z 方向。

WSS 或剪切速度会激发一定程度的生物物理刺激,并在支架通道中形成所需的骨组织。本研究采用的金刚石五模超材料双锥杆设计增加了通道的复杂性,增

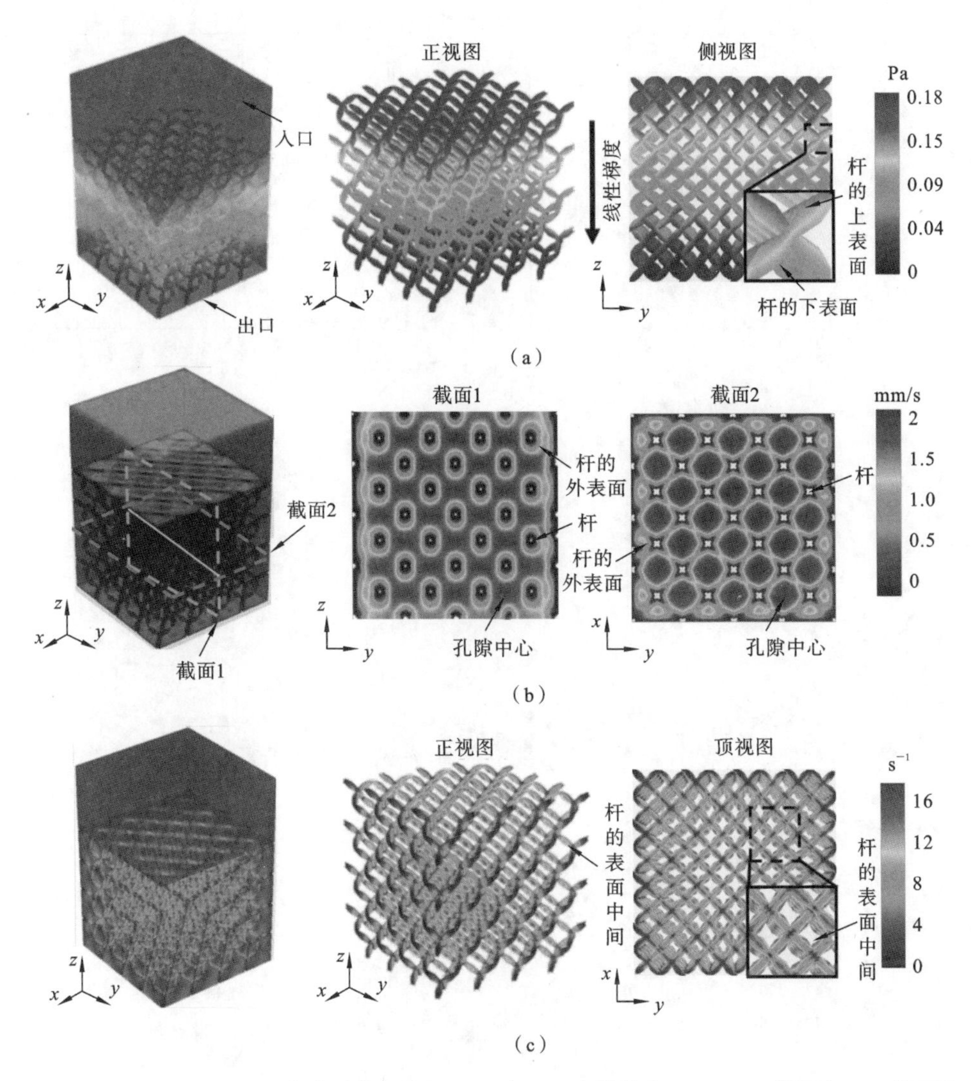

图 5-21　$d0.15D0.3$ 样品的传质模拟结果：(a) 表面压力等值线；(b) Oxz 截面和 Oyz 截面上速度分布；(c) 剪切速度分布。

大了杆外侧的剪切速度，使涡流和缠绕现象更加明显。

为了定量评估不同体积分数的五模超材料基骨支架的质量传输能力和流动行为，下面进行 CFD 计算和渗透性测量，结果如图 5-22 所示。从图 5-22 中可以看出随着孔隙率的增加，金刚石五模超材料的压降(ΔP)和计算渗透率(k_{sim})分别减小和增加。可通过金刚石五模超材料端部直径 d 来调整渗透率，当 d 从 0.15 mm 增加到 0.25 mm 时，金刚石五模超材料支架的流体渗透率值略有降低，这与均匀点阵结构的渗透率的变化规律不同。当金刚石五模超材料的孔隙率分布在 69.28%～93.15%之间时，计算渗透率为 9.87×10^{-9}～49.19×10^{-9} m^2。图 5-22

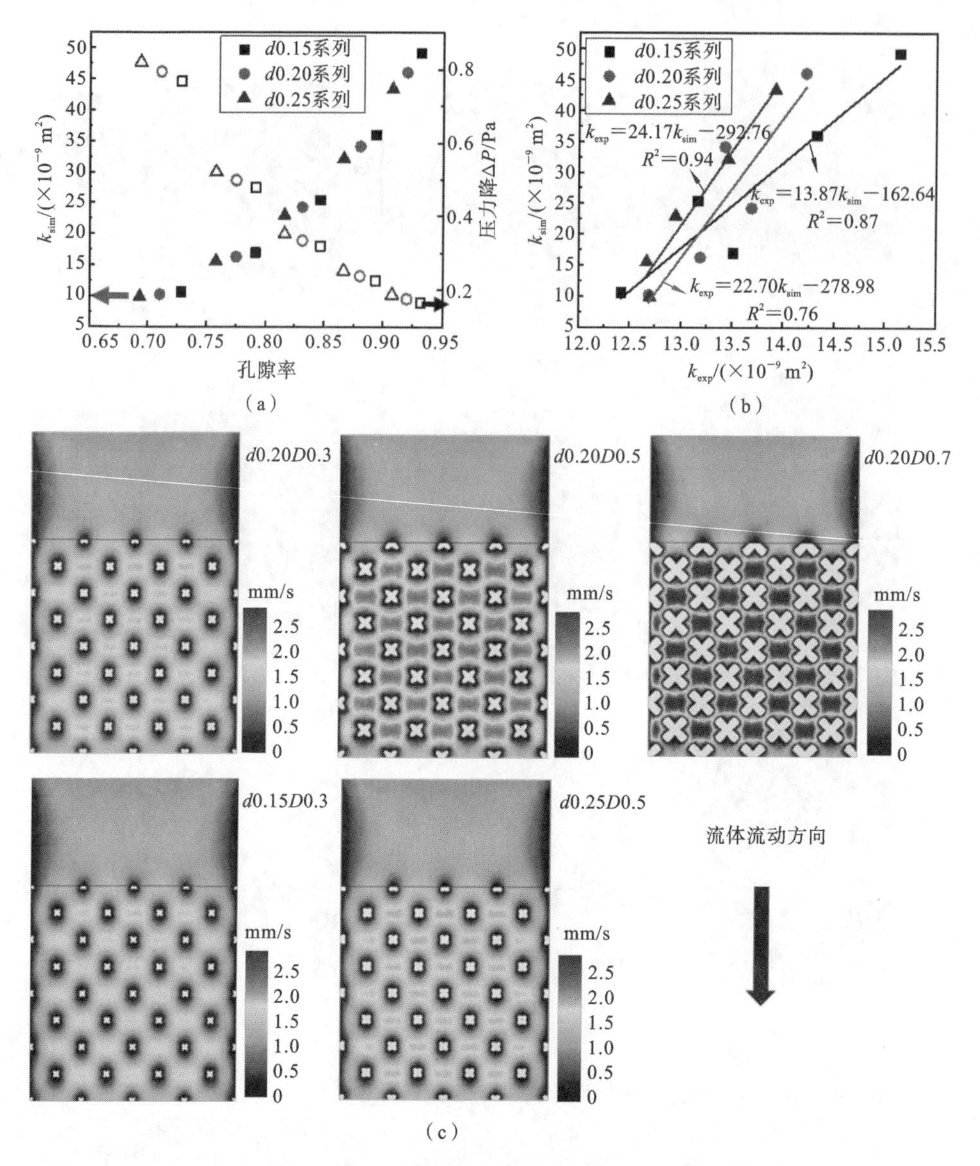

图 5-22　基于不同体积分数的金刚石五模超材料的 CFD 模拟渗透率和实验渗透率结果：(a) 模拟压降和渗透率；(b) 模拟和实验渗透率结果；(c) CFD 模型预测的速度分布。

(b)比较了金刚石五模超材料的实验和计算渗透率结果。CFD 模拟的渗透率值普遍高于实验结果，但 $d0.15$、$d0.20$ 和 $d0.25$ 系列的各拟合曲线具有良好的相关性（确定系数 R^2 分别为 0.87、0.76 和 0.94），即模拟渗透率和实验渗透率的变化趋势相同。实验和计算渗透率值的差异可归因于以下原因：首先，与设计的 CAD 模型相比，SLM 成形的金刚石五模超材料具有更高的体积分数和更高的表面粗糙度，这导致 CFD 模拟的渗透率值较高；其次，实验装置中设定的流体高度可能会影响渗透率测试结果，Montazerian 等人发现，在较低的流体压力（对应较低的流体高度）下，渗透率的敏感性较高，使实验所需的最佳高度太小；最后，曲折的流道和内部较高的流速会导致湍流的发生。此外，在有关文献中也可观察到线性拟合结果没有通过原点和实验渗透率的现象，并且实验值会逐渐高于模拟值。这可能是渗透性实验装置与金刚石五模超材料样品边缘间存在小间隙、SLM 成形的金刚石五模超材料和 CFD 模型之间存在差异等原因造成的。根据图 5-22(c)的 CFD 模拟结果，金刚石五模超材料的流速分布表明，孔隙内的流体速度分布是均匀的，明显高于入口速度，并且取决于体积分数，体积分数较大的金刚石五模超材料在孔隙中的速度更高。

本小节的工作与有关文献报道的渗透性比较对五模超材料基骨支架的研究具有指导意义。Gmez 等人设计了不同的 Voronoi 支架，其模拟渗透率值在 $5\times10^{-9}\sim45\times10^{-9}$ m^2之间，与天然小梁骨的实验研究结果一致。渗透率是一个矢量值，而不是标量值，对于几何特性各向异性的点阵结构，还需要考虑其他方向的渗透率值。Bael 等人制备了三种不同几何形状的 Ti-6Al-4V 支架，其孔形状分别为三角形、六角形和矩形，并通过 CFD 模型计算了其平行于流动方向的渗透率，为 $5.06\times10^{-9}\sim30.5\times10^{-9}$ m^2，垂直于流动方向的渗透率为 $0.49\times10^{-9}\sim7.56\times10^{-9}$ m^2。渗透率如表 5-4 所示。对于给定的五模超材料，渗透率各向异性的确存在，渗透率值在笛卡儿坐标的每个方向上存在微小的差异。基于设计的 CAD 模型而不是 CT 重建模型的 CFD 数值模拟存在一定的局限性。由于黏结颗粒的存在，SLM 成形的金刚石五模超材料样品与原模型存在一定的尺寸偏差，尤其是在杆的下表面，这将影响其力学性能和质量传输特性。为了提高多孔金属生物材料在骨支架应用上的表面质量，需要进一步研究相应的点阵结构表面工程技术以提高制造精度。此外，通过设计双锥杆拓扑结构，可改善金刚石五模超材料的传质性能，这种拓扑结构仅在体外进行了力学与传质性能研究，但没有在生物体内进行实验。为了验证金刚石五模超材料支架在骨组织工程中的适用性，还需要进一步开展体内外生物学实验来进行成骨性能验证。

表 5-4　金刚石五模超材料、其他多孔结构和人体骨骼的力学和质量传输性能的比较

类型	工艺	材料	体积分数	弹性模量 /GPa	屈服强度 /MPa	抗压强度 /MPa	渗透率 /($\times10^{-9}$ m^2)	来源
皮质骨	—	—	0.9	3.0～20.0	33～240	140～190	—	—
松质骨	—	—	0.1～0.5	0.1～4.5	0.56～55.3	85～115	0.0256～74.3	—
金刚石五模超材料	SLM	Ti-6Al-4V	0.06～0.30	0.59～2.90	20.59～112.63	22.03～114.52	k_{sim}：9.87～49.19 k_{exp}：12.40～15.14	本研究
金刚石	SLM	Ti-6Al-4V	0.105～0.36	0.37～4.24	8.2～99.64	—	—	S. M. Ahmadi 等，2014

续表

类型	工艺	材料	体积分数	弹性模量 /GPa	屈服强度 /MPa	抗压强度 /MPa	渗透率 /($\times10^{-9}$ m^2)	来源
金刚石	SLM	Ti-6Al-4V	0.11～0.35	0.51～3.69	7～71	15～113	—	Kadkhodapour 等,2015
立方体	SLM	Ti-6Al-4V	0.1～0.35	1.5～4.8	29～113	30～185	—	Kadkhodapour 等,2015
金刚石	SLM	Ti-6Al-4V	0.16～0.33	0.549～3.488	—	—	—	G. Campoli 等,2014
金刚石	EBM	Ti-6Al-4V	0.13～0.40	0.4～6.5	11.4～99.7	16.3～118.8	—	Heinl 等,2008
螺旋二十四面体	SLM	Ti-6Al-4V	0.05～0.15	0.135～1.13	5.2～41.0	—	—	L. Yang 等,2018
板基螺旋二十四面体	SLM	316L	0.19～0.32	2.04～2.71	55.0～89.4	—	27.4～40.3	Ma 等,2019
板基极小曲面结构	SLM	Ti-6Al-4V	0.23～0.57	3.2～6.4	92.0～276.0	—	0.05～6.10	F. S. L. Bobbert 等,2017

5.2.7 金刚石五模超材料骨支架的优化设计

在本研究中,E^* 和 σ^* 通过与相对应的母材 Ti-6Al-4V 的物理性能进行归一化(归一化模量与强度为五模超材料模量与强度和材料的模量与强度之比),用 Gibson-Ashby 模型描述(母材 Ti-6Al-4V 的抗压强度 σ_s 和弹性模量 E_s 分别为 1197 MPa 和 120 GPa),而计算渗透率可通过参考渗透率 $k_s=2.52\times10^{-6}$ m^2 归一化,这是通过对 100%孔隙率模型进行单独 CFD 分析获得的。图 5-23(a)～(c)所示为由 d 系列金刚石五模超材料拟合的体积分数与力学性能、孔隙率、渗透率的变化规律,如表 5-5 所示。由于具有良好的重复性,大多数误差没有被清楚地观察到。

$$E_n=\frac{E^*}{E_s}=C_1(\mathrm{VF})^{n_1} \tag{5-36}$$

$$\sigma_n=\frac{\sigma^*}{\sigma_s}=C_2(\mathrm{VF})^{n_2} \tag{5-37}$$

$$k_n=\frac{k^*}{k_s}=C_3(1-\mathrm{VF})^{n_3} \tag{5-38}$$

式中:系数 C_1 和 C_2 的值分别在 0.1～4.0 和 0.25～0.35 之间;n_1 和 n_2 是常数,值分别约为 2 和 1.5;相对于低渗透性的骨支架,指数系数 n_3 会显著增加,该值与孔隙的大小有关;C_3 被认为与点阵拓扑有关;VF 为体积分数。

由于杆的不均匀性,d 系列金刚石五模超材料拟合的指数系数 n_1 和 n_2 都低

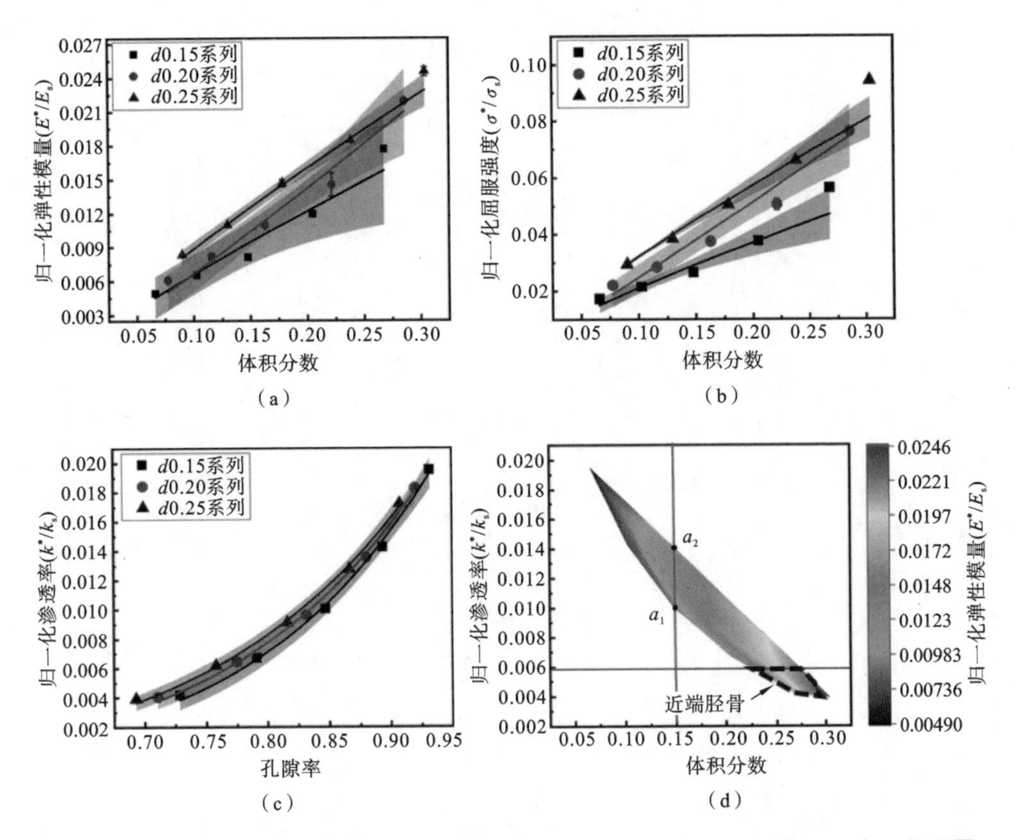

图 5-23　金刚石五模超材料的力学和质量传输性能：(a) 归一化弹性模量、(b) 归一化屈服强度与体积分数的关系；(c)归一化渗透率与孔隙率的关系；(d) 渗透率与弹性模量组合设计。

于 Gibson-Ashby 模型的，这导致与多孔结构的其他拟合结果相比确定系数 R^2 较低。此外，由于锥度的减小，确定系数 R^2 随端部直径 d 的增大呈增大趋势。d 系列金刚石五模超材料拟合的归一化渗透率与孔隙率有很好的相关性，决定系数大于 0.99。金刚石五模超材料的指数系数 n_3 比 TPMS 拓扑和传统点阵结构的指数系数大，这是由于双锥杆设计增大了支架的弯曲度，使孔隙率变化更快。

如图 5-23(d)所示，相同体积分数下，归一化弹性模量图中的重叠间隔 a_1 至 a_2 具有不同的模量值(将模量转换为强度也是相同的)。这说明骨支架的不同弹性模量可用相同的体积分数来获得，即力学性能不仅受体积分数的影响，还与支架的拓扑结构有关。这与 Gibson-Ashby 模型的规律相矛盾，可推断出金刚石五模超材料具有解耦力学性能与体积分数之间关系的能力，而体积分数与质量传输特性有关。因此，金刚石五模超材料可作为一种能分别独立调节力学性能和传质性

表 5-5 实验弹性模量、屈服强度和渗透率在一定孔隙率范围内的最佳拟合关系结果

类型	材料	归一化杨氏模量 $E_n = C_1(\text{VF})^{n_1}$			归一化屈服强度 $\sigma_n = C_2(\text{VF})^{n_2}$			归一化渗透率 $k_n = C_3(1-\text{VF})^{n_3}$		
		C_1	n_1	R^2	C_2	n_2	R^2	C_3	n_3	R^2
d0.15 系列(本研究)	Ti-6Al-4V	0.054	0.916	0.921	0.137	0.815	0.957	0.031	6.55	0.996
d0.20 系列(本研究)	Ti-6Al-4V	0.082	1.090	0.963	0.279	1.052	0.976	0.030	6.06	0.998
d0.25 系列(本研究)	Ti-6Al-4V	0.063	0.854	0.994	0.220	0.837	0.994	0.029	5.68	0.997
3D 泰森多边形									2.3～3	0.86～0.91
三周期极小曲面								0.285～0.432	3.35～4.37	0.985～0.999
晶格结构								0.106～0.289	3.36～4.48	0.996～0.999
螺旋二十四面体	Ti-6Al-4V	0.28	1.73	0.994	0.95	1.77	0.997			
板基极小曲面结构	马氏钢	24.5～62.5	1.62～2.22	0.980～0.999	1374～4566	1.99～3.28	0.980～0.999			
正四面体结构	Ti-6Al-4V	0.456	1.336	0.972	0.693	1.468	0.996			
八重桁架结构	Ti-6Al-4V	1.16	2.246	0.983	1.868	2.893	0.967			
面心立方结构	Ti-6Al-4V	0.79	2.09	0.979	1.575	1.81	0.976			

能的生物超材料。

本研究以胫骨近端(E 为 0.2～2.8 GPa; k 为$(0.467～14.8)\times10^{-9}$ m^2)为目标支架,通过设计金刚石五模超材料,模拟力学性能和传质特性。在图 5-23(d)中,用一个不规则多边形表示胫骨近端的归一化弹性模量和渗透率范围。对于给定的体积分数,弹性模量和渗透率可在这个范围内,通过调节直径分别单独设定。本研究所设计的金刚石五模超材料骨支架具有两个优点:一是与相同体积分数的均匀点阵结构相比,采用双锥设计的金刚石五模超材料可消除支架的应力屏蔽作用;二是其力学性能和质量传输特性具有综合调节能力,与传统的均质杆多孔结构相比,金刚石五模超材料具有更多的结构参数,即有更多的自由度来调控其生物力学性能。

对于基于杆单元的点阵结构,E_{n} 与体积分数呈正比例指数关系,而点阵结构的 k_{n} 与体积分数呈反比例指数关系。对于均匀杆的拓扑结构,改变体积分数会改变多孔结构的力学性能,进而改变其渗透性。不同力学性能的骨支架可能会有不同的渗透性,而这些变化是相互对立的。金刚石五模超材料给出了解决这一矛盾的方法,即使用双直径参数,使得渗透率变化,而宏观力学性能几乎保持不变,反之亦然。

根据麦克斯韦准则,杆系点阵结构可分为弯曲变形主导和拉伸变形主导结构。弯曲变形主导的结构具有更好的柔顺性和变形一致性,而拉伸变形主导的结构则具有更高的刚度和鲁棒性。Xu 等人阐述了在相同体积下,通过将杆从弯曲/屈曲载荷工况调整为拉伸载荷工况,可改善其力学性能。增加拉伸力方向分量,弹性模量和屈服强度将增加,这很容易通过在点阵结构中添加 z 方向杆或使外力平行于更多杆的延伸方向来实现。如表 5-5 所示,只有具有弯曲变形主导特性的变截面金刚石五模超材料可能具有小于 1 指数系数 n_1,这是由于双锥杆的拓扑设计,而其他基于杆的点阵结构的值为 1～4。当刚度/强度的指数值小于 1 时,五模超材料拓扑结构受体积分数的影响最小。这也意味着双锥杆的金刚石五模超材料在杆系结构中具有最好的力学性能。

低体积分数或高孔隙率的多孔结构表现出较好的渗透性。$d0.25D0.3$ 样品的计算渗透率低于 $d0.15D0.3$ 样品,尽管它们的孔隙率大致相同。同样,Li 等人发现渗透率可通过拓扑设计和周期单元的空间分布来调整。因此,在体积分数几乎相同的情况下,渗透率可通过结构设计进一步提高。上述例子中,孔隙率相同而渗透率却不同可能是由于受到支架比表面积的影响。根据 Kozeny-Carman 方程的一般定义,金刚石五模超材料的渗透率、体积分数与比表面积 S/V 之间的关系如下:

$$k=\frac{C_k(1-\mathrm{VF})^3}{\left(\frac{S}{V}\right)^2} \tag{5-39}$$

其中,C_k是无量纲形式的经验常数。Kozeny-Carman 方程解释了杆和点阵拓扑对渗透率的影响,其中比表面积对渗透率的影响也很重要。

图 5-24(a)展示了不同金刚石五模超材料的体积分数和计算渗透率值与比表面积的变化规律。结果表明,S/V 值与体积分数成反比,随着体积分数的减小,S/V的降低幅度减小。由于孔隙率的增加,渗透率值随着 S/V 值的增加而增加。当杆的中间直径较小且固定时,端部直径增大,S/V 值增大,渗透率随之增大。将计算渗透率代入 Kozeny-Carman 方程,得到的常数 C_k 与孔隙率的函数关系如图 5-24(b)所示。Montazerian 等人指出,通过二阶多项式拟合点阵结构渗透率结果能很好地阐述 C_k 与孔隙率的关系。而在本研究中,Napierian 对数的二阶多项式能更好地描述 C_k 对孔隙率的依赖性。可推断出 C_k 高度依赖于孔隙的拓扑形态,而不是杆单元的拓扑形态,因此无法进行先验估计推断。

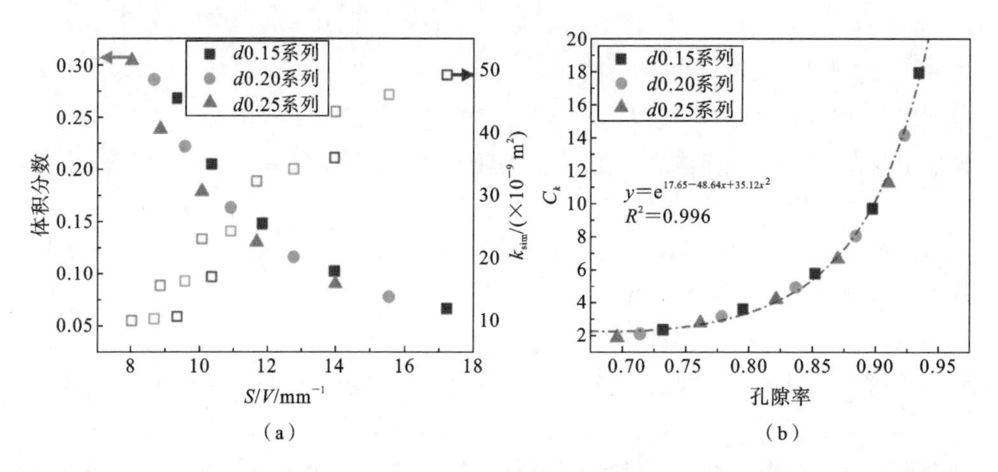

图 5-24　几何特征与传质性能的关系:(a) 不同金刚石五模超材料的体积分数和计算渗透率值与比表面积的关系;(b) Kozeny-Carman 方程常数与不同 d 系列金刚石五模超材料孔隙率的关系(用 Napierian 对数的二阶多项式拟合 C_k 与孔隙率的关系)。

5.2.8　结论

本节利用五模超材料,通过拓扑设计和激光选区熔化的方法制备了能正确模拟人体骨骼的多孔生物材料,研究了准静态压缩响应和质量传输特性,阐述了拓扑杆和拓扑单元对结构力学性能和渗透率的影响。本研究的主要发现和结论如下。

(1) 部分制备的五模超材料的 CT 重建模型表明,增大体积分数和减小比表面积,可减小黏附颗粒引起的表面偏差。体积分数较大的金刚石五模超材料样品具有较高的制造精度和更显著的双锥特性。

(2) 压缩实验结果表明，杆长细比和边缘效应是影响五模超材料断裂破坏的主要因素。随着杆长细比的降低，变形模式有由局部剪切向整体剪切断裂转变的趋势。

(3) 流动行为表明，双锥杆设计会增加流体流动路径上的弯曲结构，以加速骨组织的形成。孔隙内流速随着体积分数的增大而增大，解释了实验渗透率与计算渗透率存在差异的原因。

(4) 本节建立了 SLM 制造的金刚石五模超材料的体积分数、弹性模量、屈服强度和渗透率的数学预测模型。与其他点阵结构相比，金刚石五模超材料的幂律指数较低，具有更好的力学性能，受体积分数的影响更小。

5.3　3D 打印仿生超材料骨支架

5.3.1　引言

骨骼和骨组织参与人体的关键功能，在人体运动、软组织和内脏器官的保护、矿物质稳态等方面发挥着重要作用。迄今为止，骨组织工程(bone tissue engineering, BTE)被认为是解决骨缺损问题最有潜力的方法，它可以避免自体移植和异体移植的缺点，并且具有足够的可设计性，以满足几何形状和生物力学的要求。正常情况下，天然骨是一种异质结构，有两种基本结构：外层的皮质骨和内层的松质骨。外层皮质骨高度致密且坚硬，孔隙率接近 10%，模量为 3～20 GPa，能提供足够的力学性能来支持人体运动和负重。内层松质骨孔隙率为 50%～90%，模量为 0.1～4.5 GPa，是由约 300 μm 的束状和壳状结构组成的不规则网状结构，为营养物质的运输和代谢提供了较大的物理空间。据报道，骨缺损在松质骨区最为明显。80%的骨重建活动发生在松质骨中，而松质骨很少，仅占骨总量的 20%。由于松质骨的特殊分布和易损特点，不可能在不破坏皮质骨的情况下来修复松质骨。因此，骨重建过程不仅需要构建松质骨结构，还需要部分重建皮质骨结构，这就需要梯度多孔支架。

目前，随着 3D 打印技术的成熟和进步，制备复杂而精细的支架结构成为可能，促进了骨组织工程的发展。然而现有的骨支架结构，如基于支柱的点阵结构、基于 TPMS 的点阵结构和 Voronoi 结构，其结构简单，力学和质量传输特性耦合，不能精确控制细胞分布，以有效实现细胞播种和骨再生。与传统的结构材料不同,五模超材料作为一种超材料,其相对密度和力学性能解耦,具有复杂的几何拓扑结构,可以实现人工支架的多物理性能调控。为了提高治疗效果,骨支架应该具有可变孔隙率,在形态学和力学上能模仿天然骨的特性,以及可调节质量传输特性以提供代谢途径。五模超材料的多种物理特性可为骨支架的设计提供结构模板。

通过数百万年的进化和改进,大自然找到了一种方法,可克服不同物理性能之间的冲突,实现从纳米尺度到微观尺度的多物理性能的完美平衡。仿生学提供了一个顶级的解决方案,通过适应和实现自然的形状、性能和功能设计来实现优越的综合物理性能。当今,仿生结构设计在构思高性能骨组织支架和生物材料方面备受关注,如分别以珍珠和鲸须为灵感的超韧超强层状复合材料和层状管状细胞、以玫瑰为灵感的抗湿自洁生物材料、以莲藕为灵感的多通道高效交换通道结构等。然而,这些简单的仿生策略只发挥几何相似性和机械性能或质量传输性能,而不能用于制备多物理性能支架。构建具有梯度多孔结构、匹配的力学性能以及高效质量传输能力的骨支架仍然是一个挑战。

本节利用海胆棘在自然生物体内的进化结构,结合五模超材料,提出了综合生物学性能优异的仿生骨支架。采用激光选区熔化技术,成功制备了海胆棘状仿生支架,实现了拓扑特征的高精度和可持续控制。3D打印海胆棘状仿生支架具有骨状几何拓扑结构、优异的机械和质量传输性能,能显著提高体外和体内成骨能力。

5.3.2 海胆棘特征及仿生支架设计

海胆是一种进化非常成功且多样化的动物,在地球的海洋中生活了超过4.5亿年。基于环境的挑战,海胆棘已经进化出了一种极轻量结构,由于其纵向和横向的分层结构,力学强度得到了提高(图5-25(a)～(c))。从生物支架设计的角度来看,其多层次的孔隙拓扑结构有利于物质的传递甚至细胞的黏附,多层次的结构配置便于调节力学性能以获得合适的应力。因此,模拟海胆棘的多层次拓扑结构进行骨支架构建,可以实现对几何孔隙、力学强度和质量传输性能的调节,有利于细胞分化和骨再生。

为了模拟海胆棘的形态(图5-25(a)),我们用micro-CT重建了单个海胆棘,并获得了SEM断层视图和正面视图(图5-25(b)(c))。从CT图像的水平面上看,低密度体积从上表面到下表面逐渐减小,形成了一个锥形形状的梯度孔隙率。同样,从纵向上看,高密度体积从中部向外围增多。纵向视图中部的低密度面似乎也具有锥形形状的拓扑结构,孔隙率呈梯度现象。此外,海胆棘的微观结构呈现多孔特征,从中心到外缘孔隙率逐渐变化(图5-25(c_1)(c_2))。在不同的空间位置,海胆棘的多孔形态或支柱特征不同。间距较大的疏松支柱分布在中部,间距较小的致密支柱分布在外围。横向和纵向微观结构共同构成了多层次结构特征,使海胆棘具有优良的物理性能。

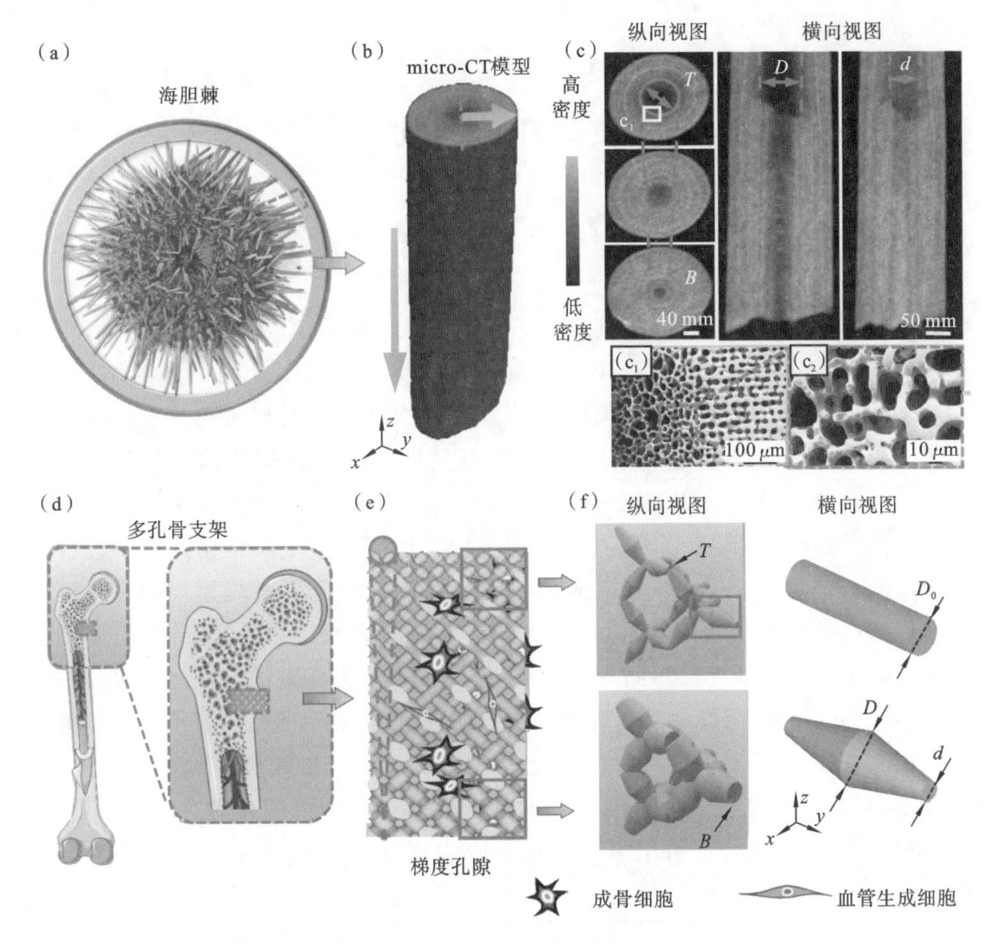

图 5-25　海胆棘及其仿生支架的拓扑形态:(a) 光学图像显示的海胆棘的自然特征;(b) 横向视图和纵向视图的内部分级孔隙率;(c) 断面视图中的精致内部形态;(d) 植入物内多孔支架位置示意图;(e) 仿生梯度五模支架;(f) 纵向密度梯度的几何特征,以及与水平均匀支架相比逐渐变细的支架拓扑结构。

为了模拟海胆棘的分层形态,构建适合皮质骨和松质骨缺损的多孔支架,我们合理设计了一种参数化的共五模点阵结构(图 5-25(e))。首先,我们设计了逐渐变细的支柱形态(从中间直径 D 逐渐变细到末端直径 d),以模拟海胆棘的水平微观结构(图 5-25(f)),设计梯度密度(从顶部直径 T 到底部直径 B)来模拟海胆棘的纵向微观结构(图 5-25(e))。通过改变锥形支柱的末端和中间直径以及梯度结构的顶部和底部直径,得到了不同密度的骨支架。五模超材料具有渐变的支柱形态和梯度密度。相比于具有相同相对密度的均匀支柱点阵结构，五模超材料结构具有更大的表面积。这意味着新的骨组织细胞有更多的物理空间可以附着。梯度五模超材料是一种具有层内梯度和层间梯度的分层梯度多孔结构，分别表示渐变拓扑和梯度结构。

5.3.3 3D打印仿生支架的形态表征

为了研究梯度策略和渐变拓扑结构对海胆棘状五模渐变支架（PM-GD，$B/T=3.5$，$D/d=3.0$）的制造精确度以及力学、质量传输和生物学性能的影响，我们设计了具有均匀支架的均匀金刚石点阵结构（D-U，$B/T=1$，$D/d=1$）、具有锥形支架的均匀五模点阵（PM-U，$B/T=1$，$D/d=3.0$）、梯度金刚石点阵结构（D-GD，$B/T=3.5$，$D/d=1$）和梯度五模点阵（PM-GD）进行对比研究。

采用激光选区熔化技术，我们成功制备了四种不同拓扑结构的骨支架。图5-26(a)所示为3D打印的梯度五模点阵结构的正面视图（光学照片）、横向视图（扫描电镜图像）。图5-26(b)～(e)分别显示了梯度五模点阵结构、金刚石点阵、梯度金刚石点阵和五模点阵的三维CT重建结果和微CT重建模型与原设计模型的整体对比云图。三维偏差图显示，大部分表面的偏差几乎为零，最大的偏差出现在上内壁和外悬杆处。不同D/d和B/T下支架表面偏差的统计分布如图5-26(f)所示。所有的表面偏差都表现为近似高斯分布，与表面偏差峰值不是绝对对称的。梯度五模点阵结构样品的峰值偏差为0.022 mm，与五模点阵0.023 mm的峰值偏差近似相等，但远低于金刚石和梯度金刚石点阵的峰值偏差（0.032 mm和0.043 mm）。CT统计分析结果与宏观制造偏差结果一致，表明锥形拓扑结构可以很好地提高打印精确度。

与传统点阵相比，梯度五模点阵结构的设计自由度更大，结构设计空间更大（图5-26(g)）。该支架分别通过梯度策略和锥形拓扑满足不同层内梯度和层间梯度的复杂形状设计要求，从而获得多样化、解耦的力学性能和传质性能。

5.3.4 仿生支架的力学性能和传质性能

在力学性能方面，对于均匀的传统点阵，随着B/T的增加，采用梯度策略并没有显著改变单位体积的能量吸收值，但沿梯度方向的杨氏模量降低。随着D/d的增加，采用渐变的拓扑结构会使杨氏模量和能量吸收值同时下降（图5-27(a)）。梯度五模仿生支架的杨氏模量和单位体积能量吸收值分别比均匀五

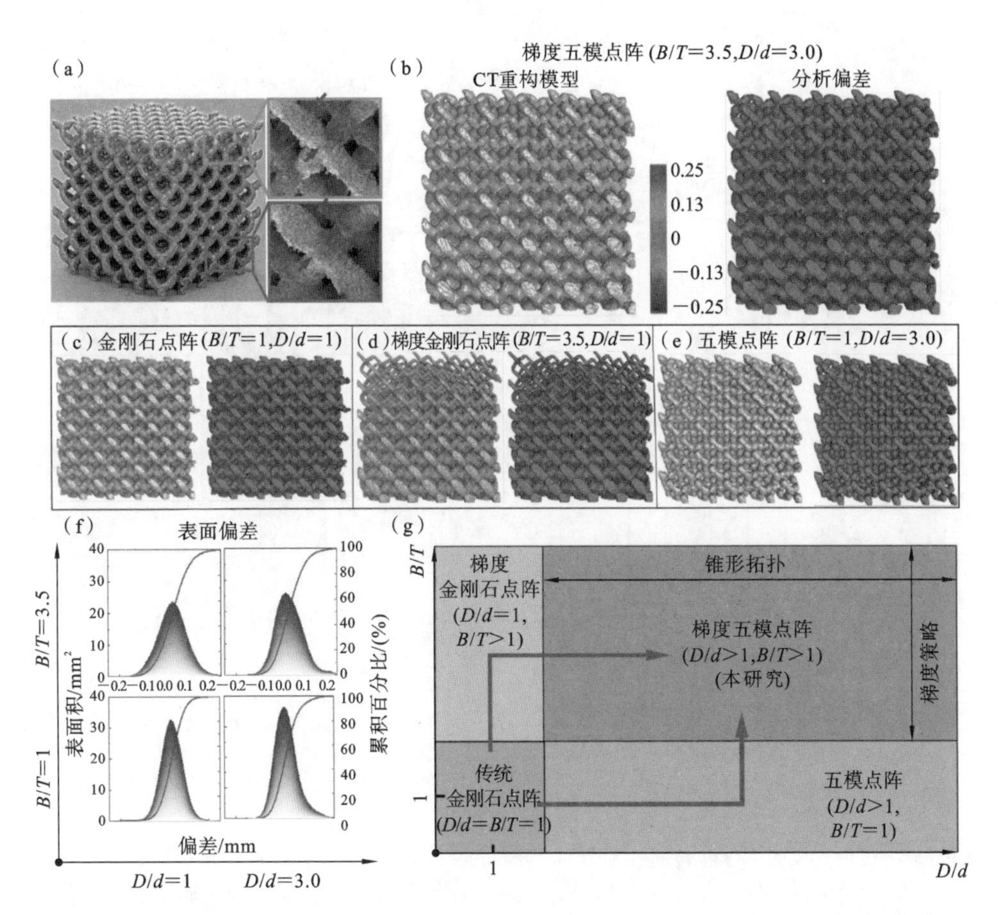

图 5-26 SLM 制备 Ti-6Al-4V 不同拓扑结构的形貌特征:(a) 3D 打印的梯度五模点阵的正面视图(光学照片)和横向视图(扫描电镜图像);(b) 梯度五模点阵、(c) 金刚石点阵、(d) 梯度金刚石点阵和(e)五模点阵的 CT 重构模型及其与 CAD 模型的对比;(f) 表面偏差分布;(g) 不同 D/d 和 B/T 下拓扑结构的设计自由度。

模仿生支架大 42.04%和 77.75%。在相同的梯度策略下,梯度五模点阵结构具有更优异的力学性能。在压缩载荷作用下,梯度金刚石和五模点阵样品的应力连续逐级增长,而均匀点阵在水平方向上呈 45°对角带断裂形态。应力的持续增长来自逐层的破裂模式(图 5-27(b)),这归因于直径参数的顺序变化。每一层坍塌后,由于相对密度的增加,应力增大,这在压缩过程的模拟结果中得到了体现。因此,任何一层的破裂过程都是从相对密度较低的顶层开始的,逐渐向相对密度较高的底层发展。

均匀点阵的力学性能可以通过梯度密度和锥形支柱来控制,以适当校准宿主骨。在力学匹配方面,无论孔隙分布如何,梯度金刚石点阵、五模点阵和梯度五模点阵结构与小梁骨(E=0.01~1.57 GPa)具有相同的刚度值,而金刚石点阵具有

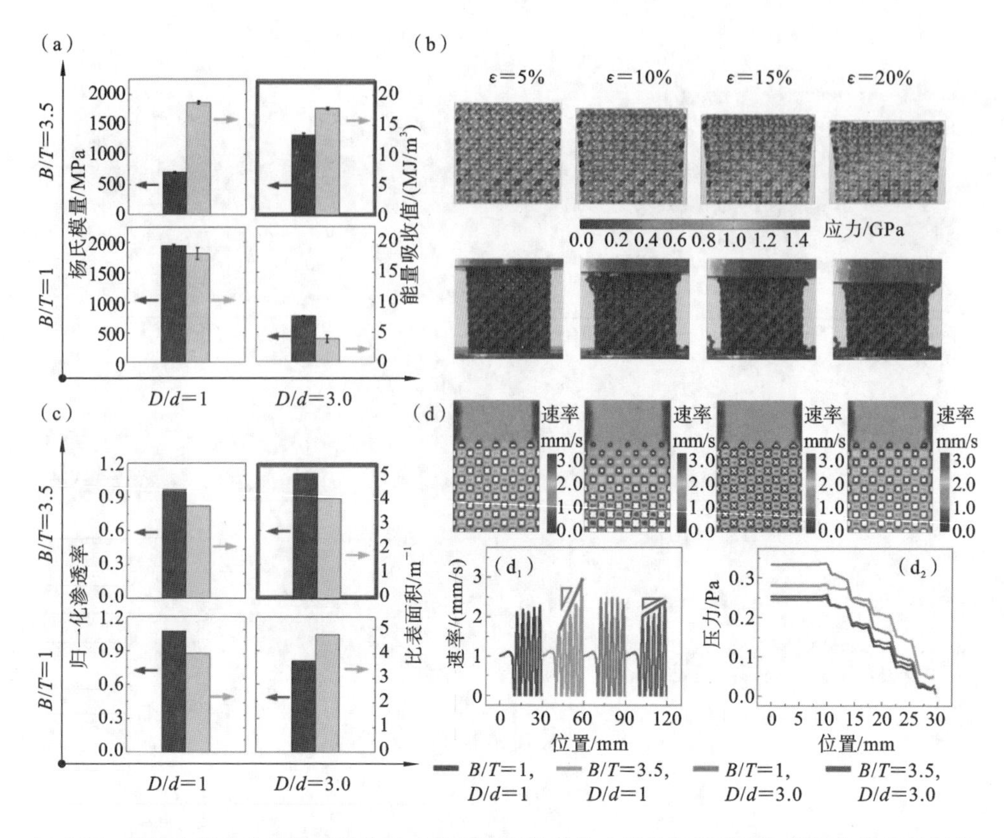

图 5-27 仿生支架的力学和传质性能：(a) 不同拓扑结构支架的杨氏模量和单位体积能量吸收值；(b) 梯度五模点阵的压缩变形过程；(c) 不同拓扑结构的支架的归一化渗透率和比表面积；(d) 不同拓扑支架顶面的速度分布和速度历史以及压力随位移的变化。

较高的力学性能，从而产生了应力屏蔽现象。在相对密度相同的情况下，支架拓扑结构引起力学性能变化的根本原因是支架上直径排列的差异。具体而言，由于五模点阵在结合处的端径(D_0-d)较均匀点阵单元更小，因此五模点阵可能发生剧烈变形。

点阵结构的能量吸收能力可用于评价其长期承受能力和承受突然冲击能力。变形抗力较低的均匀五模点阵在承受载荷和承受冲击方面不能发挥重要作用。60%应变时的总吸收能从 18.14 MJ/mm^{3}下降到 3.96 MJ/mm^3，拓扑支柱由均匀支柱($D/d=1$)退化为锥形支柱($D/d=3.0$)。与相应的均匀点阵($B/T=1$)相比，梯度点阵($B/T=3.5$)的能量-应变曲线呈现出从较低的能量吸收水平向较高的能量吸收水平指数增长的趋势。

对于质量传输性能，渗透率与孔隙率呈指数关系。对于相同孔隙率的均匀和梯度结构，其渗透率值不同。这是因为内部结构会改变流体速度分布，进而影响渗透率。结果表明:梯度金刚石点阵的渗透率比均匀金刚石点阵低9.35%,梯度五模点阵结构的渗透率比均匀五模点阵结构的渗透率高27.27%;梯度五模仿生支架具有最佳的渗透性(图5-27(c))。从图5-27(d)中,我们很容易注意到孔隙通道中几乎没有湍流,只有层流,水从入口到出口平稳地通过支架。由于没有阻挡流体流动的障碍物,速度主要集中在孔隙中心,而流体-支架界面的流速较低。可以清楚地看到,梯度五模仿生支架的速度分布比梯度金刚石点阵更明显,这是由于锥形设计增加了内部的弯曲度。

在这些结构中,五模单胞的比表面积最大,而均匀五模支架的渗透率最低,这是由于锥形拓扑扩大了内部空间,增加了细胞播种的表面积。这一结果与Syahrom等人的总结相反,但与Bobbert等的实验一致。后者认为,由于附加的摩擦效应增加表面积会降低渗透率。然而,传统点阵结构的孔隙率会随着比表面积的增大而减小,导致传输能力低下。此外,在相同相对密度下,由于均匀五模点阵的比表面积较大,其细胞生长效率始终高于均匀金刚石点阵。这说明五模点阵可以很好地平衡传输特性和细胞播种效率。对于梯度点阵,正如预期的那样,中心区域的速度值随着流动方向上相对密度的增加而增加,这归因于梯度孔径(图5-27(d))。较高的速度会导致较高的平均渗透率,骨细胞附着在表面的机会减少。因此,梯度点阵支架的低速区域具有较高的播种效率。从Bobbert等人的观点来看,为了将营养物质、氧气等输送到支架更深的部分,需要更高的速度;否则,至少在某些区域内细胞代谢可能会被打乱。因此,应该有一个最佳的参数来平衡传输能力和细胞播种效率。

图5-28是不同B/T和D/d下各种结构的力学和质量传输性能的对比。梯度五模点阵的杨氏模量低于金刚石点阵、蜂窝点阵和BCC点阵,适用于松质骨。然而,不同D/d的均匀五模点阵具有最低的刚度,这是由端面直径很小导致的。与$D/d=1$或$T/B=1$的点阵支架相比,梯度五模点阵结构具有更高的流体渗透率。梯度五模点阵结构的杨氏模量和流体渗透率可通过结构梯度T/B和直径比D/d进一步调节,从而使梯度五模点阵结构达到很高的多物理特性定制水平。

5.3.5 仿生支架体外生物活性分析

图5-29所示为SLM制备、体外细胞活性测定和体内成骨测定程序。本研究的结果是,SLM制备的仿生梯度五模点阵支架具有良好的体外和体内生物活性。首先,为了探索支架五模点阵结构对人骨源间充质干细胞(BMSC)细胞传递和成骨分化的影响,将细胞培养在不同层间梯度和不同层内梯度的仿生支架上。然

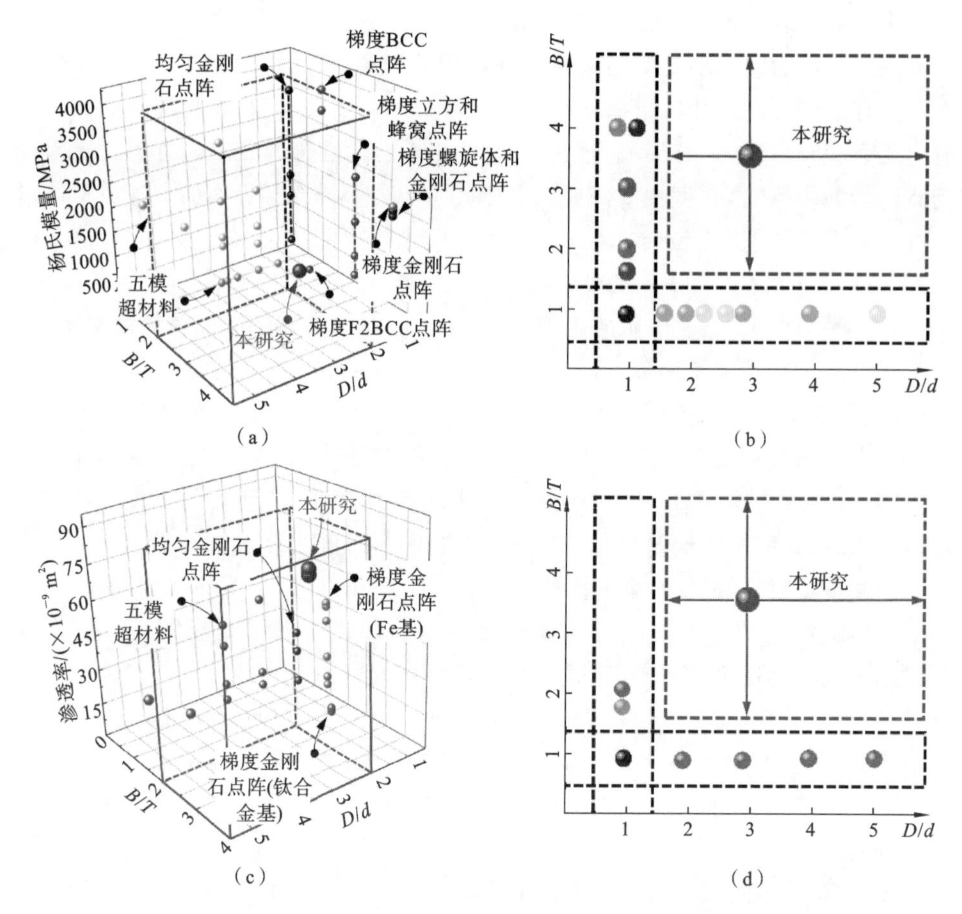

图 5-28　不同 B/T 和 D/d 结构的(a)(b)力学和(c)(d)质量传输性能比较。

注:F2BCC 由 1 个 BCC 单胞和 2 个 FCC 单胞组合而成。

后,将均匀金刚石、梯度金刚石、均匀五模点阵结构和梯度五模点阵结构支架分别植入兔股骨缺损处 4 周和 12 周,进一步研究其体内成骨生物活性。

直接细胞相容性评价显示,荧光标记的贴壁细胞在支架周围和中心位置。在比较多孔支架的不同拓扑结构时,无法确定具体的细胞分布模式。比较 SLM 技术和二甲基亚砜(DMSO)制备的不同多孔骨支架(D-U, D-GD, PM-U 和 PM-GD)中 BMSC 提取物的相对细胞活性(图 5-30(b)(c))可知,所有多孔支架提取物的细胞存活率在 24 h 提取液中接近 75%,而 DMSO 提取物的细胞存活率在 24 h 提取液中仅为 50%。多孔支架提取物的细胞存活率在 72 h 时下降到 60%,而 DMSO 的在 72 h 时下降到 25%以下。此外,随着提取时间的变化,DMSO 提取物的细胞活力逐渐降低,而多孔支架提取物的细胞活力在 48 h 后维持在 60%左右。在此条件下,梯度多孔支架的细胞毒性并不显著高于均匀多孔支架。然而,梯度

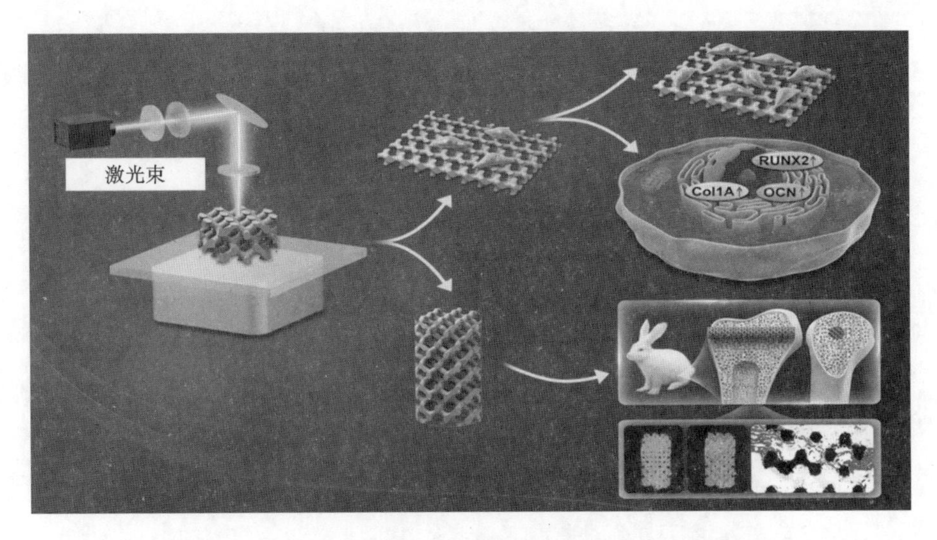

图 5-29　SLM 制备、体外细胞活性测定和体内成骨测定程序

支架上的细胞分布依然更大，也就是说，相对于较薄的支板，较厚的支板上附着了更多的细胞，这是由于梯度结构提供了更大的细胞生长空间，大直径的支板提供了较大的表面积。从逻辑上讲，当细胞通过小孔时，可能会与材料表面相互作用。较高的孔隙率和较大的孔径在体内可能是有利的，因为它们具有足够的代谢和物质运输能力，从而刺激骨再生。但过大的孔径意味着支架的比表面积减小，不利于骨细胞的附着。因此，孔隙尺寸需要在一个优化的范围内。仿生支架（本研究中的梯度五模点阵结构）的孔径在0.69～2.08 mm 之间，与孔径在 0.7～1.2 mm 之间的人骨结构相近。将小孔（直径＜1000 mm）与大孔（直径＞1000 mm）相结合用于细胞初始附着的仿生梯度支架，可以提高支架的整体质量。

为研究多孔支架均匀/梯度设计对成骨分化的免疫调节作用，下面采用蛋白质印迹法（Western blotting）研究不同多孔支架下骨髓间充质干细胞成骨基因表达水平（图 5-30（d）（e）），以甘油醛-3-磷酸脱氢酶（GAPDH）蛋白作为参考。Col1A、RUNX-2 和 OCN 在连续梯度格（D-GDs 和 PM-GDs）中的表达水平显著高于均匀格（D-Us 和 PM-Us）。此外，梯度五模仿生支架（PM-GD）组成骨基因 Col1A、RUNX-2 和 OCN 的表达水平高于 D-GD 组。这些结果表明，连续梯度的孔隙率和逐渐变细的支柱有利于成骨基因的表达、细胞增殖和分化。既往研究表明，合理的孔隙率是骨支架细胞生长和分化的最佳条件。此外，不同的孔径表现出不同的细胞生长和骨形成能力。因此，成骨基因在连续梯度格（D-GDs 和 PM-GDs）中表达水平增大的潜在原因可能是连续梯度格为成骨分化和骨形成提供了最佳的孔隙率和孔径。

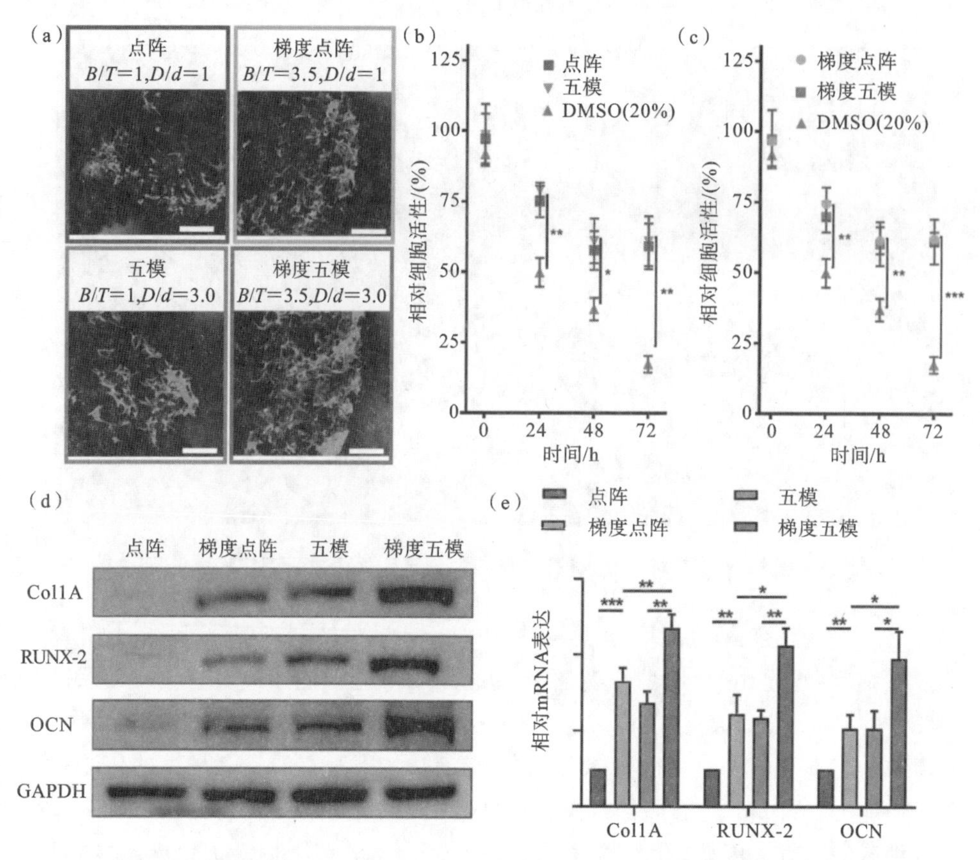

图 5-30　不同拓扑结构的体外生物活性分析：(a) **骨髓间充质干细胞植入骨结构支架的二维共聚焦激光扫描显微镜图像；**(b) **均匀和**(c)**梯度点阵结构的相对细胞相容性评价。成骨基因的表达：**(d) **第** 5 **天** BMSC **中** Col1A、RUNX-2、OCN **和** GAPDH **表达的蛋白质印迹分析结果；**(e) Col1A、RUNX-2 **和** OCN **相对** mRNA **水平的实时** PCR **分析（比例尺为** 200 μm）。

5.3.6　仿生支架体内生物活性分析

图 5-31(a)为 D-U、D-GD、PM-U 和 PM-GD 支架修复的兔股骨髁缺损的三维重建显微 CT 图像(第 4 周和第 12 周)。术后第 4 周，不同结构支架周围及支架内均有新骨形成，梯度支架新骨体积明显大于均匀支架。值得注意的是，在任何给定的时间点，无论是术后 4 周还是 12 周，梯度支架组比均匀支架组都有更多的新骨量。以上结果证实了梯度支架在体内具有良好的成骨性能，具体的新骨量参数如图 5-31(b)所示。梯度支架组的骨密度高于均匀支架组。尤其在第 12 周，梯度金刚石和梯度五模点阵结构支架的骨密度(分别为 6.25%和 9.23%)比均匀结构

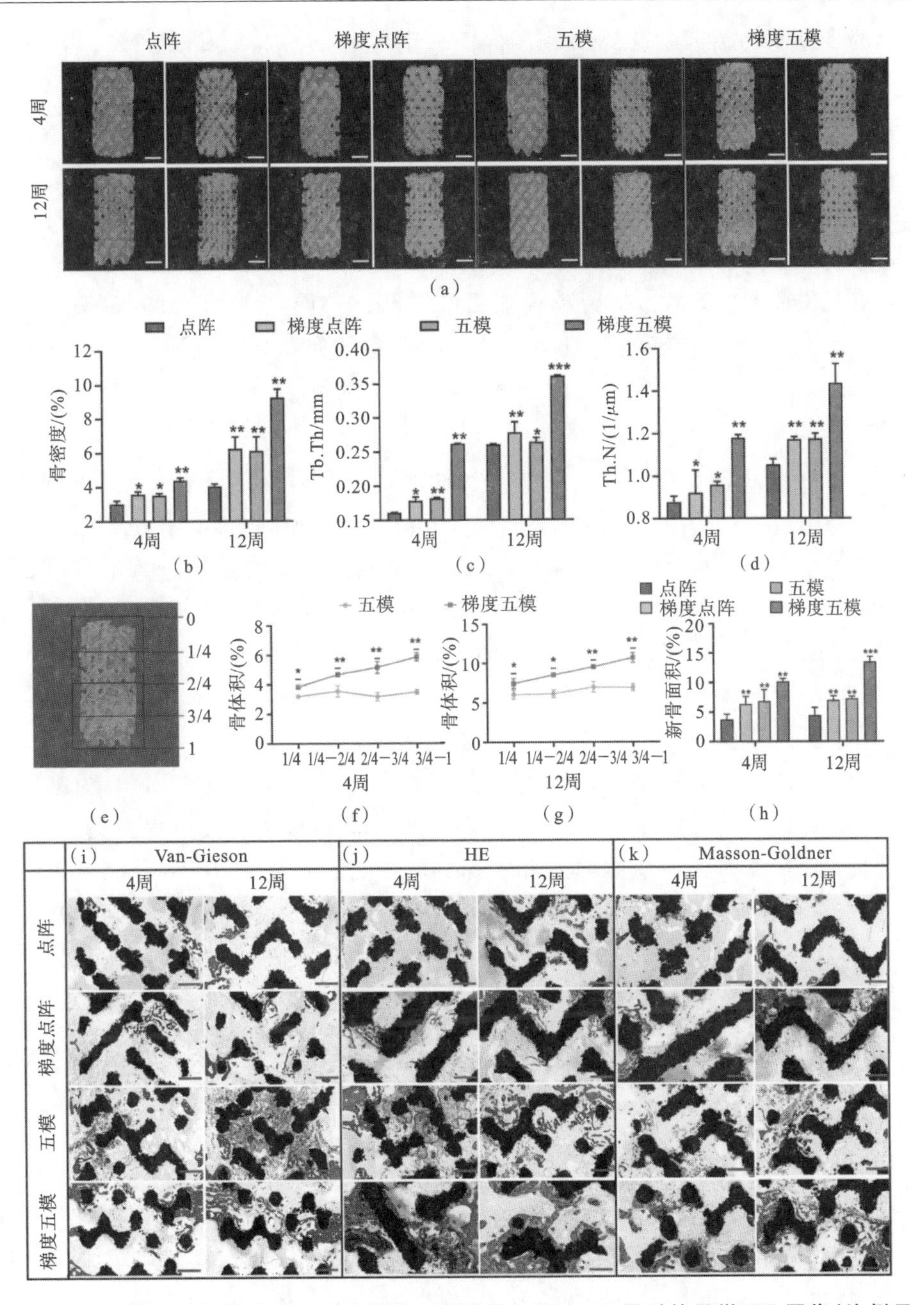

图 5-31　新骨形成评估:(a) 多孔支架植入兔股骨 4 周和 12 周时的显微 CT 图像(比例尺为 2 mm);多孔支架植入后的(b) 骨密度、(c) Tb. Th、(d) Tb. N、(e)骨向多孔支架内生长的大致示意图;(f)和(g)进入多孔支架的再生骨体积百分比;(h) 根据 Van-Gieson 染色组织学切片计算的新形成的骨面积;(i)、(j)和(k)分别为支架植入 4 周和 12 周后的 Van-Gieson、HE 和 Masson-Goldner 三色染色组织学切片,从中可以很好地观察到箭头所示的新形成的骨以及结构支架(比例尺为 1 mm)。

支架的骨密度(分别为4.05%和6.12%)分别高出54.32%和50.82%。另外,在任何时间点,仿生五模结构支架的新骨密度都高于金刚石点阵支架。从第4周到第12周,PM-U和PM-GD多孔支架的新生骨密度分别比D-U和D-GD多孔支架高16.83%和22.21%,增加到51.25%和47.78%。结果表明,骨小梁厚度(Tb. Th)和骨小梁数(Tb. N)随着身体愈合而增大,同时新的骨组织开始形成并变厚(图5-31(c)(d))。不同区域骨体积的结果显示,多孔支架中再生骨体积的百分数随着支架顶部到支架底部的距离增加而增加(图5-31(e)～(g))。梯度五模结构支架在体内的成骨性能最好,具体的新骨体积参数如图5-31(h)所示。Van-Gieson、HE和Masson-Goldner三色染色显示,梯度仿生五模结构支架再生骨比其他三组支架多(图5-31(i)～(k))。

海胆棘样仿生支架(PM-GD)对骨小梁厚度、骨小梁数量和新生骨密度的影响最好。利用植入支架治疗节段性骨缺损时,其周围多为不同结构和生物力学性能的骨组织。生物多孔支架采用符合骨组织原有几何拓扑和应力环境的梯度设计策略。此外,梯度支架通常具有有利于能量吸收的逐层倒塌破坏形式,以承受突然的冲击断裂。在梯度支架的生物学特性方面,既往文献也证明了细胞的高密度分布和骨缺损的加速愈合。这些结果进一步证明了探索功能梯度支架优化设计策略的重要性和必要性。

仿生支架与五模超材料结合,可进一步增加多孔支架的比表面积,为细胞增殖、分化提供更多的物理空间。梯度孔隙率的五模超材料的传输行为更加均匀,有利于整个支架的营养物质输入和代谢物输出。在本研究中,结合上述力学性能、质量传输性能和体内成骨性能可知,PM-GD的多孔结构表现出超强的骨损伤修复能力。首先,梯度孔隙的分布与骨缺损的力学环境一致,有利于新生骨组织的生长。其次,五模超材料比表面积大,有利于细胞增殖和分化。

5.3.7　结论

本节提出了一种采用海胆棘仿生锥形杆和梯度孔隙率的五模超材料,以优化质量传输特性和提高细胞播种效率。锥形杆和梯度孔隙率设计可以提高支架的力学性能和质量传输性能,进而提高其成骨性能。锥形拓扑由于内部空间的扩大和表面积的增加,可以更好地平衡细胞传输特性和细胞播种效率。梯度孔隙的分布类似于骨组织中的孔隙,有利于细胞的增殖和分化。由于锥形拓扑结构和梯度策略,梯度五模超材料的渗透率比均匀金刚石点阵结构提高了27.27%。体内实验验证了梯度五模超材料优异的成骨性能,梯度五模超材料的骨密度比均匀五模超材料的骨密度高50.87%。

第6章 微晶格超材料

6.1 各向异性启发、模拟引导设计和3D打印的具有定制力学-传质性能的微晶格超材料

6.1.1 引言

超材料是一种经过合理设计的工程材料，具有独特的力学、声学、热学或电磁性能。超材料的微观几何结构决定了宏观尺度成分所表现出的性能。紧密的结构-性能关系在超材料设计中起着重要的作用。受到晶体学原子点阵启发，超材料结构通常呈基于微晶格的周期性或非周期性排列形式。微晶格可以通过把原子连接成支杆、板和壳的形式来产生。尽管基于板、壳结构的微晶格已经被证明具有存储应变能的能力和高比强度，但不能对这些结构进行有效的性能预测，其他缺乏足够的结构设计自由度。基于支杆的微晶格的弹性响应可以用经典的Euler-Bernoulli或Timoshenko理论以及快速发展的有限元方法进行预测，并且能够进行几何空间变换以满足设计要求。不同类型的支杆型微晶格会产生不同的性能，研究所有的微晶格并不是一种合理有效的方法。因此，迫切需要一种通用的多物理超材料的设计和性能调节方法。

无论是哪种微晶格类型，超材料设计的核心挑战是优化微结构单胞以获得预期的宏观性能。在传统的机械结构设计中，轻量化和高刚度同时具有针对性和平衡性。同样，对于多物理超材料，几何优化引起的一种性能的提升可能会削弱另一种性能。例如，在生物多孔支架中，减小孔隙率能够提高力学强度，但会降低渗透性导致营养物质和代谢产物的输送不匹配。这也表明不同性能的变化规律不同。据报道，具有锥形杆几何特征的五模超材料可以很好地平衡不同的性能。结果表明，细长的锥杆端部直径与宏观力学性能有关，这可以解耦力学与渗透率之间的耦合关系。然而，这种极端的几何特征很难制造，导致调节范围有限。此外，在毫米尺度以上，微晶格的单胞尺寸缩放与力学性能无关，但与流体流量有关，因此具有比例单胞

长度的微晶格可以在保持刚度不变的情况下获得不同的渗透率。然而，单胞尺寸的缩放程度也会影响其他性能，如支架的细胞附着情况和水下工程结构的电化学腐蚀行为。此外，采用多材料结构可以重新分配力学性能和传质过程从而实现解耦的目的。随着增材制造技术的快速发展，多材料的3D打印成为可能。但由于逐层制造工艺的限制，结构设计自由度受到限制，从而限制其应用范围。

微晶格的各向异性，可以为多物理协同调控开辟超材料设计空间，这是一种具有潜在竞争力和普适性的策略。由于大多数微晶格并不是绝对各向同性的工程材料，因此，其在不同方向承载或运输物质的能力是不同的。在不改变微晶格的结构类型和相对密度的情况下，通过空间变换可以获得不同的物理性质。一般来说，这些旋转或平移的微晶格具有更复杂和更精细的拓扑结构。由于增材制造技术的发展，它们也可以成功地被制造出来。在考虑工程应用时，金属材料是制备微晶格超材料的首选材料。激光选区熔化是金属增材制造工艺的一种，它可以制造具有高精度气孔特征的复杂零件，适合于制造微晶格超材料。

在这里，我们利用材料晶体学的知识来构建受原子排列启发的[001]、[110]和[111]金刚石类型的微晶格，以获得定制的多物理性质的超材料。通过在不同晶面上定向旋转(15(°)/步)，可以进一步获得不同的拓扑微晶格，为几何特征的调整提供一种稳定而简单的方法。基于解析和有限元计算，可确定微晶格超材料的力学-传质性能与其在不同晶面和晶体方向上的取向密切相关。我们的研究结果表明，各向异性激发的微晶格超材料可以扩大多物理性能的可调范围。我们设计并制造了具有逐层变形和特定渗透率的梯度超材料。

6.1.2　原子与空间变换激发的微晶格超材料

通常选择金刚石构型的原子点阵来构建微晶格超材料，原因如下：首先，金刚石微晶格广泛应用于生物医学骨支架设计应用，其力学性能和传质性能备受关注；其次，金刚石微结构具有稳定的各向同性特征，具有16个相同的支杆，适合进行空间变换；最后，在受到压应力时这种拓扑结构会使所有的压杆承受相同的受力条件，从而产生分布变形，避免了宏观应力集中的风险。此外，它也是一种经典的以弯曲为主的高柔度结构，这种结构的人类骨骼与八重桁架或等轴桁架的人类骨骼相比，具有更高的强度/刚度。

我们提出了一种空间变换策略来获得不同拓扑结构的金刚石微晶格。与传统的由原子与原子的特定连接构成的金刚石微晶格不同，由于正交各向同性，[001]、[010]和[001]方向的视觉特征是相同的。应用材料晶体学知识构建空间坐标系是命名微晶格的基础(图6-1(a))。[110]和[111]金刚石原子以及获得相应的[110]和[111]金刚石微晶格的过程如图 6-1(b)(c)所示。从面对角线方向可观察到与[001]方向垂直的[110]金刚石单胞,从主体对角线方向可观察到[111]金刚石单胞。通过对 3×3 周期排列的[001]和[111]金刚石微晶格分别进行空间旋转和单元切割,可得到[110]和[111]金刚石微晶格。单胞空间尺寸由最小不可分周期单元决定。值得注意的是,[110]和[111]金刚石微晶格旋转到传统的金刚石微晶格上并被固定体积的单胞切割时,会产生不同的拓扑网络,这是其他点阵结构没有的。

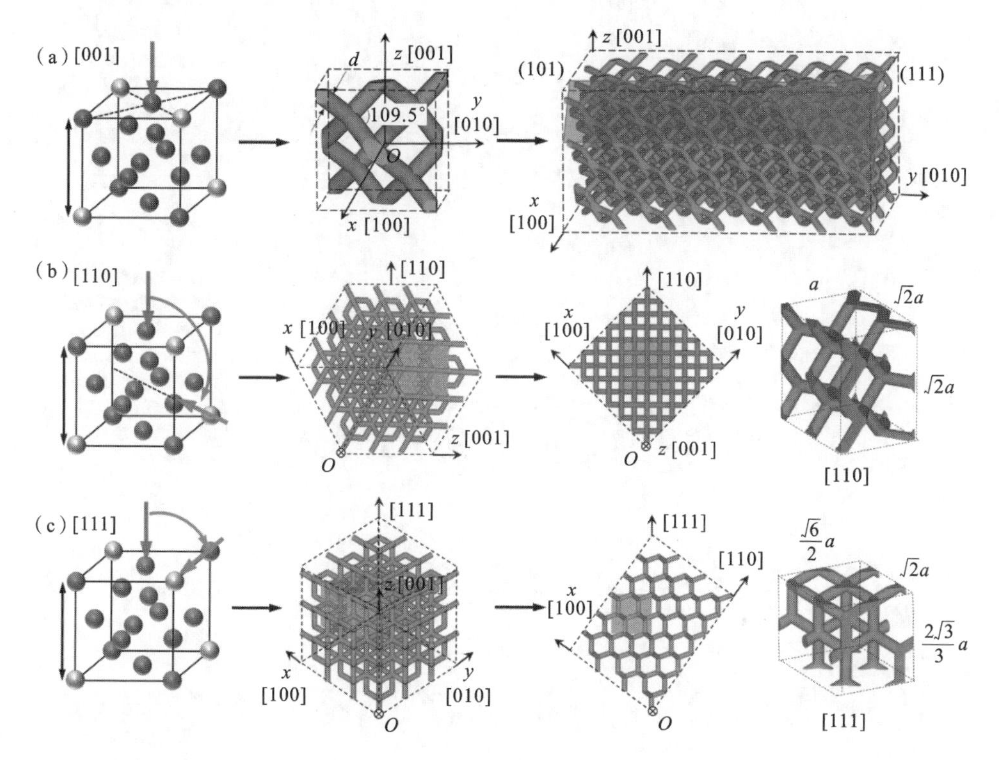

图 6-1　支杆微晶格超材料示意图:(a)[001]金刚石原子、微晶格和超材料;(b)[110]金刚石原子和获得相应的[110]金刚石微晶格的过程;(c)[111]金刚石原子和获得相应的[111]金刚石微晶格的过程。

6.1.3　几何特征

为了研究超材料的取向相关性,我们设计了三种金刚石微晶格。图 6-2(a)～(c)分别表示从[100]方向观察的[001]、[110]和[111]金刚石微晶格。利用不同特征平面上的空间变换可以创建大量的 3D 微晶格,本研究的模板模型为其中的

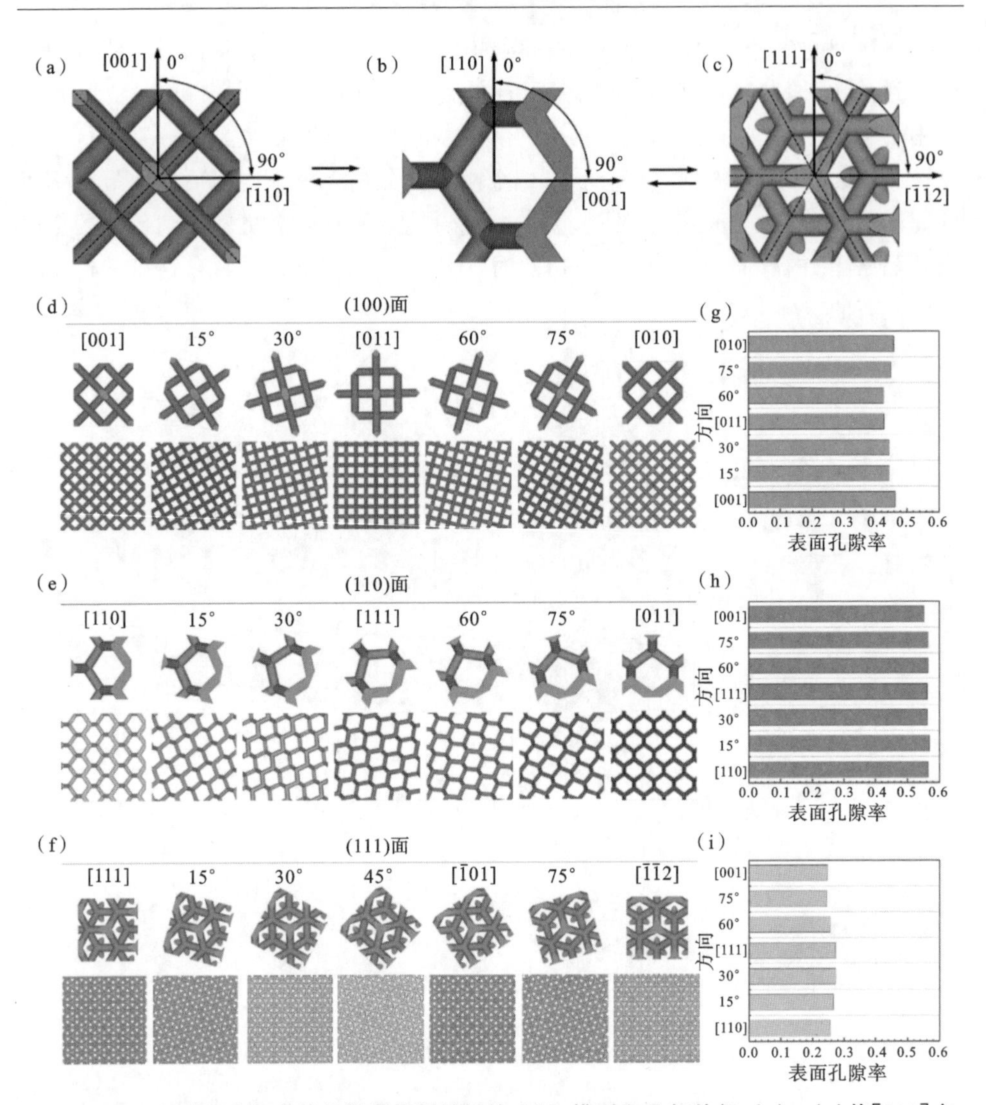

图 6-2　用于评估取向相关性的微晶格超材料的 CAD 模型和几何特征：(a)～(c)从[100]方向观察的[001]、[110]和[111]金刚石微晶格；(d)～(f)分别在(100)、(110)和(111)面上进行平面旋转获得的单胞和 3×3 构型的金刚石微晶格的 CAD 模型；(g)～(i)[001]、[110]和[111]金刚石微晶格在(100)面上的表面孔隙率。

7～9个。从取向衍生出不同的微晶格的第一步是旋转面和旋转角的确定。第二步，基于 3×3 构型切割微晶格超材料。最后，使金刚石超材料旋转一定的角度，获得一种新颖的周期性拓扑微晶格。分别在(100)、(110)和(111)面上旋转获得的各种金刚石微晶格的 CAD 模型如图 6-2(d)～(f)所示。(100)面上的 3×3 微晶格是单胞中心从[001]到[010]的正向以 15°的间隔旋转得到的。在几何情况下，(100)面上的金刚石微晶格相对于[011]方向是轴对称的。具体地说，[001]微晶格与[010]微晶格是完全相似的，而具有方形通孔的[011]微晶格从这个角度看起来像立方微晶格。然后，(110)和(111)面上的 3×3 微晶格是单胞中心分别从[110]到[001]和从[111]到[$\bar{1}\bar{1}$2]的正向旋转 15°得到的。金刚石微晶格在(110)面上的几何形状相对于[001]方向是镜面对称的，但表现出从[110]到[001]的各种特征。(111)晶面的金刚石微晶格具有 $\pi/3$ 旋转轴对称性。不规则的空间变换影响了微晶格的周期性。因此，在切割 3×3 构型的过程中，超材料的边缘会产生碎裂的单胞。此外，在考虑外力固定约束时，空间方向的变换会改变等效支杆长度，从而影响微晶格的刚度。

从[001]方向观察不同空间变换的微晶格，其表面孔隙的形态和大小有很大的差异，这是造成它们物理性能差异的直接原因。表面孔隙率，由孔面积与(100)面相应位置[001]、[110]和[111]的整个表面积之比定义，如图 6-2(g)～(i)所示。我们发现，(100)平面微晶格的表面平均孔隙率略低于(110)平面微晶格，但远远超过(111)平面微晶格。(100)平面微晶格表面孔隙率的一致性明显低于其他点阵结构，但表现出孔隙轴对称特征。如前所述，各种微晶格超材料是通过空间位置转换和主流平面的旋转而产生的。这种旋转角度的操作，结合支杆直径的变化，可实现广泛的微晶格几何和性质。

6.1.4　与方向相关的弹性响应

弹性响应不仅与单胞的相对密度有关，还与加载方向有关，可以转化为微晶格空间变换的各向异性。我们用有限元模拟方法和 Timoshenko 梁理论计算了不同相对密度(ρ=0.05,0.10,0.15,0.20,0.25)和不同取向的 Ti-6Al-4V 块体材料(E_s=120 GPa)金刚石微晶格的杨氏模量。

图 6-3(a)～(c)所示为[001]、[110]和[111]金刚石微晶格的解析杨氏模量和有限元预测的杨氏模量。对于相对密度在 0.05～0.25 范围内的每个取向设计，杨氏模量数据都用指数回归函数进行拟合，即 Gibson-Ashby 方程。

计算结果表明，微晶格的杨氏模量与其相对密度有很好的相关性。对于[001]、[110]和[111]金刚石微晶格超材料，用解析方法和有限元预测方法得到的结果与趋势和低级偏差是一致的。将由这两种方法得到的杨氏模量分别与传统的金刚石点阵、基于支杆的金刚石 TPMS 结构、片状金刚石点阵结构进行比较，曲线图表明，模量数据与前人的数据相吻合，说明了两种方法的有效性。实验结果表明，在 0.20 以上的相对密度范围内，所研究的金刚石微晶格的弹性系数明显高于金刚石 TPMS 结构和片状金刚石点阵结构。我们计算了[001]金刚石微晶格的有效弹性模量，并绘制了三维弹性等高线，以显示其硬度分布(图 6-3(d))。模量

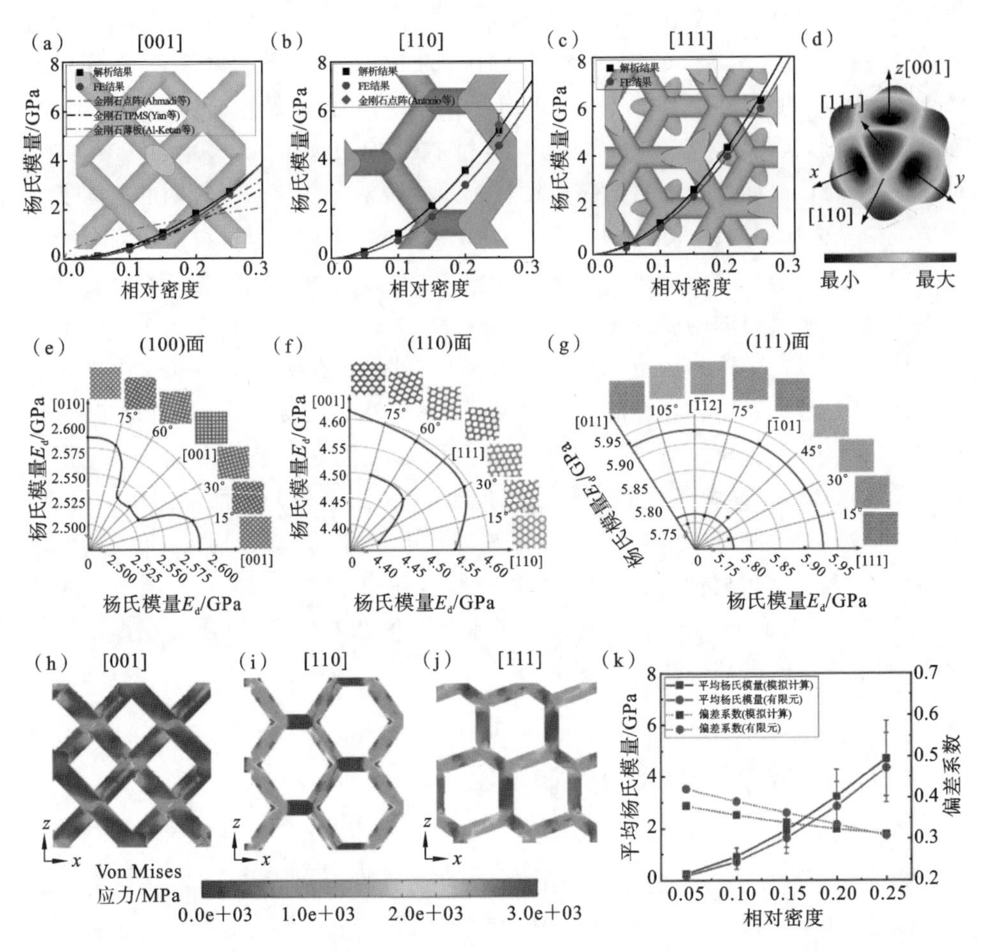

图 6-3　微晶格超材料的弹性响应和应力分布：(a)～(c)[001]、[110]和[111]金刚石微晶格的解析和有限元预测杨氏模量；(d)弹性模量的三维等高线图；(e)～(g)(100)、(110)和(111)晶面上的用有限元方法预测的[001]、[110]和[111]金刚石微晶格的杨氏模量的极图；(h)～(j)微晶格在6%压缩应变下的应力分布；(k)不同相对密度的[100]、[110]和[111]金刚石微晶格超材料的平均杨氏模量和取向系数。

等值线显示最高模量方向为[111]，其次为[110]，最小为[001]，与有限元预测和解析结果完全吻合。

为了研究金刚石微晶格在不同方向上的弹性响应取向，利用描述材料科学中使用的晶粒取向的极坐标图来描述杨氏模量的方向依赖性。用有限元方法预测的[001]、[110]和[111]金刚石微晶格的杨氏模量分别在(100)、(110)和(111)面上的极图如图 6-3(e)～(g)所示。由于[011]两侧的 CAD 模型是相互镜像的，因此金刚石微晶格在(100)面上的杨氏模量分布也表现出 $\pi/4$ 的对称性。金刚石微晶格在(110)和(100)面上的杨氏模量对于不同的旋转角一般都是准各向同性的。

我们将这些杨氏模量拟合成弧形或亚弧形的两条曲线，它们都表明奇数旋转角为 π/6 的微晶格比偶数旋转角为 π/6 的微晶格具有更高的模量。

通过空间变换得到的不同微晶格中弹性响应的差异，也可以看作超材料在不同方向载荷下承载能力的变化。在6%压缩应变下，微晶格应力分布的可视化表明，应力集中在节点连接处，并且在杆内部可观察到弯曲应力（图 6-3(h)～(j)）。与[001]和[110]金刚石微晶格相比，[111]金刚石微晶格具有更多平行于载荷方向的有效支杆，在刚度方面表现得更加稳定。

(100)、(110)和(111)面上的所有极图表明，金刚石微晶格是各向异性的。杨氏模量在不同的旋转角度下是不同的。从弹性响应的角度，可得到不同相对密度的金刚石微晶格超材料在[100]、[110]和[111]方向上的平均杨氏模量和取向系数（图 6-3(k)），以评价各向异性的程度。平均杨氏模量和相应的标准差反映了不同微晶格的平均弹性响应以及它们之间的差异。结果表明，由解析法和有限元法得到的绝对杨氏模量均随相对密度的增加而增大，而平均模量随相对密度呈单调增加的趋势，这与图 6-3(a)～(c)所示结果类似。取向系数表示标准偏差与平均值的比率，它标准化了概率分布离散度的度量。当相对密度从 0.05 变化到 0.25 时，金刚石微晶格的各向异性程度减小。

6.1.5　取向相关的传质性能

传质性能是另一个值得关注的性能，因为它在骨组织穿透多孔介质的能力以及营养物质、氧气和代谢产物在多孔生物材料中扩散的能力中发挥着重要作用。渗透率是一个完全由拓扑优化设计确定的参数，它量化了多孔介质传导流体的能力。我们使用层流计算流体动力学(CFD)模型来估计流体的渗透性并研究其流动行为。

图 6-4(a)～(c)显示了当流体从顶端流动时，金刚石微晶格分别在(100)、(110)和(111)面上的速度分布。考虑到边界效应，在 CAD 模型中增加了孔隙，孔隙的高度为微晶格高度的一半。可以看出，传输速度集中在孔中心，并且随着微晶格拓扑结构的不同，速度分布也不同。对于(100)面上的微晶格，由于其具有几何对称性，[001]微晶格的速度分布与[010]微晶格相似，而[011]微晶格表现出更好的孔间连通性和相对流体速度。(110)面上的微晶格的横截面形状是不对称的六边形，其速度分布没有明显的规律性。然而，(111)面上的微晶格由于速度分布相同，在传输行为上表现出完全的各向同性。有限元方法预测得到的金刚石微晶格在(100)、(110)和(111)面上的流体渗透率极图分别如图 6-4(d)～(f)所示。在(100)面上，[011]微晶格的渗透率最大，为 $8.53\times10^{-9}\ m^2$，比最小值 $8.17\times10^{-9}\ m^2$ 提高了 4.41%。渗透率值也呈现出相对于[011]方向的轴对称特征。不出所

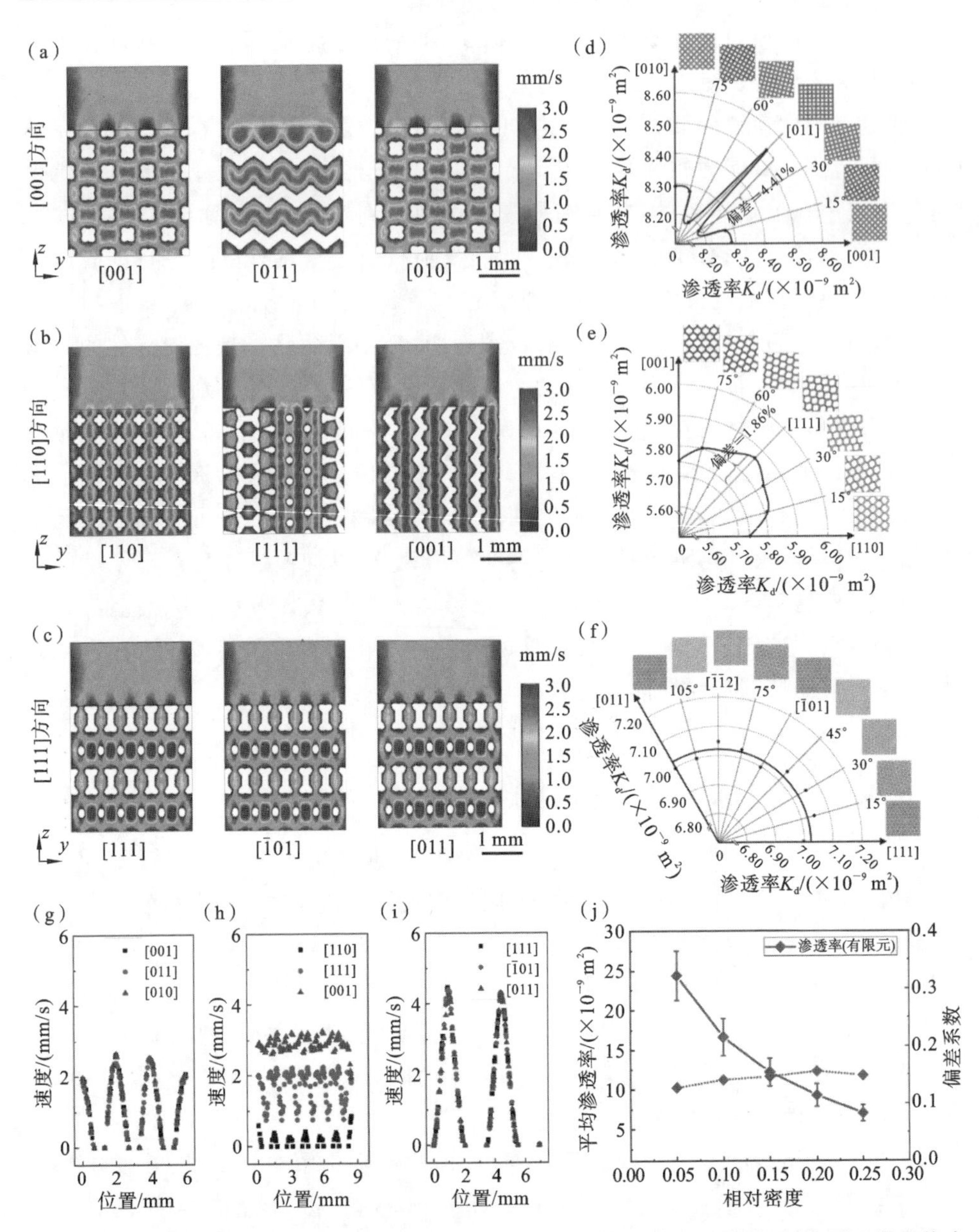

图 6-4　微晶格超材料的速度分布和传质性能:(a)～(c)当流体从顶端流动时,金刚石微晶格在(100)、(110)和(111)面上的速度分布;(d)～(f)用有限元方法预测的金刚石微晶格在(100)、(110)和(111)面上的流体渗透率极图;(g)～(i)微晶格从顶端到底端的速度历史;(j)具有不同相对密度和取向系数的[100]、[110]和[111]金刚石微晶格超材料的平均渗透率。

料,在(110)面上的最大渗透率和最小渗透率只有 1.86%的微小偏差,而在(111)面上渗透率的差异可以忽略不计,两者的弹性响应表现出相似的各向同性趋势。

沿微晶格中心线从顶端到底端的速度历史如图 6-4(g)～(i)所示。[001]和[010]微晶格的速度变化曲线与由等值线图上观察到的相似，但与[011]微晶格的速度变化略有偏差。类似于弹性响应的研究，我们进一步计算了不同相对密度的金刚石微晶格在同一平面各方向的平均渗透率和取向系数。结果表明，金刚石微晶格的平均渗透率随着相对密度的增加而减小，误差范围也随之减小，表明各向异性程度逐渐降低。当相对密度变化时，取向系数接近稳定，这意味着当相对密度在 0.05～0.25 之间变化时，金刚石微晶格的渗透率各向异性程度几乎是恒定的。

6.1.6　协同作用下的弹性响应和传质性能

金刚石微晶格超材料在不同方向上的流体输送和承载示意图如图 6-5(a)所

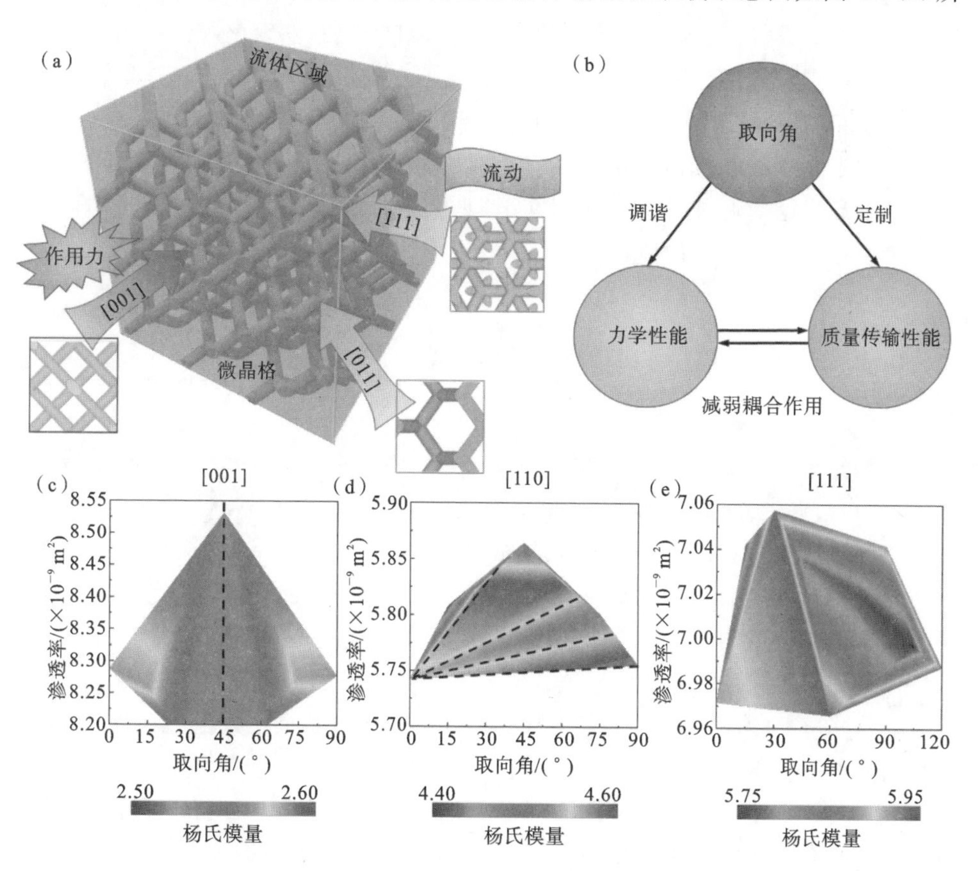

图 6-5　协同定制的弹性响应和传质性能：(a)金刚石微晶格超材料在不同方向上的流体输送和承载示意图；(b)取向角、力学性能和质量传输性能之间的关系；(c)～(e)[001]、[110]和[111]金刚石微晶格的渗透率和杨氏模量组合的模拟指导设计图。

示。[001]、[110]和[111]微晶格表明了金刚石微晶格的不同作用力和流动方向。我们提出的多性能设计策略具有独立定制金刚石超材料的弹性响应和传质性能的能力,其中它们的拓扑结构是由一种参数相对密度几乎不变的微晶格获得的(图 6-5(b))。

图 6-5(c)～(e)给出了[001]、[110]和[111]金刚石微晶格的渗透率和杨氏模量组合的模拟指导设计图。金刚石微晶格在(100)面上的渗透率和杨氏模量均为45°轴对称的,分别为(8.17～8.53)$\times10^{-9}$ m^2 和 2.53～2.58 GPa。在(110)面上,金刚石微晶格的杨氏模量和渗透率的逐层分布情况是取向角的函数,分别为4.41～4.62 GPa 和(5.74～5.86)$\times10^{-9}$ m^2。(111)面上金刚石微晶格的杨氏模量和渗透率分别为 5.75～5.94 GPa 和(6.97～7.06)$\times10^{-9}$ m^2。结果表明,微晶格在(100)、(110)和(111)面上的弹性性能和渗透率的变化范围不是很大,在这些独立的面上几乎各向同性,最大偏差也小于 5%。

通过对离散数据点进行平面拟合,可得到取向-弹性-渗透率等值线图,从而获得中间数据点。空白区是指目前很难预测多项性能的区域。虽然不同平面上的弹性-渗透率的设计等值线不同,但利用支架结构微晶格中的各向异性拓扑结构可以独立地定制承载和流体输送性能。换言之,当弹性模量值固定时,可通过不同的取向设计广泛地调节渗透率。不同平面方向的微晶格组合可用于获得具有特定梯度模量和渗透率的构件。

6.1.7　SLM 3D 打印及实验测试

我们用 SLM 3D 打印技术成功地制备了 3×3×3 排列(27 个单胞组成)的[001]、[110]和[111]取向的 Ti-6Al-4V 金刚石微晶格(图 6-6(a)～(c))。金刚石微晶格的宏观尺寸如图 6-1 所示,微晶格单胞的边长 a 为 4 mm。这些微晶格的支杆直径和相对密度分别为 0.25 mm 和 25%。经过空间旋转变换的金刚石微晶格的单胞不再是立方结构,因此在尺寸上与传统的金刚石微晶格有所不同。

下面对 SLM 制备的金刚石微晶格的 CT 重建样品与打印的样品进行比较。图 6-6(a_1)～(c_1)给出了它们对应的原始打印样品的 CT 重建数据,表明没有明显缺陷或单胞损坏的金刚石微晶格具有良好的增材制造能力。图 6-6(a_2)～(c_2)所示为显微 CT 重建和设计的金刚石微晶格的 CAD 模型的定性表面偏差对比图。[001]和[111]微晶格的表面粗糙,清晰地显示出部分熔化的粉末,而[110]微晶格样品的表面很光滑。在[001]和[111]金刚石微晶格中,钛粉颗粒在杆上部分熔化,导致粉末黏附,出现了正表面偏差。[110]金刚石微晶格的这个表面偏差较小。这是因为[001]微晶格是由 45°倾斜的杆组成的,[111]微晶格有悬挂支杆,

[110]微晶格倾角大、悬垂范围小,而小倾角和大悬垂范围会导致更多的松散粉末黏结区域。图 6-6(d)所示为这些金刚石微晶格的统计表面偏差。结果还表明,[110]微晶格具有最小的表面峰值偏差,这表明可以通过空间旋转变换来消除制造误差。金属粉末颗粒黏结的表面偏差在 SLM 制备的构件中是很常见的。悬臂和倾斜支杆的内侧出现了严重的粉末黏结。这是由于在逐层 3D 打印过程中,重力的作用会使悬浮区的激光熔化层掉入前一层粉末层,导致其表面粗糙,变形严重。

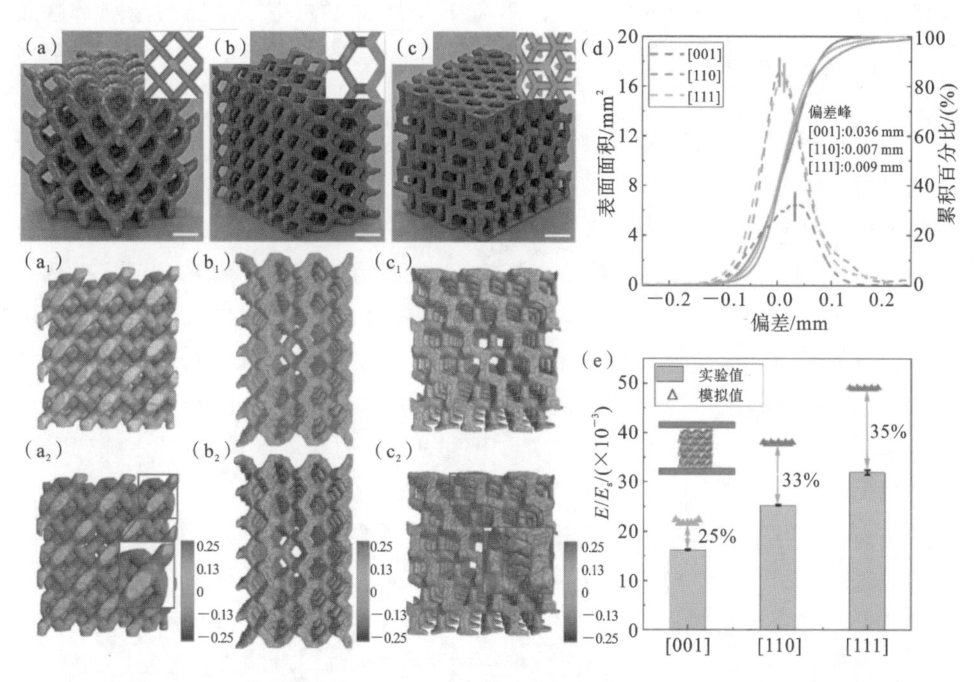

图 6-6　增材制造的微晶格超材料、micro-CT 重建和力学测试:(a)~(c)采用 SLM 3D 打印技术制备的由 27 个单胞组成的[001]、[110]和[111]金刚石微晶格;(a_1)~(c_1)CT 重建的微晶格样品;(a_2)~(c_2)微晶格的 Micro-CT 重建模型和 CAD 模型比较;(d)微晶格样品表面偏差统计分布;(e)三种打印金刚石微晶格的归一化压缩测试结果。

我们对这些金刚石微晶格进行了压缩实验,以获得有效弹性系数(图 6-6(e))。[111]金刚石微晶格的有效模量为 31.92×10^{-3},比[110]和[001]微晶格的有效模量 25.29×10^{-3} 和 16.25×10^{-3} 分别高 20.77%和 49.09%。通过空间旋转变换,可以在不改变相对密度和结构拓扑的情况下,使同一微晶格获得不同或特定的等效模量。这一策略与传统的 Gibson-Ashby 模型完全不同。此外,与上述模拟结果相比,金刚石微晶格的实验有效压缩模量降低了 25%~35%。这种差异是由制造精度、材料本构模型不同于铸造和锻造材料以及部件内部的各向异性造成的。目前已经可以利用一些方法进一步提高仿真的预测精度,如通过 CT 重建模型进行压缩模拟，以及使用修改的 Johnson-Cook 本构模型使预测偏差在合理范围内。

6.1.8　梯度取向的微晶格超材料

受原子启发的微晶格超材料具有较低的相对密度和多样化的拓扑结构，为高端装备应用提供了多性能解决方案。我们简单地将不同空间变换的金刚石微晶格组合在一起，得到了具有逐层断裂效应的功能性结构，并且具有特定的局部传质性能。

力学压缩实验是在准静态状态下进行的，其中梯度超材料试样顶部与挤压头等速接触，而试样的底端受压缩方向位移的约束。梯度取向复合微晶格超材料自下而上由[001]、[110]和[111]微晶格组成。图 6-7(a)(b)分别显示了压缩应变从0%到 15%时梯度微晶格的实验和预测的逐层变形过程。实验结果表明，在低刚度层[001]中可以明显观察到初始的局部压杆弯曲，然后弯曲扩展到第二个刚度层[110]，而最高刚度层[111]没有明显的变形。模拟结果接近实际压缩过程的结果，即 Von Mises 应力集中在[001]微晶格层的曲杆和[110]微晶格层的倾斜高应力带上。图 6-7(c)所示为不同的长度和不同的母材的梯度微晶格，其中我们采用的是与尺度无关而仅与相对密度和取向有关的几何变换设计策略。

我们还研究了梯度复合微晶格超材料的传质性能，三维模型如图 6-7(d)所示。横截面 1 如图 6-7(e)所示。在流体运动方向上复合微晶格的压力呈梯度分布，而[111]层在水平方向上的压力集中程度高于[001]和[110]层(图 6-7(f)～(g))。同样，图 6-7(h)～(i)所示的速度分布集中在[111]层，超过了[001]和[110]层的速度。经过空间变换的微晶格超材料可以实现定制的承载变形模式和流体传质特性。

6.1.9　微晶格取向对力学性能和渗透率的影响

根据麦克斯韦判据，微晶格结构一般可分为弯曲主导结构和拉伸主导结构，它们分别具有柔顺变形和刚性特征。虽然所提出的 Gibson-Ashby 模型能够很好地预测微晶格的力学性质，但微晶格的力学响应的变化完全取决于几何拓扑与相应载荷的关系，而不仅仅是相对密度。换言之，在相同的相对密度下，将弯曲载荷调整为拉伸载荷，可以很容易地提高微晶格的刚度。对于均匀的支杆微晶格，Euler-Bernoulli 梁理论和 Timoshenko 梁理论已经成为计算弹性响应的通用分析方

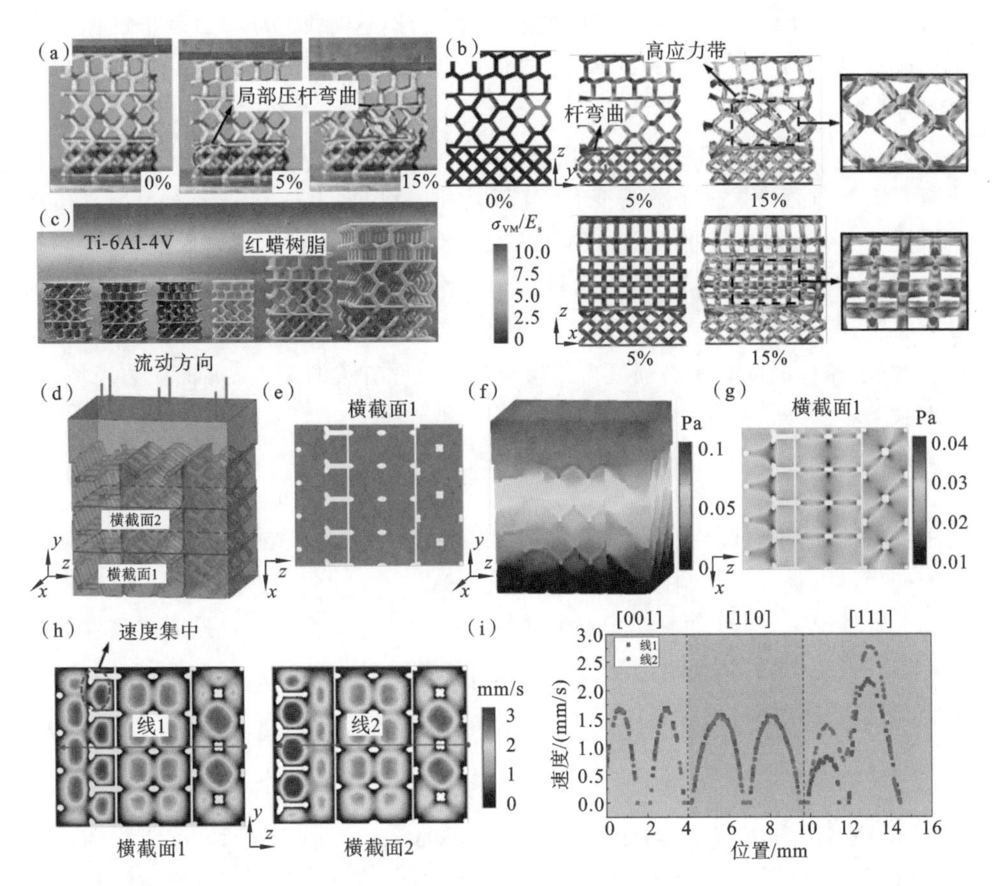

图6-7　取向相关微晶格超材料在特定力学和传质性能方面的应用：(a)和(b)压缩应变从0%到15%时梯度微晶格的逐层变形过程；(c)利用不同的母体材料，在不同的长度尺度上制作的梯度微晶格；(d)三维传质模型和(e)对应的截面区域；(f)三维流体压力分布和(g)相应截面的压力分布；(h)截面1和截面2的速度分布；(i)线1和线2的速度差。

法，如金刚石和蜂窝点阵等。对于微晶格中的变截面杆，利用几何简化和势能控制方程也可以得到微晶格刚度和强度的有效解。杆是抵抗变形的最小承重单元，当载荷方向的有效杆增多时，微晶格的弹性模量值随之增大。假设忽略长细比，微晶格的杨氏模量为

$$E_{\mathrm{m}}=\frac{\sum\sigma_i}{\sum\varepsilon_i}=\frac{P/S}{\sum\frac{F_iL\sin^2\theta_i}{E_{\mathrm{s}}A}+\sum\frac{F_iL^3\cos^2\theta_i}{12E_{\mathrm{s}}I}} \tag{6-1}$$

式中：P 是总外力；S 是整个微晶格的横截面面积；F_i 和 θ_i 分别是某杆的力和倾角；E_{s}、A 和 I 分别是母材的杨氏模量、斜杆的横截面面积和杆的二次惯性矩。以(100)面上的微晶格为例，[001]微晶格有16根 $\pi/4$ 取向的斜杆，而[011]微晶格

有 8 根与[100]载荷有关的 π 取向的非承重斜杆，这导致[011]微晶格的刚度减弱。随着从[001]到[011]的旋转，微晶格中与[100]加载方向有关的拉伸分量逐渐减小。

双圆弧弹性模量拟合曲线的出现归因于一个事实，即相对于外力的有效承重支杆在旋转过程中发生了显著变化。(110)和(111)面上的微晶格表现出六角形的大孔特征，我们知道平面六角形结构只在对角方向具有较高的强度，而中心线处的强度较弱。从宏观上看，蜂窝等六角结构由于接近球面，具有准各向同性的几何特征。这导致了微晶格的杨氏模量在(110)和(111)面上具有双弧形分布特征。此外，压杆的固有断裂强度可以用与几何尺寸有关的 Euler 屈曲应力来估算，其形式为

$$\sigma=\frac{1}{12}\frac{\pi^2 E_s}{K^2}\left(\frac{r}{L}\right)^2 \tag{6-2}$$

式中：r 和 L 是杆的直径和长度；K 是杆的有效宽度系数。结果表明，利用几何尺寸的变化可以进一步调整微晶格的力学响应。

通常情况下，相对密度较低或孔隙率较高的多孔介质具有较强的渗透性。此外，微晶格超材料的拓扑结构设计也会影响其渗透率。根据 Kozeny-Carman 方程的定义，渗透率、相对密度和比表面积之间的关系为

$$k=\frac{C_k(1-\rho_d/\rho_s)^3}{(S/V)^2} \tag{6-3}$$

式中：C_k 是与微晶格拓扑有关的 Kozeny 经验常数。Kozeny-Carman 方程描述了相对密度和比表面积对微晶格渗透率的综合影响。然而，尽管本研究中这些取向微晶格的孔隙率和比表面积大致相同，但在不同的平面上具有不同的渗透率，范围在 $5.74\times10^{-9}\sim8.53\times10^{-9}\ \mathrm{m}^2$ 之间。这是因为考虑到各向异性，渗透率是一个矢量值，而不是一个标量值。由于 C_k 强烈依赖于孔的几何形状，对于上述取向的微晶格，它们的 Kozeny 常数 C_k 也具有不同的值。据报道，贝尔等人制造了三角形、六边形和矩形三种不同的支架，发现其平行于流动方向的 CFD 模式的渗透率值高于垂直于流动方向的 CFD 模式的渗透率值。图 6-4(d)～(f)的研究结果能够进一步证明，对于不同取向上的不同几何拓扑，微晶格的渗透率具有很强的取向依赖性。在骨支架领域，微晶格支架在不同方向和不同位置的渗透率差异必然会导致在骨组织再生过程中出现不均匀现象。利用渗透率各向异性研究能够预测多孔支架的骨组织再生率，为术后检查和修复提供依据。

此外，从(110)面上的传输速度分布可以看出，由于局部拓扑结构不同，[001]微晶格的传输速度大于[110]和[$\bar{1}$01]微晶格，但不影响相同晶面的准各向同性渗透率。实验结果表明拓扑介观结构会影响局部的传输速度分布，但不影响宏观渗透率。当考虑梯度支架时，可以设计内部梯度拓扑，在不改变整体相对密度的情

况下实现梯度传输速度分布。因此,除了孔隙率和比表面积外,微晶格的渗透率还可以通过重复单胞的空间变换和分布来调节。

对于传统的金刚石微晶格,杨氏模量 E_d 与 $E_s(\rho_d/\rho_s)^n$ 呈线性关系,渗透率 K_d 也与 $K_s(1-\rho_d/\rho_s)^n$ 呈线性关系。这证明了弹性响应与传质性能之间具有耦合关系,即当微晶格的相对密度固定时,杨氏模量和渗透率都是确定的。虽然利用相对密度可以灵活地调节金刚石微晶格的杨氏模量,但其固有的流体渗透率变化范围仍然有限,并且随着相对密度的变化而耦合变化。然而,由于几何各向异性特征,具有相同相对密度的微晶格通过空间变换获得的弹性响应和传质性能的变化范围增大。在相同的相对密度下,由于 Kozeny 常数 C_k 的不同,不同拓扑微晶格结构的渗透率也是多变的。然而,由于几何尺寸的差异,不同微晶格之间很难实现稳定的连接和稳定的界面。此外,当用 SLM 技术制造试样时,若采用不同的支杆到底板的取向,支杆几何形状和性能都存在差异。因此,与组合多个微晶格相比,更有利的方法可能是使用固定的微晶格单胞并以一种既考虑各向异性力学行为又考虑传质行为的方式来确定构件的几何形状。另外,相较于选择不同拓扑支杆形状、单胞大小或不同单胞类型来获得比模量值和渗透率值,以空间变换微晶格的形式获得的超材料具有更好的结构同源性和更好的微晶格之间的连接性。传统的设计方法是在具有特定位置或方向的点阵结构中使用不同的单胞。这种方法的缺点是不同类型单胞间的界面通常很弱,而且支杆几何形状和性能的范围有限。对于同类型不同取向的结构,一一对应的空间节点并没有发生变化。

6.1.10　结论

本节我们提出了一种利用微晶格超材料的各向异性来实现多性能协同调控的通用策略。在分析和计算的基础上,证明了金刚石微晶格超材料的力学性能和传质性能在不同晶面和晶向上具有方向性。在(001)、(110)、(111)晶面取向的微晶格超材料中,(111)微晶格的力学性能和传质性能最好。

利用空间旋转变换设计方法和 3D 打印技术,能够轻松实现各种具有特定的弹性响应和传质性能的受原子启发的复杂微晶格。此外,通过组合不同取向相关的微晶格可以得到具有特殊力学性能的多功能组件,如可应用于生物医学领域中的骨支架。本文仅以金刚石点阵为例,以人骨支架为应用对象,以多向微晶格为例,实现了多物理性能的研究。我们认为受原子启发的微晶格超材料可以通过空间变换获得热力学、电磁等物理场的多性能调节能力。

6.2　一种受 Hall-Petch 关系启发的结构设计策略解耦微晶格超材料

6.2.1　引言

微晶格超材料是由原子点阵组合形成的具有特殊物理性质的复合微结构，如负泊松比、声隐身和热扩散。它们的物理性能与拓扑形状、几何尺寸和空间排列密切相关。随着科技的发展，对具有多物理特性的超材料的需求越来越大。然而，不同的物理性能通常表现出相互排斥的关系，例如强度和质量之间的关系，在开发具有多物理性能的结构时必须考虑这一点。

用多孔结构来治疗骨缺损的骨组织工程技术，是最典型的具有多物理性能要求的工程应用技术。为了提高治疗效果，人造骨支架需要具有合适的孔隙率、力学性能和传质性能，在承载和细胞代谢上模仿天然骨。适当的机械刺激能够促进骨组织再生，而较高的物质传输能力是骨细胞生长所必需的。目前骨支架设计存在的问题是，在满足力学性能和孔隙率要求的前提下，由于密度与强度的强耦合，传统结构的传质能力调节范围较窄，力学性能和传质性能的灵活调节仍然具有挑战性。可以通过合理的结构设计来实现具有多物理特性（甚至是完全矛盾的特性）的微晶格超材料。因此，利用微晶格超材料构建骨支架是一个非常好的选择。

在材料科学中，Hall-Petch 关系表示多晶材料的低屈服点与平均晶粒直径之间的关系，即多晶材料的屈服强度与晶粒直径的平方根成反比。基于晶体材料的微晶格表现出类似于 Hall-Petch 关系的模式：微晶格强度与单胞长度密切相关。减小微晶格单胞的尺寸而不改变相对密度或体积分数，可以增强微晶格超材料的力学性能。这意味着基于 Hall-Petch 关系设计的微晶格超材料将表现出解耦的质量密度和强度，从而在开发骨支架结构时可能会增大传质性能的调节范围。

开发这种复杂的基于微晶格的骨支架的瓶颈是缺乏合适的制造工艺。值得注意的是，增材制造是制备具有精细特征和内部几何形状的复杂产品的有效加工方法，极其适用于制造超材料。激光选区熔化是一种可以制造具有数百微米孔隙的金属零件的增材制造技术，同时精细的激光加工具有极高的制造精度，因此其是极其有潜力的制备多功能超材料构件的方法。

在本节研究中，受 Hall-Petch 关系的启发，我们利用金刚石微晶格超材料制造了具有解耦力学性能和传质性能的骨支架。在准静态压缩实验和传质模拟中，确定了具有不同单胞数量的微晶格超材料的杨氏模量、屈服强度和渗透率与纵横比 a/b 之间的函数关系(a 指微晶格的长度或宽度,b 指微晶格的高度)。结果表明,基于 Hall-Petch 关系的参数化设计方法以及力学性能和传质性能的协同优化可以实现多物理特性。此外,我们也提出了一种构建分层微晶格超材料以连接松质骨和皮质骨的策略。

6.2.2　受织构启发的微晶格超材料设计

图 6-8(a)所示为为修复骨缺损而设计的人造生物医学骨支架的示意图,需要同时优化力学性能和传质性能。人体骨骼不同部位的力学性能和物质(水、电解质和代谢产物等)运输性能是不同的,导致了不同的应激环境和代谢需求。适当的机械刺激和有效的物质传输能够促进细胞再生。

微晶格超材料是基于具有各向同性和高柔度的金刚石构型(图 6-8(b))设计的,这样可以避免骨支架产生应力屏蔽效应。柱状晶和等轴晶是金相中最常见的结构。我们通过在原有的 Al-Cu-Mg 材料中添加钛作为形核剂将柱状晶转变为等轴晶(图 6-8(c)(d))。具有几何设计性的金刚石微晶格是通过将原子连接到原子而得到的(图 6-8(e))。柱状金刚石微晶格是通过沿单个 z 方向拉伸金刚石微晶格而得到的(图 6-8(f)),长度 a 和 b 是不同的。当微晶格堆叠在一起形成宏观结构时,每个柱状微晶格类似于柱状晶。在本节研究中,通过将原始的等体积单金刚石微晶格划分为 4、64、125 和 1000 个微晶格来获得等轴金刚石微晶格(图 6-8(g))。该结构的特征参数为长宽比 a/b 和水平方向的单胞数目 N。当原始微晶格被分割时,等轴金刚石微晶格的直径变为 d/N。材料科学中,等体积细化可视为晶粒细化,等体积拉伸/收缩过程可视为柱状晶向等轴晶的转变。超材料的相对密度在微晶格拉伸、收缩或分割过程中保持不变。换言之,受 Hall-Petch 关系启发的微晶格拓扑结构的几何变化与相对密度无关,这有利于在保证孔隙率的前提下进一步调节相互制约的性质。因此,我们认为可以通过调节 a/b 和 N 来设计受 Hall-Petch 启发的基于微晶格超材料的骨支架,以获得适应植入位置所需的力学性能和传质性能。

受 Hall-Petch 关系启发的微晶格具有两个特征尺寸 a/b、N,可以通过合理设计来解耦骨支架的多种物理性能。一般来说,金刚石微晶格超材料的结构特征和几何尺寸会影响微晶格的拓扑结构(图 6-9(a))。具有不同 a/b 和 N 值的等轴和柱状微晶格表现出不同的性质。为了阐明这些参数的影响,赋予超材料不同的 a/b 值,并将 N 从 2 增加到 10。一般来说,微晶格超材料的相对密度与力学性能密切相关。我们通过 Gibson-Ashby 方程预测了不同结构材料的刚度

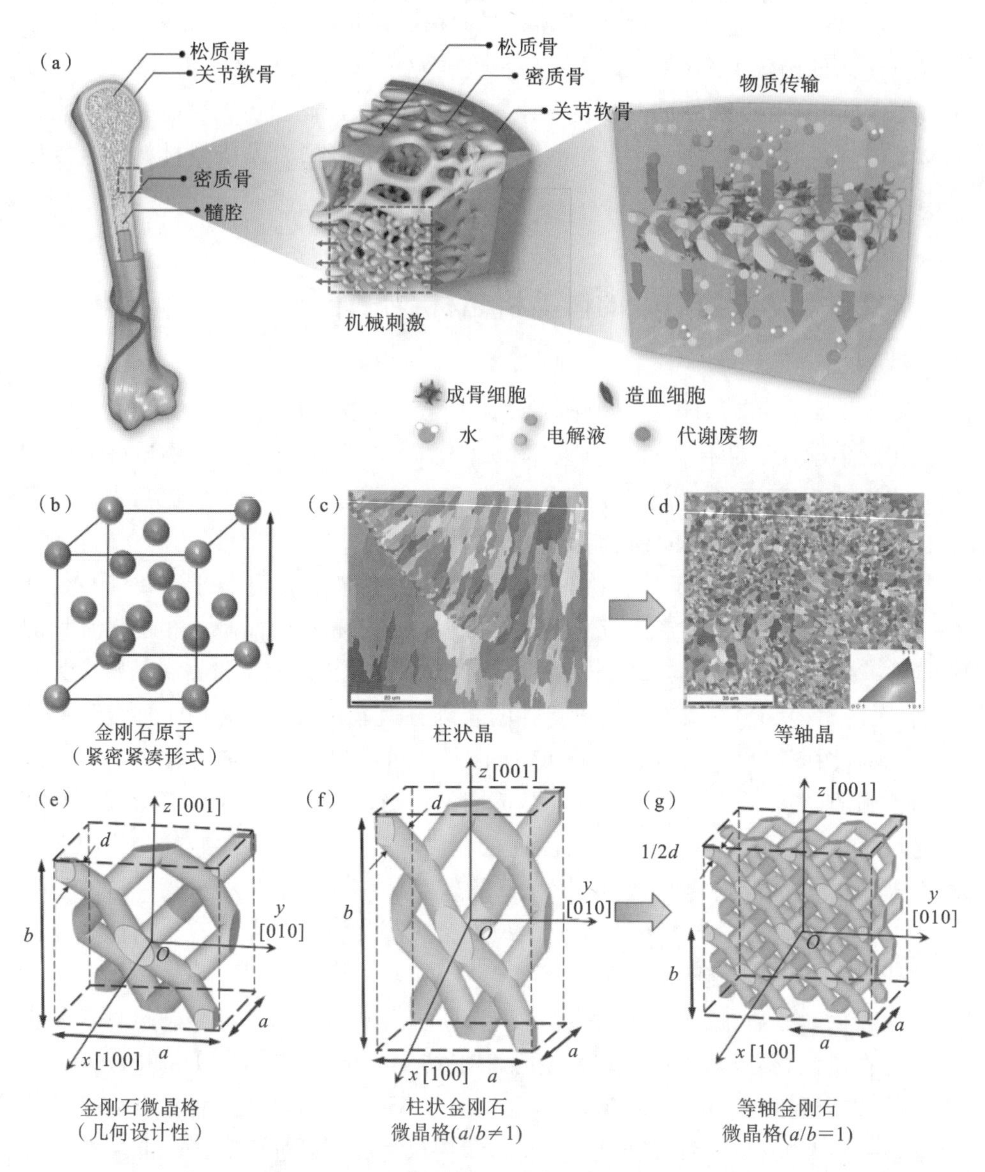

图 6-8 基于微晶格的支架及结构组成示意图:(a)为修复骨缺损而设计的人工生物医学支架示意图,其中需要同时优化力学性能和传质性能;(b)紧密紧凑的金刚石原子排列;SLM 制备的(c)Al-Cu-Mg 和(d)Ti/Al-Cu-Mg 样品的电子背散射衍射(EBSD)图;(e)具有受金刚石原子启发的几何可设计性的金刚石微晶格;(f)通过沿单个 z 方向拉伸金刚石微晶格制备的柱状金刚石微晶格(长度 a 和 b 不同);(g)将原始的等体积单金刚石微晶格分割成等轴金刚石微晶格,其 $a=b$。

和强度。如图 6-9(b)所示,超材料的相对密度在 0.256~0.262 的狭窄范围内变化,a/b 和 N 的变化归因于边缘的不完整单胞和单胞间杆与杆的体积重叠。相对

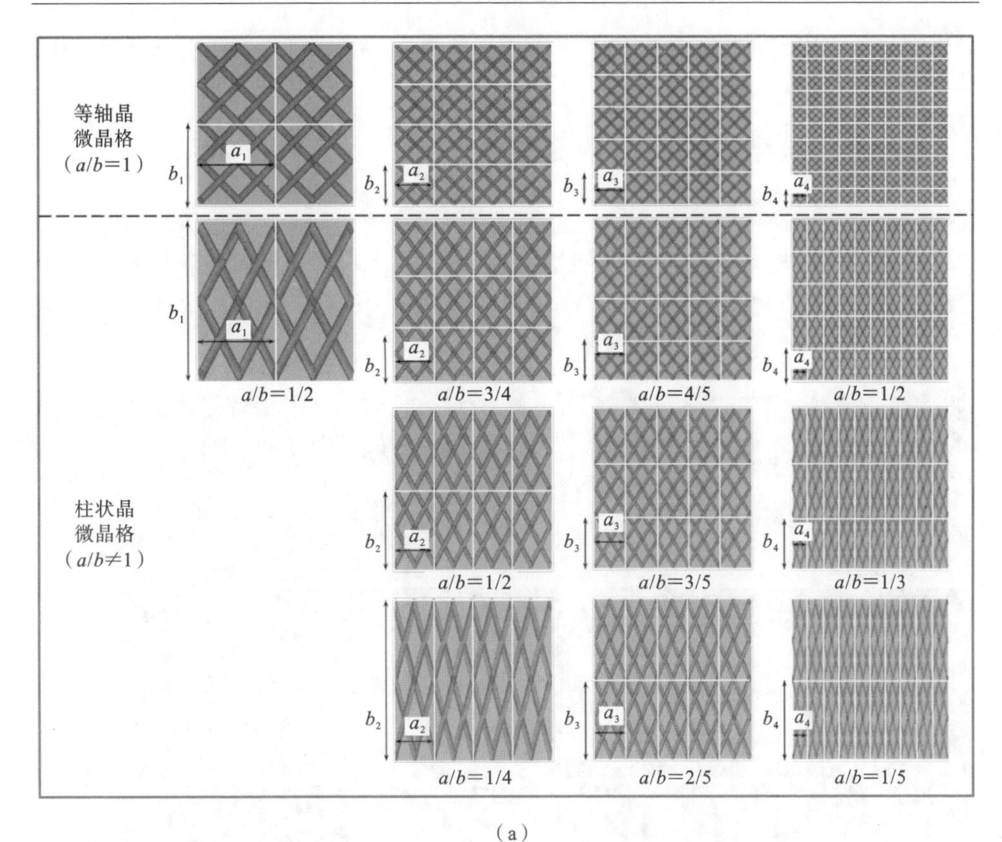

（a）

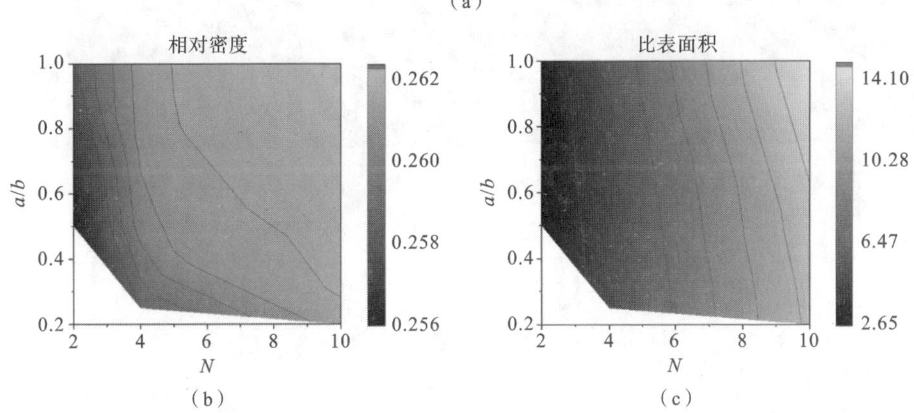

（b） （c）

图6-9 微晶格超材料的结构特征和几何信息：(a)具有不同微晶格数(N)和长宽比(a/b)的等轴和柱状微晶格的示意图，白色方框对应于单个微晶格；a/b 和 N 对微晶格的(b)相对密度和(c)比表面积的影响。

密度的变化是很微小的。微晶格超材料的比表面积与其传质性能有关：骨支架的比表面积越大，其传输过程中的阻力越大，渗透性越差。如图6-9(c)所示，随着 a/b 和 N 的变化，微晶格超材料的比表面积在2.65～14.10范围内变化。综上所述，微晶格超材料的比表面积随着 a/b 和 N 的增加而增大，而 a/b 对表面积的影响不大。

6.2.3 微晶格的制造精度

将 SLM 打印的 8-微晶格和 64-微晶格样品的 CT 重建模型与原始设计模型进行比较，以评估单胞分裂对 SLM 制造精度的影响。图 6-10(a)～(d)显示了

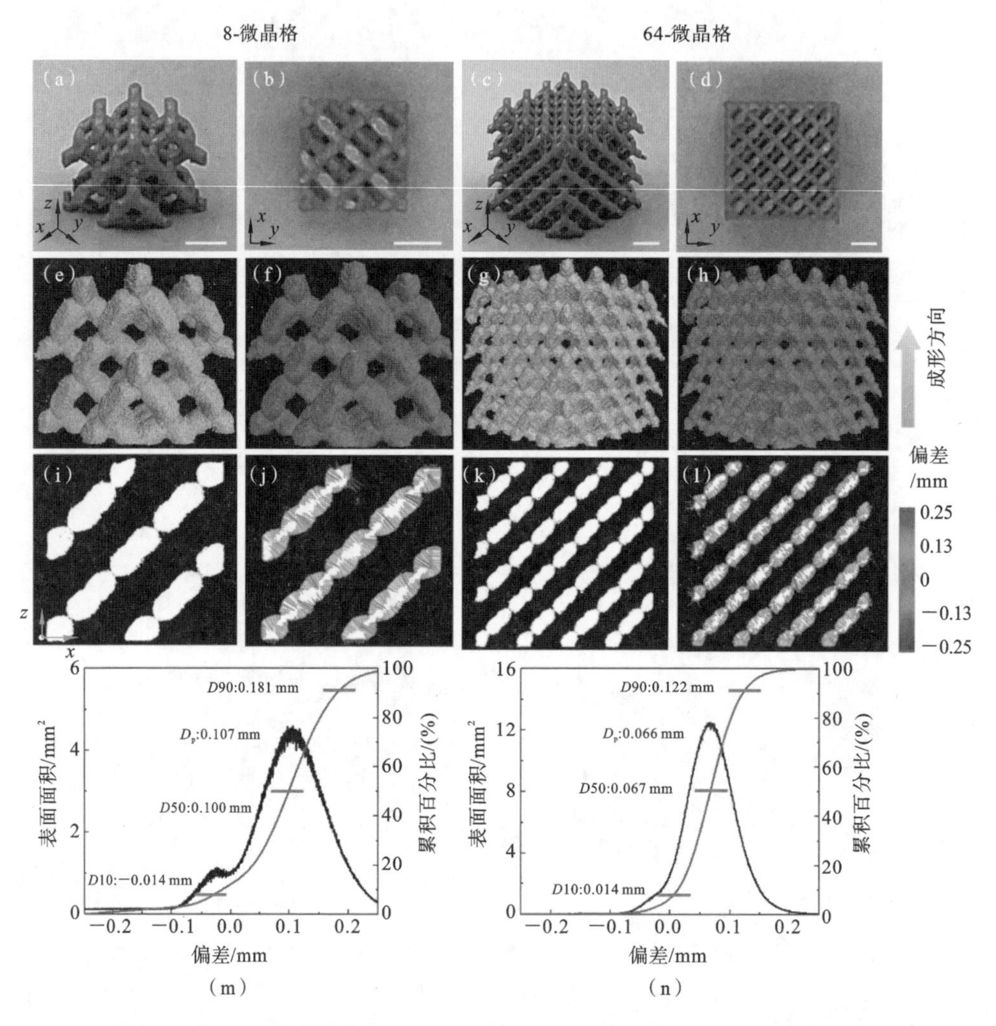

图 6-10　微晶格的 SLM 制造精度：SLM 打印的(a)(b)8-微晶格和(c)(d)64-微晶格的光学图像；(e)8-微晶格和(g)64-微晶格的三维重建模型；(f)8-微晶格和(h)64-微晶格的 micro-CT 重建模型与 CAD 模型比较；(i)(k)和(j)(l)重建模型的横截面和表面偏差；(m)8-微晶格和(n)64-微晶格的表面偏差分布。

SLM 打印的微晶格样品的光学图像。图 6-10(e)～(l)所示分别为基于 CT 数据和原始模型的微晶格的三维和二维表面偏差轮廓。颜色条表示 CT 重建模型与原始设计模型的表面偏差水平。CT 重建模型显示了微晶格超材料中完整的支杆和节点,表明了用 SLM 制造金刚石微晶格超材料的可行性。在 SLM 打印的试样中,可观察到粗糙表面上有未熔化的粉末。8-微晶格有较大的正偏差,而 64-微晶格几乎没有偏差。图 6-10(m)～(n)显示了 8-微晶格和 64-微晶格的统计表面偏差及其分布。表面偏差服从正态分布,两种微晶格的峰值偏差分别为 0.107 mm 和0.066 mm。$D10$、$D50$ 和 $D90$ 是指 SLM 打印的微晶格的表面积的 10%、50% 和 90%累积百分比对应的偏差,8-微晶格的对应值分别为－0.014 mm、0.100 mm 和 0.181 mm,64-微晶格的对应值为 0.014 mm、0.067 mm 和 0.122 mm,其绝对值小于 8-微晶格的绝对值。一般来说,在杆径较大的微晶格打印过程中,激光和粉末之间的相互作用时间较长。交替的加热和冷却过程导致粉末黏附在杆上的现象更加明显。导致这种黏附性的原因可能是 8-微晶格的正偏差高于 64-微晶格。

6.2.4　力学性能的 Hall-Petch 关系

图 6-11 展示了具有不同 N 和 a/b 值的等轴和柱状微晶格的压缩实验结果,并给出了等轴和柱状微晶格的杨氏模量和屈服强度分别与特征尺寸 $1/a^{1/2}$ 和 $1/(a/b)^{1/2}$ 的关系。柱状微晶格同时受到纵向和水平外力的作用,等轴和柱状微晶格的准静态压缩示意图如图 6-11(a)(c)所示。

根据 Hall-Petch 关系,多晶材料的屈服强度与颗粒直径的平方根成反比。如图 6-11(g)所示,与这个关系相似,等轴微晶格的力学性能与特征尺寸 $1/a^{1/2}$ 近乎呈线性关系。值得注意的是,传统的 Hall-Petch 关系描述的是平均直径与强度之间的关系,而忽略了晶粒形状的影响。然而,外加载荷方向对以柱状晶为主的材料刚度的影响是不容忽视的。由于材料晶粒尺寸小、数量多,不同晶粒(等轴晶和柱状晶)对材料力学强度的贡献很难确定。

在本节研究中,柱状微晶格的等体积拉伸对力学性能的影响用微晶格来描述。通过类比微晶格和晶粒,将力学性能与特征尺寸的关系为 $1/(a/b)^{1/2}$ 的柱状晶纳入材料强度模型。等轴微晶格和柱状微晶格在纵向和水平外力作用下的力学性能结果如图 6-11(d)～(i)所示。在纵向外力作用下柱状微晶格的弹性模量和屈服强度随 $1/(a/b)^{1/2}$ 值的增大而增大,其力学性能与特征尺寸之间的关系为

$$X=A_1\exp\left(-\frac{1}{t\sqrt{a/b}}\right)+y_0 \tag{6-4}$$

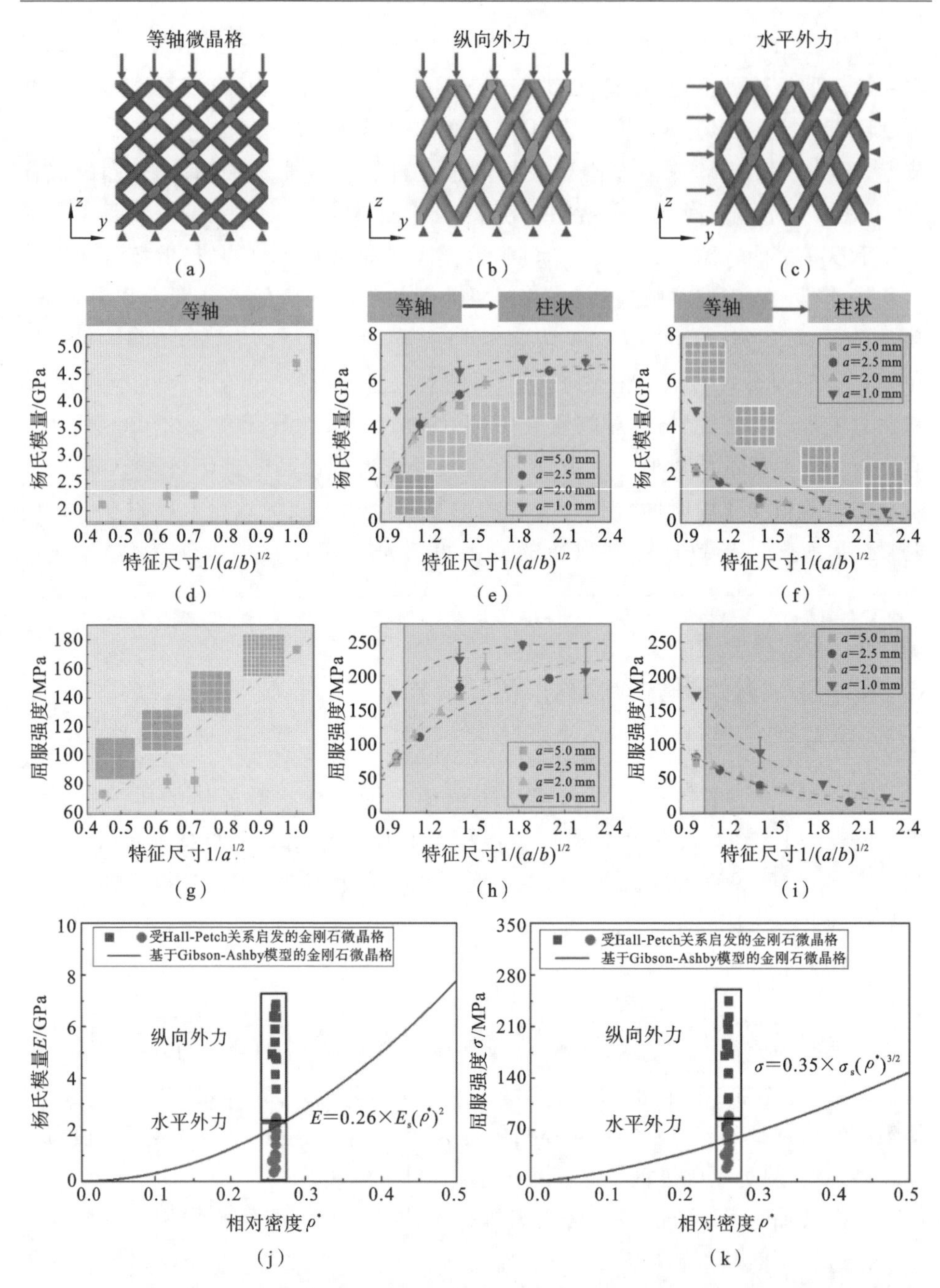

图 6-11　不同 N 和 a/b 值的等轴和柱状微晶格的压缩实验：(a)(d)(g)等轴微晶格和(b)(e)(h)柱状微晶格在纵向外力作用下及(c)(f)(i)柱状微晶格在水平外力作用下的压缩条件和力学性能结果(虚线表示数据的拟合结果)；受 Hall-Petch 关系启发的金刚石微晶格和基于 Gibson-Ashby 模型的金刚石微晶格在(j)杨氏模量和(k)屈服强度方面的比较结果。

式中：X 表示力学性能；t 和 y_0 是与微晶格单胞长度有关的常数系数。

边长 a 较小的微晶格表现出较高的强度和刚度。在纵向载荷作用下，柱状微晶格的力学性能优于等轴微晶格，且随着柱状度的增加，力学性能的提高更加显著。相反，水平载荷作用下的柱状微晶格的杨氏模量、屈服强度和抗压强度随着外力的 $1/(a/b)^{1/2}$ 的增加而减小。无论外部载荷方向如何，微晶格的尺寸都会影响力学性能的强弱，并表现出细晶强化的效果。在水平载荷作用下，柱状微晶格的力学性能不如等轴微晶格，其力学性能与特征尺寸之间的关系可用式(6-4)描述，式(6-4)可阐述 N 和 a/b 对力学性能的影响机理。无论载荷方向如何，材料的力学性能都随着特征尺寸的增大而逐渐收敛。综上所述，柱状微晶格在纵向和水平加载方向的力学性能分别优于等轴微晶格的力学性能。根据微晶格边长的不同，力学性能逐渐收敛到特定值。

图 6-11(j)和(k)显示了受 Hall-Petch 关系启发的金刚石微晶格和基于 Gibson-Ashby 模型的金刚石微晶格在杨氏模量和屈服强度方面的对比。结果表明，传统金刚石点阵的力学性能随着相对密度的增加逐渐提高，遵循 Gibson-Ashby 模型。其中 E_s 和 σ_s 分别为 Ti-6Al-4V 材料的杨氏模量和屈服强度。受 Hall-Petch 关系启发的金刚石微晶格的相对密度接近 0.25，杨氏模量在 0.34～6.86 GPa 之间，屈服强度在 23.96～244.62 MPa 之间。在纵向载荷作用下，受 Hall-Petch 关系启发的金刚石微晶格的弹性模量和屈服强度一般高于基于 Gibson-Ashby 模型的金刚石微晶格。结果表明，受 Hall-Petch 关系启发的金刚石微晶格可以独立地调节材料的力学性能，并且克服了相对密度的影响，其中力学性能只受微晶格数(N)和长宽比(a/b)的影响。因此，采用这种受 Hall-Petch 关系启发的结构设计策略可以增大微晶格的力学性能可调范围，并且几乎不依赖于相对密度。

6.2.5　传质性能的 Hall-Petch 关系

传质性能与流体的流动过程和渗透性有关，它直接影响支架内的细胞生物活性，特别是在植入式生物系统中。渗透支架可以通过孔隙空间有效地交换营养物质、气体和代谢产物。因此，必须控制支架的渗透性以控制细胞的增殖。本小节构建了一系列有限元模型(图 6-12(a))来评估等轴和柱状微晶格的流体传输特性。考虑到潜在的边界效应对速度分布和渗透率的影响，在有限元模型中引入了一个体积为原始微晶格一半的空区域，并展示了中间面的速度分布云图。一般而言，支杆微晶格的渗透率取决于其拓扑结构，如杆的直径、位置和形状。虽然一些研究人员试图阐明微晶格的相对密度和渗透率之间的关系，但并没有考虑微晶格

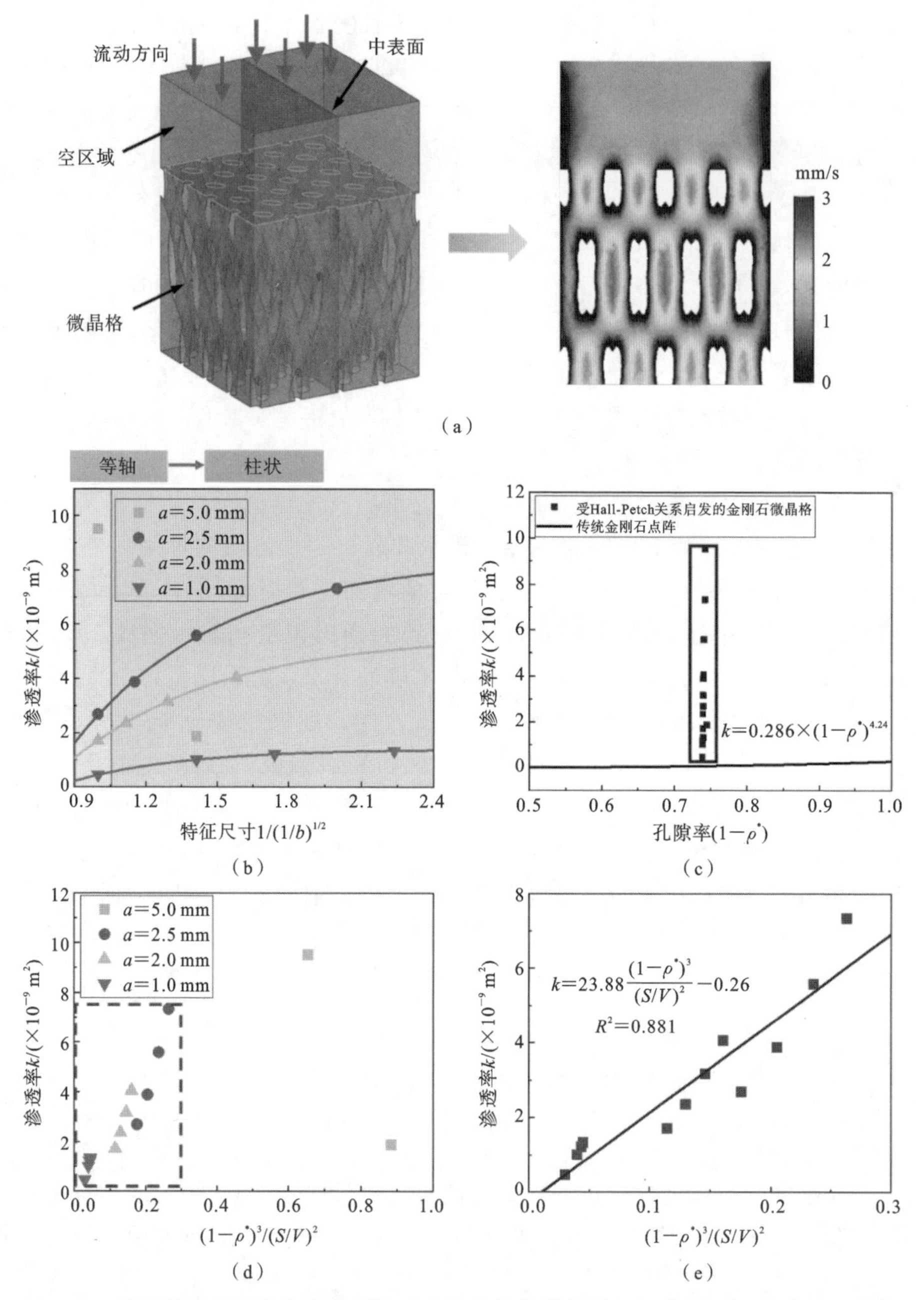

图 6-12　微晶格超材料的流体渗透性：(a)用于传质模拟的几何模型；(b)具有不同单胞长度的等轴和柱状微晶格的特征尺寸 $1/(a/b)^{1/2}$ 与渗透率 k 之间的关系；(c)受 Hall-Patch 关系启发的金刚石微晶格与传统的金刚石点阵的渗透率 k 与孔隙率 $(1-\rho^*)$ 的关系；(d)所有微晶格的渗透率 k 与几何因子 $(1-\rho^*)^3/(S/V)^2$ 之间的关系；(e)为(d)中框内数据的放大图。

的 N 和 a/b 值的影响。我们计算了不同单胞长度和不同特征尺寸的金刚石微晶格的渗透率，以评估其传输能力。

如图 6-12(b)所示，具有不同单胞长度的金刚石微晶格的渗透率随着特征尺寸 $1/(a/b)^{1/2}$ 的增加而增大。对于相同的特征尺寸，单胞长度越大，渗透率越高。渗透率一般随着孔隙率的增加而增加，而受 Hall-Petch 关系启发的金刚石微晶格的孔隙率接近 0.75，其渗透率范围为$(0.45\sim9.53)\times10^{-9}\ \mathrm{m}^2$(图 6-12(c))。根据 Kozeny-Carman 方程的定义，微晶格的渗透率与相对密度有关，并且与 $\frac{(1-\rho^*)^3}{(S/V)^2}$ 几乎呈线性关系(图 6-12(d)(e))，其中 S/V 是微晶格的比表面积。结果表明，相对密度和比表面积随单胞数和特征尺寸的变化而变化(图 6-9(b)(c))，从而导致不同的传质性能。换言之，相对密度和比表面积对渗透率都有很大的影响。值得注意的是，比表面积与渗透率间接相关，因为它影响壁面剪应力。壁面剪应力是细胞生物活性的关键指标，它可以激发一定的生物物理刺激，使骨组织在支架通道中形成。含有少量大单胞的微晶格表现出明显的边界效应，因此它们的数据不被用于拟合渗透率。边界效应是指由于单胞数目有限，界面与模拟模型边界之间发生反应，这表明边界的拓扑形状会影响渗透行为。

为了阐明单胞数量对渗透率的影响机理和边界效应，图 6-13 给出了 8、64、125 和 1000 个等轴微晶格的有限元计算结果。不同单胞长度的微晶格的速度分布相似，都集中在孔中心(图 6-13(a)～(d))。尽管单胞长度较大的微晶格在空洞区域的速度下降更快(图 6-13(f))，但单胞长度的差异对局部速度没有显著影响(图 6-13(e))。渗透率随着单胞长度的减小而减小，表明一定空间中微晶格的单胞长度(或数量)会影响其作为生物支架的传质性能(图 6-13(g))。

等轴微晶格的压力分布如图 6-13(h)～(k)所示，从顶部到底部，压力呈线性梯度下降，在单胞较多的微晶格中，压力梯度更为显著。也就是说，1000 个等轴微晶格表现出从顶面沿中心线的稳定压降，而 8 个等轴微晶格表现出难以区分的交错压力分布。由于更多的单胞对应于更高的表面积，而增加的壁面剪应力阻碍了流体的流动，因此具有更多单胞的微晶格也显示出更高的压力(图 6-13(l))。用幂函数方程 $k=C_k(1/a^{1/2})^n$(其中 C_k 为常系数，n 为指数系数)可很好地拟合渗透率与特征尺寸 $1/a^{1/2}$ 之间的关系(判定系数大于 0.99)。基于 Hall-Petch 力学模型的晶粒尺寸与强度之间的关系，我们根据微晶格的特征尺寸和渗透率建立了传质性能预测模型(图 6-13(m))，进而阐明了微晶格尺寸对传质行为的影响。微晶格特征尺寸与力学性能呈正相关关系，与传质性能呈负相关关系。这些关系表明，多性能生物支架的目标特性往往是相互排斥的，必须进行适当优化。

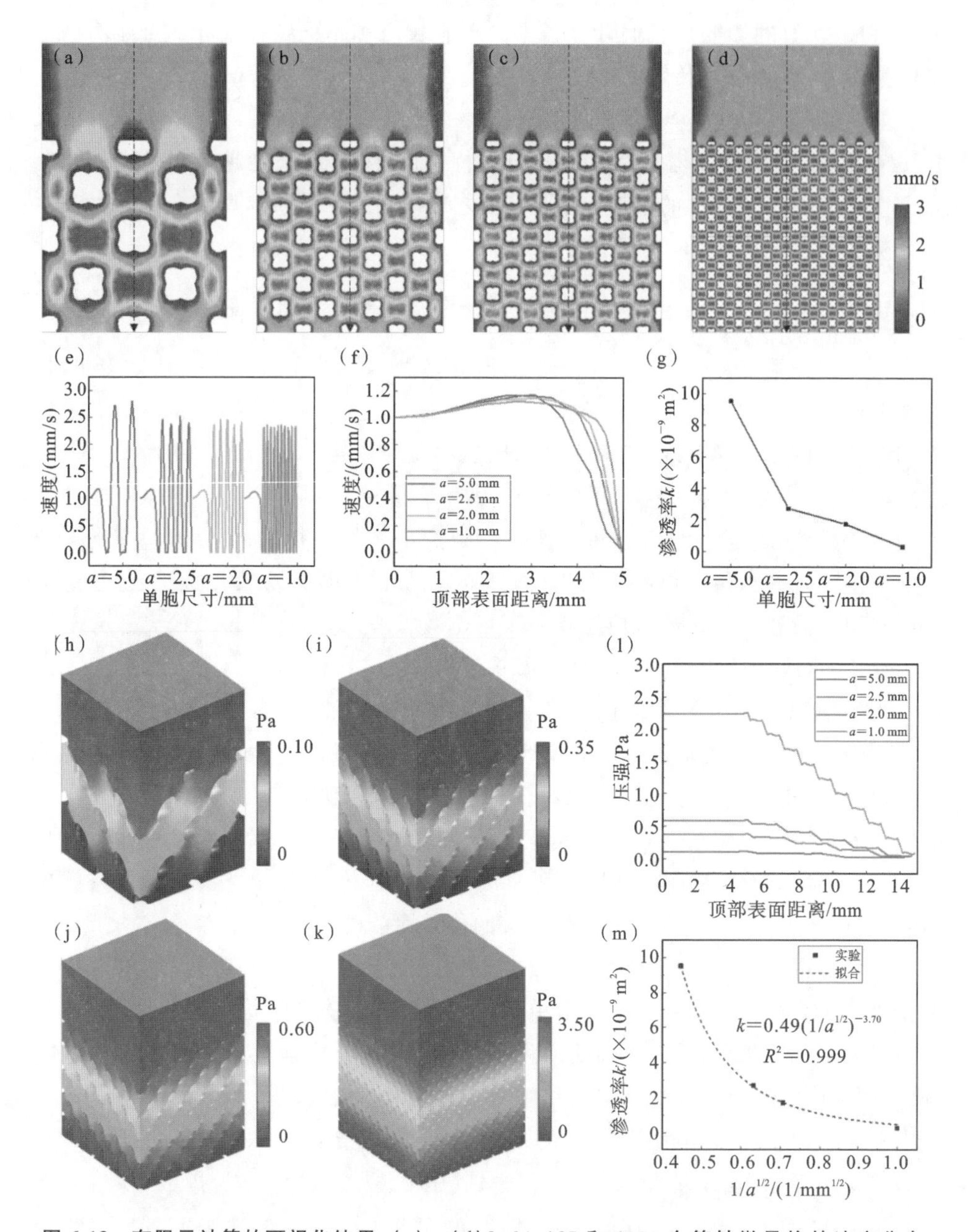

图 6-13 有限元计算的可视化结果：(a)～(d)8、64、125 和 1000 个等轴微晶格的速度分布；(e)沿中心线的速度历史与单胞长度的关系；(f)空隙区域的速度变化；(g)单胞长度对流体渗透率的影响；(h)～(k)4、64、125 和 1000 个等轴微晶格的压力云图；(l)沿中心线的压力分布；(m)渗透率和特征尺寸 $1/a^{1/2}$ 的拟合结果。

6.2.6　力学性能和传质性能的解耦与优化

加载环境和孔径由于单胞长度和特征尺寸的变化而变化，从而分别影响力学性能和传质性能。因此，在构建骨支架的生物力学调节背景下，必须协同优化微晶格超材料的力学性能和传质性能，以使支架与原始骨组织相匹配。

图 6-14(a)～(c)说明了金刚石微晶格的几何参数与力学性能和传质性能的协同调节和性能优化。单胞数目和特征尺寸的变化对相对密度没有显著影响。相对密度与弹性性能和渗透率分别是解耦的，因此，当相对密度几乎恒定时，杨氏模量和渗透率仍可以在很大范围内调节(图 6-14(a)(b))。值得注意的是，这些性能表现为纵向响应：杨氏模量随着 a/b 的减小和 N 的增加而增加；金刚石微晶格的渗透率随着 a/b 和 N 的减小而增加，范围在$(0.45\sim9.53)\times10^{-9}\ \mathrm{m}^2$之间；关键的是，渗透率随特征尺寸和单胞数目的变化趋势与 Hall-Petch 关系相反。

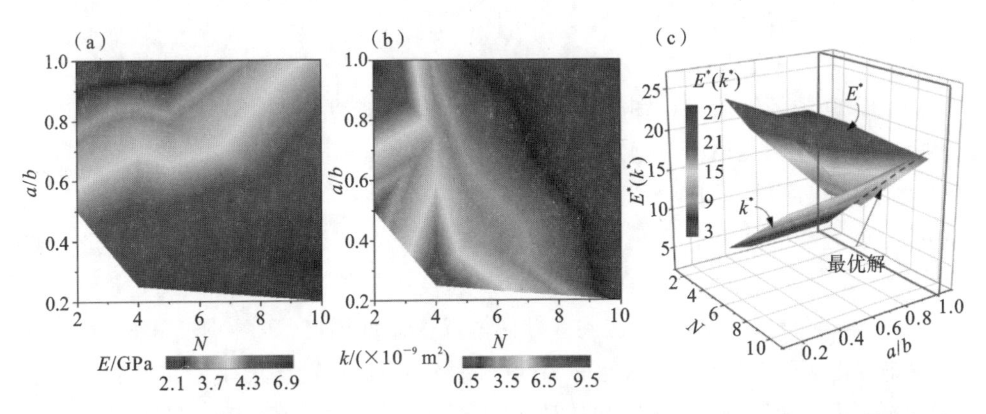

图 6-14　协同调节和性能优化的几何参数和力学、质量传输特性，以及分层微晶格骨支架设计：(a)杨氏模量和(b)渗透率相对于几何参数 a/b、N 的相图和等高线图；(c)归一化杨氏模量和渗透率的性能优化。

为了减小体积分数对金刚石微晶格性能的影响，用相对密度和孔隙率对微晶格的杨氏模量和渗透率进行归一化处理。优化后的归一化杨氏模量和渗透率如图 6-14(c)所示。当 a/b 为 0.95(约为 1)，单胞数目至少为 4 个时，优化的杨氏模量和渗透率等值线的表面重叠。这些值表明等轴微晶格通常表现出最好的综合性能，这与强度和塑性是相互排斥的事实相一致。等轴晶通常表现出塑性和强度的最佳组合，具有以下优势：首先，晶粒具有各向同性，可以防止与各向异性特性相关的应力集中；其次，当承受外部载荷时，等轴晶可以旋转(不能拉伸/压缩)以消耗输入能量，从而获得比柱状晶更高的韧性；最后，柱状晶向等轴晶的转变增大了晶粒度,从而提高了材料的强度。由于这些优势,材料科学家们常常通过热处理、外场干预和引入形核剂等方法,不断地改进晶粒的微观结构,将柱状晶转变为等轴晶。

周期微晶格具有无限多的单元,而在实验中单胞数目会影响结构性能。随着单胞数目的增加,模量逐渐收敛到某一值。多少单胞能够代表点阵结构的实验性能呢? 据研究报道,当 N 大于或等于 4 时能够获得典型的拓扑结构。也就是说,由 $4\times4\times4$ 微晶格模型得到的模量值与收敛值相似,偏差可以忽略不计。我们的分析还表明,只有当单胞数目大于或等于 4 时,才存在微晶格性能的最佳组合。换言之,单胞数目的增加可以缓解边缘效应的影响进而提高力学性能,有利于多物理性能的优化。

6.2.7 分层微晶格骨支架设计

改变超材料的结构类型可以实现不同的物理性能。在本节研究中,我们试图设计一种用于松质骨和皮质骨交界处的多孔支架。骨支架是用分层微晶格超材料构建的,其中等轴微晶格和柱状微晶格被合理分布以分别取代松质骨和皮质骨(图 6-15(a))。微晶格的单胞尺寸和直径分别为 2.5 mm 和 0.4 mm。皮质骨区域由等轴微晶格组成,而松质骨区域由 a/b 值为 4/3 和 1/2 的柱状微晶格(拉伸微晶格)组成。建立分层微晶格超材料的传质有限元模型,对其流体流动行为进行数值模拟。结果表明速度集中在柱状区。从速度等值线的横截面中心线得到了局部速度分布,并得到了从柱状区到等轴区的峰值速度梯度,如图 6-15(b)所示。图 6-15(c)显示,具有分级物理性能的梯度微晶格中不同层的杨氏模量和渗透率分别与松质骨($E=0.1\sim4.5$ GPa)和皮质骨($E=3\sim20$ GPa)的杨氏模量和渗透率一致。柱状区为营养物质的运输和代谢提供了大的物理空间和高效的交换率。此外,等轴区高度致密和坚硬,具有足够的力学强度来支持身体运动和自重。因此,柱状区和等轴区可以有效地替代松质骨。层状微晶格超材料的力学和质量输运特性从柱状区到等轴区呈现出梯度,从而促进了应力和速度的转变。

6.2.8 结论

本节制定了一种受 Hall-Petch 关系启发的结构设计策略来构建微晶格超材料,以适当地模拟人体骨骼;研究了受 Hall-Petch 关系启发的微晶格超材料的力学响应和传质行为,阐述了单胞数目(N)和长宽比(a/b)对力学性能和渗透率的影

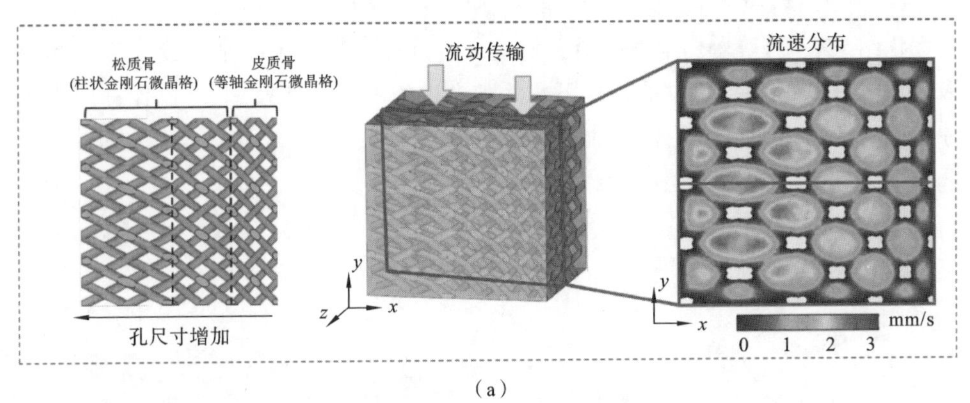

(a)

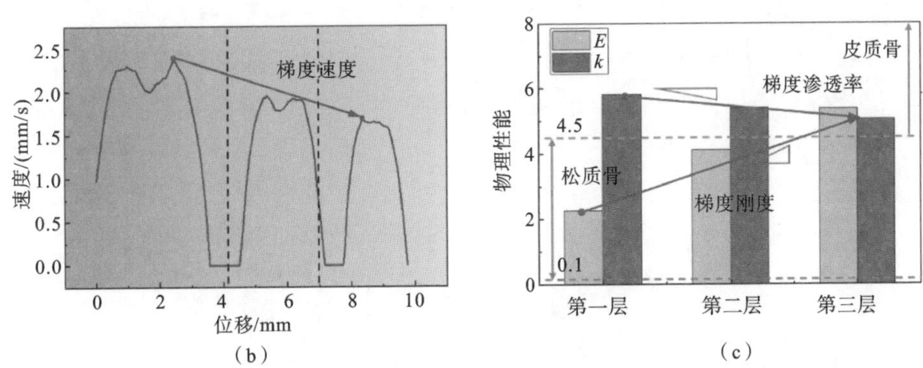

(b)　(c)

图 6-15　微晶格超材料的应用：(a)基于梯度微晶格结构的生物医学支架示意图，以及梯度微晶格支架的速度轮廓；(b)从横截面中心线获得的速度历史；(c)具有梯度物理性能的梯度微晶格中不同层的杨氏模量和渗透率，该值与松质骨和皮质骨的值一致。

响。本节研究的主要发现和结论如下。

(1) 基于晶体学原理，设计了恒定相对密度的等轴和柱状金刚石微晶格超材料。在几何特征上，单胞数目和长宽比的变化对相对密度没有显著影响；在制造精度方面，具有完整支杆和节点的 CT 重建模型说明了用 SLM 制造金刚石微晶格超材料的可行性。结果表明，8-微晶格的表面偏差比 64-微晶格的更大。

(2) 压缩实验结果表明，受 Hall-Patch 关系启发的金刚石微晶格的相对密度接近 0.25，杨氏模量在 0.34～6.86 GPa 之间，屈服强度在 23.96～244.62 MPa 之间。利用这种受 Hall-Petch 关系启发的结构设计策略可以增大微晶格的力学性能的调节范围，并且几乎不依赖于相对密度的变化。

(3) 对于传质性能，微晶格的渗透率与相对密度和比表面积有关，符合 Kozeny-Carman 方程。受 Hall-Patch 关系启发的金刚石微晶格的孔隙率接近 0.75，渗透率范围为(0.45～9.53)$\times 10^{-9}$ m^2。本节建立了基于微晶格特征尺寸、$1/a$ 和渗透率的传质预测模型，阐明了微晶格尺寸与传质行为的负相关关系。

(4) 利用微晶格的长宽比 a/b 和单胞数目 N 可实现多物理性质的解耦。协同优化结果表明,等轴微晶格具有最好的综合性能。所提出的结构设计策略利用了受 Hall-Petch 关系启发的拓扑可变性和先进的增材制造技术,可以促进用于各种应用的多物理微晶格超材料的发展。

第 7 章　板格超材料

7.1　具有半开孔拓扑结构的增材制造板格超材料的可调谐力学性能

7.1.1　引言

力学超材料是一种具有优异或非常规力学性能的人工结构。其结构复杂，用传统的制造技术难以制造。增材制造是一种先进的制造技术，通过该技术可以基于计算机三维模型数据逐层制造物体，它为制造复杂结构带来了机会。随着增材制造技术的进步，越来越多的力学超材料结构被设计和制造出来。作为一种典型的力学超材料，三维桁架晶格超材料(truss lattice metamaterial，TLM)备受关注，其被证明具有优于等质量随机泡沫结构的力学性能。然而，即使是最坚硬的三维桁架晶格超材料也无法达到接近 HS 上限的各向同性胞状固体的力学性能。近年来，板格超材料(plate lattice metamaterial，PLM)由于其平面应力主导的拓扑结构，成为一类新型轻质力学超材料，具有极佳的力学性能。板格超材料的比刚度是在各向同性胞状固体的理论极限(即 HS 上限)处发现的。

Berger 等人提出了 PLM 的概念，并使用有限元模型和启发式优化方案设计 PLM 的几何结构。根据理论和仿真结果，他们发现均匀分布的板在 PLM 有效传递载荷方面起着重要作用，这有助于 PLM 达到 HS 上限。基于 PLM 的概念，Tancogne Dejean 等人将合成策略引入 PLM 的设计，并通过直接激光写入(DLW)技术制作 PLM 样品。通过应用适当的合成策略，他们观察到复合 PLM 显示出几乎各向同性的屈服强度和弹性。他们的实验证实，各向同性 PLM 的刚度是最坚硬的 TLM 的三倍。为了研究 PLM 在纳米尺度上的特性，Crook 等人通过双光子光刻和热解制备了碳板纳米晶格，他们的实验表明，碳板纳米晶格的比强度甚至超过了大块金刚石的比强度。此外，PLM 的能量和吸声能力一直受到人们的关注，并被证明在航空航天、交通运输和生物医学工程等各个领域具有良好的应用潜力。随着增材制造技术的进步，目前可以从宏观和微观两个层面制造PLM。然而，板周围空腔中残留的多余液体或粉末很难清除，这是使用基于粉末床或熔池的增材制造技术制造 PLM 的主要障碍。上述挑战可能会阻碍 PLM 的应用。

要通过基于粉末床或熔池的增材制造技术制造 PLM，必须在板上开孔，以去除残留在空腔中的液体或粉末材料。大多数研究将小孔放在每个板块的中心或每个四面体的顶点。虽然小直径的孔可能对 PLM 试样的力学性能影响有限，但很难去除孔中的剩余材料。如果孔的直径与 PLM 的特征尺寸参数（例如板厚度）相当，则孔显然会影响 PLM 的力学性能。此外，利用板上的孔也可以调节 PLM 的传热和传质能力，这在各种应用场景（例如散热器和生物医学支架）中发挥着重要作用。然而，很少有研究揭示这一点。因此，揭示孔径对 PLM 力学性能、物理性能以及变形机制的影响具有重要意义。

本节提出了具有面心立方结构的半开放单元 PLM，单元顶点被球体切割。这种设计策略不仅为 PLM 试样的制造提供了便利，而且引入了一种调节 PLM 力学性能的方法。通过激光选区熔化技术，用 316L 不锈钢（SS316）粉末制成半开孔 PLM 样品；通过有限元模拟和压缩实验，研究孔径对半开孔 PLM 力学性能的影响。结果表明，与三维开孔泡沫和桁架晶格超材料相比，半开孔 PLM 具有优越的力学性能。此外，半开孔 PLM 的弹性模量和泊松比可通过改变板厚或孔尺寸进行调整。有趣的是，通过选择合适的板厚和孔径，半开孔 PLM 可以设计为各向同性结构（即齐纳比接近 1.0）。半开孔 PLM 的大应变变形规律与孔洞尺寸密切相关。对于小孔径条件，未观察到明显的断裂，但对于大孔径条件，可观察到明显的局部 45°倾斜剪切带。半开孔 PLM 的能量吸收能力是三维八重桁架晶格超材料的两倍，在能量吸收中起着重要作用。图 7-1 所示为半开孔 PLM 的设计策略、制造技术、力学性能和潜在应用。

7.1.2 结构设计和有限元建模

受面心立方晶体结构的启发，具有面心立方结构的 PLM 被证明具有优异的力学性能。具有面心立方结构的 PLM 的初始单元配置如图 7-2(a)～(d)所示。每个单元由八个中空的规则四面体组成，这些四面体由厚度恒定为 t_i 的板组装而成。由于激光选区熔化技术的限制，金属粉末在制造过程结束后仍留在 PLM 的腔中。为了清除剩余的金属粉末，本节通过引入孔来改善初始的闭孔板格结构。根据初始闭孔板格结构中的应力分布，可很容易地发现高应力位于板的中心区域。为了最小化孔对 PLM 力学性能的影响，在初始单元的质心和顶点引入孔，如

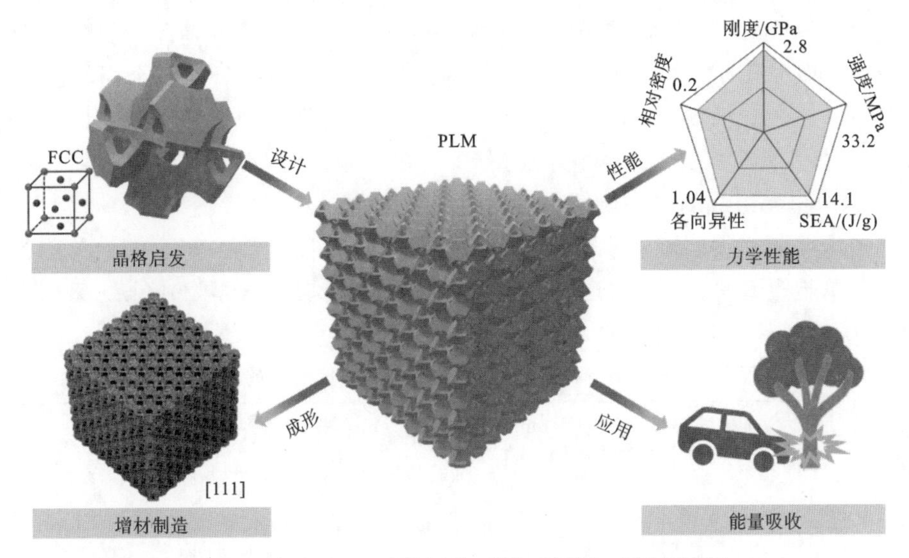

图 7-1　半开孔 PLM 的设计、制造、性能和应用示意图

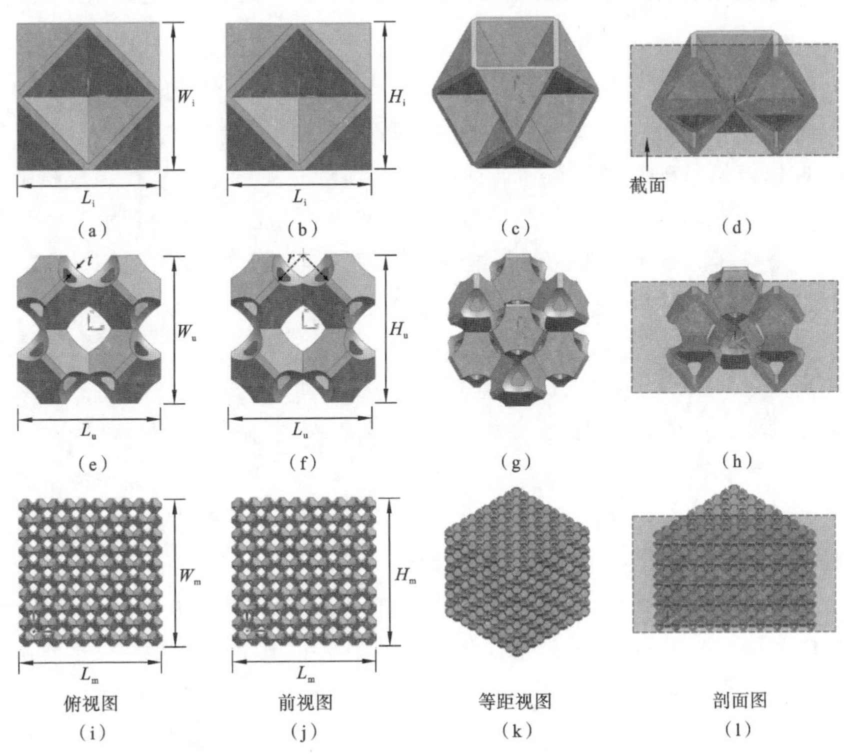

图 7-2　FCC 结构的半开孔 PLM 设计原理和几何示意图：(a)～(d)单元初始结构的俯视图、前视图、等距视图和剖面图；(e)～(h)修正后单元结构的俯视图、前视图、等距视图和剖面图(标注了尺寸)；(i)～(l)多胞(5×5×5)模型的俯视图、前视图、等距视图和剖面图。

图 7-2(e)～(h)所示。为了生成孔，使用直径 $d_u=2r$ 的球在相应位置进行布尔切割。为了研究孔径对修正半开孔板格结构力学性能的影响，针对每个板厚条件($t_u=0.175$、0.2、0.225 mm)，引入五种不同的孔径水平($d_u=8t_u$、$9t_u$、$10t_u$、$11t_u$、$12t_u$)。为了捕捉大应变状态下半开孔 PLM 的力学性能，本节还建立了由 5×5×5=125 个单元组成的多胞模型，如图 7-2(i)～(l)所示。

初始单胞模型、修正单胞模型和多胞模型的尺寸详见表 7-1。初始单胞模型和修正单胞模型的长度、宽度和高度选择为 4 mm，多胞模型为 20 mm。采用三组板厚(t_i、t_u、$t_m=0.175$、0.2、0.225 mm)进行比较。

表 7-1　初始单胞模型、修正单胞模型和多胞模型的几何参数

模型	长度/mm	宽度/mm	高度/mm	板厚/mm	孔径/mm
初始单胞	$L_i=4$	$W_i=4$	$H_i=4$	$t_i=0.175$、0.2、0.225	$d_i=0\times t_i$
修正单胞	$L_u=4$	$W_u=4$	$H_u=4$	$t_u=0.175$、0.2、0.225	$d_u=8t_u$、$9t_u$、$10t_u$、$11t_u$、$12t_u$
多胞	$L_m=20$	$W_m=20$	$H_m=20$	$t_m=0.175$、0.2、0.225	$d_m=8t_m$、$9t_m$、$10t_m$、$11t_m$、$12t_m$

在进行有限元模拟时，选择合适的连续介质模型和建模假设来描述组成材料的应力-应变响应是很重要的。选择 316L 不锈钢作为 PLM 的组成材料，并假设其为均质和各向同性的。通过干重实验，测得 316L 不锈钢的密度(ρ_s)为 7.98 g/cm^3。在建模的基础上，使用各向同性弹塑性连续介质模型来描述组成材料的应力-应变行为。假设组成材料的弹性行为是线性各向同性的，且可以通过杨氏模量和泊松比来描述。基于修正的路德维克定律，采用各向同性硬化的 Von Mises 屈服函数来描述组成材料的塑性行为。当组成材料发生塑性变形时，等效应力和应变之间的关系可以表示为

$$\bar{\sigma}=\sigma_y+K(\bar{\varepsilon}_p+\bar{\varepsilon}_0)^n \tag{7-1}$$

式中：$\bar{\sigma}$、$\bar{\varepsilon}_p$、σ_y、K、n 和 ε_0 分别是等效应力、等效应变、屈服应力、强度硬化系数、应变硬化系数和预应变。其他研究人员也使用这种各向同性弹塑性模型来研究增材制造的超材料的力学性能。为了确定组成材料的参数，我们采用激光选区熔化技术制备了 316L 不锈钢粉末的单轴拉伸(UT)试样并对其进行了测试。考虑到打印方向对成形 UT 试样力学性能的影响，我们准备了两组不同方向(平行和垂直于打印方向)的试样进行比较。这些试样的应力-应变曲线(图 7-3)是使用引伸计并进行单轴拉伸实验获得的。然后，根据应力-应变曲线，可以得到 UT 试样的杨氏模量、屈服强度和抗拉强度。可以发现，垂直于打印方向切割的 UT 试样的杨氏模量、屈服强度和抗拉强度略小于平行于打印方向的 UT 样品。由于 PLM 中大多数板材都倾向于打印方向，因此取计算得到的 UT 试样的杨氏模量和屈服强度的平均值作为有限元模型中的材料参数。根据图 7-3 所示的结果，316L 不锈钢 UT 试样的平均杨氏模量(E_s)为 121.11 GPa，这与文献中的报道一致。选择

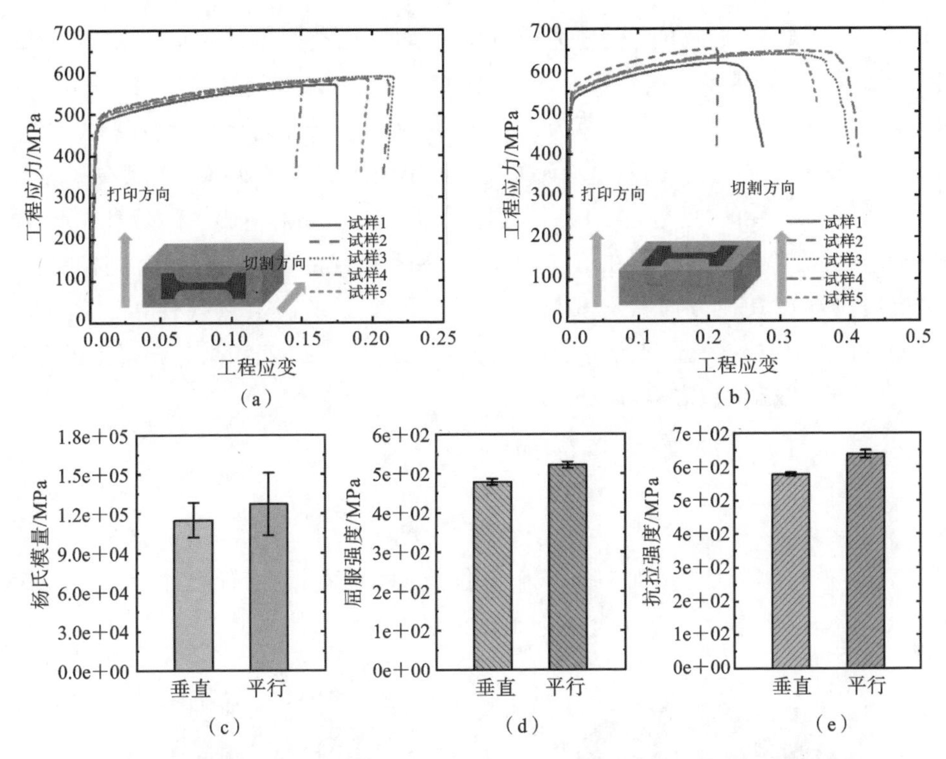

图 7-3　LPBF 制备的 316L 不锈钢粉末单轴拉伸(UT)试样的力学性能:切割方向与打印方向平行(a)和垂直(b)时试样的应力-应变曲线;(c)～(e)UT 试样的杨氏模量、屈服强度和抗拉强度。

316L 不锈钢的泊松比(ν_s)为 0.3。表 7-2 列出了有限元模型中采用的材料参数。此外,采用 Johnson-Cook 准则定义组成材料的损伤行为,其中 d_1,d_2,d_3,d_4 和 d_5 分别定义为 0.05、3.44、2.12、0.002 和 0。

表 7-2　有限元模型中采用的 316L 不锈钢材料参数

材料性能	参数				
弹性	E/GPa	ν			
	121.11	0.3			
塑性	σ_y/MPa	K/MPa	ε_0	n	
	500.28	239.88	0.002	0.42	
损伤	d_1	d_2	d_3	d_4	d_5
	0.05	3.44	2.12	0.002	0

由于半开孔 PLM 在所有方向(即 x、y 和 z)上都是周期性的,因此使用代表性体元(即单胞模型)是研究其弹性特性的一种方便方法。采用隐式求解器

ABAQUS/Standard 对单胞模型进行小应变模拟，以获取半开放单元 PLM 的弹性特性，采用三维四节点线性四面体单元(C3D4)。考虑到计算精度和效率，选择单元尺寸为板厚度的一半。板厚为 0.2 mm、孔径为 2 mm 的单胞模型由 72353 个单元和 17669 个节点组成，网格单元如图 7-4(a)所示。考虑到单胞模型在 x、y 和 z 方向上是周期性的，更适合采用周期边界条件。对于相对平面上的每对节点，周期边界条件简单地假设它们在所有方向上都具有相同的旋转角度，在法向上具有相同的扩展，在其他方向具有相同的位移。每个三维四节点线性四面体单元(C3D4)有四个节点，每个节点分别沿 x、y 和 z 方向有三个自由度。根据上述周期边界条件的定义，约束方程可以写成

$$\begin{cases} u_i - u_j = u_{i'} - u_{j'} \\ v_i - v_j = v_{i'} - v_{j'} \\ w_i - w_j = w_{i'} - w_{j'} \end{cases} \tag{7-2}$$

式中：i 和 j 表示单元左侧面上的节点；i' 和 j' 表示单元相对(右侧)面上的相应节点；u、v 和 w 分别表示 x、y 和 z 方向上的位移。单元其他面上的节点使用类似的

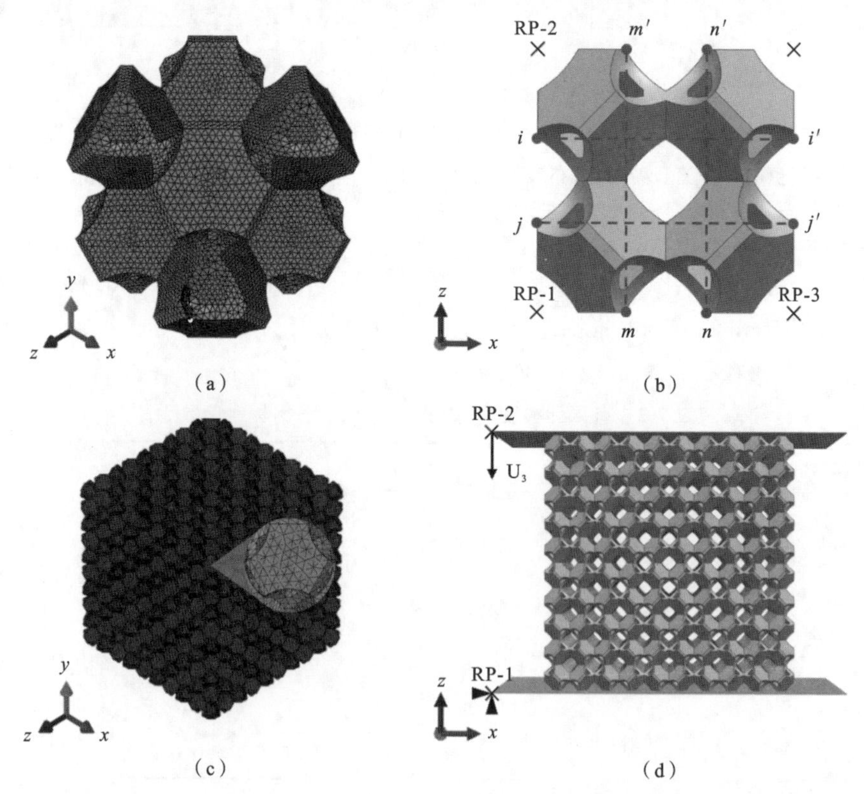

图 7-4　网格模型和边界条件：(a)(b)网格单元模型和周期边界条件；(c)(d)大应变压缩的网格多胞模型和边界条件。

约束方程。图 7-4(b)所示为应用于单元的周期边界条件。

在单胞模型上进行小应变压缩模拟获得的结果难以描述 PLM 的大变形行为和损伤,我们开发了由 5×5×5=125 个单元组成的多胞模型,并使用 ABAQUS 的显式求解器进行大应变模拟。由于与单胞模型相比,多胞模型的尺寸要大得多,如果将元素尺寸设置为与单胞模型相同,则将生成大量元素,完成模拟需要很长时间。为了平衡计算精度和效率,与用于单胞模型的网格相比,多胞模型使用了双粗网格。三维四节点线性四面体单元(C3D4)也用于多胞模型。板厚为 0.2 mm、孔径为 2 mm 的多胞模型共有 634832 个单元和 203470 个节点(图 7-4(c))。为了在多胞模型上施加载荷,在模型的顶面和底面分别设置两个解析刚性面,并与两个添加位移载荷的参考点耦合(图 7-4(d))。将自由边界条件应用于多胞模型的侧面。此外,通过应用 0.2 的摩擦系数来定义模型中所有表面之间的接触。

半开孔 PLM 的结构是立方对称的,这表明它们沿主轴具有不变的力学性能。由于此类结构的立方对称性,它们的刚度张量只有三个独立的弹性常数需要确定。具有 FCC 结构的半开孔 PLM 的刚度张量可以写为

$$\tilde{\boldsymbol{C}}=\begin{bmatrix} C_{11} & C_{12} & C_{12} & 0 & 0 & 0 \\ C_{12} & C_{11} & C_{12} & 0 & 0 & 0 \\ C_{12} & C_{12} & C_{11} & 0 & 0 & 0 \\ 0 & 0 & 0 & C_{44} & 0 & 0 \\ 0 & 0 & 0 & 0 & C_{44} & 0 \\ 0 & 0 & 0 & 0 & 0 & C_{44} \end{bmatrix} \tag{7-3}$$

其中,C_{ij} 是初始正交坐标系中宏观刚度张量的分量。刚度张量的逆矩阵是半开孔 PLM 的柔度张量:

$$\tilde{\boldsymbol{S}}=\begin{bmatrix} \frac{1}{E} & -\frac{\nu}{E} & -\frac{\nu}{E} & 0 & 0 & 0 \\ -\frac{\nu}{E} & \frac{1}{E} & -\frac{\nu}{E} & 0 & 0 & 0 \\ -\frac{\nu}{E} & -\frac{\nu}{E} & \frac{1}{E} & 0 & 0 & 0 \\ 0 & 0 & 0 & \frac{1}{G} & 0 & 0 \\ 0 & 0 & 0 & 0 & \frac{1}{G} & 0 \\ 0 & 0 & 0 & 0 & 0 & \frac{1}{G} \end{bmatrix} \tag{7-4}$$

式中:E 是杨氏模量;G 是剪切模量;ν 是泊松比。因此,小应变状态下半开孔 PLM 的应力-应变关系可以写成

$$\begin{bmatrix} \varepsilon_{11} \\ \varepsilon_{22} \\ \varepsilon_{33} \\ \varepsilon_{23} \\ \varepsilon_{31} \\ \varepsilon_{12} \end{bmatrix} = \tilde{\boldsymbol{S}} \begin{bmatrix} \sigma_{11} \\ \sigma_{22} \\ \sigma_{33} \\ \sigma_{23} \\ \sigma_{31} \\ \sigma_{12} \end{bmatrix} \tag{7-5}$$

其中，ε_{ij} 和 σ_{ij} 分别是宏观应变张量和应力张量的分量。为了确定半开孔 PLM 的弹性常数，利用有限元分析软件 ABAQUS(Simulia，Providence，RI)，通过施加0.001的小应变对单胞模型进行数值模拟。在建立边界条件的参考点对时(图7-4)，在 RP-1 和 RP-2 之间设置 z 方向的相对位移为 $-0.001 \times H_{u}$，以控制施加的应变，然后根据参考点的反作用力和单元尺寸得到相应的应力。应变和应力可以写成

$$\begin{cases} \varepsilon_{ij} = \dfrac{\delta_{ij}}{L_{u\text{-}ij}} \\ \sigma_{ij} = \dfrac{F_{ij}}{A_{u\text{-}ij}} \end{cases} \tag{7-6}$$

式中：σ_{ij} 和 F_{ij} 分别表示参考点在 ij 方向上的位移和相应的反作用力；$L_{u\text{-}ij}$ 和 $A_{u\text{-}ij}$ 分别表示 ij 方向单元的边长和横截面面积。

然后，可以得到 PLM 的杨氏模量：

$$E_{i} = \frac{\sigma_{ii}}{\varepsilon_{ii}} \tag{7-7}$$

PLM 的泊松比为

$$\nu_{ij} = \frac{-\varepsilon_{jj}}{\varepsilon_{ii}} \tag{7-8}$$

PLM 的剪切模量为

$$G_{ij} = \frac{\sigma_{ij}}{\varepsilon_{ij}}, \quad i \neq j \tag{7-9}$$

为了获取大应变状态下半开孔 PLM 沿轴向的应力-应变关系，使用 ABAQUS/Explicit 对多胞模型进行数值模拟，将 0.6 的大应变应用于模型。位移边界条件也可用于向模型中添加载荷。在模拟过程的每一帧中，参考点的位移和相应的反作用力都会被自动记录，然后就可以根据式(7-6)获得 PLM 的应力-应变曲线。

7.1.3 板格超材料的可调力学性能

相对密度被广泛用于评价多孔材料的孔隙率，它被定义为多孔材料的密度与

其组成的固体材料的密度之比。因此，半开孔 PLM 的相对密度可以写为

$$\bar{\rho}=\frac{\rho^*}{\rho_s} \tag{7-10}$$

式中：ρ^* 为半开孔 PLM 的密度；ρ_s 为固体材料的密度（此处为 316L 不锈钢的密度）。我们测定了不同板厚和孔径的半开孔 PLM 的相对密度，如图 7-5(a)所示。

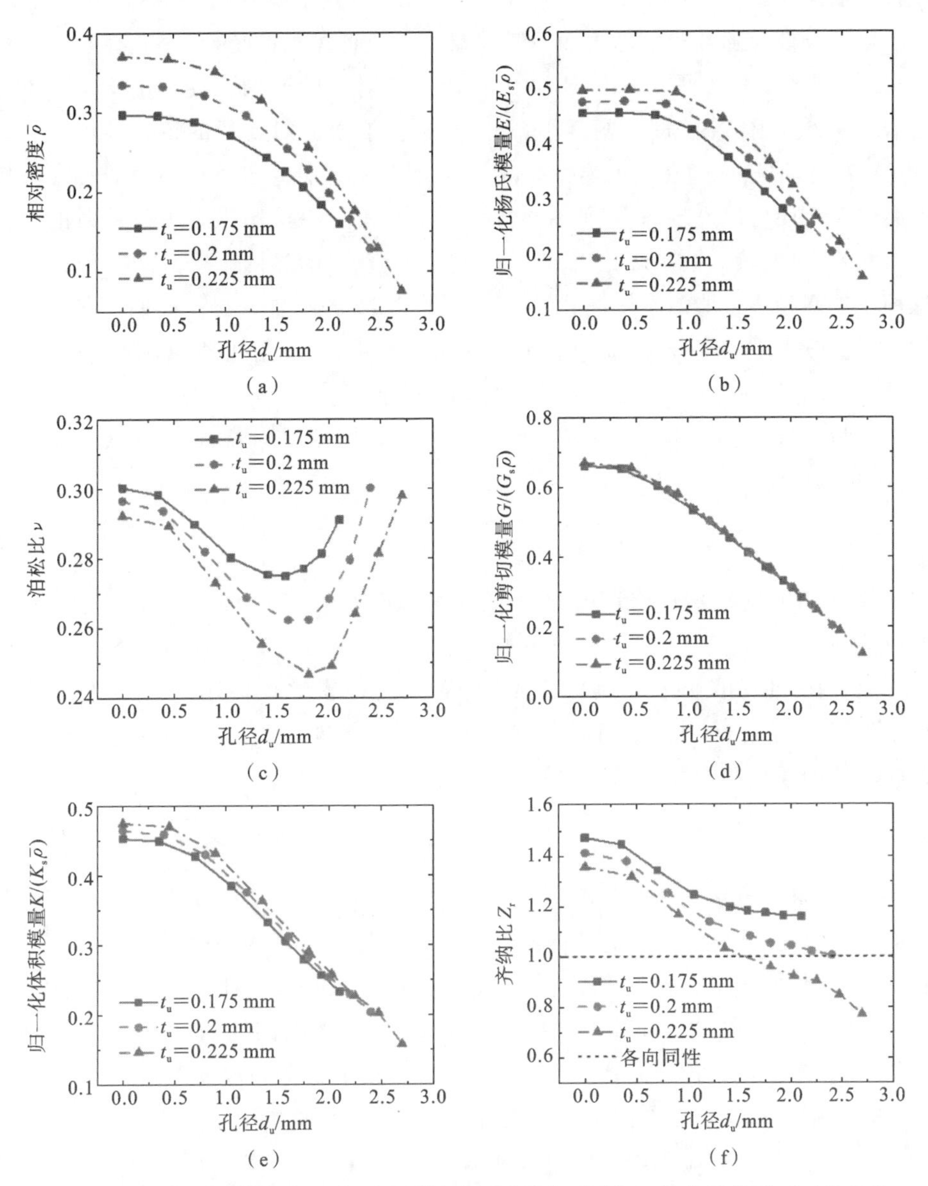

图 7-5 孔径对 FCC 结构半开孔 PLM 的(a)相对密度、(b)归一化杨氏模量、(c)泊松比、(d)归一化剪切模量、(e)归一化体积模量和(f)齐纳比的影响。

可以发现，对于所有三个板厚水平，相对密度随着孔径的增大而非线性减小，这是因为孔的体积与孔直径的立方成正比。考虑到半开孔 PLM 的立方对称性，只需要确定这些 PLM 三个独立的弹性常数（杨氏模量、泊松比和剪切模量）。半开孔 PLM 的归一化杨氏模量、泊松比和归一化剪切模量由有限元方法确定，如图 7-5(b)～(d)所示。半开孔 PLM 沿[100]方向的单轴应力加载的杨氏模量 E 由组成材料的杨氏模量 E_s 和相对密度进行归一化处理，并根据孔径绘制（图 7-5(b)）。归一化杨氏模量随孔径的增大而非线性减小。值得注意的是，在小孔径阶段可观察到一个平台，这表明半开孔 PLM 的杨氏模量对该阶段的孔径不敏感。随着孔径的不断增大，杨氏模量急剧减小。有趣的是，泊松比对孔径的依赖性不同。图 7-5(c)表明，泊松比随孔径的增大先减小，在特定孔径处达到谷值后随着孔径的增大而增大。还可以发现，这里研究的半开孔 PLM 的泊松比小于组成材料的泊松比。此外，厚度较大的半开孔 PLM 的泊松比呈现更明显的下降趋势。泊松比的这种非单调趋势可能源于不同孔径时半开孔 PLM 的配置变化。我们还获得了三种不同板厚水平的半开孔 PLM 的归一化剪切模量，并根据孔径绘制变化曲线（图 7-5(d)），它们与归一化杨氏模量的变化趋势相似。然而，归一化剪切模量的三条曲线缩为一条，这表明半开孔 PLM 的归一化剪切模量对板厚不敏感。半开孔 PLM 的体积模量 K 可以写为

$$K=\frac{E}{3(1-2\nu)} \tag{7-11}$$

式中：E 和 ν 分别是半开孔 PLM 的杨氏模量和泊松比。为了揭示体积模量与孔径的依赖关系，半开孔 PLM 的归一化体积模量曲线根据孔径绘制，如图 7-5(e)所示。半开孔 PLM 的归一化体积模量也随着孔径的增大而非线性减小。但在大孔径条件下，归一化体积模量对板厚几乎不敏感。齐纳比 Z_r 是一个用于量化材料各向异性的无量纲常数，可以写为

$$Z_r=\frac{2(1+\nu)G}{E} \tag{7-12}$$

式中：E、G 和 ν 分别是半开孔 PLM 的杨氏模量、剪切模量和泊松比。利用齐纳比的值可以量化半开孔 PLM 的各向同性程度。半开孔 PLM 的齐纳比根据式(7-12)获得，其变化曲线根据孔径绘制（图 7-5(f)）。结果表明，齐纳比随孔径的增大而非线性减小。FCC 结构的闭孔 PLM($d_u=0$ mm)不是各向同性的，但孔径增加到特定值后，它们往往是各向同性的（例如，对于 0.225 mm 的板厚，$d_u=1.5$ mm，对于 0.2 mm 的板厚，$d_u=2.4$ mm）。当齐纳比接近 1 时，随着孔径的增大，齐纳比继续减小。这表明，当应用特定的板厚度和孔径时，半开孔 PLM 可以成为各向同性材料。可以发现，通过在 PLM 中引入孔来生成半开单元拓扑，可以很容易地调节 PLM 的弹性特性。

为了揭示半开孔 PLM 弹性特性对相对密度的依赖性，我们根据相对密度绘制了由有限元模拟获得的归一化杨氏模量、剪切模量、体积模量和齐纳比(图 7-6)，并将其与各向同性材料的 HS 上限进行了比较。半开孔 PLM 的杨氏模量、剪切模量和体积模量的 HS 上限可以写成

$$\begin{cases}\dfrac{K_{\mathrm{HSU}}}{K_{\mathrm{s}}\bar{\rho}}=\dfrac{4G_{\mathrm{s}}}{4G_{\mathrm{s}}+3K_{\mathrm{s}}(1-\bar{\rho})}\\[2ex]\dfrac{G_{\mathrm{HSU}}}{G_{\mathrm{s}}\bar{\rho}}=\dfrac{9K_{\mathrm{s}}+8G_{\mathrm{s}}}{20G_{\mathrm{s}}+15K_{\mathrm{s}}-6(K_{\mathrm{s}}+2G_{\mathrm{s}})\bar{\rho}}\\[2ex]E_{\mathrm{HSU}}=\dfrac{9G_{\mathrm{HSU}}K_{\mathrm{HSU}}}{3K_{\mathrm{HSU}}+G_{\mathrm{HSU}}}\end{cases}\tag{7-13}$$

式中：E_{HSU}、G_{HSU}、K_{HSU}分别为半开孔 PLM 的杨氏模量、剪切模量和体积模量的 HS 上限；G_{s} 和 K_{s} 为组成固体材料的剪切模量和体积模量；$\bar{\rho}$ 为相对密度。

根据图 7-6(a)，半开孔 PLM 的归一化杨氏模量随着相对密度的增加而增加，但对板厚几乎不敏感。最大相对密度条件对应于孔径 0 mm，最大相对密度处的归一化杨氏模量接近 HS 上限，这在以前的文献中有所报道。我们根据相对密度

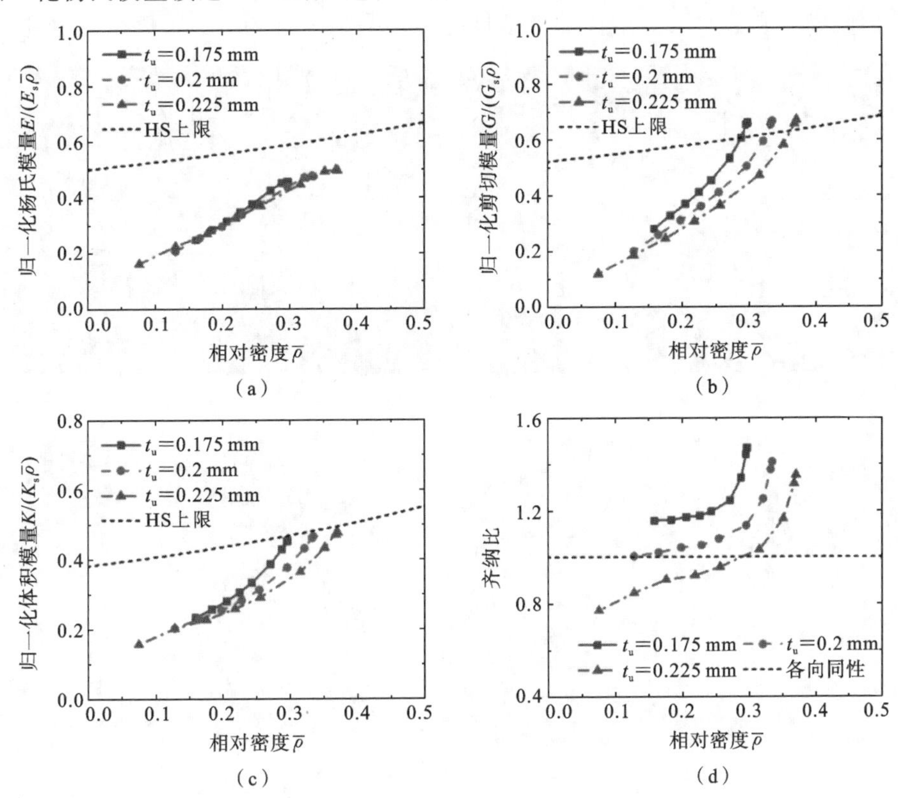

图 7-6　与各向同性刚度的理论 HS 上限相比，(a)归一化杨氏模量、(b)归一化剪切模量、(c)归一化体积模量和(d)齐纳比与相对密度的函数。

绘制了所有三个板厚水平的半开孔 PLM 的归一化剪切模量和体积模量，分别如图 7-6(b)(c)所示。归一化剪切模量和体积模量都随着相对密度的增加而非线性增加。值得注意的是，它们对板厚敏感，厚度较小的半开孔 PLM 的归一化剪切模量和体积模量呈现更明显的增加趋势。半开孔 PLM 的齐纳比曲线也根据相对密度绘制(图 7-6(d))，它们随着相对密度的增加而非线性增加。图 7-6(d)中的虚线表示各向同性材料的齐纳比。

为了验证数值结果，根据设计模型用 SLM 技术制作试样，然后对成形试样进行单轴压缩实验，以获取其弹性特性。将成形的半开孔 PLM 试样与设计模型的尺寸进行比较，以评估制造质量。为了获取半开孔 PLM 的微观尺寸(即板厚和孔径)，对其进行 SEM 测试。根据 SLM 制造的半开孔 PLM 试样的 SEM 图像(图 7-7)，成形板的轮廓厚度通常与设计模型的轮廓厚度一致。在 SLM 制造的二维五模结构中，还可观察到薄壁的成形厚度和设计厚度之间具有良好一致性，未熔化的金属颗粒附着在钢板表面，导致成形钢板的表面粗糙度增加。此外，在表面可观察到明显的凹凸形态。在 SLM 制造的其他 3D 金属晶格中也可观察到这些几何缺陷，它们对宏观结构的力学性能的影响是不可忽略的。值得注意的是，

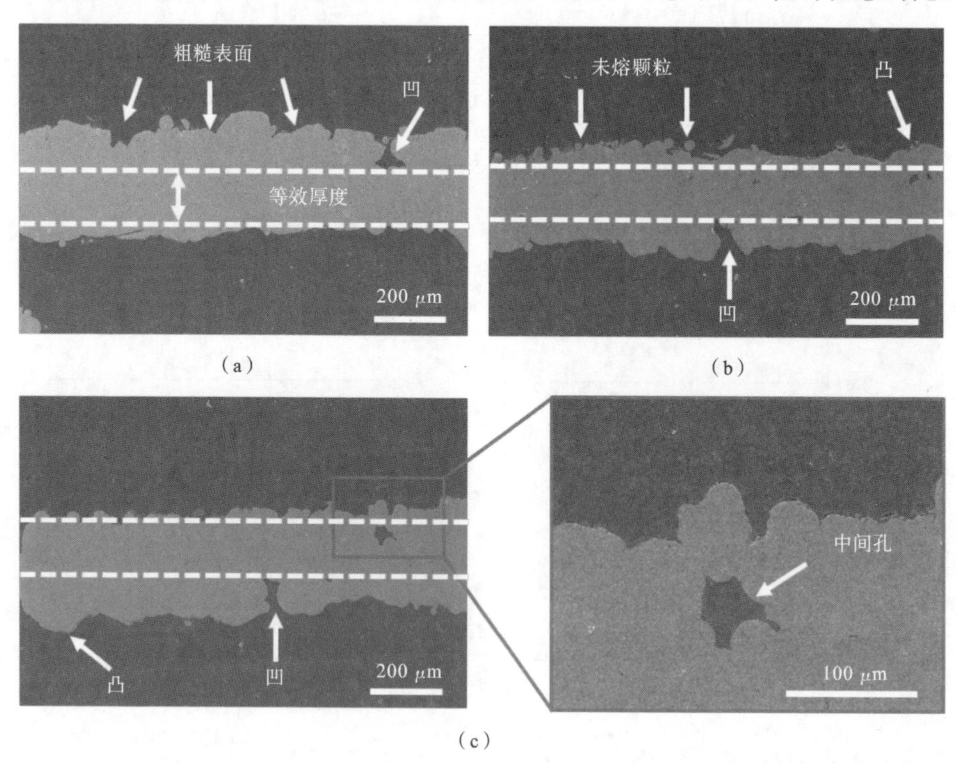

图 7-7　设计板厚为 0.2 mm 的 SLM 制造的半开孔 PLM 试样抛光截面的 SEM 图：(a)～(c)从不同位置观察的图像。

黏附的金属颗粒和板材的粗糙部分不会影响承载能力。这表明，只有规则的连续体实体零件(图 7-7 所示虚线之间的零件)才能提高 SLM 制造的半开孔 PLM 的刚度。在这种情况下，排除板的粗糙部分，将有限元模拟中采用的板厚度修改为等效厚度，以获取 SLM 制造的半开孔 PLM 的实际刚度。在设计板厚为 0.2 mm 的情况下，成形板的等效厚度为 0.12～0.16 mm。在小应变区，半开孔 PLM 试样的弹性性能主要由最弱的部分决定，这意味着等效板厚的下限更适合在有限元模拟中用于确定弹性常数。然而，在大应变压缩中，板表面的凹面缺陷以及内部孔隙被压缩成致密形式，这可能会部分增加等效厚度。此外，当板受到纵向压缩时，板在厚度方向上膨胀。这也可能导致大应变压缩中等效板厚度的增加。因此，等效板厚度的上限更适合用于有限元模型，以捕捉大压缩应变下半开孔 PLM 的应力-应变关系。

将从有限元模拟中获得的半开孔 PLM 的杨氏模量与从压缩实验中获得的模量进行比较，如图 7-8 所示。很容易发现，模拟结果与实验测量值吻合良好。但是，从有限元模拟中获得的杨氏模量略大于从压缩实验中获得的杨氏模量，这可能是由有限元模拟采用理想假设和全积分单元造成的。以前的文献也报告了类似的现象。根据图 7-8 所示的数值和实验结果，可以发现半开孔 PLM 的杨氏模量随着孔径的增大而减小，而随着相对密度的增大而增大。此外，将半开孔 PLM 的杨氏模量与三维开孔泡沫和闭孔泡沫的 Gibson-Ashby 模型进行比较。三维开孔泡沫和闭孔泡沫杨氏模量的 Gibson-Ashby 模型方程如下：

$$\begin{cases} \dfrac{E}{E_s} \approx \bar{\rho}^2 \\ \dfrac{E}{E_s} = C_1 \phi^2 \bar{\rho}^2 + C_1' (1-\phi) \bar{\rho} \end{cases} \tag{7-14}$$

式中：E 是三维泡沫的杨氏模量；E_s 是组成固体材料的杨氏模量；$\bar{\rho}$ 是相对密度；C_1 和 C_1' 是简单的比例常数；ϕ 表示单元边缘中包含的固体材料的体积分数。值得注意的是，半开孔 PLM 的杨氏模量介于开孔泡沫和闭孔泡沫之间，并且随着相对密度的增加，倾向于接近闭孔泡沫。这表明半开孔 PLM 在低相对密度(即大孔径)下更像是开孔泡沫，但在高相对密度(即小孔径)下则更像是闭孔泡沫。图 7-8(b)中的短虚线显示了杨氏模量 E 与相对密度的比例关系，为 $E \sim (\bar{\rho}^2 + \bar{\rho})$。

当施加的应力超过屈服强度时，半开孔 PLM 可能发生塑性屈服。半开孔 PLM 在屈服阶段的力学响应与弹性阶段的不同，这使得揭示半开孔 PLM 的屈服行为非常重要。施加较大的单轴压缩应变时，半开孔 PLM 首先发生弹性变形，然后发生塑性变形。在此，屈服强度定义为产生的塑性应变为 0.2%时所对应的应力。半开孔 PLM 的单轴屈服强度是通过单轴压缩实验和有限元模拟获得的，如图 7-9 所示。根据图 7-9 中的结果，压缩实验获得的单轴屈服强度与有限元模拟

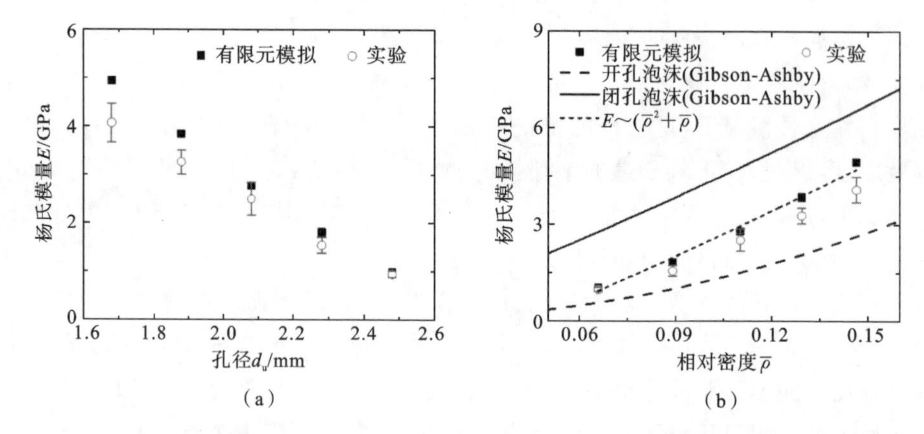

图 7-8　(a) 设计厚度恒定为 0.2 mm、孔径不同的半开孔 PLM 的数值模拟和实验测试的杨氏模量对比；(b)半开孔 PLM 的杨氏模量与相对密度的函数。实线和虚线分别对应三维闭孔泡沫和开孔泡沫的 Gibson-Ashby 模型，短虚线表示数值模拟的杨氏模量与相对密度的关系。

得到的单轴屈服强度一致。图 7-9(a)给出了单轴屈服强度与孔径的关系。可以看出，随着孔径的增加，单轴屈服强度几乎呈线性下降趋势，这表明可以通过改变孔径来轻松调节 PLM 的屈服行为。注意，孔洞的存在不仅会导致应力集中，还会降低 PLM 的相对密度。应力集中和相对密度的降低都会影响 PLM 的屈服强度，但由于相对密度取决于孔径和板厚，因此很难解耦它们的影响。这是一项有意义和复杂的工作，值得在今后的工作中给予高度重视。图 7-9(b)显示了相对密度与半开孔 PLM 的单轴屈服强度的函数关系。将半开孔 PLM 的单轴屈服强度与 Gibson 和 Ashby 提出的三维开孔泡沫和闭孔泡沫的单轴屈服强度进行比较。三维开孔泡沫和闭孔泡沫塑性屈服强度的 Gibson-Ashby 模型方程如下：

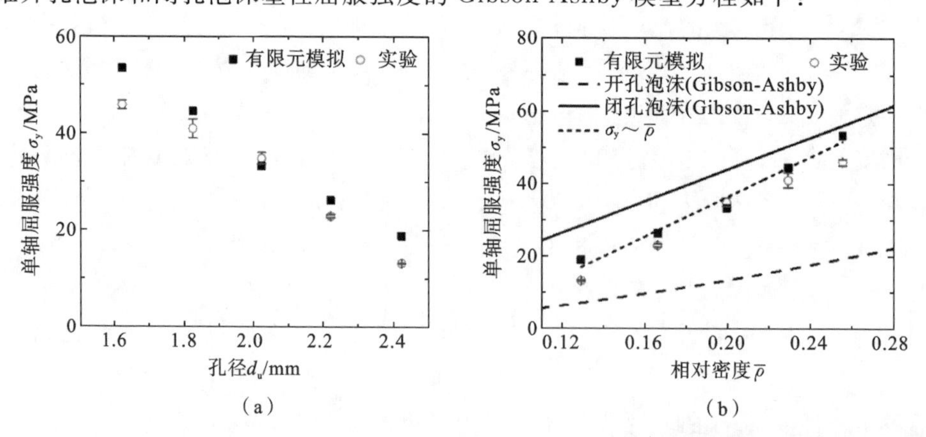

图 7-9　(a)设计厚度恒定为 0.2 mm、孔径不同的半开孔 PLM 单轴屈服强度的实验测试和数值模拟结果的对比；(b)与开孔泡沫和闭孔泡沫相比，单轴屈服强度随相对密度的变化。

$$\begin{cases} \dfrac{\sigma_y}{\sigma_s} \approx 0.3\bar{\rho}^{-\frac{3}{2}} \\ \dfrac{\sigma_y}{\sigma_s} = C_2(\phi\bar{\rho})^{\frac{3}{2}} + C'_2(1-\phi)\bar{\rho} \end{cases} \tag{7-15}$$

式中：σ_y 是三维泡沫的塑性屈服强度；σ_s 是组成固体材料的塑性屈服强度；$\bar{\rho}$ 是相对密度；C_2 和 C'_2 是简单的比例常数；ϕ 表示单元边缘中所含固体材料的体积分数。由图 7-9 可发现半开孔 PLM 的单轴屈服强度大于开孔泡沫（虚线），但小于闭孔泡沫（实线），此外，随着相对密度的增加（即孔径减小），它们趋向于接近闭孔泡沫。这与半开孔 PLM 的结构在某种程度上介于开孔泡沫和闭孔泡沫之间的事实相一致。

我们通过对多胞试样和模型分别进行单轴压缩实验和有限元模拟，研究了半开孔 PLM 的大变形行为，在此，绘制并比较恒定设计厚度为 0.2 mm，孔径分别为 1.6 mm、1.8 mm 和 2.0 mm 的 PLM 的应力-应变关系。图 7-10 提供了从有限元模拟和压缩实验中获得的半开孔 PLM 的应力-应变曲线，工程应变高达 0.5。从模拟和实验中得到的应力-应变曲线显示出良好的一致性，证明了所建立的有限元模型在研究半开孔 PLM 的大变形行为方面具有较高的准确性。此外，数值和实验结果的合理一致性也表明，我们在有限元模型中使用的材料性能与 SLM 制造的 316L 不锈钢的材料性能接近。三种不同孔径条件下的应力-应变关系均呈现出相似的趋势，通常是平滑且单调增加的。应力首先随着应变的增加而快速增加，然后在相对较小的应变（不大于 0.05）下接近塑性屈服强度。塑性屈服后，应力-应变曲线在特定应变区间上的斜率几乎为零（图 7-10(a)中为 0.1～0.2，图 7-10(b)中为 0.1～0.3，图 7-10(c)中为 0.001～0.35）。这导致应力-应变曲线处于平台阶段，对应于半开孔 PLM 的能量吸收能力。在其他文献中报道的其他相对密

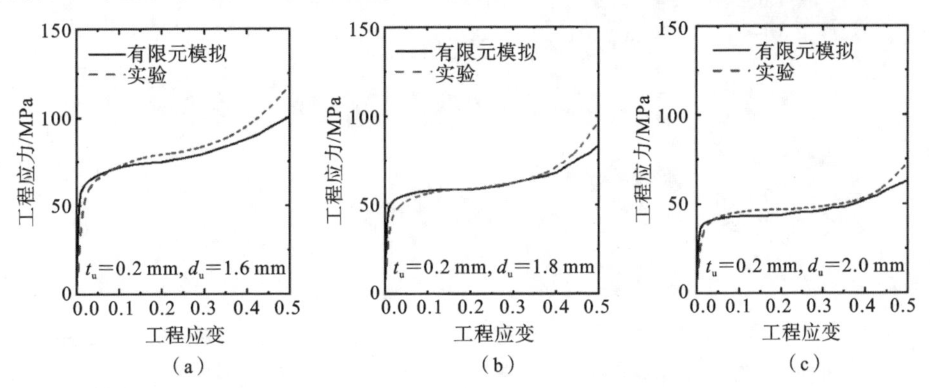

图 7-10　通过有限元模拟得到的半开孔 PLM 应力-应变曲线（实线）与压缩实验测得的应力-应变曲线的比较。板厚度恒定为 0.2 mm，三种不同的孔径分别为 1.6 mm(a)、1.8 mm(b)、2.0 mm(c)。

度较高的多孔结构中也可观察到类似的应力-应变关系。在平台阶段之后，应力-应变曲线随着应变的增加而急剧上升，这是板材在大塑性应变下压缩在一起造成的。应力-应变曲线中的这种非线性增长阶段也称为致密化。半开孔 PLM 发生致密化的临界应变取决于孔径。具有较小孔洞的半开孔 PLM 具有较小的致密化临界应变。这可能是由于在具有较小孔洞的半开孔 PLM 中，板更容易彼此接触。

图 7-11 和图 7-12 给出了从压缩实验和数值模拟中获得的半开孔 PLM 的变形结构。在图 7-11 中，半开孔 PLM 试样的设计板厚和孔径分别为 0.2 mm 和1.6 mm。图 7-11(a)显示了用 SLM 制作的半开孔 PLM 试样在 0.1、0.2、0.4 和 0.6 的压缩应变下的变形结构的实验图片。压缩变形几乎均匀地分布在整个试样中。此外，在整个压缩过程中未观察到明显的断裂，这可能与 316L 不锈钢的高延展性

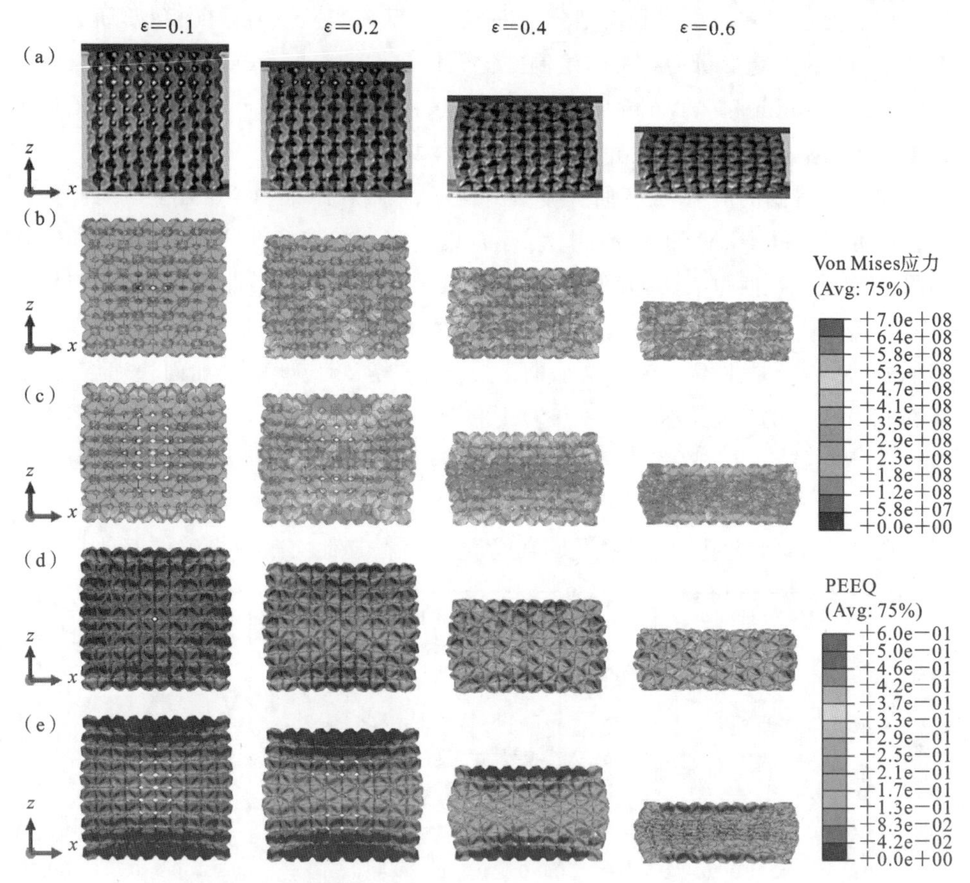

图 7-11　(a) SLM 制造的半开孔 PLM 试样在 0.1～0.6 工程应变下的变形规律实验图片；对半开孔 PLM 多胞模型进行有限元模拟得到的在 y=0 mm (b)和 y=10 mm (c)平面上的 Von Mises 等效应力分布；对半开孔 PLM 多胞模型进行有限元模拟得到的在 y=0 mm (d)和 y=10 mm (e)平面上的等效塑性应变分布。试样的板厚和孔径分别为 0.2 mm 和 1.6 mm。

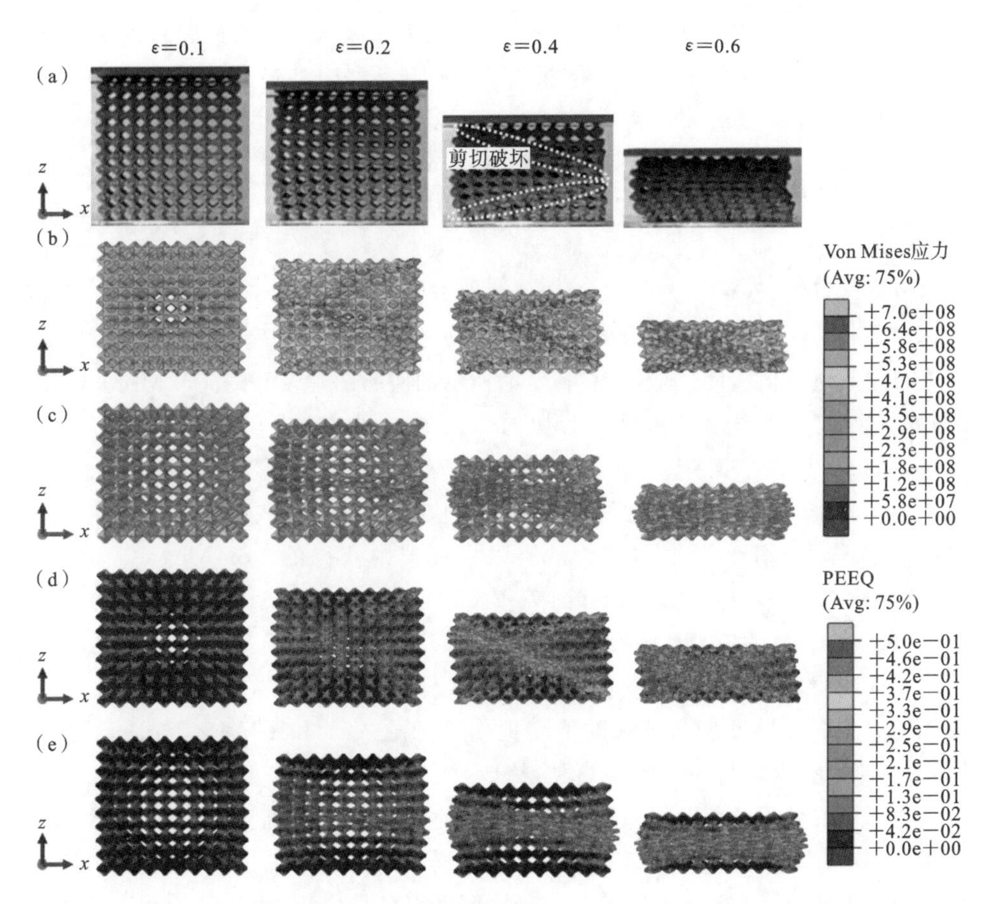

图 7-12　(a) SLM 制造的半开孔 PLM 试样在 0.1～0.6 工程应变下的变形规律实验图片；对半开孔 PLM 多胞模型进行有限元模拟得到的在 $y=0$ mm (b)和 $y=10$ mm (c)平面上的 Von Mises 等效应力分布；对半开孔 PLM 多胞模型进行有限元模拟得到的在 $y=0$ mm(d)和 $y=10$ mm(e)平面上的等效塑性应变分布。试样的板厚和孔径分别为 0.2 mm 和 2.4 mm。

和成形试样的高致密度有关。可以看出，当压缩应变为 0.1 时，试样的宏观结构没有太大变化，但试样的侧边被压缩成凸面，当压缩应变持续增加到 0.2 时，试样中的孔被压缩至几乎闭合。这意味着在压缩应变为 0.2 时，可能会发生局部致密化。不断增加压缩应变至 0.4，试样被压缩至接近致密。这种致密化机制导致应力-应变曲线快速上升，如图 7-10(a)所示。图 7-11(b)(c)显示了多胞模型在 $y=0$ mm 和 $y=10$ mm 平面上的 Von Mises 等效应力分布。通过这些等高线图可以更深入地了解半开孔 PLM 在各种压缩应变下的应力分布。很容易发现，在压缩应变为 0.1 的情况下，多胞模型中的最大应力主要分布在层间界面。随着压缩应变的增加，最大应力发展为模型对角平面之间的“X”区。图 7-11(d)(e)所示的多胞模型中的等效塑性应变(PEEQ)分布表明,塑性屈服从该区域扩展到整个模型。可以看出,在压缩应变小于0.2的情况下,多胞模型中的最大塑性应变也分布在层间界面,并随着压缩应变增加到0.4而发展为“X”区。在有关文献中报道的光滑壳超材料中也可观察到类似的变形模式。压缩应变大于0.6时,多胞模型中的Von Mises等效应力和等效塑性应变几乎均匀分布,表明模型被压缩至完全致密。

值得注意的是,带有大孔(2.4 mm)的半开孔PLM倾向于显示不同的变形模式。图7-12显示了SLM制造的半开孔PLM变形模式的实验图片以及应力和应变分布的数值等值线图。根据图7-12(a)所示的实验图片,半开孔PLM试样在约0.4的压缩应变下显示出明显的剪切局部化带。可以看出,剪切破坏源于中心部位,并扩展到整个试样。这可能是由于具有较大孔的成形试样的横截面面积较小,这可能会导致相邻板之间交叉部分的应力集中。这些部位的大应力容易导致局部剪切破坏和压缩塌陷。从有限元模拟中获得的Von Mises等效应力(图7-12(b)(c))和等效塑性应变(图7-12(e))分布也证实了这种局部剪切破坏机制。可以看出,最大应力和塑性应变位于半开孔PLM多胞模型的中心部位,导致初始塑性屈服和局部剪切破坏。然后,初始塑性屈服倾向于在模型中扩展,并随着压缩应变的增加发展为倾斜的剪切损伤带。图7-11和图7-12所示的结果表明,改变半开孔PLM的孔径可以很容易地调节PLM的大应变变形模式。

为了更好地了解将孔引入PLM所引起的应力集中,我们通过有限元模拟获得了封闭单元和半开放单元PLM中的应力分布,如图7-13所示。通过对PLM的单元施加小应变,可以捕获应力分布轮廓。很容易发现,由于初始平面应力状态,应力在闭孔PLM中分布更均匀(图7-13(a))。当引入孔以生成半开单元拓扑结构时(图7-13(b)～(d)),初始平面应力状态发生变化,应力集中发生在相邻板之间的交叉部位。应力集中的存在无疑会影响PLM的强度和损伤。可以看出,随着孔径的增大,应力集中变得越来越明显。这表明,应力集中可能在开孔较大的半开孔PLM中发挥更重要的作用。

据报道,PLM因其独特的结构而具有出色的能量吸收能力。为了研究半开孔PLM的能量吸收能力,需要定义比吸能(SEA)。在这里,半开孔PLM的SEA $\bar{\psi}$ 定义为每单位质量上执行的机械功,以使PLM变形至工程应变0.3。因此,$\bar{\psi}$ 可以写成

$$\bar{\psi} = \frac{1}{\rho^*}\int_{\varepsilon=0}^{0.3} \sigma \mathrm{d}\varepsilon \tag{7-16}$$

式中:ρ^* 是半开孔PLM的密度;σ 和 ε 分别是工程应力和应变。根据由有限元模拟和压缩实验获得的应力-应变曲线,可以很容易地计算上述积分。图7-14计算并绘制了板厚为0.2 mm、孔径为1.6～2.4 mm的半开孔PLM的比吸能。图7-14

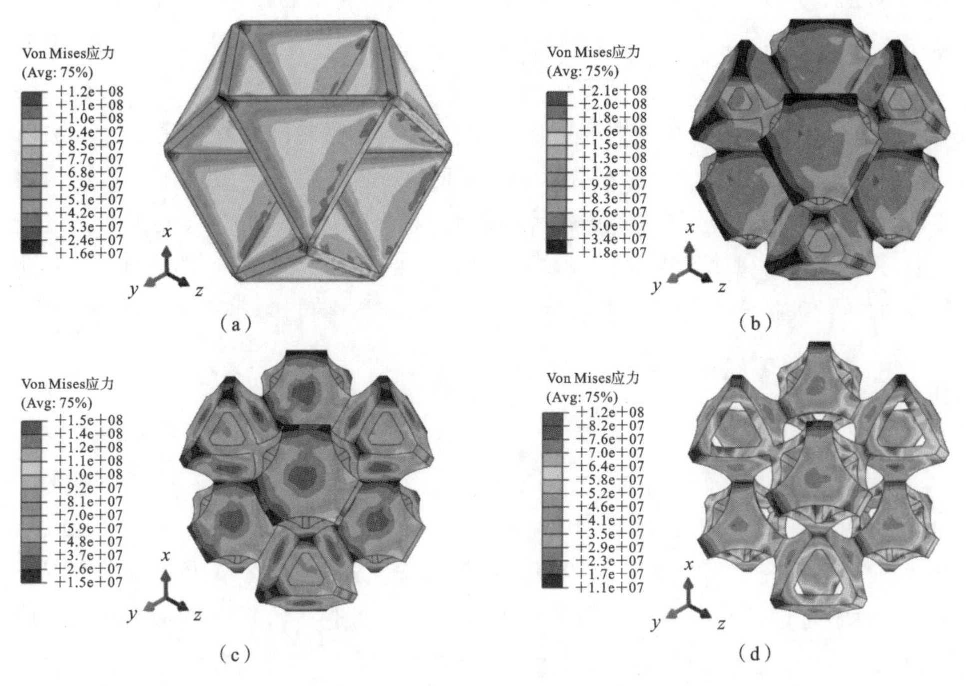

图 7-13　引入孔对 PLM 中应力集中的影响：(a)闭合单元拓扑 PLM 中的应力分布；(b)～(d)孔径分别为 1.6 mm、2.0 mm 和 2.4 mm 的半开孔 PLM 中的应力分布。

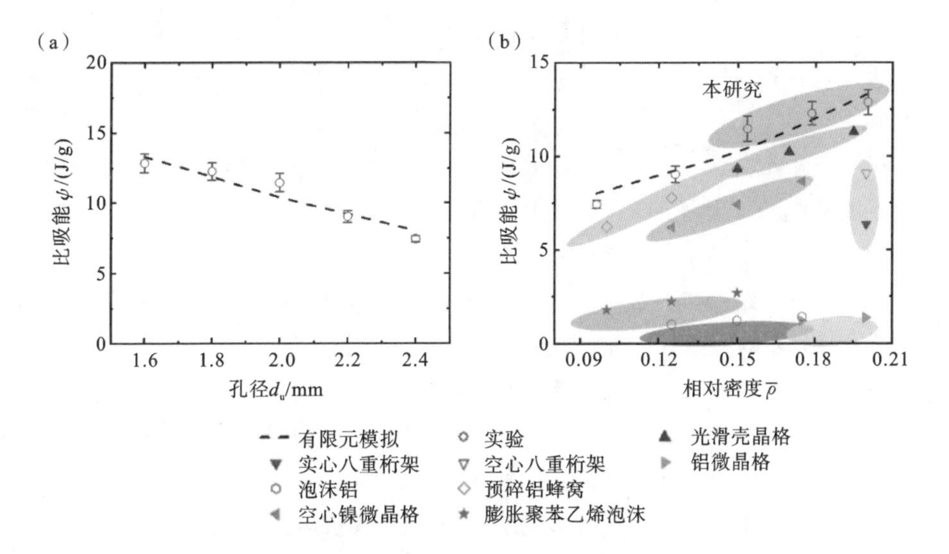

图 7-14　(a)半开孔 PLM 在 0.3 应变时的比吸能随孔径的变化；(b)与光滑壳晶格、八重桁架晶格、铝微晶格、泡沫铝和铝蜂窝等材料的比吸能对比，半开孔 PLM 的比吸能随相对密度变化的规律。成形试样板厚度为 0.2 mm。

(a)分别显示了孔径对半开孔 PLM 比吸能的影响。可以看出，实验得到的比吸能随着孔径的增大而非线性减小。这可以归因于这样一个事实，即带有小孔的半开孔 PLM 屈服均匀，无局部剪切破坏。半开孔 PLM 的比吸能也可根据相对密度绘制，如图 7-14(b)所示。该图表明，半开孔 PLM 的比吸能随着相对密度的增加而增加。此外，我们还比较了光滑壳晶格、八重桁架晶格超材料、铝微晶格、泡沫铝和铝蜂窝等的能量吸收能力。很容易观察到，半开孔 PLM 的 SEA 略大于光滑壳晶格，并且高达八重桁架晶格超材料的两倍。此外，图 7-14(b)还表明，半开孔 PLM 的能量吸收能力优于铝微晶格、泡沫铝、镍微晶格和其他多孔金属材料。

7.1.4　结论

板格超材料是一类新兴的轻质结构，具有优异的力学和物理性能，研究人员设计、制造和研究了不同类型的 PLM(例如，简单立方、面心立方、体心立方和混合型)。然而，基于粉末床的增材制造技术很难用于制造初始封闭单元拓扑结构的 PLM，因为剩余的粉末材料难以去除。本节提出了具有半开孔拓扑结构的板格超材料，并采用激光选区熔化技术制备。但几何参数(如板厚和孔径)在调节半开孔 PLM 的力学性能和变形模式方面的作用尚不明确。通过压缩实验和有限元模拟，本节揭示了几何参数对半开孔 PLM 力学性能和变形模式的影响。结果表明，改变板厚或孔径可以方便地调整半开孔 PLM 的力学性能。本研究的主要发现和结论如下。

(1) 半开孔 PLM 的归一化杨氏模量、剪切模量和体积模量随孔径的增大呈非线性减小趋势。有趣的是，随着孔径的增大，半开孔 PLM 的泊松比首先减小到一个值，但随着孔径的进一步增大，泊松比由这个值开始增大。

(2) 本节介绍的半开放单元设计策略不仅为 PLM 的 SLM 制造提供了便利，而且使得 PLM 的力学性能和弹性各向异性易于定制。

(3) 数值模拟和实验结果表明，与三维开孔泡沫和实心/空心桁架微晶格相比，半开孔 PLM 具有优越的力学性能(例如刚度、强度和比吸能)。此外，具有不同尺寸孔的半开孔 PLM 呈现出不同的变形模式。

半开孔 PLM 优越且易于调节的力学性能使其能够广泛应用于多功能场合。半开孔 PLM 优越的承载和能量吸收能力使其能够用作车辆和飞机的缓冲结构。半开孔 PLM 还显示出在生物医学工程领域的应用潜力，因为可以通过改变几何参数方便地调整其力学性能和渗透率。半开孔 PLM 在多物理耦合条件下的多功能性是值得进一步研究的课题。

7.2　激光选区熔化制备 Ti-6Al-4V 板格支架的各向异性力学和质量传输性能

7.2.1　引言

在过去的几十年里，器官移植和医疗器械植入取得了长足的发展，被认为是人类对抗慢性病和死亡的重要手段。然而，许多不利的副作用（例如，强烈的异基因免疫排斥和设备故障）伴随着这些医疗干预措施，这不仅降低了医疗干预的益处，而且给患者带来了持续的痛苦。在避免免疫排斥方面，自体组织移植与同种异体移植相比具有内在优势，被认为是骨组织工程（如脊柱融合）最有效的手段。但是，在供体部位进行侵入性手术，可能会导致出现一些不利的副作用，例如供体部位发病、感染和血肿。因此，寻找替代同种异体移植和自体移植的方法是目前骨组织工程的明确目标。合成生物材料，包括陶瓷和聚合物，由于其优异的耐腐蚀性和生物活性，对骨科重建手术具有吸引力。然而，陶瓷的固有脆性和聚合物的硬度不足使其难以承受矫形重建手术中产生的力。金属及其合金通常比合成陶瓷和聚合物生物材料具有更好的承载能力和韧性，这促进了其在骨组织工程中的广泛应用。

在骨组织工程中，要求支架具有低密度、高强度和适当的渗透率。为了获得高性能的骨支架，除了选择合适的材料外，还必须为其设计合适的结构。梁基多孔结构通常表现出较低的相对密度、较高的比刚度和适用于骨支架的可调力学性能。然而，应力集中总是发生在不同梁之间的交叉处，这可能导致大应变情况下的结构破坏。除了基于梁的多孔结构外，TPMS 多孔结构因其在避免应力集中方面的优势而被广泛研究。尽管 TPMS 多孔结构具有优异的力学性能，但其比刚度和强度仍低于多孔结构的理论极限（即 HS 上限）。板格多孔结构材料是一类新兴的超材料，其特定刚度和强度接近 HS 上限，并且已证明其在承载、能量吸收和吸声方面具有应用潜力。由于它们具有高比刚度和强度，因此实现预期的力学性能所需的材料较少，这可能会增大板格多孔结构的孔隙率，为其用作骨支架提供潜在价值。此外，板格多孔结构具有高比表面积，这对于骨科重建手术后的细胞黏附也很重要。但是板格支架（PLS）具有极其复杂的结构，通过传统的制造工艺难以制造。近年来，增材制造技术的快速发展从根本上改变了传统的制造理念，逐层制造工艺（例如激光选区熔化）使我们能够制备具有数百微米尺度的精细几何分辨率的多孔结构以及先进的金属基复合材料。因此，激光选区熔化技术在制备复杂结构的金属 PLS 方面显示出优势。近年来，各种具有优异力学性能的板格结构被设计和制造出来，但其力学性能和变形机制尚不完全清楚，尤其是大变形下的各向异性力学响应。此外，支架的渗透率全面体现了孔隙拓扑结构和孔隙率等几何特征，它在氧气/营养物质运输以及细胞代谢和细胞迁移等许多细胞功能中发挥着重要作用。考虑到骨支架的生理环境和功能要求，骨支架的大变形特性和质量传输特性对骨科重建手术的成功至关重要。然而，板格多孔结构的质量传输特性尚不清楚。尽管目前已研究过板格结构的弹性模量和屈服强度，但还没有研究过板格结构在不同方向的大变形行为。因此，研究 PLS 的各向异性大变形行为和质量传输特性具有重要意义。本节提出了具有可调力学性能和质量传输性能的 BCC 结构和 FCC 结构板格支架；此外，提出了一种有效的调节策略，在不改变板格结构的体积分数和结构的情况下，调节板格结构支架的力学性能和质量传输性能。本文提出的板格支架被证明具有适合骨组织工程且易于调节的性能。

7.2.2　各向异性板格超材料和实验方法

板格结构由于其固有结构，最初包括许多闭孔腔。然而，这种原始配置不能直接用于支架，因为它们没有相互连接。板格支架基于体心立方和面心立方晶体结构设计，用球体执行布尔切割以生成互连配置。板格支架的结构由 Python 脚本生成，可以方便地控制结构参数(例如板厚度和孔径)。图 7-15 显示了设计的板格支架的细节。通过在单胞的质心和顶点处执行布尔切割，闭合单元板晶格结构成为互连多孔结构，如图 7-15(a)～(d)所示，并且这种设计将切割孔对 PLS 力学性能的负面影响降至最低，因为质心和端点处的应力相对较低。将孔隙引入板格支架不仅可以从板格支架的空心洞穴中移除原材料，还可以创建半开放式单元拓扑结构，允许流体流动。据报道，孔径为 400～1000 μm 的支架适合骨生长。考虑到 SLM 的制造精度和互连要求，单胞长度 l、板厚 t 和球体直径 d 分别选择 4 mm、0.2 mm 和 2 mm。布尔切割产生的互连通道可容纳 448～895 μm 的尺寸(图 7-15(b)～(e))，这些尺寸正好在上述骨生长的可接受范围内。为了进行压缩实验，多单元板格支架模型设计为长度 L 为 20 mm、宽度 W 为 20 mm 和高度 H 为 20 mm 的立方体。我们还开发了高度 H_c 为 20 mm、直径 D_c 为 20 mm 的板格支架圆柱形模型，以进行渗透率实验。立方体和圆柱体模型分别在＜001＞、＜110＞和＜111＞方向上采用 BCC 和 FCC 板格结构设计。

板格支架的体积分数定义为 $\mathrm{VF}=V_s/V_m$，其中 V_s 表示实心支架的体积，V_m 表示立方体模型的体积(即 $20\times20\times20\ \mathrm{mm}^3$)。板格结构支架的孔隙率($P$)由 $P=1-\mathrm{VF}$ 推导得出。板格支架的比表面积(SSA)为 $\mathrm{SSA}=\mathrm{SA}_s/V_s$，其中 SA_s 为板

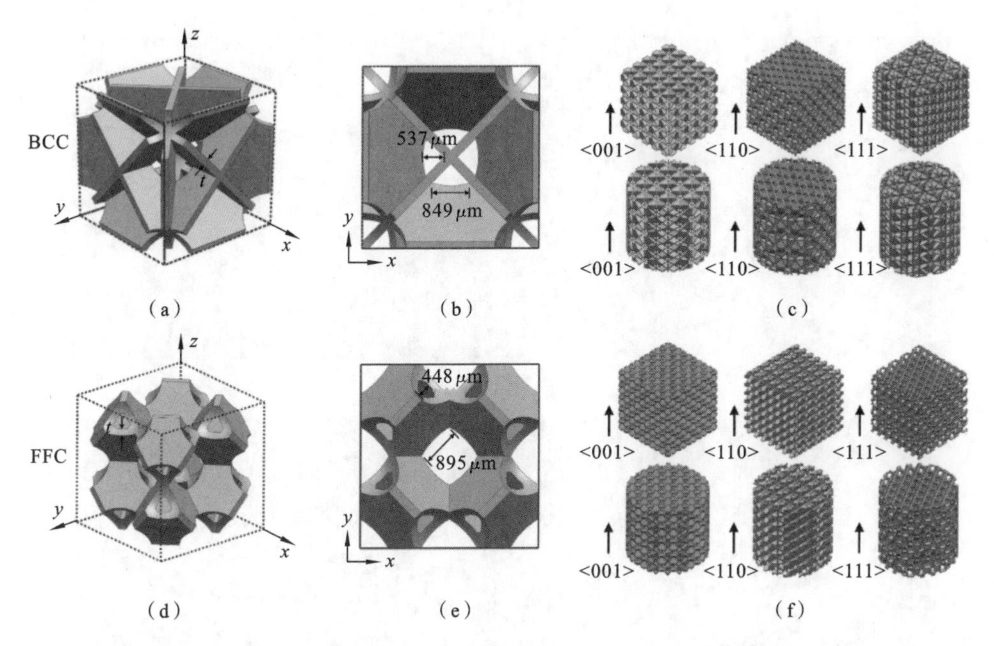

图 7-15　板格支架示意图:(a)具有 BCC 结构的单胞;(b)BCC 单胞俯视图,标记孔径;(c)不同方向 BCC 结构的立方、圆柱形多胞板格支架;(d)具有 FCC 结构的单胞;(e)FCC 单胞俯视图,标记孔径;(f)不同方向 FCC 结构的立方、圆柱形多胞板格支架。

格结构的表面积。

PLS 样品是用 Ti-6Al-4V 粉末(江苏威拉里新材料科技有限公司)通过 SLM 工艺制造的。表 7-3 列出了本节使用的 Ti-6Al-4V 粉末的化学成分。Ti-6Al-4V 粉末的粒度由激光粒度仪(Mastersizer 3000,Malvern Panalytic Ltd.,UK)测量,其范围为 20.6～49.5 μm,平均值为 32.5 μm,这表明原材料适用于 SLM 工艺。球形 Ti-6Al-4V 粉末的微观形貌通过扫描电子显微镜(FEI-Sirion 200)进行表征,如图 7-16(a)所示。所有 Ti-6Al-4V 板格样品均由 EOS M280 机器制造,加工参数精细控制为:激光功率 280 W,扫描速度 1200 mm/s,层厚 30 μm,扫描间距 140 μm,扫描方向 67°。每个模型成形三个样品,以进行重复准静态压缩实验和渗透率实验。图 7-16(b)所示的 PLS 样品在无水乙醇中用超声波振动清洗。为了捕获成形 PLS 样品的微观特征,在 15 kV 电压下用 SEM(FEI-Sirion 200)拍摄扫描电子显微镜图像。

表 7-3　本节使用的 Ti-6Al-4V 粉末的化学成分

化学成分	Ti	Al	V	Fe	C
质量分数/(%)	89.49	6.13	4.05	0.25	0.08

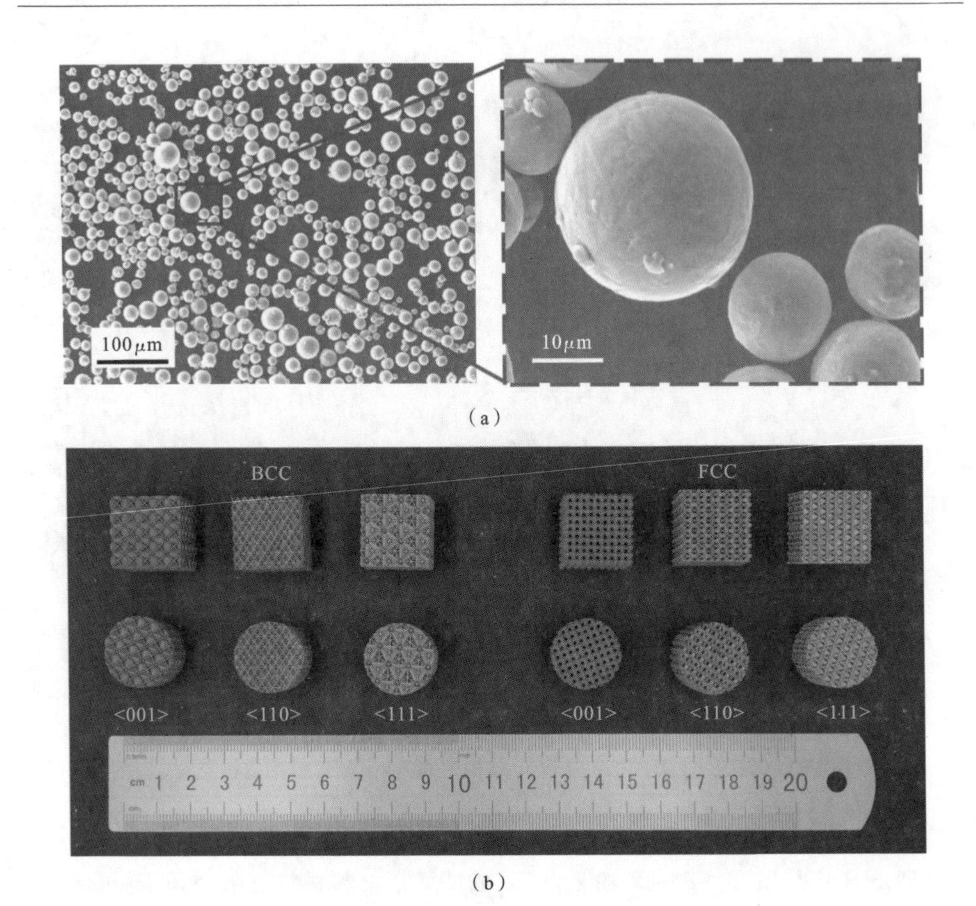

(a)

(b)

图 7-16　(a) Ti-6Al-4V 粉末的 SEM 显微形貌;(b) SLM 制备的 Ti-6Al-4V 板格支架样品。

有限元模拟采用特定的假设、相应的材料特性、适当的相互作用和合理的边界条件,是研究多孔结构力学性能的有效方法。有限元模型是基于多单元(125 个单元)几何形状开发的,用于捕获 PLS 的力学响应。本节使用商业有限元软件 ABAQUS 进行数值模拟,静态求解器 ABAQUS/Standard 和显式求解器 ABAQUS/Explicit 分别用于捕捉小应变弹性行为和大应变压缩损伤行为。对于显式模拟,加载速率固定为一个较小的常量值,以确保显式模拟是一个准静态过程。有限元模拟中使用了 Ti-6Al-4V 的材料特性,母体材料的杨氏模量 E 和泊松比 ν 分别设置为 110 GPa 和 0.342。此外,Ti-6Al-4V 的塑性和损伤行为分别由 Johnson-Cook 塑性模型和 Johnson-Cook 损伤模型定义。有限元模拟所用的材料参数从文献中获得,如表 7-4 所示。假设 Ti-6Al-4V 的密度为 4.43 g/cm^3。为了模拟准静态单轴压缩,在 PLS 有限元模型的底部和顶部分别放置两个解析刚性表面(图 7-17(a))。为了方便施加压缩应变和提取反作用力,两个解析刚性表面都耦合了两个参考点。此外,在解析刚性表面的法向和切向分别定义了硬接触和摩擦接触,假设摩擦系数为0.2。考虑到PLS的复杂几何形状和模拟精度,采用10节点修正二次四面体单元(C3D10M)对模型进行网格划分。值得注意的是,网格大小可能会影响模拟结果,可通过应用不同的单元尺寸来研究网格敏感性。

表7-4 用于有限元模拟的Ti-6Al-4V材料参数

材料性能	参数							
弹性	E/GPa	ν						
	110	0.342						
塑性	A	B	C	n	m	MT/℃	TT/℃	
	1098	1092	0.014	0.93	1.1	1660	980	
损伤	d_1	d_2	d_3	d_4	d_5	MT	TT	RSR
	−0.09	0.25	−0.5	0.014	3.87	1660	980	1

注:MT指熔化温度;TT指转变温度;RSR指参考应变率。

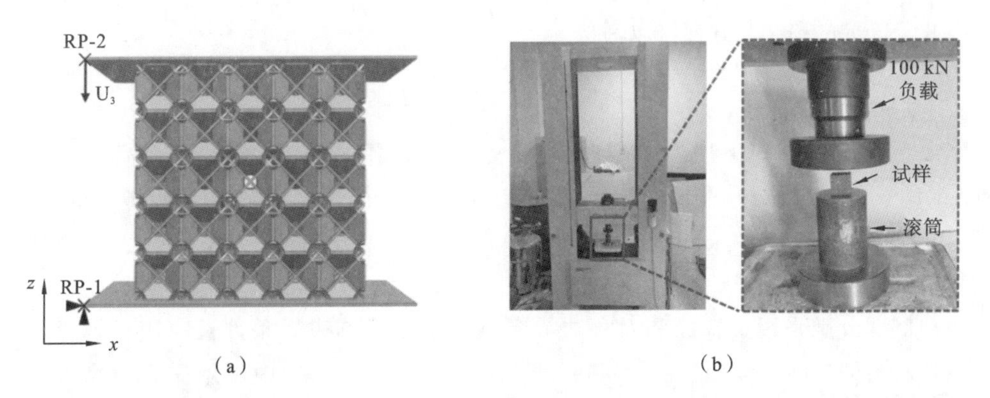

图7-17 (a) 准静态压缩模拟中使用的多胞PLS模型和边界条件示意图;(b) 准静态压缩实验用设备。

为了验证压缩模拟的计算结果,使用电子万能试验机(日本岛津AG-IC 100 kN)在室温下对成形PLS样品进行一系列单轴准静态压缩实验。实验设备如图7-17(b)所示。PLS样品放置在两个水平压板之间,沿着测试样品的成形方向施加1.2 mm/min的准静态加载速度,以实现0.001 s^{-1}的恒定工程应变率。当加载力接近95 kN或上压板的垂直位移达到10 mm时,停止压缩测试。根据计算机记录的力-位移数据,可以得到PLS试样的应力-应变关系如下:

$$\begin{cases} \sigma=\dfrac{F}{A} \\ \varepsilon=\dfrac{\Delta h}{H} \end{cases} \tag{7-17}$$

式中:σ是工程应力;ε是工程应变;F是加载力;A是顶表面积(即$A=L\times W=20$

×20 mm^2)；Δh 是 z 方向的位移；H 是 PLS 样品的高度。根据应力-应变曲线，杨氏模量定义为线弹性阶段应力与应变之间的斜率。屈服应力定义为对应于 0.2% 塑性应变的应力，抗压强度定义为第一峰值应力。

为了捕捉 PLS 的渗透特性，在 ABAQUS 中开发层流条件下的 CFD 模型，分别建立＜001＞、＜110＞和＜111＞方向的 CFD 模型并进行网格划分，以研究 BCC 结构和 FCC 结构板格结构支架的各向异性渗透率。对于 CFD 模型，使用 Navier-Stokes 方程模拟黏性不可压缩流体的质量传输行为：

$$\rho \frac{\mathrm{D}V}{\mathrm{D}t}=\rho f-\nabla p+\mu \nabla^2 V \tag{7-18}$$

式中：ρ 是流体的密度；$\frac{\mathrm{D}V}{\mathrm{D}t}$ 是材料导数；V 是流体的速度矢量；f 是施加在每单位体积流体上的外力；∇ 是算子；p 是压力；μ 是动态黏度。材料导数定义为

$$\frac{\mathrm{D}V}{\mathrm{D}t}=\frac{\partial V}{\partial t}+(V \cdot \nabla)V \tag{7-19}$$

因此，Navier-Stokes 方程可以写成

$$\frac{\partial V}{\partial t}+(V \cdot \nabla)V=f-\frac{1}{\rho}\nabla p+\frac{\mu}{\rho}\nabla^2 V \tag{7-20}$$

为了在 ABAQUS 中构建 CFD 模型，构建横截面面积为 20×20 mm^2、高度为 30 mm 的长方体区域，并在长方体区域和 PLS 之间进行布尔切割。图 7-18(a)显示了 CFD 模型和边界条件的详细信息。流体沿负 z 方向流动，在入口表面施加 1 mm/s 的恒定速度。此外，出口表面的压力设定为 0 Pa。注意，流体区域的内表面和侧面分别采用了壁面和对称边界条件。由于对称边界条件被应用于计算模型，因此样本几何形状的影响可以忽略不计。在 CFD 模拟中使用立方模型可以精确模拟渗透实验中圆柱形 PLS 样品的质量传输行为。对于 CFD 模拟，水被视为具有以下物理性质的流体：密度为 1 g/cm^3，黏度为 1.01×10^{-3} Pa·s。考虑到计算精度和成本，采用单元尺寸为 0.4 mm 的四节点四面体流体单元(FC3D4)。然后，通过 CFD 模拟获得 PLS 模型的计算渗透率。根据达西定律，PLS 的固有渗透率很容易确定：

$$k=\frac{Q\mu H}{A\Delta p} \tag{7-21}$$

式中：k 是渗透率；Q 是体积流量；μ 是动态黏度；H 和 A 分别是 PLS 样品的高度和横截面面积；Δp 是 PLS 模型在流体流动方向上相对表面的压降。

为了验证 PLS 结构的计算渗透率，我们准备了柱状 PLS 样品，用图 7-18(b)所示的方法进行渗透率测试。也可用类似的实验方法获得常规支架和 TPMS 多孔支架的渗透率。在渗透率实验中，水被视为不可压缩的流动介质，并由蠕动泵从水箱泵入腔室。连续稳态层流由连接在泵旁边的流量阻尼器产生，流速由速度

调节器精细控制。蠕动泵产生的流速为 18.85 mL/min，对应于 1 mm/min 的入口速度。此外，计算雷诺数(Re)以评估达西定律是否适用于以下情况：

$$Re=\frac{\rho v d}{\mu} \tag{7-22}$$

式中：ρ 是水的密度；v 是入口表面的速度；d 是孔隙的直径；μ 是水的动态黏度。雷诺数为 1.98，这表明达西定律在这里得到了验证。根据实验测得的进出口表面之间的压降，PLS 的实验渗透率可通过以下公式获得：

$$k_{\exp}=\frac{v\mu H}{(p_{\text{inlet}}-p_{\text{outlet}})} \tag{7-23}$$

式中：p_{inlet} 和 p_{outlet} 分别是在 PLS 样品表面测得的进水口和出水口的压力。

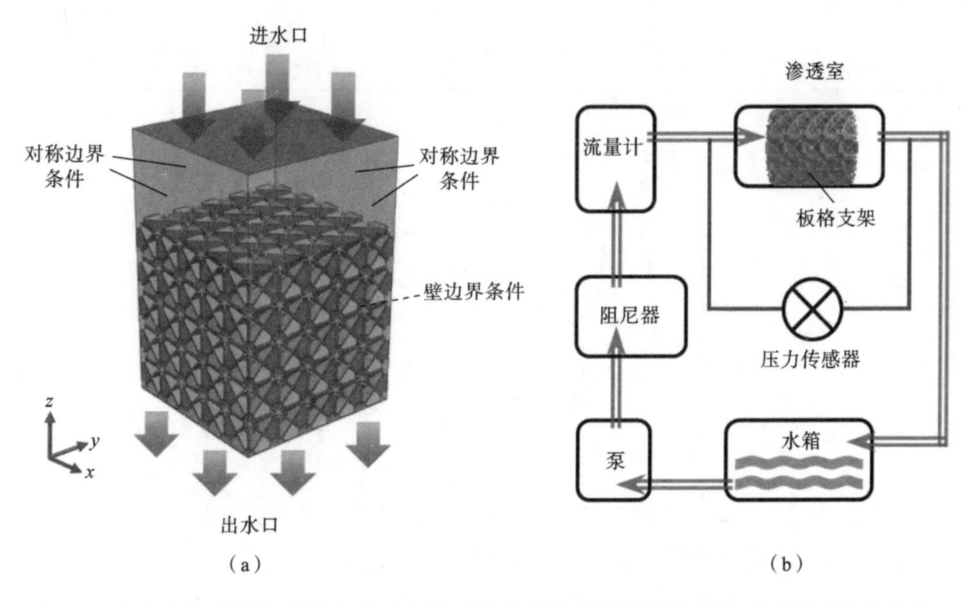

图 7-18　(a) CFD 模型和边界条件示意图；(b) 渗透率实验装置示意图，箭头表示水流方向。

7.2.3　各向异性板格超材料的机械和质量传输性能

对于有限元模拟，单元尺寸对结果有不可忽略的影响。下面通过网格敏感性分析确定适合数值模拟的单元尺寸。使用 0.4 mm、0.2 mm 和 0.1 mm 的单元尺寸对 FCC<001>模型进行小应变压缩模拟，获得相应的杨氏模量，如表 7-5 所示。此外，还通过 0.8 mm、0.4 mm 和 0.2 mm 三种不同单元尺寸，进行大应变压缩模拟以验证收敛性。与上述单元尺寸对应的应力-应变曲线如图 7-19 所示。由表 7-5 所示的杨氏模量可以发现，当单元尺寸从 0.4 mm 变为 0.1 mm 时，杨氏模量下降不到 2.5%，这是一个可接受的偏差，表明在 0.4 mm 的单元尺寸下实现了收敛。考虑到计算精度和效率，本文提出的板格支架模型的单元尺寸为 0.4 mm。FCC 和 BCC 板格支架模型分别产生了大约 300000 和 600000 个单元。如图 7-19 所示，0.4 mm 单元对应的应力-应变曲线与 0.2 mm 单元对应的应力-应变曲线区别较小，这也表明使用 0.4 mm 作为单元尺寸是合理的。

表 7-5 板格支架模型的杨氏模量和压降的网格敏感性

有限元模拟		计算流体动力学模拟	
单元尺寸/mm	杨氏模量/GPa	单元尺寸/mm	压降/Pa
0.1	5.73	0.2	0.62
0.2	5.78	0.4	0.57
0.4	5.87	0.8	0.49

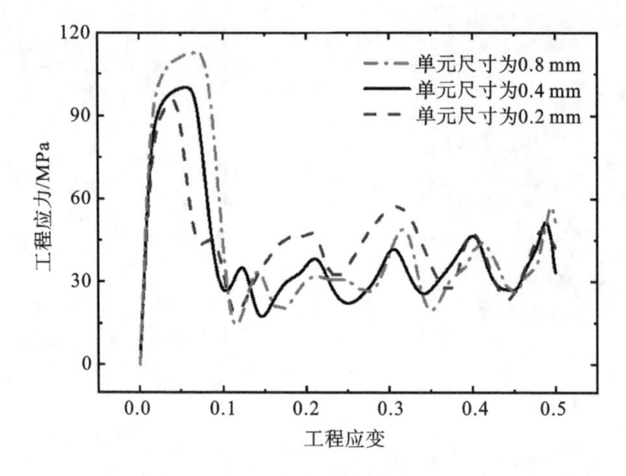

图 7-19 板格支架模型应力-应变曲线的网格敏感性

对于计算流体动力学模拟，采用 0.8 mm、0.4 mm 和 0.2 mm 三种不同的单元尺寸进行网格敏感性研究(表 7-5)。可以发现，当单元尺寸从 0.8 mm 变为 0.4 mm 和从 0.4 mm 变为 0.2 mm 时，压降值分别减小 16.3%和 8.8%。FC3D4 单元是四节点线性四面体流体单元，使用此类单元可能会导致收敛速度较慢。虽然压降没有显示出良好的收敛性，但在 0.2 mm 的单元尺寸下，单元数接近 1000 万，这导致了模拟极其耗时且压力泊松方程中出现许多非收敛迭代过程。这可能导致结果不收敛。因此，考虑到计算效率和精度，在本节进行的计算流体动力学模拟中，使用 0.4 mm 作为单元尺寸。

为了研究 PLS 的力学响应，我们进行了有限元模拟和单轴准静态压缩实验。图 7-20 显示了从有限元模拟和压缩实验中获得的 BCC 结构和 FCC 结构 PLS 在

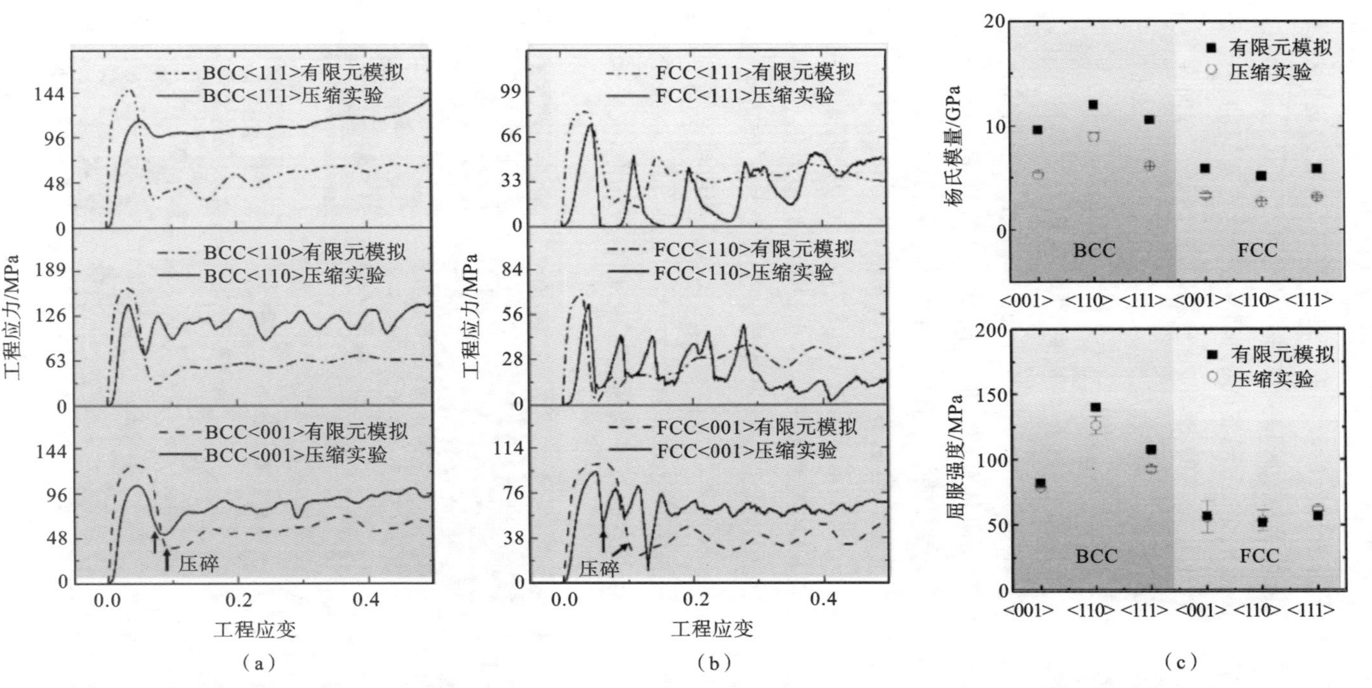

图7-20 （a）有限元模拟和压缩实验得到的BCC结构PLS应力-应变曲线的比较；（b）有限元模拟和压缩实验得到的FCC结构PLS应力-应变曲线的比较；（c）数值预测BCC结构和FCC结构PLS的杨氏模量与实验测量值的比较；（d）BCC结构和FCC结构PLS屈服强度的数值预测与实验测量值的比较。

不同方向的应力-应变曲线、杨氏模量和屈服应力。根据图 7-20，应力首先呈现急剧增加趋势，在小应变（小于 0.1）时达到峰值，然后急剧下降至较低值，这表明 PLS 在所有三个方向上都表现出压碎响应。压碎破坏后，应力进入振荡阶段，在此期间，应力的局部峰值低于初始峰值。这种现象也见于多孔光滑壳超材料和五模超材料支架。值得注意的是，不同方向的板格支架具有不同的杨氏模量、屈服强度和抗压强度。对于 BCC 结构的 PLS，很容易发现＜110＞方向在所研究的三个方向中具有最大的杨氏模量、屈服强度和抗压强度。＜001＞方向具有最小的杨氏模量、屈服强度以及抗压强度。与＜001＞和＜110＞方向相比，＜111＞方向具有中等的力学性能。有趣的是，FCC 结构的 PLS 与 BCC 结构的相比，呈现出不同的规律性。对于 FCC 结构的 PLS，＜110＞方向具有最小的杨氏模量和屈服强度，而＜001＞和＜111＞方向具有较大的杨氏模和屈服强度。BCC 结构和 FCC 结构的 PLS 之间的这种差异可能源于它们不同的固有架构。

可以发现，实验测得的杨氏模量小于数值预测值，这可以归因于 SLM 制造的 PLS 中板材的有效厚度小于设计板材厚度（图 7-21）。其他研究人员在 SLM 制造的 TPMS 多孔支架和 Ti-6Al-4V 蜂窝结构中也观察到类似现象。此外，实验测量的偏差和数值模拟中采用的理想假设也可能导致上述差异。值得注意的是，BCC 结构 PLS 的数值预测和实验测量的应力-应变曲线在振荡阶段显示出相对较大的差异，这可能是由在有限元模拟中使用 Johnson-Cook 损伤模型造成的。在 Johnson-Cook 损伤模型中，当元素满足损伤标准时，它们会被删除，失去承载能力。然

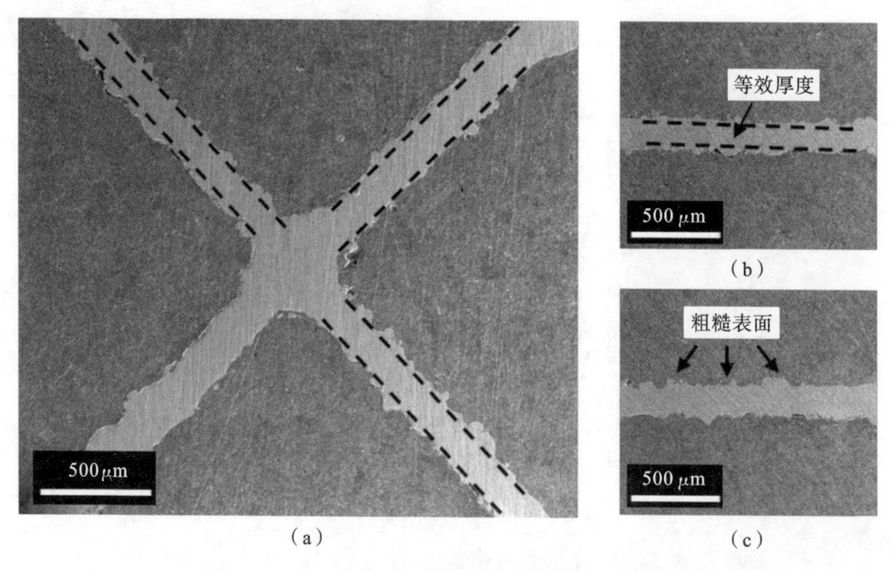

图 7-21　(a)设计板厚为 0.2 mm 的 SLM 制造的 PLS 试样抛光截面的扫描电子显微图；(b)(c)从不同位置观察的结果。

而,实验中损坏的部件可能承受部分载荷,因为它们没有被移除。但是,FCC 结构 PLS 的应力-应变曲线的数值预测和实验测量结果在振荡阶段显示出相对较小的差异,这表明差异也可能受到结构和体积分数的影响。虽然数值预测和实验测量结果存在差异,但它们在定性分析上是一致的。

除了 PLS 的应力-应变曲线外,我们还通过有限元模拟获得了 PLS 在大压缩应变下的变形模式和等效塑性应变分布,如图 7-22 所示。利用 PLS 的等效塑性应变分布便于了解不同取向下 PLS 变形机制。对于 BCC 结构和 FCC 结构板格支架,根据等效塑性应变分布,在不同方向上可观察到不同的变形形态。可以发现,当 BCC 结构 PLS 在＜001＞方向的压缩应变为 0.1 时,会形成一个倾斜(约 45°)的穿透屈服面(图 7-22(a)),这会降低支架的承载能力。在＜111＞方向(图 7-22(c)),还可观察到一个倾斜的穿透屈服面,但屈服面法线方向与 z 轴之间的角度小于 45°。这可以很好地解释为什么＜111＞方向的屈服强度大于＜001＞方向的。值得注意的是,在＜110＞方向上没有观察到穿透屈服面(图 7-22(b)),相反,锥形屈服面在发展,这有助于 BCC 结构 PLS 在＜110＞方向上形成高屈服强度。这些结果与图 7-20(a) 所示的应力-应变曲线一致。可以发现,FCC 结构 PLS 在＜110＞方向上形成 45°穿透屈服面(图 7-22(e)),在＜001＞方向上出现层层屈服(图 7-22(d)),在＜111＞方向上出现逐层混合和倾斜屈服(图 7-22(f))。＜110＞方向的 PLS 呈现出斜向 45°的贯穿性破坏,其屈服强度在所研究的三个方向中最低;而＜001＞方向的 PLS 由于应变分布较为均匀,呈现出逐层破坏的机制,其屈服强度在所研究的三个方向中最高;在＜111＞方向的 PLS 中可观察到逐层破坏和倾斜破坏混合的情况,导致其屈服强度介于上述＜110＞和＜001＞方向的屈服强度之间。

渗透率是综合考虑孔隙率、孔径、孔形状和内部连接对多孔支架传质性能的影响的关键参数。它可用于评估多孔支架的营养供应和废物清除能力,这些支架对细胞分裂、细胞生长和细胞迁移等各种细胞功能都很重要。为了研究板格结构支架的渗透率,分别进行 CFD 模拟和实验测试。我们通过 CFD 模拟研究了压降和渗透率与入口速度的相关性,如图 7-23 所示。考虑到人类小梁骨中的流体流速范围为 0～1.5 mm/s,采用四种不同的入口速度(0.1、0.5、1 和 1.5 mm/s)进行敏感性研究。结果表明,CFD 模拟得到的压降与入口速度呈线性关系,这表明用 1 mm/s 作为入口速度来确定支架的渗透率是合理的。

不同方向的 PLS 压力等值线由 CFD 模拟获得,如图 7-24 所示。在 CFD 模拟中,出口表面(即底面)的压力固定为零,因此,入口表面(即顶面)上的压力即表示压降。根据图 7-24,很容易发现压力沿流体流动方向(即 z 轴)几乎线性下降,这可能归因于 PLS 的周期性多层结构。但不同取向的 PLS 中的压降不同。对于 BCC 结构板格支架(图 7-24(a)～(c)),＜001＞方向的压降最小,为 2.02 Pa,而＜110＞和＜111＞方向的压降分别为 4.23 Pa 和 4.24 Pa。多孔支架中的压降越

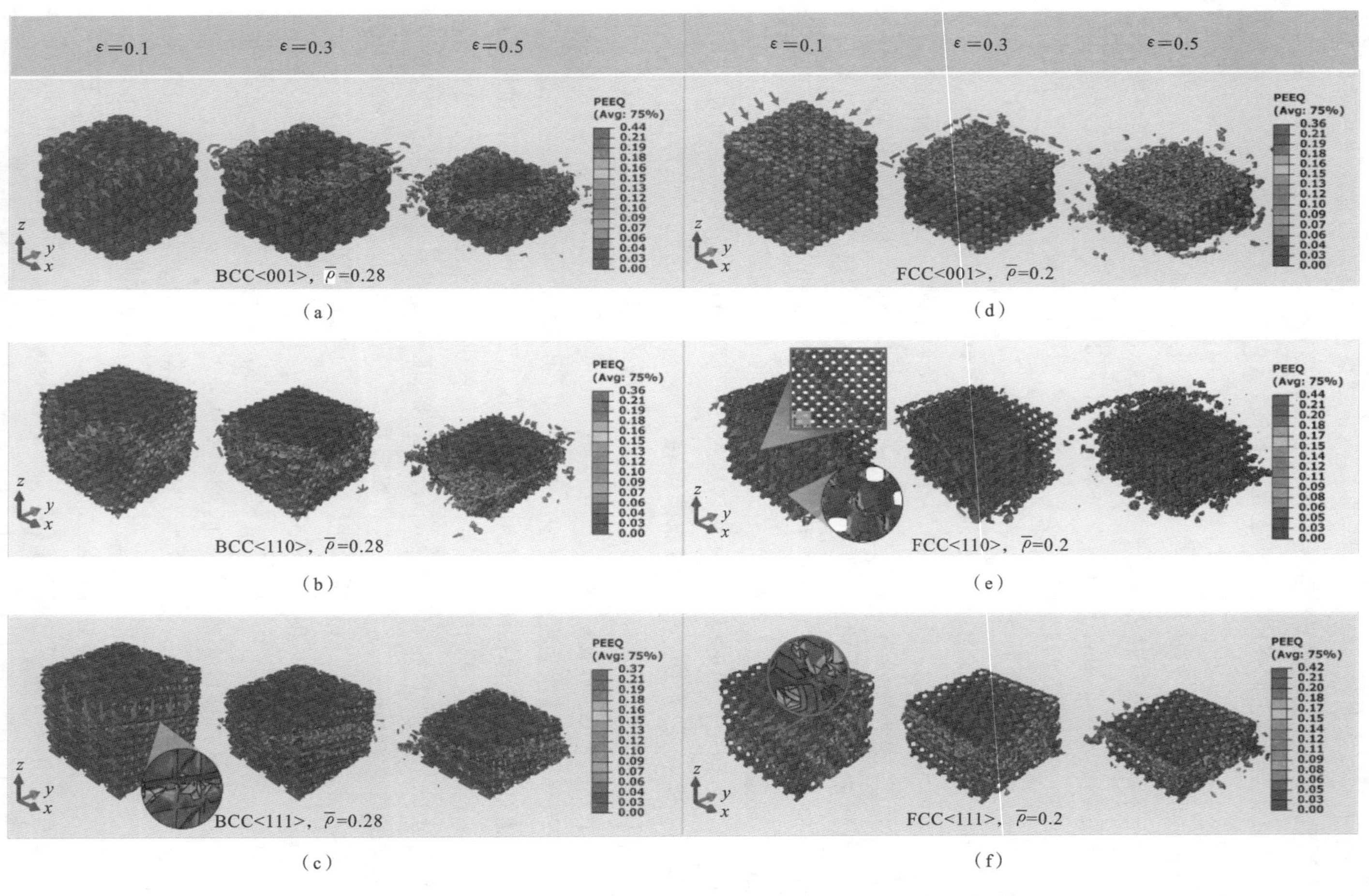

图7-22　设计PLS模型在不同方向下的变形构型和等效塑性应变分布

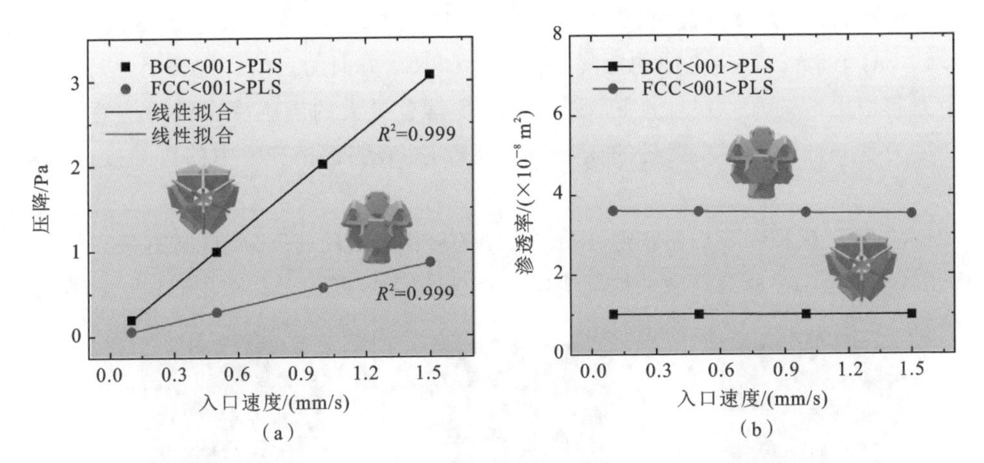

图 7-23　(a)压降与入口速度的相关性;(b)渗透率与入口速度的关系。

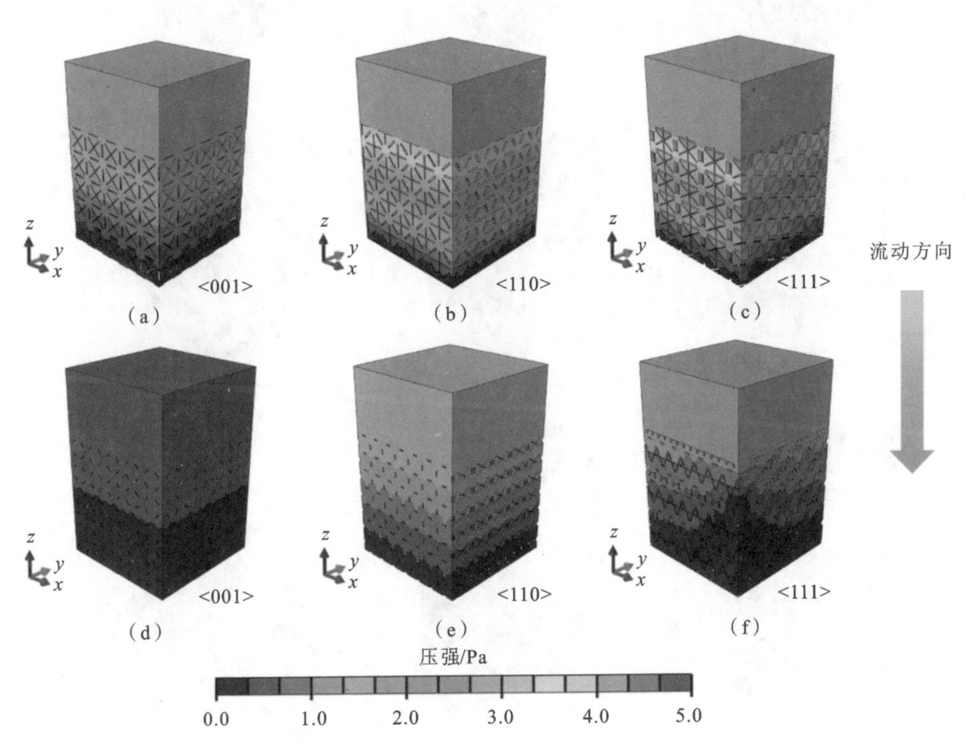

图 7-24　(a)~(c)<001>、<110>和<111>方向的 BCC 结构和(d)~(f)FCC 结构 PLS 模型的压降分布的 CFD 预测。

小,渗透率越大,这表明,<001>方向的 BCC 结构 PLS 倾向于在所研究的三个方向中实现最大渗透率。此外,<110>和<111>方向的 BCC 结构 PLS 具有相似的渗透率。对于 FCC 结构 PLS(图 7-24(d)~(f)),<001>和<111>方向的压降分别最小(0.57 Pa)和最大(2.88 Pa)。<110>方向的 FCC 结构 PLS 的压降为 1.66 Pa,小于<111>方向的压降,但约是<001>方向的三倍。这表明,与其他两个方向相比,<001>方向的 FCC 结构 PLS 具有更大的渗透率。值得注意的是,高度为 15mm 的天然小梁骨的压降约为 2 Pa,这表明板格支架中的压降接近天然小梁骨。

从 CFD 模拟中我们还获得了不同方向的板格支架的速度分布,如图 7-25 所示。可以看出,速度在所有模型中均呈不规则分布,最大速度位于孔隙中心,板表面附近

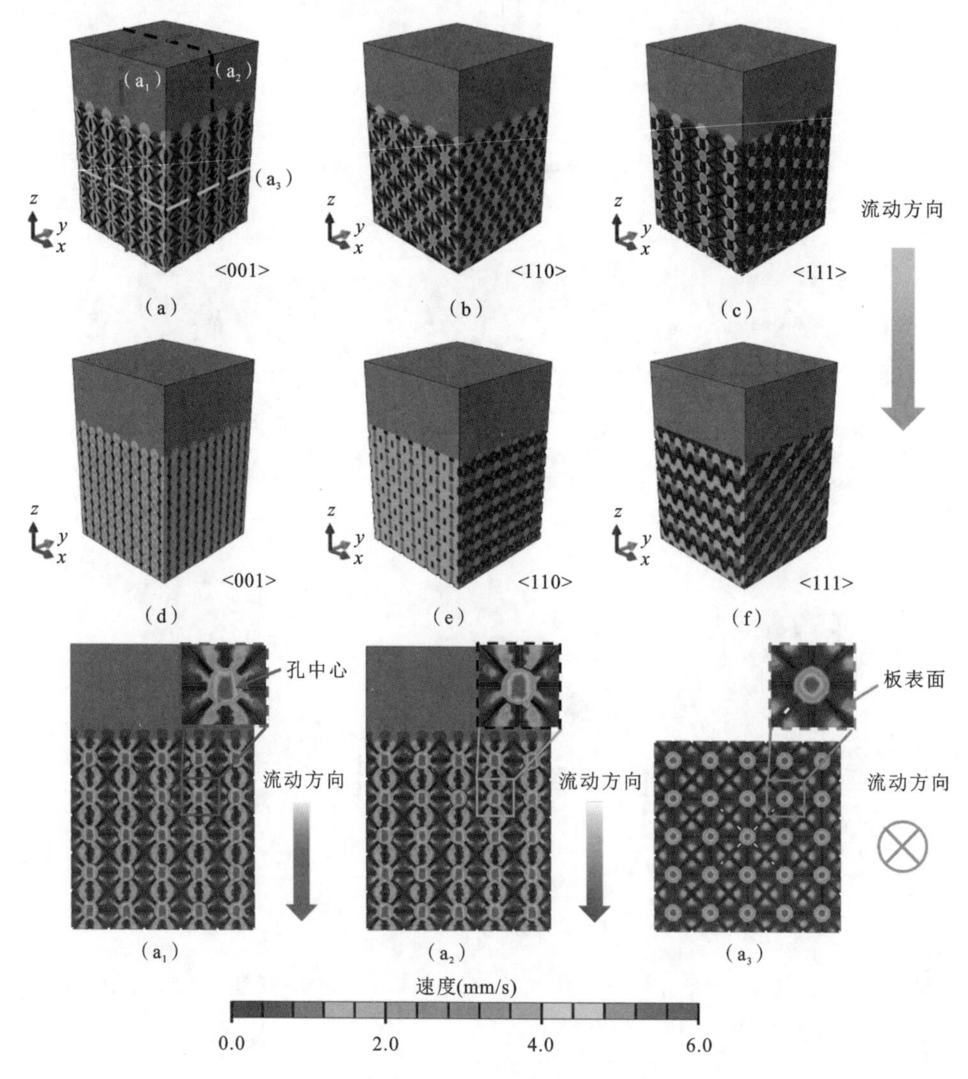

图 7-25 (a)～(c)<001>、<110>和<111>方向的 BCC 结构和(d)～(f)FCC 结构 PLS 模型的速度分布的 CFD 预测;(a_1)～(a_3)分别对应 $x=0.5L$、$y=0.5W$ 和 $z=0.5H$ 的剖面图。

的流速小于孔隙中心处的流速。这表明流体旋转和缠绕在支架的孔隙中形成和生长,这可以归因于 PLS 的独特结构。在 TPMS 支架和五模超材料支架中也可观察到类似现象。流体通道中的高流速无疑可以增强氧/营养物质的运输和细胞迁移。值得注意的是,BCC 结构 PLS 中＜001＞方向的最大速度为 6.27 mm/s,＜110＞和＜111＞方向的最大速度分别为 4.90 mm/s 和 4.89 mm/s。这意味着,与其他两个方向相比,流体在＜001＞方向流动更快。对于 FCC 结构的 PLS,也可观察到类似的现象。FCC 结构 PLS 中＜001＞、＜110＞和＜111＞方向的最大速度分别为 4.90 mm/s、2.36 mm/s 和 2.60 mm/s。与其他方向相比,＜001＞方向也具有更大的流速。研究发现,天然小梁骨中的流速通常低于 1.5 mm/s。虽然 PLS 孔隙中心的最大流速高于天然小梁骨,但 PLS 中大部分区域的流速低于 1.5 mm/s。这不仅为细胞黏附提供了一个合适的环境,而且增强了氧/营养物质的运输和细胞在流动通道中的迁移。板格结构的这些优点可能会促进 PLS 在骨组织工程中的应用。

将由 CFD 模拟和实验测试获得的 PLS 的渗透率绘制在一起,如图 7-26 所示,以便进行比较。很容易发现,模拟结果与实验测量值一致。此外,对于 BCC 结构和 FCC 结构板格支架,＜001＞方向具有三个方向中最大的渗透率。这恰好与压力和速度分布相吻合。此外,BCC 结构 PLS 在不同方向的渗透率范围为 $7.24\times10^{-9}\ m^2\sim1.08\times10^{-8}\ m^2$,而 FCC 结构 PLS 在不同方向的渗透率范围是 $1.17\times10^{-8}\ m^{-2}\sim2.12\times10^{-8}\ m^3$,这与文献报道的人类小梁骨的渗透率相匹配。这表明 PLS 具有接近人体骨骼的质量传输性能,这对于其在骨组织工程中的应用至关重要。

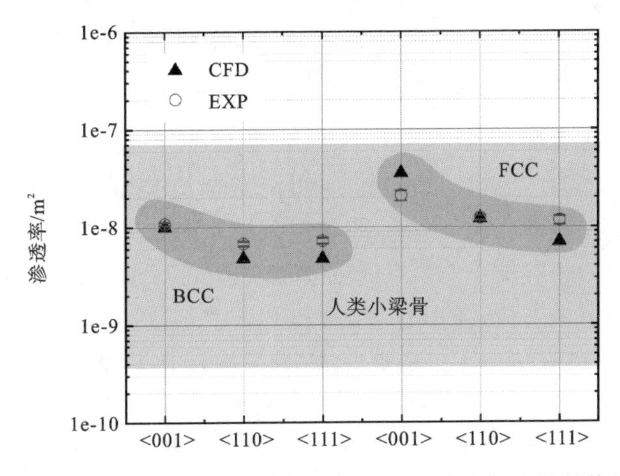

图 7-26　由 CFD 模拟和实验测试得到的不同方向 BCC 结构和 FCC 结构 PLS 的渗透率

注:灰色阴影区域表示人类小梁骨的渗透率范围。

7.2.4　板格支架和人体骨骼的力学和质量传输性能比较

本节提出了不同取向的 BCC 结构和 FCC 结构平板晶格支架，它们是由 Ti-6Al-4V 粉末通过 SLM 技术制成的。对这些板格支架进行数值模拟和实验测试，以揭示其各向异性的力学性能和渗透率。值得注意的是，BCC 结构和 FCC 结构的板格支架在不同方向上表现出不同的性能，这为设计具有理想性能的板格支架提供了一种有效的方法。我们通过比较 BCC 结构和 FCC 结构板格支架与人骨和其他多孔支架的力学性能和渗透率，阐明其在骨组织工程中的优势和潜在应用价值。

本节提出了六种立方体和六种圆柱体 PLS 模型（即 BCC＜001＞、BCC＜110＞、BCC＜111＞、FCC＜001＞、FCC＜110＞和 FCC＜111＞），并通过 SLM 技术成形了相应的样品，以进行压缩实验和渗透实验。尽管不同方向的 PLS 几乎具有相同的体积分数，但它们呈现出不同的刚度和强度。从图 7-20 和图 7-21 可以看出，对于 BCC 结构板格支架，＜110＞方向具有最大的刚度和强度，而对于 FCC 结构板格支架，＜110＞方向具有最小的刚度与强度。这可归因于这两种 PLS 的不同结构和变形模式。图 7-22 所示的等效塑性应变分布所揭示的大应变变形机制可以很好地证实上述解释。这些发现不仅有助于揭示 PLS 在大应变下的各向异性力学响应和变形机制，而且为板格支架的设计提供了有价值的参考。

将 BCC 结构和 FCC 结构板格支架的杨氏模量和屈服强度与人类小梁骨、人类皮质骨以及文献中报道的其他多孔支架的杨氏模量和屈服强度进行比较（图 7-27），结果表明，本文提出的 FCC 结构 PLS 具有接近人类小梁骨的杨氏模量，而 BCC 结构的 PLS 具有与人类小梁骨上部和皮质骨下部相似的杨氏模量。此外，FCC 结构 PLS 的屈服强度略大于人类小梁骨，BCC 结构 PLS 的屈服强度接近人类皮质骨。这表明，本节提出的 FCC 结构和 BCC 结构 PLS 可分别用作小梁骨支架和皮质骨支架。值得注意的是，这里研究的 FCC 结构和 BCC 结构 PLS 具有相同的板厚和相似的孔径，但由于设计策略的原因，它们具有不同的体积分数。布尔切割是在应力相对较小的顶点区域进行的，这可以最小化切割孔对板格结构应力状态的影响。由于最初的 FCC 结构和 BCC 结构 PLS 具有不同数量的区域，适合布尔切割，因此在执行布尔切割后，FCC 结构与 BCC 结构 PLS 的体积分数会有所不同。当增大 BCC 结构 PLS 的孔径或减小板厚时，BCC 结构 PLS 的体积分数会减小，接近 FCC 结构的体积分数。对于 BCC 结构 PLS，较低的体积分数无疑会导致较小的杨氏模量和屈服强度，这使得 BCC 结构 PLS 的性能接近小梁骨的性能。相比之下，减小孔径或增加板厚可以提高 FCC 结构 PLS 的体积分数，从而提高其性能。为了系统地研究体积分数对 PLS 力学性能的影响，需要进行多参数

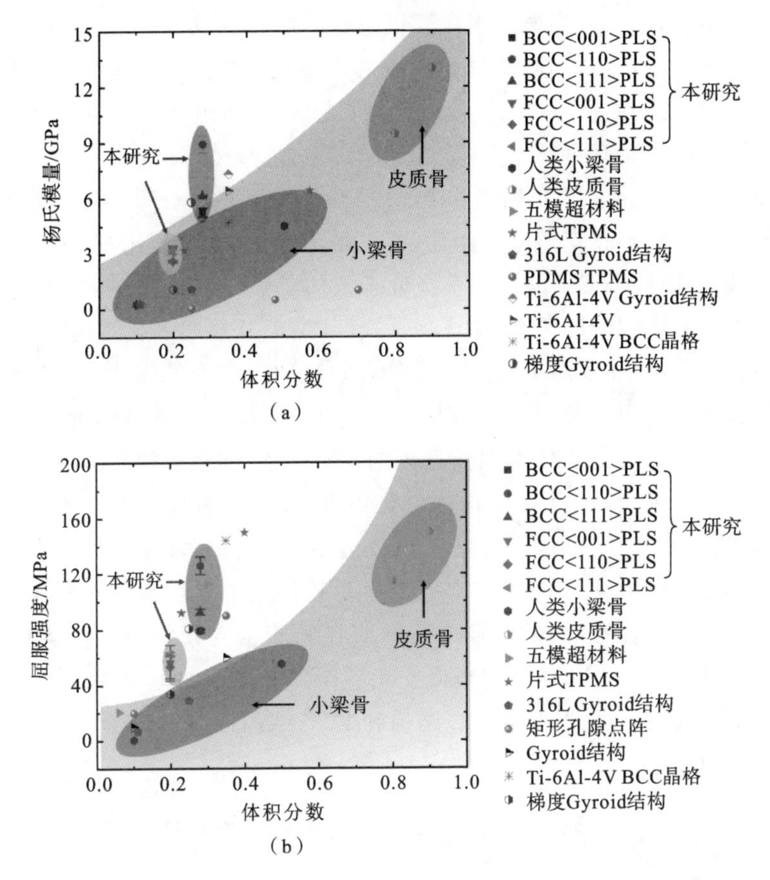

图 7-27　PLS 与人骨和其他骨支架的(a)杨氏模量和(b)屈服应力的比较。

(如板厚、孔径)设计,这是一个值得进一步研究的有价值且具有挑战性的课题。值得注意的是,BCC 结构和 FCC 结构板格支架的力学性能取决于支架体积分数和结构取向,这便于调节。因此,我们不仅可以通过改变板厚或孔径,还可以通过选择合适的方向来调节板格支架的力学性能。这无疑提高了板格支架设计的自由度。

本节通过 CFD 模拟和渗透实验,研究了 BCC 结构和 FCC 结构板格支架的质量传输性能。如图 7-24 所示,板格支架中的压力从入口表面到出口表面呈线性下降趋势,表明流体流动过程稳定。虽然这六种 PLS 均表现出相似的压力下降趋势,但不同支架的压力下降幅度不同。值得注意的是,对于 BCC 结构和 FCC 结构的 PLS,＜001＞方向的压降最小,这表明该方向的支架在所研究的三个不同方向中具有最大的渗透率。图 7-26 所示的 PLS 数值预测渗透率与实验测量渗透率的对比定量验证了这一观点。此外,BCC 结构和 FCC 结构板格支架的全方位渗透率精确地位于人类小梁骨的范围内,表明 BCC 结构和 FCC 结构的板格支架保持与人体骨骼相匹配的质量传输性能。与线性压力下降相反,PLS 中流体的流速呈现复杂的分布形式，最大流速出现在流道中心。然而，最小速度接近于零，出现在靠近板表面的区域，这对细胞黏附和细胞生长至关重要。这种速度分布特性不仅保证了 PLS 中氧和营养物质的有效运输，而且促进了细胞黏附，这对于 PLS 在骨组织工程中的应用具有重要意义。

如图 7-28 所示，将 BCC 结构和 FCC 结构板格支架在不同方向上的渗透率与人类小梁骨和其他多孔支架进行比较，可以得出结论，本节提出的 BCC 结构板格支架和 FCC 结构板格支架的渗透率接近于人体骨骼、五模超材料支架、多孔支架和矩形孔隙网格支架的渗透率，注意到片式 TPMS、开放式多孔结构支架、BCC 晶格支架和梯度 Gyroid 结构支架的渗透率略小于 PLS 支架的渗透率。这意味着氧气和营养物质可以很容易地通过板格支架运输，这对骨组织再生很重要。此外，可以发现，由于 BCC 结构 PLS 具有较大的体积分数（即较低的孔隙率），因此 BCC 结构 PLS 的渗透率小于 FCC 结构的。当增大 BCC 结构板格支架的孔径或减小其板厚时，其体积分数减小，而孔隙率增大，这无疑会提高其渗透率。由于渗透率在很大程度上取决于支架的孔隙率，孔隙率对板格支架渗透率的影响值得在未来进行系统研究。综合考虑 BCC 结构和 FCC 结构板格支架的力学性能和渗透率，不难发现，BCC 结构和 FCC 结构板格支架不仅具有优异的力学性能，而且具有良好的质量传输性能。这意味着 BCC 结构和 FCC 结构板格支架在骨组织工程中具有潜在的应用价值。

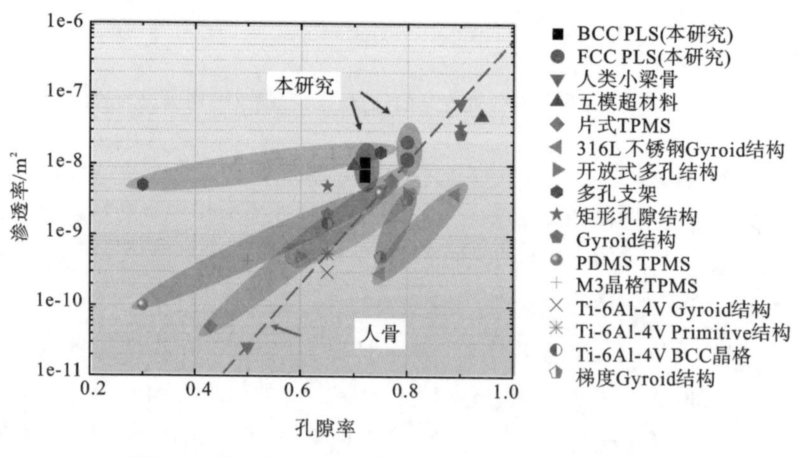

图 7-28　PLS 与人类小梁骨和其他骨支架的渗透率比较

值得注意的是，当根据 PLS 的渗透率绘制 PLS 的力学性能曲线时，会出现一种调节策略。如图 7-29 所示，不同取向的 BCC 结构板格支架的杨氏模量为 5.25～8.92 GPa，渗透率为 $6.75\times10^{-9}\sim1.08\times10^{-8}$ m²。有趣的是，不同取向 FCC 结构板格支架的杨氏模量几乎保持 3 GPa 不变，但是，渗透率在 1.17×10^{-8} m²～2.11×10^{-8} m² 范围内波动。此外，不同取向的 BCC 结构和 FCC 结构板格支架的屈服强度分别在 79.17～126.16 MPa 和 53.50～62.27 MPa 范围内变化。这为在不改变其体积分数、板厚和孔径的情况下调节板格支架的力学性能和渗透率提供了有效的调节策略，这对于 BCC 结构和 FCC 结构板格支架匹配人体骨组织的性能非常重要。可以发现，本节提出的 FCC 结构板格支架更适合要求各向同性力学性能和高渗透率的骨骼。不同的是，本节提出的 BCC 结构板格支架更适合要求各向异性力学性能以及相对低渗透率的骨骼。这些发现可能为先进的人工支架设计提供有意义的探索。

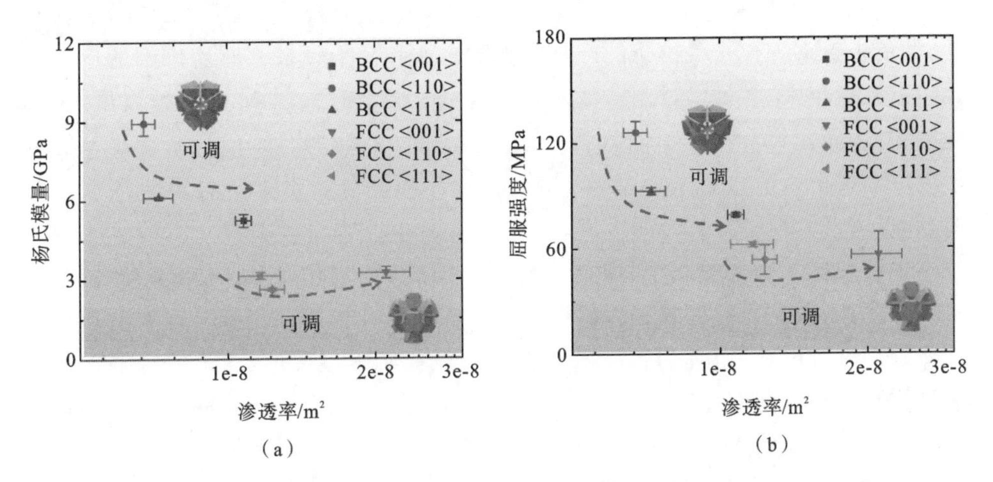

图 7-29 (a)BCC 结构和(b)FCC 结构板格支架的力学性能和渗透率的调节

注：PLS 的板厚为 0.2 mm，体积分数分别为 0.28 和 0.2。

7.2.5 结论

本节提出了力学性能优越的 BCC 结构和 FCC 结构板格支架，并将其与人体骨骼以及其他支架的杨氏模量和屈服强度进行了比较。此外，这种支架也具有相对较高的渗透率。计算和实验结果均表明，本节提出的 BCC 结构和 FCC 结构板格支架具有接近人体骨骼的性能。此外，本节提出了一种有效的调节策略，在不改变板格支架体积分数和结构的情况下，调节板格支架的力学和质量传输性能，为生物医学支架的设计提供了一种替代方法。本节介绍的 BCC 结构板格支架更适合要求各向异性力学性能和相对低渗透率的骨骼，提出的 FCC 结构板格支架更适合要求各向同性力学性能和较高渗透率的骨骼。BCC 结构和 FCC 结构的板格支架具有优越的、易于调节的性能，可以扩大板格支架在骨组织工程中的应用。骨骼总是承受动态循环载荷，板格支架的动态特性以及疲劳和断裂行为在实际工程应用中发挥着重要作用，这需要在未来的研究中进行进一步的研究。

第8章 商业前景和未来研究方向

近20年来，超材料的研究，特别是在电磁学、声学、热学和力学等领域取得了长足的进展。各种创造性的微结构被提出，以实现在自然界中不存在的奇异特性，如负折射率等。这些神奇的产品在国防工业和民生领域都有着广阔的应用前景。近几十年来，各种增材制造技术，如SLS、SLM、SLA、FDM等迅速发展，以实现陶瓷、金属和聚合物等不同材料的复杂结构的制造。此外，增材制造技术的成形效率和成形精度也越来越高，为超材料样品的制备提供了一种更为理想的方法，并促进了其在各种场合的应用。

尽管取得了巨大的成绩，但要获得更高的成就，还有许多工作要做。在超材料设计方面，最主要的挑战是将超材料的维度从二维扩展到三维。现有的超材料主要采用二维设计，仿真和实验效果良好。但在实际应用中，二维超材料在垂直于二维平面的方向上会完全失效。然而，结构设计从二维到三维的转换并不是一件容易的事情，当尺寸上升到三维时，二维结构的设计方法可能完全不适用。例如，梯度圆柱形结构可以实现具有渐进物理参数的二维声学超材料，但在三维情况下却无法实现，因此需要一种新的结构设计方法来满足新的需求。

目前虽然有一些关于三维超材料的报道，但它们大多是各向异性的。例如，目前三维声学超材料的结构设计为金字塔形，当入射波与轴线平行时，可以达到隐身效果。但当入射声波偏离设定的方向时，声波探测器就能探测到所设计的声学超材料。此外，目前许多超材料只在特定的条件下工作，不能适应多变的外部环境。例如，电磁超材料和声学超材料只在有限的频率范围内有效，有时只有十几赫兹，这限制了它们的实际应用。因此，突破超材料固有的局限性是一项具有挑战性的任务。

除了克服上述不足，超材料的未来研究也有一些很有前途的方向。不同类型的超材料的功能可以组合。利用材料本身的结构特性和性能可以实现多用途的超材料。如Ma提出的隔膜谐振腔声学超材料，不仅能实现一定频率范围的吸声，还能将部分声能转化为电能，可实现高达23%的转化率。另一项有前景的工作是利用增材制造技术与智能材料(可对外界刺激产生反应的材料，如形状记忆合金、液晶弹性体等)制备超材料。超材料的物理参数会随着外界刺激而变化，因此可以通过精心设计结构和控制刺激条件来调节其功能。

在超材料制造方面，增材制造技术是复杂结构超材料的一种比较理想的选择，它可以减少制造工艺，简化设计制造程序并实现自动化，节省大量劳动力。然而，增材制造技术在超材料中的应用也面临着一些限制。

(1) 受成形原理的限制，目前增材制造技术在制造多材料方面表现不佳。此外，为了满足超材料的梯度物性参数，不同材料的性能往往相差较大，难以实现有效的界面结合。这就是为什么 SLA、FDM 等相对成熟的多材料增材制造技术在制造多材料超材料时也面临困难。

(2) 复杂结构的支撑难以拆除。由于增材制造技术依赖于逐层制造，在成形复杂结构时，需要支撑结构来保证成形精度。当结构过于复杂或结构尺寸过小时，支撑结构难以去除，超材料的性能就会降低。

(3) 尺寸与分辨率之间存在尖锐矛盾。一些微型增材制造技术可以精确制造纳米级结构，但不能制造大尺寸结构。这反过来又对超材料的设计施加了一些限制。此外，不同分辨率的增材制造技术有特定的适用材料，当同时考虑材料和分辨率约束时，增材制造技术可能不是理想的解决方案。

近年来，增材制造技术取得了很大的进步，特别是在多材料和微型打印方面，逐渐摆脱了上述的部分局限性。传统的增材制造技术基于逐层制造方式，其中每一层都可以视为一个基本单元。2019 年发表在《自然》杂志上的一项研究颠覆了这一概念。增材制造的基本单位不再是单层，而是体素，这使得结构或材料具有更丰富的属性，甚至可以直接打印软机器人。在微型打印方面，双光子聚合技术已经能够实现纳米级打印，但效率较低。新开发的基于微尺度制造精度的体积 3D 打印，其成形效率比双光子聚合高 4～5 个数量级。增材制造技术未来将朝着超大、超细、多材料和更快制造的方向发展。

参考文献

[1] WALSER R M, LAKHTAKIA A, WEIGLHOFER W S, et al. Electromagnetic metamaterials [C]. Complex Mediums II: Beyond Linear Isotropic Dielectrics,2001.

[2] LIU Z, ZHANG X, MAO Y, et al. Locally Resonant Sonic Materials [J]. Science, 2000, 289 (5485):1734-1736.

[3] NORRIS A N. Acoustic cloaking theory [J]. Proceedings of the Royal Society of London, Series A: Mathematical and Physical Sciences, 2008, 464 (2097):2411-2434.

[4] EVANS K E, NKANSAH M A, HUTCHINSON I J, et al. Molecular network design [J]. Nature, 1991, 353:124.

[5] ORAN D, RODRIQUES S G, GAO R, et al. 3D nanofabrication by volumetric deposition and controlled shrinkage of patterned scaffolds [J]. Science, 2018, 362 (6420):1281-1285.

[6] ZHANG J, SONG B, WEI Q, et al. A review of selective laser melting of aluminum alloys: Processing, microstructure, property and developing trends [J]. Journal of Materials Science and Technology, 2019, 35 (2):270-284.

[7] ATTAR H, EHTEMAM-HAGHIGHI S, KENT D, et al. Recent developments and opportunities in additive manufacturing of titanium-based matrix composites: A review [J]. International Journal of Machine Tools and Manufacture, 2018, 133:85-102.

[8] ZADPOOR A A. Mechanical performance of additively manufactured meta-biomaterials [J]. Acta Biomaterialia, 2019, 85:41-59.

[9] YANG L, YAN C, HAN C, et al. Mechanical response of a triply periodic minimal surface cellular structures manufactured by selective laser melting [J]. International Journal of Mechanical Sciences, 2018, 148:149-157.

[10] ZHANG H, WANG Y, KANG Z. Topology optimization for concurrent design of layer-wise graded lattice materials and structures [J]. International Journal of Engineering Science, 2019, 138:26-49.

[11] DONG Z, LIU Y, LI W, et al. Orientation dependency for microstructure, geometric accuracy and mechanical properties of selective laser melting AlSi10Mg lattices [J]. Journal of Alloys and Compounds, 2019, 791: 490-500.

[12] IBRAHIM Y, LI Z, DAVIES C M, et al. Acoustic resonance testing of additive manufactured lattice structures [J]. Additive Manufacturing, 2018, 24:566-576.

[13] WANG Y, LIU H, MA X, et al. Effects of Sc and Zr on microstructure and properties of 1420 aluminum alloy [J]. Materials Characterization, 2019, 154:241-247.

[14] DU Y, LI H, LUO Z, et al. Topological design optimization of lattice structures to maximize shear stiffness [J]. Advances in Engineering Software, 2017, 112:211-221.

[15] ASADPOURE A, VALDEVIT L. Topology optimization of lightweight periodic lattices under simultaneous compressive and shear stiffness constraints [J]. International Journal of Solids and Structures, 2015, 60-61: 1-16.

[16] SONG J, WANG Y, ZHOU W, et al. Topology optimization-guided lattice composites and their mechanical characterizations [J]. Composites Part B: Engineering, 2019, 160:402-411.

[17] SOSSOU G, DEMOLY F, BELKEBIR H, et al. Design for 4D printing: Modeling and computation of smart materials distributions [J]. Materials and Design, 2019, 181:1-11.

[18] SOSSOU G, DEMOLY F, BELKEBIR H, et al. Design for 4D printing: A voxel-based modeling and simulation of smart materials [J]. Materials and Design, 2019, 175:1-12.

[19] BENDSØE M P. Optimal shape design as a material distribution problem [J]. Structural Optimization, 1989, 1 (4):193-202.

[20] ATAEE A, LI Y, FRASER D, et al. Anisotropic Ti-6Al-4V gyroid scaffolds manufactured by electron beam melting (EBM) for bone implant applications [J]. Materials & Design, 2018, 137:345-354.

[21] SING S L, KUO C N, SHIH C T, et al. Perspectives of using machine learning in laser powder bed fusion for metal additive manufacturing [J]. Virtual and Physical Prototyping, 2021, 16 (3):372-386.

[22] QIN Y, QI Q, SHI P, et al. Automatic determination of part build orienta-

tion for laser powder bed fusion [J]. Virtual and Physical Prototyping, 2020, 16 (1):29-49.

[23] YUN S, KWON J, LEE D, et al. Heat transfer and stress characteristics of additive manufactured FCCZ lattice channel using thermal fluid-structure interaction model [J]. International Journal of Heat and Mass Transfer, 2020, 149:1-12.

[24] MOON C, KIM H D, KIM K C. Kelvin-cell-based metal foam heat exchanger with elliptical struts for low energy consumption [J]. Applied Thermal Engineering, 2018, 144:540-550.

[25] FISCHER S F, THIELEN M, LOPRANG R R, et al. Pummelos as concept generators for biomimetically inspired low weight structures with excellent damping properties [J]. Advanced Engineering Materials, 2010, 12 (12):B658-B663.

[26] ZHANG W, YIN S, YU T X, et al. Crushing resistance and energy absorption of pomelo peel inspired hierarchical honeycomb [J]. International Journal of Impact Engineering, 2019, 125:163-172.

[27] SHARMA D, HIREMATH S S. Bio-inspired repeatable lattice structures for energy absorption: Experimental and finite element study [J]. Composite Structures, 2022, 283:1-16.

[28] YUAN S, SHEN F, BAI J, et al. 3D soft auxetic lattice structures fabricated by selective laser sintering: TPU powder evaluation and process optimization [J]. Materials and Design, 2017, 120:317-327.

[29] ALOMARAH A, MASOOD S H, SBARSKI I, et al. Compressive properties of 3D printed auxetic structures: experimental and numerical studies [J]. Virtual and Physical Prototyping, 2020, 15 (1):1-29.

[30] BATES S R G, FARROW I R, TRASK R S. 3D printed polyurethane honeycombs for repeated tailored energy absorption [J]. Materials and Design, 2016, 112:172-183.

[31] HIGUERA S, MIRALBES R, RANZ D. Mechanical properties and energy-absorption capabilities of thermoplastic sheet gyroid structures [J]. Mechanics of Advanced Materials and Structures, 2021:4110-4124.

[32] ZHANG L, FEIH S, DAYNES S, et al. Energy absorption characteristics of metallic triply periodic minimal surface sheet structures under compressive loading [J]. Additive Manufacturing, 2018, 23:505-515.

[33] HAMZEHEI R, KADKHODAPOUR J, ANARAKI A P, et al. Octagonal

auxetic metamaterials with hyperelastic properties for large compressive deformation [J]. International Journal of Mechanical Sciences, 2018, 145:96-105.

[34] ZHOU H, ZHAO M, MA Z, et al. Sheet and network based functionally graded lattice structures manufactured by selective laser melting: Design, mechanical properties, and simulation [J]. International Journal of Mechanical Sciences, 2020, 175:105480.

[35] BAI L, XU Y, CHEN X, et al. Improved mechanical properties and energy absorption of Ti6Al4V laser powder bed fusion lattice structures using curving lattice struts [J]. Materials and Design, 2021, 211:1-19.

[36] AL-SAEDI D S J, MASOOD S H, FAIZAN-UR-RAB M, et al. Mechanical properties and energy absorption capability of functionally graded F2BCC lattice fabricated by SLM [J]. Materials and Design, 2018, 144:32-44.

[37] VAN BAEL S, CHAI Y C, TRUSCELLO S, et al. The effect of pore geometry on the in vitro biological behavior of human periosteum-derived cells seeded on selective laser-melted Ti6Al4V bone scaffolds [J]. Acta Biomaterialia, 2012, 8 (7):2824-2834.

[38] WALLY Z J, HAQUE A M, FETEIRA A, et al. Selective laser melting processed Ti6Al4V lattices with graded porosities for dental applications [J]. Journal of the Mechanical Behavior of Biomedical Materials, 2019, 90: 20-29.

[39] ALI D, SEN S. Finite element analysis of mechanical behavior, permeability and fluid induced wall shear stress of high porosity scaffolds with gyroid and lattice-based architectures [J]. Journal of the Mechanical Behavior of Biomedical Materials, 2017, 75:262-270.

[40] OCHOA I, SANZ-HERRERA J A, GARCÍA-AZNAR J M, et al. Permeability evaluation of 45S5 Bioglass ©-based scaffolds for bone tissue engineering [J]. Journal of Biomechanics, 2009, 42 (3):257-260.

[41] MONTAZERIAN H, ZHIANMANESH M, DAVOODI E, et al. Longitudinal and radial permeability analysis of additively manufactured porous scaffolds: Effect of pore shape and porosity [J]. Materials and Design, 2017, 122:146-156.

[42] GÓMEZ S, VLAD M D, LÓPEZ J, et al. Design and properties of 3D scaffolds for bone tissue engineering [J]. Acta Biomaterialia, 2016, 42:

341-350.

[43] XU S, SHEN J, ZHOU S, et al. Design of lattice structures with controlled anisotropy [J]. Materials and Design, 2016, 93:443-447.

[44] LI Y, JAHR H, PAVANRAM P, et al. Additively manufactured functionally graded biodegradable porous iron [J]. Acta Biomaterialia, 2019, 96: 646-661.

[45] XIAO Z, YANG Y, XIAO R, et al. Evaluation of topology-optimized lattice structures manufactured via selective laser melting [J]. Materials and Design, 2018, 143:27-37.

[46] ZHANG L, SONG B, FU J J, et al. Topology-optimized lattice structures with simultaneously high stiffness and light weight fabricated by selective laser melting: Design, manufacturing and characterization [J]. Journal of Manufacturing Processes, 2020, 56:1166-1177.

[47] ZHANG L, SONG B, YANG L, et al. Tailored mechanical response and mass transport characteristic of selective laser melted porous metallic biomaterials for bone scaffolds [J]. Acta Biomaterialia, 2020, 112:298-315.

[48] HEDAYATI R, LEEFLANG A M, ZADPOOR A A. Additively manufactured metallic pentamode meta-materials [J]. Applied Physics Letters, 2017, 110 (9):1-5.

[49] MONTAZERIAN H, DAVOODI E, ASADI-EYDIVAND M, et al. Porous scaffold internal architecture design based on minimal surfaces: A compromise between permeability and elastic properties [J]. Materials and Design, 2017, 126:98-114.

[50] LEI H, LI C, MENG J, et al. Evaluation of compressive properties of SLM-fabricated multi-layer lattice structures by experimental test and μ-CT-based finite element analysis [J]. Materials and Design, 2019, 169:1-15.

[51] CHEN Y, ZHENG M, LIU X, et al. Broadband solid cloak for underwater acoustics [J]. Physical Review B, 2017, 95 (18):1-5.

[52] DONG H W, ZHAO S D, WEI P, et al. Systematic design and realization of double-negative acoustic metamaterials by topology optimization [J]. Acta Materialia, 2019, 172:102-120.

[53] ALOMARAH A, MASOOD S H, SBARSKI I, et al. Compressive properties of 3D printed auxetic structures: experimental and numerical studies [J]. Virtual and Physical Prototyping, 2019, 15 (1):1-21.

[54] LI S, HASSANIN H, ATTALLAH M M, et al. The development of Ti-Ni-based negative Poisson's ratio structure using selective laser melting [J]. Acta Materialia, 2016, 105:75-83.

[55] SHA W, ZHAO Y, GAO L, et al. Illusion thermotics with topology optimization [J]. Journal of Applied Physics, 2020, 128 (4):1-8.

[56] MIRABOLGHASEMI A, AKBARZADEH A H, RODRIGUE D, et al. Thermal conductivity of architected cellular metamaterials [J]. Acta Materialia, 2019, 174:61-80.

[57] ZHANG L, SONG B, YANG L, et al. Tailored mechanical response and mass transport characteristic of selective laser melted porous metallic biomaterials for bone scaffolds [J]. Acta Biomaterialia, 2020, 112:298-315.

[58] ZHANG L, SONG B, CHOI S K, et al. A topology strategy to reduce stress shielding of additively manufactured porous metallic biomaterials [J]. International Journal of Mechanical Sciences, 2021, 197:1-15.

[59] HAN Q, LOW K W Q, GU Y, et al. The dynamics of reinforced particle migration in laser powder bed fusion of Ni-based composite [J]. Powder Technology, 2021, 394:714-723.

[60] ZHANG J, SONG B, YANG L, et al. Microstructure evolution and mechanical properties of TiB/Ti6Al4V gradient-material lattice structure fabricated by laser powder bed fusion [J]. Composite Part B: Engineering, 2020, 202:1-13.

[61] ZHANG J, GAO J, SONG B, et al. A novel crack-free Ti-modified Al-Cu-Mg alloy designed for selective laser melting [J]. Additive Manufacturing, 2021, 38:1-12.

[62] ZHANG L, SONG B, YANG L, et al. Tailored mechanical response and mass transport characteristic of selective laser melted porous metallic biomaterials for bone scaffolds [J]. Acta Biomaterialia, 2020, 112:298-315.

[63] MA S, TANG Q, FENG Q, et al. Mechanical behaviours and mass transport properties of bone-mimicking scaffolds consisted of gyroid structures manufactured using selective laser melting [J]. Journal of the Mechanical Behavior of Biomedical Materials, 2019, 93:158-169.

[64] ZHANG L, SONG B, ZHAO A, et al. Study on mechanical properties of honeycomb pentamode structures fabricated by laser additive manufacturing: Numerical simulation and experimental verification [J]. Composite Structures, 2019, 226:1-11.

[65] ZHANG L, SONG B, LIU R, et al. Effects of Structural Parameters on the Poisson's Ratio and Compressive Modulus of 2D Pentamode Structures Fabricated by Selective Laser Melting [J]. Engineering, 2020, 6 (1): 56-67.

[66] ZHANG C, KONG D J. Salt spray corrosion behavior and electrochemical performance of Al and Ti reinforced Ni60 coating by laser cladding [J]. Materials and Corrosion-Werkstoffe Und Korrosion, 2022, 36:1-9.

[67] BUCKMANN T, STENGER N, KADIC M, et al. Tailored 3D mechanical metamaterials made by dip-in direct-laser-writing optical lithography [J]. Advanced Materials, 2012, 24 (20):2710-2714.

[68] FLORIJN B, COULAIS C, VAN HECKE M. Programmable mechanical metamaterials [J]. Physical Review Letters, 2014, 113 (17):1-5.

[69] BERTOLDI K, VITELLI V, CHRISTENSEN J, et al. Flexible mechanical metamaterials [J]. Nature Review Materials, 2017, 2 (11):1-11.

[70] FAN J, ZHANG L, WEI S, et al. A review of additive manufacturing of metamaterials and developing trends [J]. Materials Today, 2021, 50: 303-328.

[71] BERGER J B, WADLEY H N, MCMEEKING R M. Mechanical metamaterials at the theoretical limit of isotropic elastic stiffness [J]. Nature, 2017, 543 (7646):533-537.

[72] TANCOGNE-DEJEAN T, DIAMANTOPOULOU M, GORJI M B, et al. 3D Plate-Lattices: An Emerging Class of Low-Density Metamaterial Exhibiting Optimal Isotropic Stiffness [J]. Advanced Materials, 2018, 30 (45): 1-6.

[73] CROOK C, BAUER J, GUELL IZARD A, et al. Plate-nanolattices at the theoretical limit of stiffness and strength [J]. Nature Communications, 2020, 11 (1):1-11.

[74] BONATTI C, MOHR D. Smooth-shell metamaterials of cubic symmetry: Anisotropic elasticity, yield strength and specific energy absorption [J]. Acta Materialia, 2019, 164:301-321.

[75] DUAN S, WEN W, FANG D. Additively-manufactured anisotropic and isotropic 3D plate-lattice materials for enhanced mechanical performance: Simulations & experiments [J]. Acta Materialia, 2020, 199:397-412.

[76] BONATTI C, MOHR D. Large deformation response of additively-manufactured FCC metamaterials: From octet truss lattices towards continuous

shell mesostructures [J]. International Journal Plasticity, 2017, 92: 122-147.

[77] SCHAEDLER T A, RO C J, SORENSEN A E, et al. Designing Metallic Microlattices for Energy Absorber Applications [J]. Advanced Engineering Materials, 2014, 16 (3):276-283.

[78] VRANCKEN B, THIJS L, KRUTH J P, et al. Heat treatment of Ti6Al4V produced by selective laser melting: Microstructure and mechanical properties [J]. Journal Alloys and Compounds, 2012, 541:177-185.

[79] TEVET O, SVETLIZKY D, HAREL D, et al. Measurement of the anisotropic dynamic elastic constants of additive manufactured and wrought Ti6Al4V alloys [J]. Materials (Basel), 2022, 15 (2):1-26.

[80] SIMA M, ÖZEL T. Modified material constitutive models for serrated chip formation simulations and experimental validation in machining of titanium alloy Ti-6Al-4V [J]. International Journal Machine Tools and Manufacture, 2010, 50 (11):943-960.

[81] XU X, ZHANG J, OUTEIRO J, et al. Multiscale simulation of grain refinement induced by dynamic recrystallization of Ti6Al4V alloy during high speed machining [J]. Journal Materials Processes Technology, 2020, 286: 1-16.

[82] KADKHODAPOUR J, MONTAZERIAN H, DARABI A, et al. Failure mechanisms of additively manufactured porous biomaterials: Effects of porosity and type of unit cell [J]. Journal Mechanical Behavior of Biomedical Materials, 2015, 50:180-191.

[83] SYAHROM A, ABDUL KADIR M R, ABDULLAH J, et al. Permeability studies of artificial and natural cancellous bone structures [J]. Medical Engineering and Physics, 2013, 35 (6):792-799.

[84] BOBBERT F S L, LIETAERT K, EFTEKHARI A A, et al. Additively manufactured metallic porous biomaterials based on minimal surfaces: A unique combination of topological, mechanical, and mass transport properties [J]. Acta Biomaterials, 2017, 53:572-584.

[85] MA S, TANG Q, HAN X, et al. Manufacturability, mechanical properties, mass-transport properties and biocompatibility of triply periodic minimal surface (TPMS) porous scaffolds fabricated by selective laser melting [J]. Material and Design, 2020, 195:1-15.

[86] TRUSCELLO S, KERCKHOFS G, VAN BAEL S, et al. Prediction of

permeability of regular scaffolds for skeletal tissue engineering: a combined computational and experimental study [J]. Acta Biomaterialia, 2012, 8 (4):1648-1658.

[87] DIAS M R, FERNANDES P R, GUEDES J M, et al. Permeability analysis of scaffolds for bone tissue engineering [J]. Journal of Biomechanics, 2012, 45 (6):938-944.

[88] ALI D, SEN S. Finite element analysis of mechanical behavior, permeability and fluid induced wall shear stress of high porosity scaffolds with gyroid and lattice-based architectures [J]. Journal Mechanical Behavior of Biomedical Materials, 2017, 75:262-270.

[89] MONTAZERIAN H, MOHAMED M G A, MONTAZERI M M, et al. Permeability and mechanical properties of gradient porous PDMS scaffolds fabricated by 3D-printed sacrificial templates designed with minimal surfaces [J]. Acta Biomaterialia, 2019, 96:149-160.

[90] SANTOS J, PIRES T, GOUVEIA B P, et al. On the permeability of TPMS scaffolds [J]. Journal Mechanical Behavior of Biomedical Materials, 2020, 110:1-7.

[91] YU G, LI Z, LI S, et al. The select of internal architecture for porous Ti alloy scaffold: A compromise between mechanical properties and permeability [J]. Materials and Design, 2020, 192:1-15.

[92] ZHANG X, YAN X, FANG G, et al. Biomechanical influence of structural variation strategies on functionally graded scaffolds constructed with triply periodic minimal surface [J]. Additive Manufacturing, 2020, 32:1-14.

[93] LI J P, HABIBOVIC P, VAN DEN DOEL M, et al. Bone ingrowth in porous titanium implants produced by 3D fiber deposition [J]. Biomaterials, 2007, 28 (18):2810-2820.

[94] BAKER R M, TSENG L F, IANNOLO M T, et al. Self-deploying shape memory polymer scaffolds for grafting and stabilizing complex bone defects: A mouse femoral segmental defect study [J]. Biomaterials, 2016, 76:388-398.